三峡库区重庆缙云山林分结构与生态水文功能研究

王云琦　王玉杰　刘春霞 等　著

科学出版社

北京

内 容 简 介

本书对三峡库区重庆缙云山典型林分结构进行了全面量化研究，对典型林分的涵养水源功能、保育土壤功能、净化水质功能以及阻滞吸附$PM_{2.5}$功能等生态水文功能进行了详细分析，旨在全面揭示和量化三峡库区重庆缙云山典型林分结构特征对生态水文功能的调节机制作用，阐明林分结构与生态水文功能二者的具体关系，为三峡库区森林的恢复和经营充分发挥林分的效能，其对改善整个长江流域的生态环境，促进地区的稳定和繁荣，实现流域的可持续发展具有重要意义。

本书可供林学、生态学、环境科学、地理学、水土保持学、森林经理学等专业的研究、管理人员及高等院校相关专业的师生参考。

图书在版编目（CIP）数据

三峡库区重庆缙云山林分结构与生态水文功能研究 / 王云琦等著. —北京：科学出版社，2023.1

ISBN 978-7-03-074191-2

Ⅰ. ①三… Ⅱ. ①王… Ⅲ. ①林分组成-研究-重庆 ②森林生态系统-区域水文学-研究-重庆 Ⅳ. ①S718.54 ②S718.55

中国版本图书馆 CIP 数据核字（2022）第 236136 号

责任编辑：董 墨 赵 晶 / 责任校对：胡小洁
责任印制：吴兆东 / 封面设计：图阅社

科学出版社出版
北京东黄城根北街 16 号
邮政编码：100717
http:// www.sciencep.com
北京建宏印刷有限公司印刷
科学出版社发行 各地新华书店经销
*
2023 年 1 月第 一 版 开本：787×1092 1/16
2023 年 1 月第一次印刷 印张：16 3/4
字数：402 000

定价：148.00 元
（如有印装质量问题，我社负责调换）

作者名单

主　　笔：王云琦　王玉杰　刘春霞

副 主 笔：赵洋毅　程雨萌　李云霞

其他作者：（按姓氏汉语拼音排序）

成　晨　程金花　李耀明

刘　楠　刘　勇　刘玉芳

潘玉娟　申彦科　王　彬

王太强　杨小梅　于　雷

张会兰　张守红　张　璇

赵冰清　周利军

平台支撑：

国家林草局重庆缙云山三峡库区森林生态系统国家定位监测站

水利部重庆市北碚区缙云山三峡库区水力侵蚀观测站

教育部野外科学观测站重庆三峡库区森林生态系统野外科学观测站

项目资助：

北京林业大学热点追踪项目，长江上游生态保护与修复治理模式（2021BLRD05）

国家林草局平台运行补助项目，2022 年重庆缙云山三峡库区森林生态系统国家定位观测研究站运行（2022132266）

国家自然科学基金项目，降雨条件下植物根系动态固土护坡效应研究（31971726）

前　言

森林是陆地生态系统的主体，对水资源的影响显著，森林生态系统在改变降水分布、涵养水源、净化水质、保持水土、减洪、抵御旱涝灾害以及调节气候等方面发挥着巨大作用，所以不同森林植被覆盖下的生态水文功能研究已成为21世纪水资源管理及生态环境领域的研究热点。

林分树种组成与结构配置的变化会影响到森林生态水文功能的发挥，林分结构是林分功能的基础，主要包括树种、树高、径级、树龄和空间结构等，它们共同制约着森林生态水文功能的外在表现。如果森林结构差或者资源不足，就很难具有良好的功能，就会在一定程度上严重制约地区的水资源供需，结果就会对经济的发展产生不利影响。

三峡工程建成后，水位增幅极大，大范围的移民达到历史之最。三峡库区自然和社会条件等十分复杂，随着经济的发展，三峡库区森林资源逐渐受到破坏，导致了严重的水土流失。三峡库区是长江中下游的生态屏障和重要水源地，三峡库区防护林体系对长江上游生态环境建设起着举足轻重的作用。目前，三峡库区防护林存在林分结构不合理、分布不均匀、过于单一等问题，阻碍了其生态水文功能的发挥。因此，探究三峡库区典型林分结构对生态水文功能的影响，不仅对森林水文学和森林生态学的发展有重要的理论意义和科学价值，而且对认识和预测林分结构生态水文效应、建设三峡库区防护林亦具有广泛的指导意义和实际应用价值。

重庆缙云山位于三峡库区的尾端，处于嘉陵江水系的中上游，自然环境条件好，植物区系非常丰富，区域内典型林分对涵养水源、蓄水保土、改善水质以及改善空气质量均具有重要的作用。由于森林结构的不同，其功能也不同，研究森林结构对深入了解各种森林植物与环境的关系作用重大。本书利用缙云山遥感数据和森林资源的调查数据库，首先从区域尺度分析缙云山的森林植被类型组成，选取具有典型代表性的林分类型，然后从林分尺度对其结构特征进行量化分析，同时分析不同结构林分的生态水文功能。对典型林分的结构特征以及与生态水文功能关系进行深入研究，对维持森林功能稳定发挥方面具有重要意义，可以为三峡库区林分的营造和管理提供科学的理论依据。

本书在编写过程中参阅了大量国内外相关文献和资料，在此，特向其作者深表感谢。由于笔者对问题的理解深度及所掌握的文献资料有限，书中疏漏及不足之处请读者指正。

王云琦

2022年8月10日于北京林业大学

目　　录

第 1 章　绪论 ……………………………………………………………… 1

1.1　林分结构研究进展 ………………………………………………… 1

1.2　森林的生态水文功能研究进展 …………………………………… 3

1.3　林分结构对生态水文功能的影响研究进展 ……………………… 10

第 2 章　研究区概况 ………………………………………………………… 17

2.1　三峡库区（重庆）基本概况 ……………………………………… 17

2.2　缙云山试验区概况 ………………………………………………… 18

第 3 章　研究区典型林分结构特征 ………………………………………… 21

3.1　实验设计与研究方法 ……………………………………………… 23

3.2　典型林分的树种组成结构特征 …………………………………… 29

3.3　林分直径结构特征 ………………………………………………… 35

3.4　林分树高结构特征 ………………………………………………… 37

3.5　物种多样性特征 …………………………………………………… 38

3.6　典型林分的空间结构特征 ………………………………………… 40

第 4 章　典型林分的涵养水源功能 ………………………………………… 52

4.1　实验设计与研究方法 ……………………………………………… 52

4.2　林冠层水文特征 …………………………………………………… 60

4.3　灌草层水文特征 …………………………………………………… 68

4.4　枯落物层水文特征 ………………………………………………… 70

4.5　土壤层水文物理特征 ……………………………………………… 72

4.6 林地蒸散发特征……82
4.7 坡面产流特征……114
第 5 章 典型林分的保育土壤功能……122
5.1 实验设计与方法……122
5.2 林地土壤物理性状特征……123
5.3 林地土壤化学性状特征……129
5.4 典型林分保育土壤功能评价……140
第 6 章 典型林分的净化水质功能……144
6.1 实验设计与研究方法……144
6.2 典型林分不同层次的水质效应……149
6.3 典型林分径流水质综合评价……164
第 7 章 典型林分阻滞吸附 $PM_{2.5}$ 功能……176
7.1 实验设计与研究方法……176
7.2 缙云山典型林地大气颗粒物浓度分布特征及其影响因素……182
7.3 重庆市典型树种阻滞吸附 $PM_{2.5}$ 能力研究……185
第 8 章 缙云山林分生态水文功能综合评价……192
8.1 评价指标体系及评价方法……192
8.2 典型林分生态水文功能的层次结构……195
8.3 典型林分生态水文功能模型及生态水文功能综合得分……202
第 9 章 典型林分结构对生态水文功能的影响作用机制……204
9.1 林分结构对保育土壤功能的作用……204
9.2 林分结构对森林涵养水源功能的作用……212
9.3 林分结构对林地径流水质的作用……231
9.4 缙云山林分结构与生态功能耦合模型……239
9.5 模型参数的敏感性检验……240
参考文献……243

第1章　绪　　论

1.1　林分结构研究进展

1.1.1　林分非空间结构研究

合理的林分结构是充分发挥森林多种功能的基础（张建国等，2004）。林分结构是林分特征的重要表现，也是森林生长发育过程与经营等的综合反应（于政中，1993），它决定着森林多种功能的发挥，因此，林分结构也是控制森林功能的一个重要方面（亢新刚，2001）。林分结构根据树木在林分中的分布位置，可分为非空间结构和空间结构两类（龚直文等，2009）。其中，林分的非空间结构主要包括树种结构、直径结构、树高结构、树龄结构、生物量结构、林分密度等，国内外已进行了大量的研究，这些结构指标能够快速反映林分的部分信息，同时在描述林分的数量特征时也是不可缺少的，这些作为传统森林资源的调查项目，能够提供森林的基础信息，具有非常重要的意义（Bailey and Dell，1973；孟宪宇，1996；戎建涛等，2010）。

国内外对树种结构的研究除对林分树种的调查外，还对灌草层的物种进行了细致的研究（成晨，2008；王威，2009），通过引用物种多样性指数来对森林中乔木层、灌草层和草本层各层结构搭配进行分析，可以体现林分内垂直方向的一种结构特征。多树种组成的林分，物种多样性指数越高，林分结构越复杂，能为各种动植物和微生物提供的小生境或食物的多样性就越大，林分总体的生物多样性就越高，所发挥的功能则也会相应地越大（Buongiorno et al.，1994；Lahde et al.，1999）。雷相东和唐守正（2002）在研究林分中树木的位置后，总结提出了林分结构多样性指标可分为与距离有关的和与距离无关的两类，其中与距离无关的多样性指标以 Margalef 丰富度指数、Simpson 优势度指数、Pielou 均匀度指数和 Shannon-Wiener 多样性指数最为常见，与距离有关的多样性指标均是林分的空间结构指标。

在直径结构和树高结构的研究中，没有被干扰的天然异龄混交林分在连续 2 个径级间的林木株数的比例趋向于一个常数（Arthur，1952，1953）。亢新刚等（2003）对不同地区的各种天然林的林分 q 值研究发现，根据 q 值法则来管理天然的异龄林，能够使林分的径级分布呈倒“J”形，则林分就更接近于天然林的理想结构。此外，直径结构是林分生物量、断面积等林分特征的重要体现，其大小一般通过径级形式表达。林分直径分布模型可提供胸高直径的频率分布信息，具有比较重要的意义（Liu et al.，2004）。林分直径分布模型目前存在很多方程，如正态分布（陆元昌等，2005）、对数正态分布（Bliss and Reinker，1964）、Johnson's 分布（Hafley and Schreuder，1977；Wang and Rennolls，2005）和 Weibull 分布（Bailey and Dell，1973）。在这些模型中，以 Weibull 分布用得最为普遍（孟宪宇，1985，1988；周春国等，1998；惠淑荣和吕永震，2003；Sarkkola et al.，2004；陆元昌等，2005），因为 Weibull 分布函数在解释林分直径结构模型的参数意义上具有清楚直观的特点，而且在适应各种形状和偏斜度方面比较灵活，参数预估性相对简单且其累积分布函数具有闭合性。

1.1.2 林分空间结构研究

尽管对林分非空间结构特征的研究所得到的成果显著，但上述指标主要描述林分的平均数量特征，作为一种静态描述林分结构特征的指标，仅从非空间结构来研究林分的结构特征，则对林分更多的空间信息表征不足；对于不同的林分，由于缺乏林分空间分布的信息，仅在各树种株数、胸径和树高分布相同的条件下，就视其为相同的林分，很难对林分整体做出准确的判断，仅以数量特征表达林分结构明显不合理，而且对经营和管理森林具有一定的局限性，难以从根本上对林分结构有全面的认识和理解。因此，在此基础上，引入林分空间结构信息，全面地反映林分结构，对林分整体结构做出较为完整的描述和判断（Gadow，1993；Pommerening，2002；惠刚盈和胡艳波，2001；安慧君，2003）。

惠刚盈和 Gadow（2003）定义林分空间结构是在同一森林群落内，林木的分布位置规律及其属性在空间上的排列方式。林分空间结构的特殊作用决定了其在很大程度上影响着林分生长特性等，对林分的其他结构特征和功能的发挥均具有重要作用。林分空间结构在一定程度上决定了林分内物种多样性和生境等因子，与非空间结构相比则具有更重要的作用，所以林分空间结构目前已成为国际上一个主要研究内容。林分空间结构包括林木空间分布格局、混交和竞争 3 个方面（Gadow and Bredenkamp，1992；Fueldner，1995；惠刚盈和胡艳波，2001；汤孟平，2007）。林木空间分布格局是指某一种群个体在其生存空间内相对静止的散布形式，即种群个体在水平空间的配置状况或分布状态。林木空间分布格局表征了个体间彼此的相互关系，反映了光照、气候和竞争植物等条件的综合作用结果，在理论研究上或实践应用上均有重要作用（Melinda，1993）。研究林木的空间分布格局的方法较多，表达林木空间分布格局的指标也很多，有聚集指数 R（Clark and Evans，1954；Biging and Dobbertin，1995）、Ripley's K（d）函数（Ripley，1977）、David 和 Moore 丛生指数（David，1954）、方差均值比、负二项指数、Cassie.R.M 指标、平均拥挤度指数（Lloyd，1967）、聚块性指数、扩散型指数即 Morisita 指数（Morisita，1971）和角尺度（惠刚盈等，1999）等。其中，空间分布格局参数方差均值比、聚集指数 R 和角尺度因在实际应用中具有使用方便和测定方法简易等优点，目前应用较为广泛（惠刚盈和 Gadow，2003；王威，2009；龚直文，2009）。特别是惠刚盈和 Gadow（1999）提出的角尺度的概念，通过描述相邻树木围绕参照树的均匀性来反映林分中林木的个体分布格局。该参数最主要的优点在于不用测距离，仅需调查样线上或距样线最近的树的角度大小，就可获得林木的分布格局信息，从而进一步获得林木在整个林分上的分布信息，借助林分角尺度均值可将林分的林木个体空间分布评判为均匀、随机或集聚状态，后期经惠刚盈等（2004a，2004b，2010）一系列实验和计算机模拟研究，使角尺度能够准确地说明林分的均匀、随机或聚集分布的程度。

混交和竞争指数目前常采用的指标主要是混交度和大小比数（惠刚盈和胡艳波，2001；惠刚盈和 Gadow，2003；汤孟平，2003）。混交度的概念最早由 Fueldner（1995）提出，在林分中某一树种的优势程度用断面积的角度来表示，树种的个体大小可以用林木的直径和树高分布大小来说明，过去是用直径分布来表示林木大小差异程度，但由于直径分布缺乏林木大小的空间分布信息，所以在混交林的研究中，Gadow 和 Füldner（1993）提出了大小分化度的概念。惠刚盈和 Gadow（1999）则逐步完善了大小分化度而提出了大小比数这一概念。目前，混交度和大小比数作为表达林分空间结构的指标已被国内外专家学者认可和广泛使用。

1.2 森林的生态水文功能研究进展

森林通过转化、促进、消除、恢复等内部的调节机能和多种生态功能维系着生态系统的平衡，是最活跃的群落之一。目前，普遍认为森林的效益有生态效益、经济效益和社会效益，其主要的生态水文功能之一就是涵养水源功能。研究森林生态系统在调节水量方面的作用机理，对于科学认识森林蓄水保土作用具有重大意义（王德连，2004）。

1.2.1 森林的涵养水源功能研究

国外研究森林的涵养水源功能较早，始于 20 世纪初对森林水文学的研究，主要研究集中在森林破坏对流域产水量的影响方面，森林涵养水源功能试验开端的标志是 1900 年在瑞士的 Emmental 山区两个小流域进行的对比试验（王礼先和张志强，1998）。50 年代，森林涵养水源功能研究逐渐发展成两个方向：一个方向是研究森林水文特征机制，探究水分在森林中的运动规律，包括从林冠到土壤各个层次对降水的截留作用等；另一个方向是在生态学快速发展的基础上，从森林植被对水文学的影响逐渐向水文系统与物质和能量循环以及水质等统一的生态系统方向转移，森林生态系统的水文特征与基本功能的相互关系在宏观上得到了阐明（McCulloch and Robinson，1993）。70 年代，美国生态学家 Bormann 和 Likens（1979）开创了森林水文学与其生态系统研究。80 年代至今，森林与水的关系研究已逐渐进入一个崭新的阶段，包括森林对水的量以及质的影响、对水的循环作用机制的影响，以及建立分布式水文参数模型 3 个方向。

我国对森林水文学的研究始于 20 世纪 20 年代，金陵大学的罗德民和李德毅等在山东、山西等地对不同森林植被对雨季径流和水保效应的影响进行研究。50～60 年代，全国各主要林业单位和高校等先后设立了森林水文定位监测站，开始了长期定位研究和综合水文过程的研究。到80年代初，“森林的作用”问题的提出以及“8.17”四川特大洪灾则推动了森林与水关系研究工作的进一步开展（王德连，2004）。90年代后期，刘世荣等（1996）在我国多个森林水文定位监测站及水文观测点数十年的观测资料的基础上系统总结出大量研究成果，使我国森林水文研究更加飞跃地发展。

森林的涵养水源功能是森林生态系统生态功能的重要组成部分，其功能主要体现在对降水的拦蓄作用方面。水分在森林生态系统中的循环过程包括降雨、降雨截持、干流、蒸散、径流等，它们构成了森林的水文过程（高甲荣等，2001）。森林的水文过程是森林的4个作用层，即林冠层、灌草层、枯枝落叶层和土壤层对降水进行再分配的复杂过程。

1. 林冠层

作为降雨进入森林生态系统的第一个层面，林冠层是降雨输入并开始再分配的起点，同时也是森林涵养水源功能的极其重要的环节，对水分在森林中的循环具有非常重要的作用。

林冠对降雨的分配通过林冠层枝干叶对降雨截持和蒸发过程来完成。国外对林冠截留降雨的研究开展较早（Rutter et al.，1971；Gash et al.，1980；Bonell，1993），一般认为，温带的针叶林对降雨的截留率在20%～40%，而阔叶林在11%～36%。我国的专家学者对主要林种和树种的林冠截留率进行了较为广泛的观测研究和定量描述（马雪华，1993；温远光和刘世荣，1995；王彦辉等，1998；张光灿等，2000；时忠杰，2006；莎仁图雅，2009），刘世荣等（1996）总结了我国南北不同气候带的各种森林类型的林冠截留率，得出我国主要的森林林冠截留率变动范围在11.4%～34.3%，树冠截留功能波动性大、变异程度较大是因为受到包括降雨强度、降雨频率、降雨历时、风速、林冠蒸发能力、林冠特征和林分结构特征等多种因素的影响（卢俊培，1982）。这些因素给模拟林冠截留量带来一定的难度，因此若想掌握和理解林冠截留量，可以通过林冠截留模型来实现。林冠截留模型在模拟和预测林冠对降雨的截留量方面具有重要作用。目前，林冠截留模型仍然是森林水文过程研究中的一个热点问题，而且从国内外的研究成果来看，已经推导和研究出许多经验、半理论和理论模型（Horton，1919；Leonard，1961；Helvey and Patric，1965；王彦辉等，1998）。经验模型虽然能够反映特定林分林冠截留量与林外降雨的关系，但是因为未考虑雨强和林分特征等因素对林冠截留的影响，其截留过程的模拟较差，导致其不利于被推广使用。理论模型虽然在一定程度上考虑了气象因子和林分结构对降雨的影响，可以在较大程度上反映截留的动态过程及不受地区和树种的限制，但公式复杂，求解困难，在运用于实际时具有很大的限制（殷有等，2001）。因为各模型建立的目的不同，所以各模型间的可比性差，而国内外在这方面已积累了丰富的研究成果，研究对象遍及大多数的林种和林型等，研究方法已经从实际观测发展为对模型的研究。目前较为完善的模型主要有Rutter模型和Gash解析模型，这两种模型较为广泛地应用于林冠截留研究方面（Rutter et al.，1971；Gash et al.，1995；张光灿等，2000；Wallace and McJannet，2008；Shi et al.，2010）。这两种模型广泛应用后，Valente等（1997）又进一步对其进行了修正，并应用修正的Rutter模型和Gash模型在稀疏林冠内对降雨截流过程进行了较好的模拟。

2. 灌草层

截留的研究大多集中于森林的乔木冠层，对灌木层截留的研究较少，但如果森林具有密度较大、枝叶繁茂和根系发达的灌木层，其对降雨的截留作用同样重要。吴钦孝和赵鸿雁（2002）对风沙区固沙灌木沙棘的涵养水源功能的研究表明，5～7年生沙棘林冠层可截留降雨8.5%～49.0%，并可降低雨滴动能，枯枝落叶层重5.46 t/hm^2，其最大持水量可达15.31 t/hm^2，与农地相比，其可减少地表径流量87.1%，减少土壤流失量99.0%，具有重要的价值。成晨（2008）用浸水法对重庆缙云山几种林下灌草层的持水能力进行了测定，得出稀树灌丛林较其他林分下灌草层的持水性能大，马尾松火烧迹地因灌草层的破坏较大，其涵养水源功能最差。段劼等（2010）对不同立地条件下侧柏林下灌草植被的涵养水源功能进行研究，得出不同立地条件林下植被阴坡厚土灌草层涵养水源最大，阳坡厚土次之，阳坡薄土最小，由此可知灌草层植被涵养水源功能大小与立地条件关系显著。

林地草本层很矮且空间的分布和变化较大，因此对草本层的测定很难实现。目前，关于草本层截留的方法主要有两种：一种是利用脱脂吸棉或海绵球吸取草本叶片上雨后积存的水量并称重（张艺，2013），但这种方法操作误差太大；另一种是将草本采集回来进行人工降雨实验，测算吸水量（李春杰等，2009），但是该方法已经破坏了草本层原本在森林中的原生状态，最终实验结果还是有误差。

3. 枯枝落叶层

林地的枯枝落叶作为生态系统中分解者的能量和物质的来源，在维持系统功能方面具有极其重要的作用（张玲和王震洪，2001）。它是森林发挥涵养水源功能的又一个非常重要的环节，枯枝落叶层吸持水量的动态变化对水分和能量的循环均有重要影响，枯枝落叶层本身具有的截持能力也会影响林内降雨对植物水分的供应需求以及对土壤水分的补充等，所以枯枝落叶层的水源涵养功能也是不可忽略的。此外，枯枝落叶具有较大的孔隙，可以渗透和吸收降雨，阻碍土壤表面水分蒸发，保持土壤水分，且枯枝落叶能减少径流量，从而减少水土流失（赵鸿雁等，1994）。

枯枝落叶的持水能力大小对森林流域的产流量会产生一定的影响，同时受林分类型、枝落叶组成等多种因素共同作用（马雪华，1987）。枯枝落叶层涵养水源功能现场测定较难，大多数方法是通过选取样方，采集一定量的样品在室内用实验方法进行测定和推算的（周国逸，1997）。大量研究表明（Kelliher，1989；刘向东等，1991；刘创民等，1994；王彦辉，2001），不同森林类型下的枯枝落叶层蒸发量占林地总蒸散发的3%～21%，其平均最大持水率可达到309.54%，吸持水量则可达到其干重量的2～4倍。王凤友（1989）研究得出，成熟林的枯枝落叶层涵养水源能力比幼林林和过熟林高，混交林和复层林的林下枯枝落叶层涵养水源能力也高于纯林和单层林。刘向东等（1991）研究发现，阔叶林的枯枝落叶层涵养水源的能力较针叶林和草丛高。枯枝落叶层对地表径流的阻延作用除吸持水分外，还增加地表的糙度。研究发现，林地枯落物越多，地表糙率系数越大，拦蓄径流的能力越强（张洪江和北原曜，1994；王玉杰和王云琦，2005；郭汉清等，2010）。莫菲等（2009）采用枯落物浸泡持水和人工降雨实验，对六盘山华北落叶松和红桦林地枯落物的降雨截持过程和空间分布进行研究，首次构建了枯落物截持降雨过程模型，该模型可同时反映枯落物含水量、降雨强度、降雨历时对枯落物持水动态和实际持水量的影响，具有较好的截留机制；同时还研究得出枯落物储量空间变异较大，空间分布函数曲线的理论模型均符合球状模型。

4. 土壤层

土壤层涵养水源功能主要表现为土壤的蓄水能力和渗透能力，其对森林流域径流形成机制具有重要的意义。林地土壤通过渗透作用显著地减少地表径流，缓解雨季降水的汇集；另外，林地土壤通过强大的蓄水功能在时空上阻滞和延长流域产流分配，从而实现水源涵养功能。土壤的蓄水性能是评价森林涵养水源功能的主要指标之一，常以非毛管孔隙度计算一定厚度土壤的蓄水能力（t/hm^2）或以土壤蓄水增加量（mm）作为其蓄水性能的一个指标（张建国和李吉跃，1995）。土壤蓄水量大小取决于土壤的质地、结构和土层厚度。一般讲，粗质地土壤蓄水量少，细质地、结构良好的土壤蓄水量多。吴建平等（2004）对湘西南沟谷森林生态系统水文-物理特性与水源涵养功能进行了研究，湘西南沟谷森林生态系统中土壤质地为重壤土和轻壤土，比例适中，具有良好的涵养水源功能。目前，一般使用土壤非毛管孔隙饱和含水量来计算土壤蓄水量（于志民和王礼先，1999）。中国亚热带地区的年降水量通常为1000～1500 mm，这一地区最好的森林土壤可以保存年降水量的1/4～1/3，每公顷森林土壤能蓄水641～678 t（何东宁等，1991）。温远光和刘世荣（1995）总结出我国各种森林生态系统林地土壤（0～60 cm）的有效蓄水量为36.42～142.17 mm，平均为89.57 mm，变动系数为31.06%。林地土壤的最大蓄水量为286.32～486.60 mm，平均为383.22 mm，变动系数为17.19%，特别是热带和亚热带地区的森林生态系统，其土壤孔隙发育好，蓄水能力较大。

土壤水分入渗过程和渗透能力决定了降雨进程的水分再分配，从而影响坡地地表径流和流域产流及土壤水分状况，土壤渗透性能是评价土壤水分调节能力和林分涵养水源的重要指标之一，同时也是影响土壤侵蚀的重要因素之一，还是研究土壤水文效应的重要指标（Turner et al.，1994；张志强等，2001；李新平等，2003）。已有结果表明（吴钦孝和赵鸿雁，2002；雷廷武等，2005），土壤渗透性能越好，地表径流就越小，地表流失量也会相应地减少，对土壤水土保持影响极大。因此，研究森林土壤的渗透性规律，对探讨产流机制和森林调洪作用具有重要意义。目前，国内外许多学者对土壤水分入渗性能进行了大量研究，并建立了Green-Ampt、Phillip、Horton等著名模型及经验公式，来对土壤入渗过程进行定量描述和模拟（Lin and McLnnes，1998；赵西宁和吴发启，2004）。通常，森林土壤与其他土地利用类型的土壤相比具有较高的渗透速率，良好的森林土壤，其稳渗率高达8.0 cm/h以上（Dunne，1978）。另外，影响土壤渗透性能的因素较多，主要有土壤容重、土壤孔隙结构、土壤机械组成、土壤初始含水率、水稳性团粒含量、降水特性、地表覆盖物、地表结皮、地面坡度等（秦耀东，2003）。研究表明，土壤入渗速率与有机质含量和土壤非毛管孔隙度密切相关，与土壤容重、粉沙粒含量、黏粒含量相关性较弱（胡海波和张金池，2001）。赵洋毅等（2010）

对重庆缙云山几种水源涵养林的土壤渗透性进行研究，结果表明，土壤渗透性能随着土层深度的增加呈递减趋势，土壤渗透性与9种土壤理化因子关系显著，这与土壤质地和水文物理性质的变化基本是一致的（余新晓等，2003）。

5. 蒸散发

森林蒸散发是指森林生态系统的水分向大气中输送的过程，蒸散发是森林水文循环过程中很重要的一环，林地蒸散发过程影响着土壤水分变化、地面径流和土壤入渗等（王彦辉等，2006；Gebauer et al.，2008）。研究表明，森林的蒸散发量可占降水输入的40%～80%（刘世荣等，1996）。森林蒸散发量由植被蒸腾耗水和林地蒸发两部分组成，其中植被蒸腾耗水主要指林内乔、灌、草蒸腾耗水量；而林地蒸发包含土壤蒸发和枯落物蒸发。

森林蒸散发的定量化研究一直是森林水文学的研究热点。天气状况（降水、净辐射、气压差等）、枯落物覆盖、土壤含水量以及植物正常状况和本身含水等因素造成林地蒸散发具有较大的时间变异性和空间异质性，因此森林的实际蒸散发量在大尺度上难以准确地观测和计算，只能依赖于间接计算或粗略估算。关于测定林地蒸散发的方法主要有水文学法、气象学法和植物生理学法等（魏天兴等，1999；牛勇，2015）。水文学法是最传统的一种林分耗水量计算方法，首先测定出水分输入项、土壤含水量变化以及径流输出项，生态系统的蒸散发量是根据水量平衡方程间接求得的，该方法的优点是能够直接获取定量监测结果，在中小尺度的林分耗水研究方面应用较多，结果较准确，但这种方法需要定位监测仪器来监测且耗时较长。气象学法是运用模型来估算实际蒸散发量。该方法可以在不破坏植被下垫面的条件下对蒸散发的动态变化进行预测，但投资成本太高。植物生理学法包括气孔计法、称重法以及热脉冲法等，能够适用于复杂的地形条件，操作简单，但准确性不高。近年来，树干液流法被大量地应用于树木蒸腾耗水研究（王瑞辉等，2006；杨芝歌等，2012；张璇等，2016；卢志朋，2018）。然而，不同的研究手段都存在一定的局限性。由于目前植物蒸腾的观测尺度都较小，因此将小尺度的植物蒸腾观测结果扩展到林分甚至是区域尺度仍然是林地蒸散发研究的重点与难点。目前，针对植物蒸腾的研究主要集中在以下几方面：一是植物蒸腾与气象因子的耦合关系，如降雨、太阳辐射、饱和水汽压差、空气温湿度、风速等（凡超等，2014；孙振伟等，2014）；二是植物生理因素对蒸腾的控制机制；三是林分结构对植物蒸腾的影响，如林分密度、郁闭度、径级、空间分布结构等（Pfautsch et al.，2010）。

6. 产流

坡面地表径流主要有两种发生形式（Dunne et al.，1991）：一是超渗产流形式，即降雨强度超过土壤的入渗能力，降雨全转化成地表径流；二是蓄满产流形式，指降雨先期以入渗为主，一旦达到土壤饱和持水力之后，一部分水分将以地表径流形式沿坡面向下流动，另一部分水分向土壤深层渗漏，叫做壤中流、地下径流。由于森林林冠、灌草和枯落物对降雨的减缓作用，林地多以蓄满产流形式为主（Bonell,1993；茹豪，2018）。

森林植被对产流的影响主要表现在对地表径流和壤中流组分分配比例的影响（吕锡芝，

2013)。森林植被能够通过枯落物分解和植物根系分布等对土壤物理性质和土壤结构进行改善来提高土壤入渗能力，从而减少地表径流的形成(张学龙等，1998；余新晓，2013)。森林植被对壤中流的影响主要是通过根系来实现的(余新晓等，2003)，主要是因为植被蒸腾由根系从土壤中吸收水分，这便导致了土壤水势的差异，使得土壤水分向土壤底层传输(秦耀东等，2000)；再有植物的大量根系使得土壤中存在很多大孔隙，其对壤中流的形成也十分有利。森林植被对地下径流的影响比较复杂，这主要取决于研究区域降水量输入的多少，在降水量较大的区域，森林的存在能增加土壤入渗，进而有利于提高地下径流的比例(杨新华，2001)；而在干旱地区，森林的林木蒸腾耗水将引起土壤层水分亏损，不但大大减少了土壤下渗，土壤层可能还需要地下水补给(李玉山，2001)。

1.2.2 森林的保育土壤功能研究

土壤是植物生长的载体，能提供给植物大部分生命的必需元素，在土壤的形成过程中，生物起着非常重要的作用，营养元素的积累和循环与生物密切相关。森林土壤是森林生态系统的最大养分库。植物组分在森林生态系统中虽占很小的比例，但却是最活跃的部分，对土壤物理质量、养分质量的数量、形态和分布起着重要的作用(刘世梁等，2004)。植物-土壤相互作用动态过程的研究是20世纪90年代国际生态环境科学的前沿和重大课题。森林具有改善土壤结构和固持土壤的功能，能够有效地提高土壤的抗侵蚀性能(朱显谟和田积莹，1993)。朱显谟(1960)提出了土壤具有抗蚀性和抗冲性，对土壤的抗侵蚀性能进行了系统的总结，并指出其与土壤的物理化学性质关系密切(朱显谟，1960)。因为受各自的学科领域限制，针对不同的自然社会经济条件，国内外在对森林的保育土壤功能研究的方法上、尺度上和对象上均存在着显著差别(Lowrance et al.，2000；Susan and Heinz，2006 ；余新晓和甘敬，2007)。在欧洲，土壤侵蚀主要是地貌学家关注的问题，主要集中在地貌发育过程中，森林植被的变化对土壤各种物理化学过程在时间尺度和景观尺度上的影响，通过使用不同的环境参数，如土地利用和植被类型等，来模拟流域产沙的效果(Jennifer and Christa，2007；Andreu et al.，1998； Pamela and Karl，2006)。而在美国土壤侵蚀主要是农学家关注的热点，他们以流域单元为研究对象，研究森林植被变化等对河川径流泥沙含量的影响，进而研究土壤侵蚀规律，他们发现土壤侵蚀受生物量积累的作用较显著(Bormann and Likens，1979；Prepas et al.，2001； Regalado，2006)。在我国，防护林的保持水土功能领域由于受各种自然和社会等条件的影响，开展的研究范围非常广泛且深入，覆盖我国南北大多数山区，从北向南包括东北山地、黄土高原、秦岭淮河以南地区以及热带区域，包含寒温带、暖温带、亚热带多个区域，涵盖这些区域内具有典型代表性的大多数树种(余新晓和甘敬，2007)。在理论研究方面，在降雨较少的干旱半干旱地区通过人工模拟降雨，对不同人工林植被群落的防蚀效能进行研究，这是对天然降雨观测的补充；从土壤力学机制的角度，分析森林植被对土壤抗侵蚀性能的影响来研究森林植被在防治土壤侵蚀方面的作用；还有研究林地地被物对径流流速的阻延作用；也有从土壤物理化学质量角度，研究水源林保土保肥能力差异；还有学者建立坡面降雨侵蚀物理模型，通过实验获取模型参数，研究坡面侵蚀物理过程，从而探究森林植被控制土壤侵蚀的作用（蔡强国，1988；唐克丽，1993；赵洋毅等，2009）。从所获取的这些丰富的研究成果可知，虽然森林对不同地理区域、树种、人工林的作用影响效果不尽相同，但结果均表明森林对控制水土流失的作用十分显著。

1.2.3 森林的净化水质功能研究

森林对水的另一个作用就是对水质的影响，随着社会的发展，其越来越受到人们的广泛重视。国外对森林地区的降水化学研究是从 19 世纪开始的，研究内容包括森林对降水中各种物质的分配循环过程规律，重点主要有降水中各种物质输入、参与生态系统内部循环、通过林地产流输出等问题，20 世纪 70 年代后期，森林水质研究领域内的大气沉降和酸化影响又成为新的研究趋势（王云琦和王玉杰，2003）。70～80 年代，中欧严重的大气污染所造成的持续酸雨对森林造成了严重的毁坏，同时引起土壤酸化、流域森林覆盖急剧减少，酸雨成为影响河流水质和森林生态系统健康的主要环境问题，对流域水文循环产生了极为不利的影响（Swank and Crossley，1988）。鲁如坤和史陶均（1979）是我国最早进行降水化学性质研究的学者。刘世荣等（1996）总结出我国主要侧重于大气降水在森林生态系统中对养分（N、P、K、Ca、Mg）的输入、输出所起的作用及其意义方面的研究。酸沉降对森林生态系统的影响加速了植被的养分淋溶，降水通过植被时的酸性增强也引起了人们的高度重视（杨志明等，1997）。当前，我国对森林变化对溪流、水库水质影响方面的研究也在逐渐增加。例如，李文宇（2004）对北京密云库区水源涵养林对水质的影响进行研究，发现各林分穿透雨水质的变化趋势相近，林内雨中盐分（Sal）、NH_4^+、NO^{3-}含量增加比较明显，溶解氧（DO）、pH 和氧化还原电位（ORP）含量下降，水源涵养林对地表径流水质具有很好的改善作用，林分覆盖率与水质好坏具有一定的正相关性，同时也要受到人为干扰的影响。万睿（2007）对三峡库区兰陵溪小流域不同林分类型对水质的影响进行研究，结果表明，针阔混交林、马尾松林、板栗林对水质的酸化起到一定的缓冲作用，其中针阔混交林和板栗林对水质的净化作用明显。在对钱塘江源头开化县林场 5 种典型水源林的地表径流、树干径流和穿透水水质指标进行分析后得出，麻栋林和马尾松+麻栋混交林的水质状况相对要好于杉木林和湿地松林。为了保护水源，应加强针叶林阔叶化、混交化改造，积极发展混交林，减少纯林比例（林海礼，2008）。对流溪河不同水源涵养林对水质的影响进行研究得出，阔叶林对净化水质效果显著，而荔枝林最差（杨松，2007）。但是目前集中在不同林分下的水质研究较多，缺乏森林结构与改善水质功能关系的整合研究，而两者的关系是科学经营林分及构建经营模式的基础。

1.2.4 森林的阻滞吸附 $PM_{2.5}$ 功能研究

我国经济迅速发展，城市化进程不断加速，高科技产业蓬勃发展，环境压力越来越大，给我们的生活带来了许多威胁，包括对土地的破坏、水资源的过度使用和大气污染。大气污染在我国已经成为一个重要的问题，且受到社会普遍关注。城市大气中首要污染物主要为 PM_{10} 和 $PM_{2.5}$ 等颗粒物。

在污染源相对稳定的情况下，某一地区的颗粒物浓度差异与空气温度、相对湿度（Fang et al.，2007；Pateraki et al.，2012）和降雨（蒲维维等，2011；郑晓霞等，2014；Amato et al.，2012；郭二果等，2013）等气象条件有着密不可分的关系，且细粒子更易受气象因子日变化影响（王开燕等，2008）。大气污染物中 $PM_{2.5}$ 在 PM_{10} 中所占比例较大，且污染越严重的地区，$PM_{2.5}$ 比例越高（王园园等，2014；覃国荣，2014；黄鹤等，2011）。

很多国家为了减少空气污染，制定了植树造林的计划。普遍认为，树木可以有效地去除大气中的颗粒物，且针叶树比阔叶树对大气颗粒物的去除更有效。植物群落因其复杂的结构，可以阻挡颗粒物大面积传播，从而杜绝二次扬尘。树冠能够阻挡颗粒物穿过，使大气中的颗粒物下沉到树木表面或地面得以沉降；典型树种能通过叶片气孔吸收大气颗粒物，通过植物表面拦截和留住大气中的颗粒物。降雨冲刷叶面灰尘，可使其恢复滞尘能力。

自然释放的挥发性有机物（VOCs）可以凝聚和聚集其他大气粒子，夏季林冠层内产生的雾霾、自然产生的和人为影响产生的 VOCs 是形成 O_3 的重要的前体物（MacKenzie and El-Ashry，1989）。这使人们错误地认为“树木能够增加空气污染”，然而林冠层内产生雾霾的这个过程是短暂且有误导性的（Nowak，1995）。

Manning 和 Feder（1980）的研究表明，森林林冠由于其较大的表面粗糙度，比其他植物类型对颗粒物有更强的捕获效率。林冠层能够通过增加局部风速，来增加湍流沉积和碰撞的过程。Fritschen 和 Edmonds（1976）的研究证明了森林系统中，湍流和风速与颗粒物沉降的关系显著。Croxford 等（1996）对城市环境的研究也得出了相似的结论，即复杂的表面结构有利于增加更复杂的空气湍流的模式。这些研究都说明森林植被能够提供粗糙表面，增加湍流的复杂性，提高表面的边界阻力，从而对颗粒物的沉降有积极作用。

1.3 林分结构对生态水文功能的影响研究进展

优良的系统结构能够发挥较好的系统功能（杨春时，1987）。物种的不同组成及其在所在空间内的分布规律则共同构成了群落的空间结构，群落各个空间结构单元间的相互作用则会对其功能造成不同的影响。森林结构不同则其功能也不同，研究林分结构对生态水文功能的影响，为林分经营构建和生长发育更新以及深入了解林分类型与环境的关系提供理论依据，具有重要意义。

林木树种配置结构等非空间结构和林分空间配置结构对森林的生态水文功能均有一定影响。林分结构和功能的研究最早始于水源林树种的筛选以及林分结构优化调整方面的研究（车克钧和傅辉恩，1998）。中野秀章（1983）认为，水源涵养的理想林种是异龄复层针阔混交天然林，其对流域的理水调洪作用最好。林文镇（1982）总结得出除过熟林外，林龄越高，水源涵养林蓄水功能越大。王永安（1989）认为，森林水源涵养功能的大小取决于森林的密集程度、林下枯落物厚度和土壤非毛管孔隙度的多少和大小。孙立达和朱金兆（1995）认为，水源涵养由林冠对降雨截留、枯落物对穿透降雨截留和土壤层的拦蓄截留三部分作用组成。此外，在通常情况下，纯林的稳定性低于混交林；同龄林的稳定性低于异龄林；林分内群落的垂直结构越复杂，越具有比较发达的灌木层和草本层，物种多样性越高，生物调节能力就越强，群落的稳定性就越高，这样的结构才具有较高的涵养水源功能（李金良和郑小贤，2004）。周择福等（2006）研究了不同构建密度林分的生态防护功能，得出为使水源发挥更大的生态效益，必须对林分密度进行合理调控。国内外大多实验的研究成果表明，应根据不同立地条件谨慎选择速生乡土树种，树种应具有适应性广、抗性强、寿命长、防护效益和经济效益高的特点，营造乔灌草合理搭配的针阔混交林（余新晓和甘敬，2007）。

目前，国内关于林分结构对生态水文功能的影响研究大多集中在以林分的树种配置、林龄、林分密度、植被覆盖度、直径结构等非空间结构指标或者乔木层、灌木层、土壤层垂直结构为出发点来探究林分结构与功能的关系；另外还有通过遥感影像分类编制森林资源分布图等技术手段来研究林分结构与功能的关系，如赖玫妃和刘健（2007）利用 ERDAS 软件对闽江流域遥感影像图进行处理，为调整区域森林结构的分布格局和营林造林提供依据，同时也为充分发挥森林的功能提供依据。早期，王永安（1989）提出的五层林分结构模式对当时的国内林分结构单一、稳定性差的人工水源林结构改造具有非常重要的指导意义。

1.3.1 林分结构对涵养水源功能的影响研究

林分结构发挥着重要的生态水文效应。林分结构通过改变降雨分配格局、改变坡面产流机制和汇流路径、改良土壤结构，来影响林分截留、土壤入渗、林地蒸散、地表径流和壤中流等水文过程及森林生态效应。林分结构对涵养水源功能的影响主要表现在对林分的林冠层、林下灌草层、枯落物层和土壤层等功能层次的作用上（孙立达和朱金兆，1995）。

林冠层涵养水源能力主要取决于林分起源、树种组成、林层、年龄、物种多样性等指标，不同的林分结构其林冠层的涵养水源能力差异较大，通常情况下，天然林林冠层截留持水量最大，天然次生林次之，人工林地最小；林冠层截留持水量较大的林分为针叶林，其次是针阔混交林，阔叶林最小（温远光和刘世荣，1995；刘世荣等，2003；宋秀瑜，2006）。研究表明，相同密度的林分，林冠层降雨截留率随林龄的增大而增加，而相同林龄不同密度的林分，林冠层截留差异也较大（Kittler and Hancock，1989）；不同的林分郁闭度及林冠层厚度等对截留率的影响同样较大（时忠杰等，2009）。

林冠层作为降水输入接触的第一层面，林冠层结构特征对截留量的大小起着关键作用。林冠层郁闭度、枝干特征（面积、生物量和形态等）、枝干角度和数量均决定着林冠层饱和持水能力（Levia et al.，2015；Li et al.，2016；Li X et al.，2015），但是准确地量化林分的结构特征很难（Crockford and Richardson，2000）。目前涉及的林分结构参数对林冠截留影响的相关研究已有不少（表 1-1）。

表 1-1 涉及林分结构参数的林冠截留研究

参考文献	研究地点	树种/林分	林分结构参数
Crockford 和 Richardson（1990）	澳大利亚	桉树（*Eucalyptus robusta* Smith）和新西兰辐射松（*Pinus radiata*）	LAI 和生物量
Klaassen 等（1998）	荷兰	花旗松（*Pseudotsuga menziesii*）	LAI
Marin 等（2000）	哥伦比亚	四个成熟林分	冠层孔隙度、树冠面积和树皮纹理
Toba 和 Ohta（2005）	西伯利亚和日本	欧洲赤松（*Pinus sylvestris*）、落叶松（*Larix gmelinii*）、赤松（*Pinus densiflora*）等	植物面积指数、林分密度、树高和直径
Dietz 等（2006）	印度尼西亚	可可树（*Theobroma cacao*）	树高和 LAI
Šraj 等（2008）	斯洛文尼亚	鹅耳枥（*Carpinus orientalis croaticus*）、柔毛栎（*Quercus pubescentis*），白蜡（*Fraxinus Drnus*）	LAI
殷晖（2009）	中国	冷杉［*Abies fabri*（Mast.）Craib］	LAI、树体管道参数和郁闭度
Mazza 等（2011）	意大利	意大利石松（*Pinus pinea* L.）	LAI
Molina 和 Del Campo（2012）	西班牙	地中海松（*Pinus halepensis*）	LAI、植被覆盖度、边材面积和密度
田凤霞等（2012）	中国	青海云杉（*Picea crassifolia*）	LAI 和开阔度
Zimmermann A 和 Zimmermann B（2014）	巴拿马	次生林	树冠开阔度和边材面积
Teale 等（2014）	哥斯达黎加	巴西红厚壳（*Calophyllum brasiliense*）	LAI
Peng 等（2014）	中国	青海云杉、祁连圆柏（*Sabina przewalskii*）、金露梅（*Potentilla fruticosa*）和鬼箭锦鸡儿（*Caragana jubata*）	PAI 和郁闭度
Li 等（2015）	中国	樟子松（*Pinus sylvestris* var. *mongolica*）	树干直径
Sun 等（2018）	中国	油松（*Pinus tabuliformis*）、侧柏（*Platycladus orientalis*）、栓皮栎（*Quercus variabilis*）	LAI、郁闭度和生物量

注：PAI，植物面积指数，PAI=LAI+WAI；WAI（wood area index），树干面积指数。

从表 1-1 列举的林分结构参数可知，叶面积指数（leaf area index，LAI）是最常用的一个表征冠层结构特征的参数，但是关于叶面积指数对林冠截留的影响，不同学者研究结论不一致。一些研究结果表明，叶面积指数与穿透雨呈负相关关系（Ponette-González et al.，2010；田凤霞等，2012；Molina and Del Campo，2012；Li Y et al.，2015）；然而 Dietz 等（2006）和 Teale 等（2014）认为，叶面积指数与穿透雨不相关。另外，目前关于林分结构参数与林冠截留的关系定性研究比较多，但定量耦合研究较少。

林下灌草层对降水具有降能和缓解径流的作用，其截留能力多与其植被覆盖度和林分郁闭度有关，研究表明，灌草物种丰富度或植被覆盖度最大的林分拥有较高的持水能力。吴钦孝和赵鸿雁（2002）研究表明，5～7 年生沙棘灌草丛的降水截留率为 8.5%～49%；成晨（2008）对缙云山不同水源林下灌草层的持水能力研究发现，灌草物种丰富度和植被覆盖度最大的稀树灌木丛的持水能力最强，而郁闭度极高的广东山胡椒杉木林和马尾松火烧迹地内灌草持水性最差，原因是林分郁闭度高，林下灌草稀少，而火烧迹地内物种破坏严重，灌草种类和数量都相对较少。

枯落物层涵养水源能力主要取决于枯落物层厚度及储量，枯落物的分解程度、组成类型以及分解层与半分解层持水量的差异性等均会造成枯落物持水量的差异（赵洋毅，2011）。研究发现，枯落物层涵养水源能力还具有明显的时间和空间差异性，其受到如林分类型、枯落物组成、降雨特点、林分结构等因素的影响，另外与森林流域产流量关系较大（王佑民，2000；杨吉华等，2007；何常清等，2006）。各种森林枯落物的最大平均持水率为309.54%，其吸持水量可达自身干重的2～4倍（刘世荣等，1996；张振明等，2005）。还有研究发现，枯落物截留量也与树种的叶片质地有关，叶片质地粗糙的林分枯落物截留量也大，可截留降水量的50%～70%。

土壤层涵养水源功能主要由土壤的蓄水能力和渗透性能决定，而这两方面除与土壤的毛管孔隙度、非毛管孔隙度、厚度等物理性状关系显著外，林分结构对土壤的涵养水源功能的影响同样较大。例如，陈红跃等（2006）对东江不同混交组合水源林土壤持水能力研究得出，树种配置结构不同对土壤的持水性影响差异较大，都要好于马尾松纯林。张保华等（2002）研究发现，成熟林地土壤持水性和渗透性最好，过熟林地和采伐迹地的最差。此外，林地物种多样性对土壤的涵养水源能力也有影响，物种多样性降低则土壤的涵养水源能力会降低（韩艺师等，2008）。

林分结构对产流的影响，选取的结构参数多为植被覆盖度，研究表明，森林植被覆盖度的增加会有明显的减流效果（Branson and Owen，1970；于国强等，2009）。除植被覆盖度外，另一个常用的研究参数为LAI，已有研究表明，LAI与径流量呈负相关（Vasquezmendez et al.，2010；吕锡芝，2013）。

总结目前国内外关于林分结构生态水文效应的研究，主要存在以下几个问题：

（1）仅考虑了林分非空间结构特征的影响而未关注空间结构特征的影响。

森林水文效益的研究多从森林的垂直层次去分析，但林分植被结构特征、根系分布以及土壤结构形态会显著影响水分的空间分布。林分内林木的生长状况以及林木个体在水平方向的排列形式会对水循环产生何种影响还未知。森林经理学上的林分结构，不仅仅是指树种构成和密度等这些仅以数量特征表达的林分结构，而且引入相应的林分空间结构信息，可以对林分水平方向上的非均一性、非同质性和非规则性进行描述（惠刚盈和胡艳波，2001；汤孟平，2003）。这些空间结构特征可表征林木与相邻木之间的相互关系，反映光照、气候和竞争等综合作用的结果，在理论研究上或实践上均对指导林分经营均有重要作用（Moeur，1993）。因此，本书特引入空间结构参数来量化结构特征，探究林分空间结构对水文过程的影响。

（2）多注重单一因素对局部水文过程的影响，缺少整体及多因素的定量化分析。

目前，对于地表植被水文效应的大尺度研究，在空间范围内多将植被属性概化为某一参数［如LAI、归一化植被指数（NDVI）等］，而没有对植被覆盖细部因素深入考虑；在坡面尺度上，由于过程的复杂性及多因素非线性耦合的综合效应，多关注某一植被要素对某一水文过程的影响，如林冠的截留效应。前文看到关于林冠截留的研究较多，关于其他水文过程的研究就较少。林分水文效应在垂直尺度上可分为地上植被层、地表层和地下层三个层面，目前地上植被过程研究比较深入，地表径流及地下水过程研究相对滞后，出现地上水文过程和地下水文过程分离的现象。若辨识坡面水文过程与植被和土壤相互作用的关键主导因子，需加强对坡面地表径流和地下径流相互转换的研究。

（3）相对野外观测实验而言，数值模拟技术亟待加强。

目前，国内外关于林分结构坡面水文效应的研究多采用野外观测和对比、统计的分析方法，尚缺乏针对性的数值模型，唐政洪等（2002）和李文杰等（2012）概化下垫面因素。黄新会等（2005）在黄土高原区均建立了坡面水文模型，在特定区域得到了较好的运用。但是，这些坡面水文模型一般将植被因素概化为一个综合的覆被参数（袁飞，2006；张会兰等，2010），而较少关注覆被物具体特征对水文过程的影响。针对林分结构水文效应的数值模拟，少有学者尝试。这是因为植被特征很难被概化，而且仅仅关注一个结构特征参数也是远远不够的。并且水文过程是一个相互影响的过程，仅关注结构特征对局部水文过程的影响也不全面，导致模型的应用和发展受到限制。应将数值模拟作为一种手段，结合野外观测同步进行，这样将有助于深入了解水文过程水分运移规律，更好地深入研究林分结构对水文过程的影响调控机制，这将是森林水文学未来一个重要的研究方向。

1.3.2 林分结构对保育土壤功能的影响研究

林分结构对土壤状况的影响表现在合理和优化的林分结构能够对土壤进行有效改良。陈绍栓（2002）对25年生杉木细柄阿丁枫混交林进行研究，结果表明，混交林对土壤的物理性质、养分含量、酶活性和涵养水源功能均有良好的作用。耿玉清（2006）针对北京山地森林结构不合理、稳定性差、服务功能不强的状况进行研究，发现天然异龄复层林的土壤健康状况好于华北落叶松人工林，而油松与阔叶的混交林土壤好于油松纯林，阔叶树种有利于土壤物理性质的改善。吕春花（2000）对子午岭不同演替群落进行研究，发现低级群落结构简单，物种多样性低的土壤质量状况较差，随着群落的恢复，物种丰富度和多样性越高、结构越复杂、群落等级越高的土壤质量状况则越好。王威（2009）通过对北京山区水源林结构与功能关系进行研究，得出异龄、复层、混交等趋于天然林结构状况为理想的林分模式，其对提高水源林生态功能作用明显。有研究表明，结构良好的森林植被可以减少水土流失量90%以上（王德连，2004）。

1.3.3 林分结构对净化水质功能的影响研究

林分结构对水质改善功能的影响，国内外在这方面进行了大量的研究。我国以及美国、日本、苏联等国家均研究发现，森林采伐方式的不同，使森林结构遭到破坏后对水质产生的影响不同（Gash et al.，1980；马雪华，1993；于志民和王礼先，1999；卢琦和李清河，2002）。森林对水质的净化机理是指林冠层、灌草层、枯枝落叶层和土壤层对水质都有一定程度的改变作用（王云琦等，2003）。大气经过林冠层和灌草层两个作用面时，降水中挟带的物质会与枝叶表面的吸附物或枝叶组织中的各种物质发生反应、交换，从而改变大气降水中的物质含量。林地枯枝落叶层对随水分穿过其间的各种物质进行着两种相反的过程，即过滤吸附与淋洗，使物质的浓度和挟带量发生变化。大气降水进入林地土壤层形成地表径流和壤中流，这两种径流能淋溶部分土壤成分和泥沙，且森林土壤结构复杂、疏松多孔、成分多样、微生物的分解作用强，使土壤的吸附过滤作用增强，同时又能降低某些物质的含量。森林结构的改变对林分中各层次的功能均会造成较大影响，进而影响到森林对水质的改善功能。

1.3.4　林分结构对阻滞吸附 $PM_{2.5}$ 功能的影响研究

有研究证明，针叶树种比阔叶树种去除大气颗粒物更有效（Fergusson et al.，1980），高污染地区的阔叶树种主要依靠每年更新叶片来降低其年度累积的有毒大气颗粒物。然而，随着叶片的衰老，这些有毒物质可能在土壤中积累，造成其生理损伤，特别是对根系的伤害（Kahle，1993）。大部分针叶树种在整个冬天都有树叶，可以累积大气颗粒物。这就造成两方面的影响：一方面，针叶树种累积大气颗粒物普遍高于阔叶树种，从而使针叶树种能够更有效地改善城市的空气质量；另一方面，由于针叶树种累积更多的大气颗粒物，针叶树种上较高的毒素含量可能导致长期的和更严重的生理伤害。

一般情况下，树叶和树皮表面粗糙或具有黏性，会增加对大气颗粒物的捕获能力。叶片结构和表面粗糙度的变化会影响大气颗粒物的沉积模式。Burkhardt 等（1995）的研究表明，在风洞中，针叶林树种暴露于非常细的大气颗粒物中，其叶表面结构中气孔结构沉积的大气颗粒物明显比其他叶表面结构多。对于大气细颗粒物来说，叶表面粗糙度对其阻滞和吸附影响更大；对于大气粗颗粒物来说，叶片表面具有的黏性更能增加其滞留的可能性。

对于树木来说，其吸附大气颗粒物的临界载荷可以看作是造成物理损伤的大气颗粒物的积累量，即损伤的阈值。Farmer（1995）对植物吸附大气颗粒物的临界载荷进行讨论，Caborn（1965）的研究指出部分树种具有一定的机制，能够避免大气颗粒物造成损伤。这些机制包括改变萌芽或落叶的时间、受到损伤时产生新的枝条的能力等，这些树种能够更好地在雾霾条件下存活下来。此外，大气颗粒物可以通过气孔进入植物叶片，从而使部分大气颗粒物脱离大气环境（Thompson et al.，1984）。

关于大气颗粒物时空分布规律、下垫面和植物带对颗粒物沉降的影响以及植物滞尘能力的研究已经取得了一定的成果。通过对大气颗粒物的空间分布及不同下垫面大气颗粒物分布进行研究，已经得出森林植被对大气颗粒物的沉降和削减有积极作用。通过对林带和植物滞尘能力进行研究，得出研究区内哪些树种滞尘能力较强和哪些树种滞尘能力较弱。然而，目前关于大气颗粒物时空分布的研究数据是零散的、间断的，缺乏系统性和连续性。植物与大气颗粒物污染研究方面多集中于大气颗粒物对植物的负面影响，然而还有很多领域值得研究，如植物滞尘量和滞尘机理的研究，综合植物的滞尘量、抗逆性和空间配置的可实施性的研究等。

现有的研究虽然对森林植被对大气颗粒物具有明显的削减作用已有了明确的结论，但是量化植物对大气颗粒物的阻滞吸附作用、森林植被对颗粒物的削减机制、如何挑选和推荐树种优化空间配置还需要深入研究。未来的发展趋势将是针对不同树种 $PM_{2.5}$ 滞尘能力的定量研究，筛选出有效治理 $PM_{2.5}$ 等颗粒物的适宜树种，找到森林阻滞 $PM_{2.5}$ 等颗粒物的优化配置理论技术。

综上所述，在同一森林类型的不同层次上，各层次对生态水文功能的发挥均会产生影响；因此，对典型林分的结构特征及其与生态水文功能关系进行深入研究，对维持森林功能稳定发挥方面具有重要意义。

第2章　研究区概况

2.1　三峡库区（重庆）基本概况

重庆是我国的直辖市之一，位于西南部长江上游，四川盆地东部，属于青藏高原与长江中下游平原的过渡地带，地跨105°11′～110°11′E、28°10′～32°13′N。重庆东部毗邻湖北、湖南两省，南接贵州省，西靠四川省，北部与陕西省相邻，全市东西长470 km、南北宽450 km、辖区总面积8.24万km^2，为北京、天津、上海三市总面积的2.39倍，是我国面积最大的城市，截至2017年12月31日，重庆辖26个区、8个县、4个自治县；2021年，重庆常住人口为3212.43万人。

重庆市境内地貌类型复杂多样，各种地貌类型较齐全，且山地面积广大。按形态类型划分，山地约占全市面积的60%，丘陵约占全市面积的30%，平原（平坝、缓丘）约占全市面积的10%。其中，西部区域主要分布低山丘陵，经济活动以农业生产为主，人类活动频繁造成该区域自然植被覆盖度低，土壤侵蚀严重，土壤侵蚀模数最高可达5566.27t/（km^2•a）；中部为平行岭谷区，是森林与农业区的交错地带，天然林地与农田相嵌分布；北部、东部和南部为中低山区，海拔较高，地势起伏大，因此植被、水热和土壤等呈现较明显的垂直地带性分布，该地区人类活动少，森林覆盖度高，保存有较完整的亚热带森林景观。重庆按照海拔可以大致分为四级，第一级海拔2200 m以上，以大巴山、金佛山为代表，由于受后期剥蚀破坏，地表破碎，残存面积不大。第二级海拔约2000 m，以齐岳山、方斗山、仙女山、白马山等为代表，面积较大，顶部除齐岳山的黄水为侏罗系红层组成外，其余均为碳酸盐岩组成，地表起伏较为缓和。第三级海拔约1000 m，方斗山以西以背斜低山脊线为代表；方斗山以东以雷公盖、桑柘坪、毛坝盖等台地为代表。第四级海拔400 m左右，盆东平行岭谷以丘陵顶面为代表。

重庆的主要河流有长江、嘉陵江、乌江、涪江、綦江、大宁河、阿蓬江、酉水河等。长江干流自西向东横贯全境，流程长达665 km，横穿巫山三个背斜，形成著名的瞿塘峡、巫峡和湖北的西陵峡，即举世闻名的长江三峡；嘉陵江自西北而来，三折于渝中区入长江，乌江于涪陵区汇入长江，有沥鼻峡、温塘峡、观音峡，即嘉陵江小三峡。

重庆属于亚热带湿润季风气候类型区，立体气候明显，气候温和，无霜期116～361天，年平均气温为 8.0～18.9℃，冬季平均最低气温为 6～8℃，夏季较热，7 月和 8 月日最高气温均在 35℃以上。重庆降水充沛，湿度大，年降水量 880～1700 mm，空气相对湿度 78%～89%，春夏之交夜雨尤甚，因此有“巴山夜雨”之说；年日照时数 1100～1610 h，重庆雾多，年平均雾日是 104 天，璧山的云雾山全年雾日多达 204 天，堪称“世界之最”。

重庆广泛分布黄壤，属亚热带四川东北部盆地山地黄壤区。重庆地质地貌类型丰富，生物种类多样，亚热带气候特征明显，在这些因素的综合作用下，形成多种土壤类型，森林土壤类型主要有黄壤、紫色土等。

重庆森林覆盖度高，广泛分布亚热带森林。重庆植被丰富，拥有高等植物 6000 余种，主要乔木树种包括：马尾松、杉木、栎类、柏木、杨树、云杉、巴山松、冷杉、铁杉、桦木等；主要经济树种包括：柑橘、梨、桃、猕猴桃、银杏、柚、李、杏、板栗、核桃、杜仲、漆树、柿等；竹资源主要包括：水竹、方竹、观音竹、慈竹、毛竹等。重庆有众多的国家重点保护植物，如银杉、崖柏、红豆杉、水杉、珙桐等，计 59 科 105 属 127 种。

2.2 缙云山试验区概况

缙云山位于重庆市北碚区嘉陵江小三峡之温塘峡西岸，距重庆市中心 35km，为华蓥山腹式背斜山脉分支的一段，地理坐标为 106°17′～106°24′E、29°41′～29°52′N，土地总面积为 7600 hm^2。

2.2.1 地形地貌

缙云山国家级自然保护区地质构造属川东褶皱带华蓥山帚状弧形构造。褶皱带在白垩纪末期古今纪初的四川运动形成，地层有三叠系、侏罗系和第四系地层。褶皱带由三个背斜、两个向斜构成。其中，背斜包括温塘峡背斜、观音峡-中梁山背斜和牛鼻峡背斜，三个背斜以西北—东南依次排列。两个向斜位于背斜之间，包括北碚向斜和澄江向斜，这两个向斜形成谷地。嘉陵江由西北向东南横切三个背斜和两个向斜，因而形成有“嘉陵江小三峡”之称的三个险峻的峡谷，即牛鼻峡、温塘峡、观音峡，两岸山岭高峻，奇峰突起，与长江相似。缙云山属于温塘峡背斜的一部分，南段为箱形山脊，顶部平缓。其海拔介于 200～952.2 m，相对高差 752.2 m。缙云山的东翼较陡，坡度 60°～70°，西翼较缓，坡度 20°左右，因此两翼植物和植被有所不同。

2.2.2 气候特征

缙云山气候温和，夏热冬暖，年平均气温 13.6℃，具有典型的亚热带湿润季风气候特征，＞10℃年积温为 4272.4℃，夏季多伏旱，最热月（8 月）平均气温 24.3℃，最高温一般超过 35℃；缙云山降雨丰富，气候潮湿，年平均降水量 1611.8 mm，最高年降水量 1783.8 mm，相对湿度年平均值 87%，降雨主要发生在 4～9 月，降水量 1243.8 mm，占全年的 77.2%；缙云山多雾，日照时数少，年平均雾日数高达 89.8 天，年平均日照时数则低于 1293 h。

2.2.3　水文特征

缙云山位于长江和嘉陵江两江之间，地表水系十分复杂，主要河流有长江、嘉陵江、綦江、涪江、乌江、大宁河等。其中，长江、嘉陵江穿过重庆主城区，在渝中半岛处嘉陵江汇入长江。长江重庆段总长度 665 km，自西向东贯穿重庆全境，横穿巫山，形成著名的长江三峡［瞿塘峡、巫峡、西陵峡（位于湖北省境内）］。缙云山东南部和西北部分布有梳状水系，包含有众多平行排列的河流与冲沟。冲沟大多数（12 条）有常年流水，且大多为直线形幼年冲沟，长度介于 0.7～1 km，最长 1.8 km，最短 0.5 km；沟谷多为“V”形，谷宽介于 10～50 m。缙云山西北部的山泉全部归入璧北河（运河）；东南部的山泉则以黑石坪为界，向东北汇入马鞍溪，西南汇入龙凤溪；璧北河、龙凤溪和马鞍溪最终汇入嘉陵江。

2.2.4　土壤特征

缙云山地形平缓，土层深厚，土壤肥力高。山脊及两翼分布有黄壤（自然条件下）及水稻土（人为影响下），其中地带性土壤为酸性黄壤，保存较完好，分布面积 1382.2 hm^2，其剖面为黄色，其上生长有多种常绿阔叶、针叶、竹类等植被。土壤养分中多缺磷，普遍具有黏或砂、抗蚀能力弱等特性。水稻土面积 40.9 hm^2，海拔较低，多分布在海拔较低的林地周边的农田。

2.2.5　植被特征

缙云山作为亚热带森林生态系统的天然本底，有多种具有代表性的生态系统，有大面积的常绿阔叶林，是典型亚热带常绿阔叶林生态综合体的物种基因库，森林覆盖率高达 96.6%。在长江流域，缙云山有相对稳定的生态系统和典型的亚热带常绿阔叶林景观，其物种多样性非常丰富。

植被群落类型属亚热带常绿阔叶林，植被类型可划分为亚热带常绿阔叶林、暖性针叶林、竹林、常绿阔叶灌丛、灌草丛和水生植被 6 种植被类型。外貌上林冠较平整，群落可分为乔、灌、草三个层次。乔木层只有 1～2 层，上层林一般高 20 m 左右，30 m 以上的很少。其树种主要有樟科（Lauraceae）、山茶科（Theaceae）、壳斗科（Fagaceae）等，林冠下层优势种的科多属于杜鹃花科（Ericaceae）、蔷薇科（Rosaceae）、茜草科（Rubiaceae）、豆科（Leguminosea）、冬青科（Aquifoliaceae）、大戟科（Euphorbiaceae）、忍冬科（Caprifoliaceae）等。林下的灌木层比较稀疏。草本层以蕨类植物占优势，常见有附生和藤本植物。此外，还分布有一些珍贵树种，如水杉（*Metasequoia glyptostroboides*）、鹅掌楸（*Liriodendron chinense*）、银杏（*Ginkgo biloba*）、桫椤（*Alsophila spinulosa*）等。常绿针叶树种分布有杉木（*Cunninghamia lanceolata*）、马尾松（*Pinus massoniana*）、柳杉（*Cryptomeria fortunel*）等。缙云山区系起源古老，特有性显著，物种稀有性程度高，在环境保护、教学、科研以及旅游等综合利用方面均具有非常高的价值。

第 3 章　研究区典型林分结构特征

缙云山国家级自然保护区位于重庆北部水源区，保护区内的林分主要是水源涵养林，水源涵养林面积约为 1112.7 hm^2。基于缙云山森林资源规划设计调查（简称二类调查）的资料，利用 ArcGIS 9.3 勾绘底图，确定缙云山主要林分分布情况，研究区森林的优势树种主要包括马尾松林、杉木林、四川大头茶林、栲树林、山矾林、毛竹林、平竹林和苦竹林（图 3-1），其中以马尾松林、杉木林、大头茶林、栲树林和毛竹林的分布最广泛。

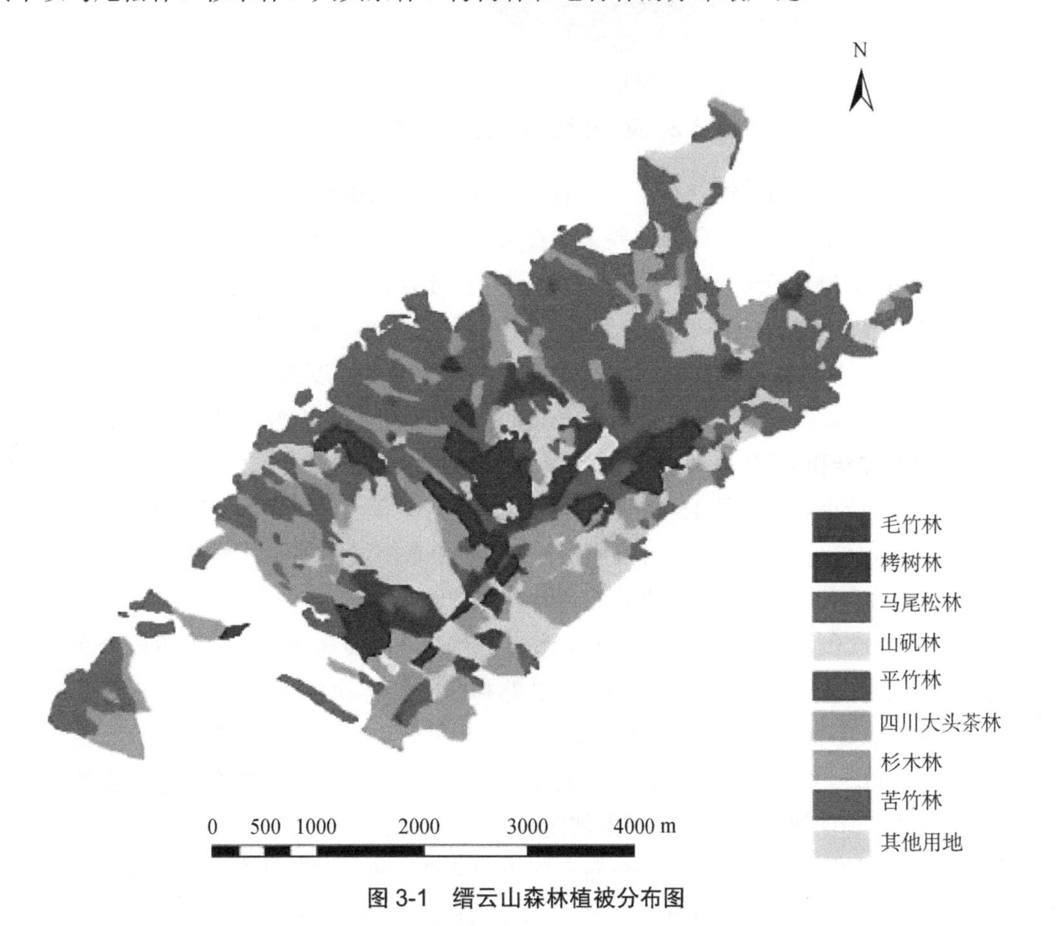

图 3-1　缙云山森林植被分布图

图 3-2 可以看出，缙云山分布最广的是马尾松林，仅马尾松林就占了整个区域的45.78%，其余依次为四川大头茶林（20.77%）、栲树林（12.22%）、杉木林（10.79%）和毛竹林（8.21%），而苦竹林、山矾林和平竹林三种林分分别仅占总面积的0.96%、0.78%和0.49%。缙云山植被类型丰富，是重庆地区生态环境重要的屏障。因此，研究重庆北部水源区水源涵养林对三峡库区森林的建设和管理具有重要的意义。

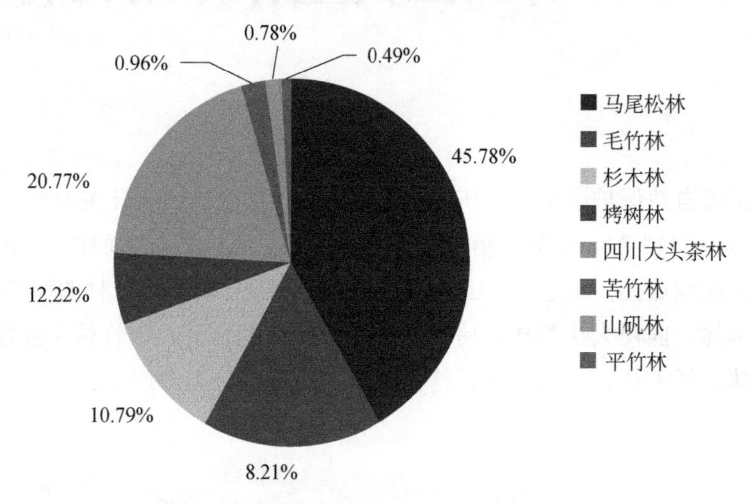

图 3-2　重庆市缙云山主要林分类型分布

从缙云山林分的空间总体分布格局来看（图 3-3），缙云山林分的分布随地形因子的变化具有明显特征性。林分的海拔分布主要集中在 400～900 m 之间，占林分总面积的 88.18%，以 400～600 m 和 700～950 m 这两个海拔范围的林分分布最为广泛，分别占林分总面积的42.31%和 33.62%，海拔 600～700 m 的林分分布占 12.25%，分布在 300 m 以下的林分很少，仅占林分总面积的 1.61%；林分的坡度分布主要集中在坡度为 20°以上的坡面上，占林分总面积的 87.40%，以 26°～30°之间的分布面积最大，占 31.43%，其次分别是在坡度为21°～25°、31°～35°和＞36°的分布，分别占 25.63%、18.07%和 12.27%，坡度在 20°以下的水源林分布比例较小，特别是 15°以下的分布比例最小，仅占林分总面积的 3.01%；从林分随坡向的分布情况来看，主要分布在西北坡、北坡和东南坡向地区，分别占林分总面积的49.74%、18.51%和 11.66%，以西北坡的分布比例最大。

从林分的龄组和郁闭度分布可以看出，缙云山林分从中龄林到成熟林各阶段分布比较均匀，分别占 36.31%、31.90%和 25.30%。过熟林和幼龄林比例很小，分别仅为 3.22%和3.27%，说明缙云山林分龄组生长规律较好，有利于林分生长。林分的郁闭度分布主要集中在 0.6～0.8 之间，占总面积的 93.62%，其中郁闭度在 0.7 的林分达整个林分面积的一半左右，占 50.32%，说明缙云山林分已基本郁闭。

综上可知，林分主要分布特点是分布于低山中陡坡、西北和北坡向地区。林分年龄结构分布主要集中于中龄林、近熟林和成熟林，林分已基本郁闭。

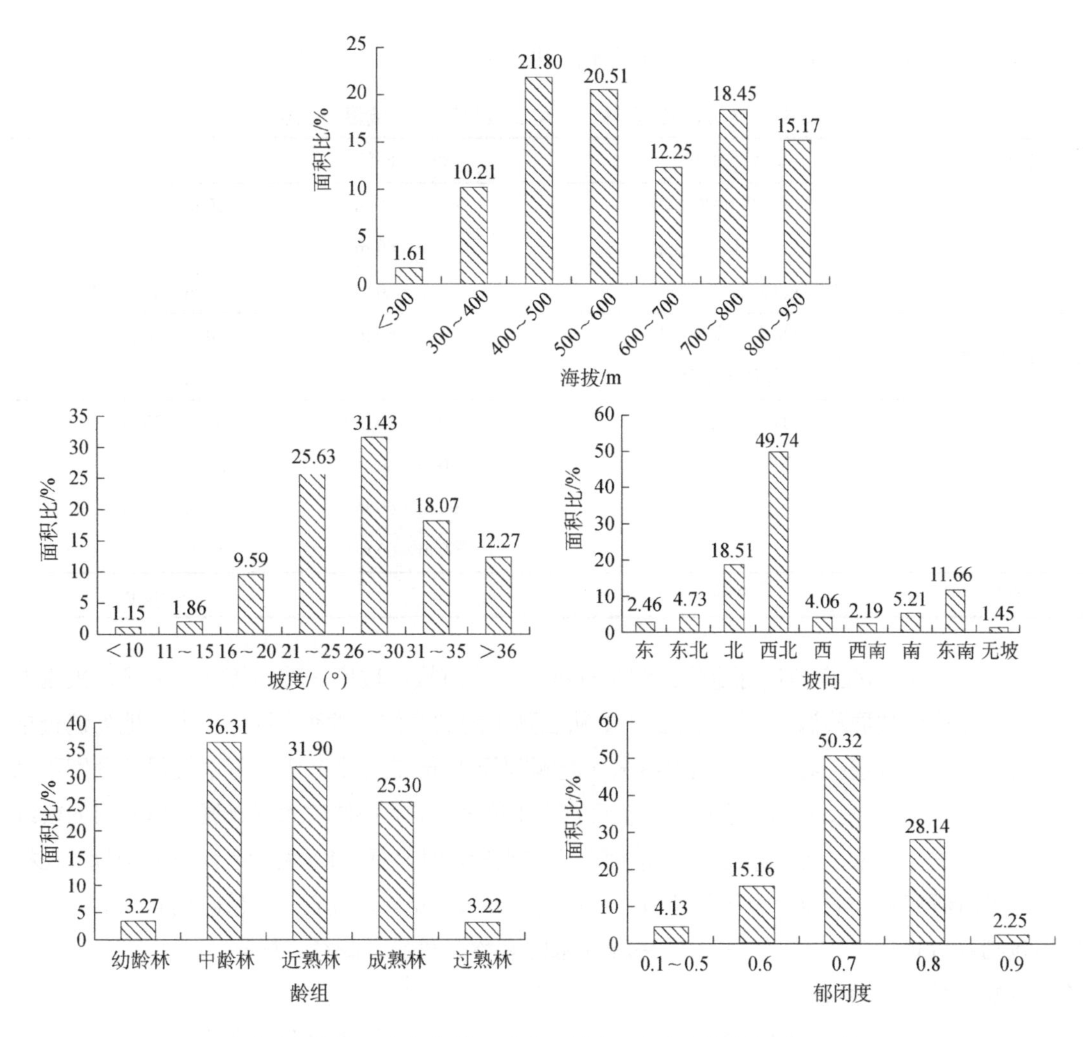

图 3-3 缙云山林分海拔、坡度、坡向、龄组和郁闭度分布概况

3.1 实验设计与研究方法

3.1.1 样地设置及调查

缙云山林分包括乔木层、灌木层和草本层三个层次，各层次分别存在各自的优势种。各林分类型中，以乔木层的优势种为建群种。依据缙云山森林群落建群种的数量、影响程度以及植被的水平和垂直地理分布特征，同时参考缙云山森林类型的分布格局，在区域内选择 3 种分布最广泛的典型的植被群落，即针阔混交型、常绿阔叶型和竹林群落，其中竹林群落选择缙云山分布面积最广和最具代表性的毛竹林群落为研究对象。共筛选出 9 种典型林分类型（表 3-1），每种林分类型设置 1 个 60 m×60 m 的方形大样地，使用罗盘仪和测绳按一般方法进行标准样地的边界测量，并在四个角点设小水泥桩进行标识，采用相邻网格法，再将每个大样地划分为 4 个 30 m×30 m 的标准样地，共计 36 个。

表 3-1　缙云山典型林分类型及其标准样地数量一览表

群落类型	典型林分类型	大样地面积	标准样地面积及数量
针阔混交型	马尾松阔叶树混交林	60 m×60 m	30 m×30 m；4 个
	杉木阔叶树混交林	60 m×60 m	30 m×30 m；4 个
	马尾松杉木阔叶树混交林	60 m×60 m	30 m×30 m；4 个
常绿阔叶型	四川大头茶混交林	60 m×60 m	30 m×30 m；4 个
	栲树混交林	60 m×60 m	30 m×30 m；4 个
竹林	毛竹马尾松混交林	60 m×60 m	30 m×30 m；4 个
	毛竹杉木混交林	60 m×60 m	30 m×30 m；4 个
	毛竹阔叶树混交林	60 m×60 m	30 m×30 m；4 个
	毛竹纯林	60 m×60 m	30 m×30 m；4 个
合计	9 种	—	36 个

利用 GPS 对标准样地进行定位，测定标准样地的海拔、坡度、坡向等立地因子，采用典型样方法进行植被群落调查，按从左到右、从上到下的顺序依次调查，以每个小样地为调查单元。对乔木层的调查：对标准样地内树木（起测胸径 3 cm 的乔木）进行每木检尺并分别用网格进行全林定位，坐标原点以每个调查单元的西北角来记录，每株树木在该调查单元内的横纵坐标用皮尺进行测量，横坐标（X）表示南北方向坐标，纵坐标（Y）表示东西方向坐标。在样地中记录所研究林分的每个个体的位置，坐标值用距离（m）直接表示（精确到 0.1 m），调查指标包括林分郁闭度、密度、林龄、每种乔木的名称、数量、胸径、树高、东西和南北冠幅等。冠幅测量时，对每株检尺木用皮尺按北、东、南、西四个方位测量冠幅半径，测量精确到 0.1 m；胸径测量时，用围尺逐株测定胸径，精确到 0.1 cm；用勃鲁莱测高器逐株测定树高，精确到 0.1 m。对灌木层、草本层的调查：将每个 30 m×30 m 的标准样地进一步划分成 10 m×10 m 更小的样方，通过调查，记录每个灌木和草本种的名称、数量、多度、植被覆盖度和高度等。在每块 30 m×30 m 标准样地内沿对角线选取若干个 50 cm×50 cm 枯落物样方，除去样方内植物活体部分，进行枯落物厚度和现存量的调查，最后计算得出每种典型林分样地的枯落物储量，分别收集未分解层和半分解层的枯落物，装入密封塑料袋，带回实验室。

3.1.2　林分结构参数测定及计算

林分结构通常包括非空间结构及空间结构等。林分的树种、直径、树高结构等属于林分的非空间结构；空间结构主要是指某一种群个体在其生存空间内相对静止的散布形式。由于林分结构包含着林分的大量信息，通过掌握林分结构特征来获取各种信息，能够为森林的经营和管理提供一定的科学依据。林分结构的阐明无论是在理论研究上还是在实践应用上均具有重要意义，对制定正确的林分经营措施来最大限度地发挥林分功能是十分有益的。

不同的林分结构对应着不同的林分功能；反之，林分功能的强弱能够反映其结构是否具有合理性。因此，为能全面反映林分的结构特征，研究林分结构时应该同时包括非空间结构和空间结构，本书研究林分结构的指标有树种组成、直径分布、树高分布、多样性指数（Margalef 丰富度指数、Shannon-Wiener 多样性指数、Simpson 优势度指数、Pielou 均匀度指数）、直径大小比数、混交度、角尺度、方差均值比率和聚集度指数，常用这 12 个指标来对缙云山典型林分的结构进行定量和定性综合分析（惠刚盈和 Gadow，2003；王威，2009），从而为构建和优化林分的结构模式及在更大程度上发挥森林的生态功能提供科学的理论依据。

1）直径和树高

对每种林分样地内乔木进行每木检尺，记录所有树种的直径和树高，计算每种林分的平均直径和树高。

2）LAI

2013 年在生长季 4～10 月每个月的上、中、下旬选择一个阴天（避免阳光对测量误差的影响），采用植物冠层分析仪 LAI-2200（LI-COR，USA）测定各穿透雨测定点（自计雨量筒）垂直上方的 LAI 值。取 25 个样点的 LAI 均值作为林分的 LAI 值。

3）林分群落多样性特征参数

群落特征研究主要是集中研究林分内乔、灌、草结构，对林分乔、灌、草层次结构分析，常采用多样性指数来表征。多样性指数是研究植物群落组成结构的重要指标，本书选用目前使用较多的 4 个物种多样性指数：Margalef 丰富度指数（R）、Shannon-Wiener 多样性指数（H）、Simpson 优势度指数（D）、Pielou 均匀度指数（E），计算公式如下。

Margalef 丰富度指数（R）：

$$R=\frac{S-1}{\ln N} \tag{3-1}$$

Shannon-Wiener 多样性指数（H）：

$$H=-\sum_{i=1}^{S}\left(\frac{N_i}{N}\right)\ln\left(\frac{N_i}{N}\right) \tag{3-2}$$

Simpson 优势度指数（D）：

$$D=1-\sum_{i=1}^{S}\frac{N_i\left(N_i-1\right)}{N\left(N-1\right)} \tag{3-3}$$

Pielou 均匀度指数（E）：作为群落物种多样性指数的辅助指标。

$$E=\frac{H}{\ln S} \tag{3-4}$$

式中，S 为各群落的物种数目；N_i 为群落中某一层次第 i 个物种的重要值；N 为该层次所有物种的重要值之和。将群落各层次多样性指数加和得到群落物种总体多样性指数（章家恩，2006；张金屯，2004）。物种的重要值是一个综合指标，它较全面地反映了种群在群落中的地位和作用（郝占庆等，2002）。物种的重要值计算方法如下：

相对密度（%）=（某个物种的个数/所有物种的个数）×100%

相对优势度（%）=（某个物种的胸高断面积和/所有物种的胸高断面积和）×100%

相对植被覆盖度（%）=（某个物种的植被覆盖度和/所有物种的植被覆盖度和）×100%

频度（%）=（某个物种出现的样方数/样方总数）×100%

相对频度（%）=（某个物种的频度值/所有物种的频度值之和）×100%

乔木重要值=（相对密度+相对优势度+相对频度）/3

灌草重要值=（相对多度+相对植被覆盖度+相对频度）/3

4）林分空间结构特征参数

根据现代森林经理学的观点（惠刚盈和 Gadow，2003），应从以下 3 个方面来描述林分的空间结构：①树种的生长优势程度——大小比数（描述非均一性）；②林木个体在水平地面上的分布形式——角尺度（描述非规则性）；③树种的空间隔离程度——树种混交度（描述非同质性）。因此，本书使用大小比数、角尺度和树种混交度这 3 个参数来描述水源林的空间结构特征。

空间结构参数的定义和计算公式如下。

林分内任意一株单木和距离它最近的几株相邻木都可以构成林分空间结构单元，结合已有研究（汤孟平；2003），本文选定相邻木 n=4。

大小比数（U_i）：被定义为大于参照树的相邻木占 4 株最近相邻木的比例，它可以通过胸径、树高和冠幅 3 个因子来计算。因树高和冠幅受林分状况、地形条件的限制，其误差往往较大。与这两个因子相比，胸径的测量容易且更为精确，鉴于上述理由，本书以胸径来表示树种大小分化程度。其公式为

$$U_i = \frac{1}{4}\sum_{j=1}^{4} k_{ij} \tag{3-5}$$

式中，如果相邻木 j 比参照树 i 的胸径小，则 $k_{ij} = 0$；否则，则 $k_{ij} = 1$。

林分大小比数平均值（$\bar{U}$）计算公式为

$$\bar{U} = \frac{1}{t}\sum_{i=1}^{t} U_i \tag{3-6}$$

式中，$\bar{U}$ 为林分大小比数平均值；t 为所调查参照树的数量；U_i 为该树种第 i 株树木的大小比数。

U_i 值的可能取值范围及含义［图 3-4（a）］如下：U_i=0 表示参照树比周围 4 株相邻木均大；U_i=0.25 表示参照树比周围 4 株相邻木中的 3 株大；U_i=0.5 表示参照树比周围 4 株相邻木中的 2 株大；U_i=0.75 表示参照树比周围 4 株相邻木中的 1 株大；U_i=1 表示参照树比周围 4 株相邻木均小。分别以优势、亚优势、中庸、劣势和绝对劣势来描述这 5 种取值。

树种混交度（M_i）：参照树（林分内任意一株单木和距离它最近的几株相邻木都可以构成林分空间结构单元，参照树指结构单元核心的那株树）的 n 株最近相邻木中与参照树不属同种的个体所占的比例。

$$M_i = \frac{1}{4}\sum_{j=1}^{4} v_{ij} \tag{3-7}$$

式中，当参照树 i 与第 j 株相邻木非同种时，则 v_{ij}=1；否则，v_{ij}=0。

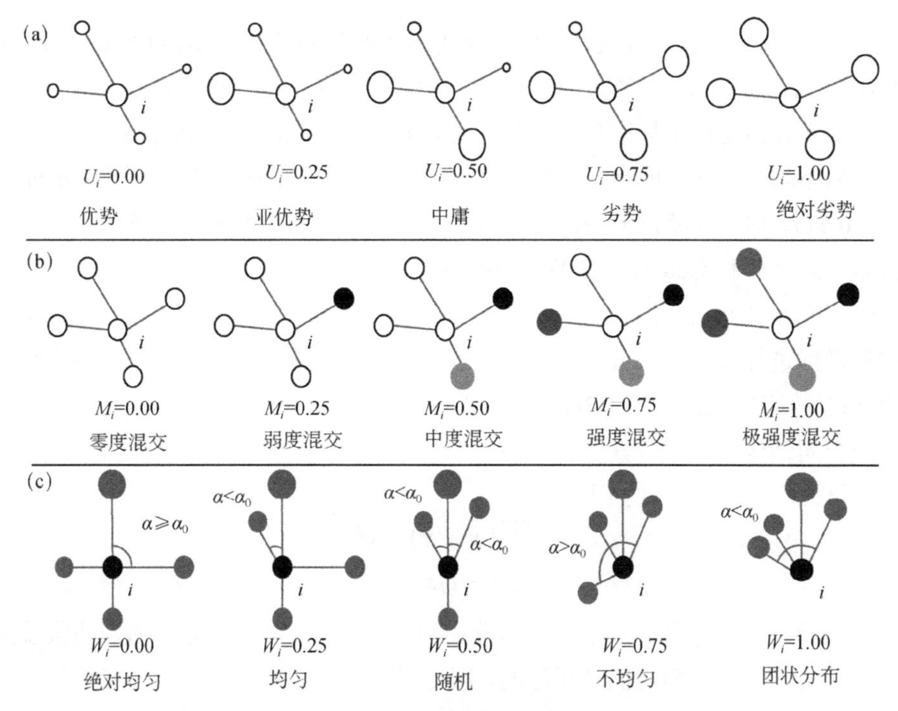

图 3-4　空间结构参数的数值含义

混交度不同颜色表示不同的树种；大小比数中不同大小的圆圈表示不同大小的树种；角尺度中，α为相邻木夹角，α_0为标准角

林分平均混交度（$\bar{M}$）计算公式为

$$\bar{M}=\frac{1}{N}\sum_{i=1}^{N}M_i \tag{3-8}$$

式中，$\bar{M}$ 为林分平均混交度；N 为林分总株数；M_i 为第 i 株树木的混交度。

M_i 的取值有 5 种［图 3-4（b）］，其含义如下：M_i=0 表示参照树与周围 4 株最近相邻木均属于同种；M_i=0.25 表示参照树与周围 4 株最近相邻木中的 1 株不属于同种；M_i=0.5 表示参照树与周围 4 株最近相邻木中的 2 株不属于同种；M_i=0.75 表示参照树与周围 4 株最近相邻木中的 3 株不属于同种；M_i=1 表示参照树与周围 4 株最近相邻木均不属于同种。分别用零度混交、弱度混交、中度混交、强度混交、极强度混交来描述这 5 种取值。

角尺度（W_i）：指α角［图 3-4（c）］小于标准角α_0的个数占所调查的最近相邻 4 个夹角的比例。结合已有研究成果（惠刚盈等，2004b），本节标准角α_0=72°，公式为

$$W_i=\frac{1}{4}\sum_{j=1}^{4}Z_{ij} \tag{3-9}$$

式中，当第 j 个α角小于标准角α_0时，Z_{ij}= 1；否则，Z_{ij}= 0。

林分角尺度平均值（$\bar{W}$）的计算公式如下：

$$\bar{W}=\frac{1}{n}\sum_{i=1}^{n}W_i \tag{3-10}$$

式中，$\bar{W}$ 为林分角尺度平均值；n 为林分内所有参照树 i 的总数；W_i 为第 i 株树木的角尺度。

角尺度 W_i 的可能取值范围及代表的意义［图 3-4（c）］如下：W_i=0 表示 4 个α角均不位于标准角α_0范围，为绝对均匀分布；W_i=0.25 表示 1 个α角位于标准角α_0范围，为均匀分布；W_i=0.5 表示 2 个α角均位于标准角α_0范围，为随机分布；W_i=0.75 表示 3 个α角均位于标准角α_0范围，为不均匀分布；W_i=1，全部 4 个α角均位于标准角α_0范围，为团状分布。当$\overline{W}$落于［0.475，0.517］时，为随机分布；当$\overline{W}$小于 0.475 时，为均匀分布；当$\overline{W}$大于 0.517 时，为聚集分布（惠刚盈和 Godow，2003；惠刚盈等，2004a）。

由于表征空间分布格局的指标较多，而且各指标测定结果所表征空间格局有时不一致，所以采用多指标进行综合对比分析，其结论才会可靠。因此，本书另外采用两个较常用的分布格局指标：方差均值比率（C）（Blackman，1942）和聚集指数（R）（Clark and Evans，1954），来对林分的空间结构进行综合评价和描述。

方差均值比率的计算公式如下：

$$C=\frac{\sum\left(x_i-\overline{x}\right)}{\left(N-1\right)\overline{x}}=\frac{s^2}{\overline{x}} \tag{3-11}$$

式中，N 为样方数；x_i 为每个样方中的林木株数。该方法建立在泊松分布的预期假设基础上，一个泊松分布的总体方差和均值是相等的，即 C=1。因此，可以初步得出，若 C＞1，则表示聚集分布；若 C＜1，则表示均匀分布。但方差均值比率的显著性需通过检验，这里采用 t 检验方法，t 值的计算公式如下：

$$t=\frac{\frac{s^2}{\overline{x}}-1}{\sqrt{\frac{2}{N-1}}} \tag{3-12}$$

通过查 N−1 自由度和 95%置信度的 t 分布表，进行显著性检验，当$|t|$≤0.05（N−1）时，为随机分布，否则为聚集分布。

相邻最近单木距离的平均值与随机分布下期望的平均距离之比即聚集指数（R），其作为一个单一的数量指标，常用于林分整体空间分布格局的适合性检验（Melinda，1993）。若 R=1，则林木为随机分布；若 R＞1，则林木为均匀分布；若 R＜1，则林木为聚集分布。R 与每一株林木的空间位置有关，也与样方大小有关。其计算公式如下：

$$R=\frac{\frac{1}{n}\sum_{i=1}^{n}r_i}{\frac{1}{2}\sqrt{\frac{10000}{N}}} \tag{3-13}$$

式中，r_i 为第 i 个林木个体到其最近相邻单个林木的距离；N 为每公顷株数；n 为样地林木株数。

林分空间结构运用森林空间结构分析软件 Winkelmass1.21 进行运算处理分析，主要计算的参数有角尺度、混交度、大小比数、直径分布、树高分布等。利用 Winkelmass 在计算 3 个空间结构参数时，为避免边缘效应对林分结构的影响，本研究设置了 5 m 缓冲区，每种林分样地的核心区面积为 50 m×50 m。

3.2 典型林分的树种组成结构特征

对林分调查发现，缙云山国家级自然保护区内的森林以天然林为主。林分的郁闭度较大，在 0.7～0.9。林下灌草的种类丰富，除毛竹纯林灌木层和大头茶林草本层的种类以及植被覆盖度相对降低外，其他林分的灌草种类和植被覆盖度均较大，植被覆盖度在 40%～80%。林下枯落物层厚度多在 3～5.5 cm，多为未分解及半分解状态，储量非常丰富。土壤均是由泥质砂岩发育而成的黄壤土，土层厚度均在 100 cm 左右。

树种组成常作为划分森林类型的基本条件，是森林的重要林学特征之一。美国和加拿大划分森林类型的植被分类法常以乔木树种组成为依据（Loehle et al.，2002）。林分内的各种树种形成混交共同生长的复杂结构，而树种组成不同和组成结构不同，导致生态学和生物学特性均存在一定的差异。研究林分的树种组成结构是制定目标结构和经营模式重要的基础研究内容。

3.2.1 马尾松阔叶树混交林树种组成特征

通过对 60 m×60 m 大样地调查，结果表明（表 3-2），马尾松阔叶树混交林（简称马尾松阔叶林）的林分密度为 2043 株/hm^2，乔木层共有 11 个树种，按株数多少排列，主要树种为：马尾松（*Pinus massoniana*）、广东山胡椒（*Lindera kwangtungensis*）、四川山矾（*Symplocos setchuensis*）、川杨桐（*Adinandra bockiana*）、四川大头茶（*Gordonia acuminata*）、香樟（*Cinnamomum camphora*）、栲树（*Castanopsis fargesii*）等。样地内的主要针叶树种为马尾松，占总林木的 32.11%，另外零星分布一些杉木，占 3.82%，阔叶树种所占比例为 64.1%，林分内针阔比为 4∶6，马尾松与阔叶树比为 1∶2。从每公顷断面积来看，所占比例大致为：马尾松：广东山胡椒：四川山矾+川杨桐+四川大头茶-香樟-丝栗栲-白毛新木姜子-杉木-细齿叶柃-虎皮楠=5∶3∶2。平均胸径和平均树高均以马尾松、香樟和丝栗栲较大，平均胸径分别为 20.2 cm、11.8 cm 和 11.3 cm，平均树高分别为 13.3 m、11.8 m 和 12.3 m。马尾松在该林分中占有绝对优势，每公顷断面积比例达 53.01%，平均胸径和平均树高均最大，其次是香樟和丝栗栲。虽然该林分中其他阔叶树每公顷断面积比例较小，但由于其林木株数总体较大，对林分整体功能作用影响同样显著。

表 3-2 马尾松阔叶林的林分基本概况

树种	密度/（株/hm^2）	占比/%	断面积/（m^2/hm^2）	占比/%	胸径/cm		树高/m	
					M	Sd	*M*	Sd
马尾松	656	32.11	417.30	53.01	20.2	8.69	13.3	3.00
广东山胡椒	344	16.84	258.75	32.87	6.6	4.73	6.8	3.78
四川山矾	289	14.20	42.13	5.35	5.3	2.00	5.1	1.65
川杨桐	189	9.25	25.00	3.18	6.8	3.75	8.2	3.80
四川大头茶	167	8.17	21.43	2.72	9.6	6.21	8.6	4.32

续表

树种	密度/（株/hm²）	占比/%	断面积/（m²/hm²）	占比/%	胸径/cm		树高/m	
					M	Sd	*M*	Sd
香樟	100	4.89	9.84	1.25	11.8	5.95	11.8	2.47
丝栗栲	89	4.36	7.13	0.91	11.3	4.28	12.3	3.61
白毛新木姜子	89	4.36	1.40	0.18	5.0	1.56	6.7	3.02
杉木	78	3.82	4.11	0.52	9.8	4.41	9.9	3.75
细齿叶柃	33	1.62	0.14	0.02	4.2	1.33	4.8	1.26
虎皮楠	9	0.44	0.01	0	7.4	2.21	9.1	2.02
全林分	2043	100	789.24	100				

注：*M* 为平均值，Sd 为标准偏差，下同。

3.2.2 杉木阔叶树混交林树种组成特征

杉木阔叶树混交林（简称杉木阔叶林）（表 3-3）的林分密度为 2367 株/hm²，乔木层共有 16 个树种，按株数多少排列，主要树种为杉木（*Cunninghamia lanceolata*）、丝栗栲（*Castanopsis fargesii*）、黄杞（*Engelhardtia roxburghiana*）、四川大头茶、广东山胡椒、滇柏（*Cupressus duclouxiana*）、四川山矾（*Synplocos setchuensis*）等。样地内的针叶树比例为 45.67%，树种为杉木和滇柏，所占比例分别为 40.05%和 5.62%。阔叶树种所占比例为 54.33%，林分内针阔比为 5∶6，杉木与阔叶树比为 2∶3。从每公顷断面积来看，所占比例大致为：杉木∶丝栗栲∶黄杞∶四川大头茶+广东山胡椒+滇柏-四川山矾-川杨桐-细齿叶柃-香樟-光叶山矾-白毛新木姜子-麻栎-薯豆-白栎-润楠=5∶2∶2∶1，杉木在该林分占绝对优势，每公顷断面积所占比例达 52.52%。从平均胸径和平均树高来看，该林分内高大和粗壮的树种较多，平均胸径大于 10 cm、平均树高在 10 m 以上的有杉木、丝栗栲、香樟和麻栎，其中麻栎株数很少，且均为成熟和过熟树种。虽然林分内阔叶树种类和株数均较多，但多数阔叶树种由于数量分布少或是小乔木，使得断面积比例很小。

表 3-3 杉木阔叶林的林分基本概况

树种	密度/（株/hm²）	占比/%	断面积/（m²/hm²）	占比/%	胸径/cm		树高/m	
					M	Sd	*M*	Sd
杉木	948	40.05	549.63	52.52	12.1	5.67	10.5	3.74
丝栗栲	311	13.14	193.82	18.52	14.3	7.37	10.9	3.97
黄杞	237	10.01	145.97	13.95	9.6	3.40	8.0	2.24
四川大头茶	207	8.75	70.76	6.76	7.1	3.38	7.6	2.07
广东山胡椒	148	6.25	35.83	3.42	7.3	1.58	7.0	2.27
滇柏	133	5.62	33.61	3.21	6.5	2.37	6.2	3.11
四川山矾	89	3.76	3.03	0.29	8.5	3.30	5.6	3.69
川杨桐	74	3.13	1.82	0.17	7.9	0.71	8.5	0.56

续表

树种	密度/（株/hm²）	占比/%	断面积/（m²/hm²）	占比/%	胸径/cm		树高/m	
					M	Sd	*M*	Sd
细齿叶柃	59	2.49	0.28	0.03	3.9	0.62	3.6	1.78
香樟	44	1.86	11.06	1.06	14.4	5.33	12	0.50
光叶山矾	44	1.86	0.15	0.01	3.8	3.11	4.0	2.18
白毛新木姜子	30	1.27	0.34	0.03	8.6	1.36	5.7	2.09
麻栎	19	0.80	0.26	0.02	11.5	1.76	11.1	2.32
薯豆	11	0.46	0.01	0.00	4.3	3.79	8.1	1.16
白栎	9	0.38	0.03	0.00	10.2	0.45	8.6	2.81
润楠	4	0.17	0.01	0.00	8.4	0.57	10.3	3.89
全林分	2367	100	1046.61	100				

3.2.3　马尾松杉木阔叶树混交林树种组成特征

马尾松杉木阔叶树混交林（简称马尾松杉木阔叶林）（表 3-4）的林分密度为 1800 株/hm²，乔木层共有 8 个树种，按株数多少排列，树种依次为马尾松、杉木、丝栗栲、四川大头茶、香樟、短刺米槠（*C. carlesii* var. *spinulosa*）、木荷（*Schima superba*）、白毛新木姜子（*Neolitsea aurata* var. *glauca*）。

表 3-4　马尾松杉木阔叶林的林分基本概况

树种	密度/（株/hm²）	占比/%	断面积/（m²/hm²）	占比/%	胸径/cm		树高/m	
					M	Sd	*M*	Sd
马尾松	553	30.72	561.67	59.33	17.6	10.36	13.2	3.64
杉木	435	24.17	193.92	20.49	12.0	5.55	11.7	3.86
丝栗栲	247	13.72	105.22	11.12	13.1	2.49	9.8	3.85
四川大头茶	212	11.78	43.66	4.61	8.2	5.29	8.4	4.46
香樟	129	7.17	26.52	2.80	15.4	7.13	12.8	3.26
短刺米槠	118	6.56	7.32	0.77	8.9	3.32	8.5	3.61
木荷	71	3.94	8.20	0.87	15.7	7.87	13.6	5.99
白毛新木姜子	35	1.94	0.10	0.01	3.5	0.60	5.2	1.76
全林分	1800	100	946.61	100				

样地内的针叶树总比例为 54.89%，树种分别为马尾松和杉木，所占比例分别为 30.72% 和 24.17%。阔叶树种所占比例为 45.11%，林分内针阔比为 5∶4，接近于 1∶1，马尾松、杉木与阔叶树比为 3∶2∶4。从每公顷断面积来看，所占比例大致为：马尾松∶杉木∶丝栗栲∶四川大头茶+香樟-短刺米槠-木荷-白毛新木姜子=6∶2∶1∶1，马尾松在该林分占绝对优势，每公顷断面积所占比例达 59.33%，其次是杉木，占 20.49%，从平均胸径和树高来看，该林分

内大多数树种均高大和粗壮，除丝栗栲、四川大头茶、短刺米槠和白毛新木姜子外，其余树种平均胸径和树高均分别大于 10 cm 和 10 m。调查可知，该林分内四川大头茶和短刺米槠幼树较多，成熟树种占本树种比例相对较小，因此使这两种树种平均胸径和平均树高相对较小。

3.2.4 四川大头茶混交林树种组成特征

四川大头茶混交林（简称四川大头茶林）的林分密度为 2720 株/hm^2，乔木层共有 8 个树种，按株数多少排列，主要树种为四川大头茶、短刺米槠、香樟、细齿叶柃（*Eurya nitida*）、川杨桐、木荷等。样地内主要是常绿阔叶林树种，虽然有少量杉木，但所占比例不足 0.5%，四川大头茶所占总林木的 44.12%，与其他阔叶树种总和比例为 2∶3。从每公顷断面积来看，树种组成式为：6 四川大头茶∶2 短刺米槠∶2 香樟-细齿叶柃-川杨桐-木荷-川山矾-杉木，四川大头茶占绝对优势，每公顷断面积所占比例为 55.58%。平均胸径范围为 3.4～13.6 cm，以香樟的最大，细齿叶柃的最小；平均树高范围为 3.8～12.9 m，以四川大头茶的最高，细齿叶柃的最矮（表 3-5）。

表 3-5 四川大头茶林的林分基本概况

树种	密度/（株/hm^2）	占比/%	断面积/（m^2/hm^2）	占比/%	胸径/cm		树高/m	
					M	Sd	*M*	Sd
四川大头茶	1200	44.12	538.15	55.58	12.1	6.48	12.9	5.94
短刺米槠	431	15.85	227.36	23.48	9.5	4.38	11.4	2.86
香樟	338	12.43	177.16	18.30	13.6	6.36	12	3.14
细齿叶柃	308	11.32	2.79	0.29	3.4	0.40	3.8	1.65
川杨桐	185	6.80	13.59	1.40	12.5	6.62	11.5	3.91
木荷	154	5.66	8.56	0.88	11.9	3.94	12.4	5.59
四川山矾	92	3.38	0.57	0.06	5.1	1.34	6.8	0.61
杉木	12	0.44	0.02	0.00	8.0	2.12	11	1.00
全林分	2720	100	968.2	100				

3.2.5 栲树混交林树种组成特征

栲树混交林（简称栲树林）（表 3-6）的密度为 1297 株/hm^2，乔木层共有 9 个树种，主要为丝栗栲、短刺米槠、川杨桐、广东山胡椒、四川大头茶等。样地内主要是常绿阔叶林树种，丝栗栲所占总林木的 44.72%，短刺米槠占总林木的 23.90%，与其他阔叶树种总和比例为 9∶1，林分内长有少量的杉木和马尾松，所占比例仅为 1.85%，因此该林分主要是分布着栲树属的丝栗栲和短刺米槠树种的常绿阔叶林。从每公顷断面积来看，所占比例大致为：丝栗栲∶短刺米槠∶川杨桐+广东山胡椒-四川大头茶-白毛新木姜子-杉木-马尾松-白栎=6∶3∶1，栲树属树种占绝对优势，每公顷断面积所占比例为 87.78%，平均胸径范围为 5.1～18.9 cm，平均树高范围为 6.7～14.4 m，各阔叶树种间胸径和树高均较大，在林分内分布的 10 株马尾松，其中 2 株属于过熟，非常高大，胸径达到 40 cm 以上，树高达到了 20 m 以上，因此马尾松平均胸径和平均树高最大。但因株数过少，占整个林分林木的比例过小，因而对样地整体的功能作用影响不大。

表 3-6　栲树混交林的林分基本概况

树种	密度/（株/hm²）	占比/%	断面积/（m²/hm²）	占比/%	胸径/cm		树高/m	
					M	Sd	*M*	Sd
丝栗栲	580	44.72	361.67	62.30	11.7	6.71	13.9	3.83
短刺米槠	310	23.90	147.93	25.48	14.0	4.78	12.8	2.95
川杨桐	200	15.42	52.28	9.00	12.9	2.65	11.2	2.18
广东山胡椒	100	7.71	16.29	2.81	14.4	4.07	9.5	2.46
四川大头茶	50	3.86	1.73	0.30	9.4	1.56	10.5	1.18
白毛新木姜子	30	2.31	0.18	0.03	5.1	1.82	6.7	1.51
杉木	14	1.08	0.19	0.03	11.2	5.49	11.5	4.37
马尾松	10	0.77	0.28	0.05	18.9	7.86	14.4	3.47
白栎	3	0.23	0.02	0.004	17.9	1.96	12.2	6.33
全林分	1297	100	580.59	100				

3.2.6　毛竹马尾松混交林树种组成特征

毛竹马尾松混交林（简称毛竹马尾松林）的林分密度为 1955 株/hm²，乔木层共有 7 个树种，主要为：毛竹、马尾松、川杨桐、四川大头茶等。毛竹占总林木的比例为 52.45%，针叶树种占总林木的比例为 30.84%，竹针比 5∶3，竹针阔比为 5∶3∶2。从每公顷断面积来看，所占比例大致为：马尾松∶毛竹∶川杨桐-四川大头茶-杉木-四川山矾-润楠=6∶3∶1，马尾松每公顷断面积所占比例为 60.67%，毛竹占 37.21%。平均胸径范围为 4.1～17.3 cm，平均树高范围为 4～14.8 m。可以看出，毛竹和马尾松是该林分功能的主导树种（表 3-7）。

表 3-7　毛竹马尾松林的林分基本概况

树种	密度/（株/hm²）	占比/%	断面积/（m²/hm²）	占比/%	胸径/cm		树高/m	
					M	Sd	*M*	Sd
毛竹	1025	52.45	190.64	37.21	7.6	1.91	9.1	2.92
马尾松	575	29.41	310.87	60.67	17.3	9.69	14.8	3.84
川杨桐	175	8.95	8.50	1.66	9.4	4.35	11.1	2.86
四川大头茶	125	6.39	2.07	0.40	6.5	5.11	5.6	2.83
杉木	28	1.43	0.29	0.06	11.1	2.40	11	1.50
四川山矾	25	1.28	0.03	0.01	4.1	1.56	4	0.07
润楠	2	0.10	0.00	0.00	11.6	0.79	13.5	1.37
全林分	1955	100	512.4	100				

3.2.7 毛竹杉木混交林树种组成特征

毛竹杉木混交林（简称毛竹杉木林）的林分密度为3000株/hm²，乔木层仅有5个树种，按株数多少排列树种依次为毛竹、杉木、四川山矾、四川大头茶、马尾松。样地主要树种为毛竹和杉木，占总林木的比例分别为56.67%和 29.17%，针叶树种比例为30.00%，竹针比6∶3，竹针阔比为6∶3∶1。从每公顷断面积来看，所占比例大致为：毛竹∶杉木∶四川山矾-四川大头茶-马尾松=6∶3∶1，毛竹每公顷断面积所占比例为58.52%，杉木占31.69%。平均胸径范围为4.4～7.9 cm，平均树高范围为4.9～11.9 m。林分内高大粗壮林木很少，林分密度较大（表3-8）。

表3-8 毛竹杉木林的林分基本概况

树种	密度/（株/hm²）	占比/%	断面积/（m²/hm²）	占比/%	胸径/cm		树高/m	
					M	Sd	*M*	Sd
毛竹	1700	56.67	516.63	58.52	7.9	1.59	11.9	2.71
杉木	875	29.17	279.77	31.69	6.6	3.32	6.1	4.12
四川山矾	225	7.50	80.92	9.17	6.1	3.02	5.9	2.59
四川大头茶	175	5.83	5.41	0.61	7.5	5.19	6.1	1.42
马尾松	25	0.83	0.04	0.00	4.4	2.16	4.9	0.94
全林分	3000	100	882.77	100				

3.2.8 毛竹阔叶树混交林树种组成特征

毛竹阔叶树混交林（简称毛竹阔叶林）的林分密度为1782株/hm²，乔木层有9个树种，主要为毛竹、四川山矾、四川大头茶、丝栗栲、川杨桐、香樟等。从株密度来看，毛竹占总林木的比例为56.90%，其他阔叶树种比例为42.71%，针叶树种为马尾松，所占比例不足0.5%。竹阔比6∶4。从每公顷断面积来看，所占比例大致为：毛竹∶四川山矾∶四川大头茶∶丝栗栲+川杨桐-香樟-广东山胡椒-马尾松-麻栎=6∶2∶1∶1，毛竹每公顷断面积所占比例为56.01%，四川山矾占18.53%，四川大头茶占14.02%，丝栗栲占6.04%，川杨桐占4.33%，其余树种所占比例均不足2%。平均胸径范围为5.9～37.2 cm，平均树高范围为7.0～17.8 m。林分内高大粗壮林木分布较多，毛竹密度优势特别显著（表3-9）。

表3-9 毛竹阔叶林的林分基本概况

树种	密度/（株/hm²）	占比/%	断面积/（m²/hm²）	占比/%	胸径/cm		树高/m	
					M	Sd	*M*	Sd
毛竹	1014	56.90	321.58	56.01	9.2	1.62	12.8	2.32
四川山矾	329	18.46	106.38	18.53	5.9	2.94	7.0	2.45
四川大头茶	186	10.44	80.51	14.02	11.1	5.38	10.2	3.60
丝栗栲	86	4.83	34.68	6.04	12.3	3.08	13.3	4.63
川杨桐	57	3.20	24.87	4.33	10.6	1.69	12.3	2.60

续表

树种	密度/（株/hm²）	占比/%	断面积/（m²/hm²）	占比/%	胸径/cm		树高/m	
					M	Sd	*M*	Sd
香樟	57	3.20	2.99	0.52	12.9	0.98	12.3	2.33
广东山胡椒	43	2.41	2.75	0.48	16.5	8.00	14.5	3.61
马尾松	7	0.39	0.39	0.07	37.2	7.06	17.8	2.43
麻栎	3	0.17	0.002	0.00	6.0	1.76	16.5	1.09
全林分	1782	100	574.52	100				

3.2.9　毛竹纯林基本结构特征

毛竹纯林（表 3-10）的乔木层只有 1 个树种，林分密度为 5300 株/hm²。林分每公顷树干断面积为 2162.28 m²。在树高和胸径两个因子上，毛竹平均胸径 9.9 cm，平均树高 12.2 m，毛竹为该群落乔木层的优势种，也是建群种，林分密度很大。

表 3-10　毛竹纯林的林分基本概况

树种	密度/（株/hm²）	断面积/（m²/hm²）	胸径/cm		树高/m	
			M	Sd	*M*	Sd
毛竹	5300	2162.28	9.9	1.53	12.2	3.32

3.3　林分直径结构特征

林分直径分布是林分内各种大小直径林木的分配状态，是最重要、最基本的林分结构。因此，研究林分直径结构特征也是制定目标结构和优化调整模式的重要的基础研究内容。

同龄林的径阶分布特点是林分内中等大小的林木株数占多数，而向两端的径阶株数逐渐减少，形成一个左右基本对称的单峰山状曲线，其近似正态分布。而异龄林径阶分布的通常状况为最小径阶的林木株数最多，随着林木直径的增大，林木的株数开始急剧减少，达到一定直径后，林木株数减少的幅度也逐渐趋于平缓，呈现为反“J”形曲线（孟宪宇，1988）。许多中间型存在于同龄林和异龄林两种典型的直径分布之间，林分整体状况制约了林分直径分布曲线的形状。另外，异龄林的直径分布规律还受立地条件、树种组成及特性、林分自身的演替过程及更新过程、采伐方式及强度以及自然灾害等因素的影响，所以直径分布曲线类型复杂多样（惠刚盈和盛炜彤，1995）。本节对研究样地内所有林木径阶结构进行分析（以 2 cm 为一个径级）。各林分径级分布状况如图 3-5 所示。

从各林分径级分布范围来看（图 3-5），大部分林分的径级范围较广［毛竹阔叶林（M_3）和毛竹纯林（M）除外］，林分内树木胸径在 3～35 cm，中小径阶的林木占比较大。

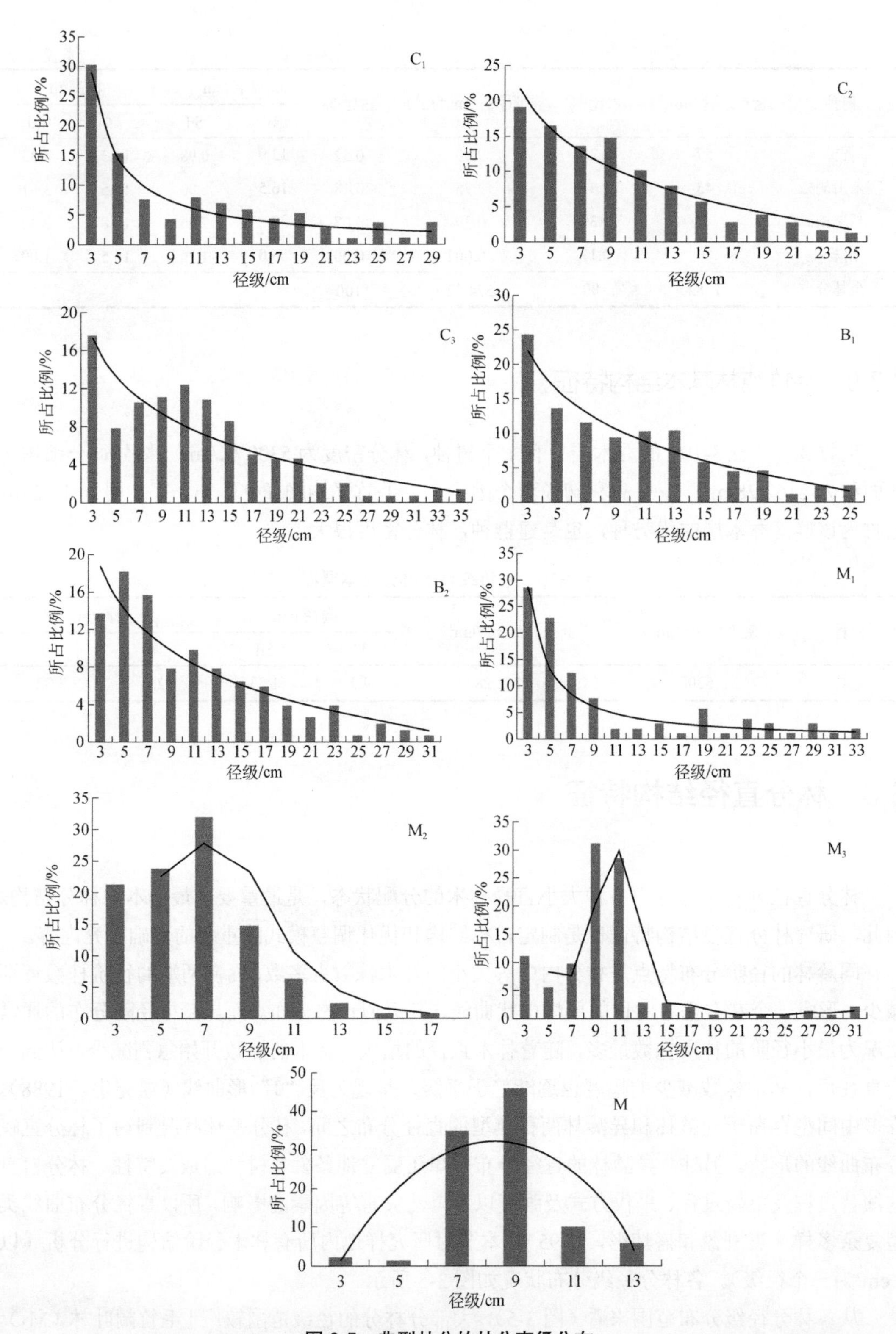

图 3-5 典型林分的林分直径分布

C_1，马尾松阔叶林；C_2，杉木阔叶林；C_3，马尾松杉木阔叶林；B_1，四川大头茶林；B_2，栲树林；M_1，毛竹马尾松林；M_2，毛竹杉木林；M_3，毛竹阔叶林；M，毛竹纯林。下同大部分林分的直径分布形状呈现反“J”形，随着径级的增大，林木分布频率是逐渐减小的，属于典型的异龄林直径结构，但 M_2、M_3 和 M 除外，这三种林分的胸径相对较小，主要原因是 M_2 和 M_3 两种林分中毛竹所占比例很大，而毛竹本身长不粗大，进而造成整个林分径级主要分布在小径阶。

3.4　林分树高结构特征

树高结构指在林分中树种高度分布的状态。本节根据国际林业研究组织联盟（International Union of Forestry Research Organization，IUFRO）的林分垂直分层标准，将林层划分为上、中、下三层（陈冀楠，2009）。首先选取样地内 15～20 株最高的林木，计算这些最高林木树高的平均值作为林分的优势树高 H，上层林木指的是树高≥$2/3H$ 的林木，中层林木指的是 $1/3H$≤树高＜$2/3H$ 的林木，下层林木指的是树高＜$1/3H$ 的林木。以此标准划分出典型林分的林层分布状况（图 3-6）。

从图 3-6 可以看出，9 种林分三个层次内的林木密度差异较大。各林分上层林木株树所占比例在 19.4%～77.3%，变化幅度较大，以 M 的上层林木比例最大，M_2 的比例最小；中层林木株树所占比例在 23.0%～58.5%，以 C_2 的中层林木比例最大，M 的比例最小；下层林木株数所占比例在 0%～36.2%，以 C_1 的下层林木比例最大，M_3 的下层林木比例较小，仅为 5.3%，M 则没有下层林木分布。由三个层次林木分布可以看出，C_1、C_3、B_1 和 M_1 这 4 种林分的林木层次分布均匀，结构较合理；中层林木比例大但下层比例小的 C_2 和 B_2 不利于更新；中下层林木比例较大的 M_2，乔木层自然更新较快；而 M_3 和 M 的下层林木过少甚至没有，乔木层林分结构较差。

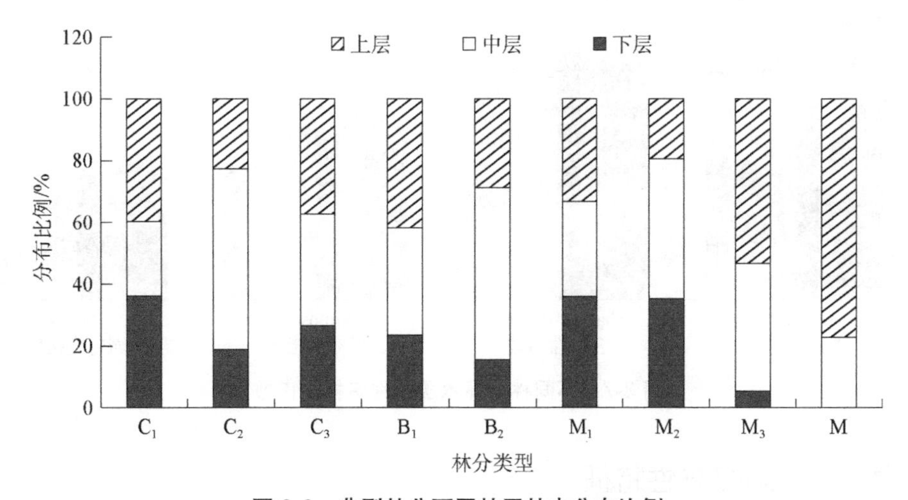

图 3-6　典型林分不同林层林木分布比例

3.5 物种多样性特征

作为一个群落功能和结构复杂性的度量，物种多样性是揭示植被组织水平的生态学基础，其表征着生态系统和生物群落的结构复杂性（傅伯杰，2001）。通过对物种多样性进行研究，能够得出关于该植物群落的结构、发展及生境等多个方面的内容，对掌握其内在规律具有重要的作用（阎海平等，2001）。物种多样性在许多植被建设和恢复中作为评价好坏的指标之一。物种多样性作为一个综合度量表征，在分析多样性特征时应将各个多样性测度指标进行全面考虑（张金屯，2004）。群落乔木层、灌木层、草本层和群落总体的物种多样性指数反映了不同林分下植物物种多样性的差异。

3.5.1 乔木层物种多样性特征

图 3-7 为不同林分乔木层物种多样性指数值的柱状图。在乔木层，优势树种主要为分布密度较大的建群种，同时伴生有一些其他的乔木种。从图 3-7 可以看出，乔木层的物种 Shannon-Wiener 多样性指数、Margalef 丰富度指数、Pielou 均匀度指数和 Simpson 优势度指数均以 C_2 最大，其多样性水平最高。各指数值大小分别为：1.505、1.627、0.61 和 0.821。从前文树种组成结构分析可知，由于 C_2 中乔木层物种由杉木和多种阔叶树种组成，且树种最丰富，因此多样性水平最高。而 M 内仅存在毛竹一个乔木树种，导致在此层次内的多样性指数均为 0。C_1 的物种多样性也相对其他林分稍高，乔木树种相对丰富。

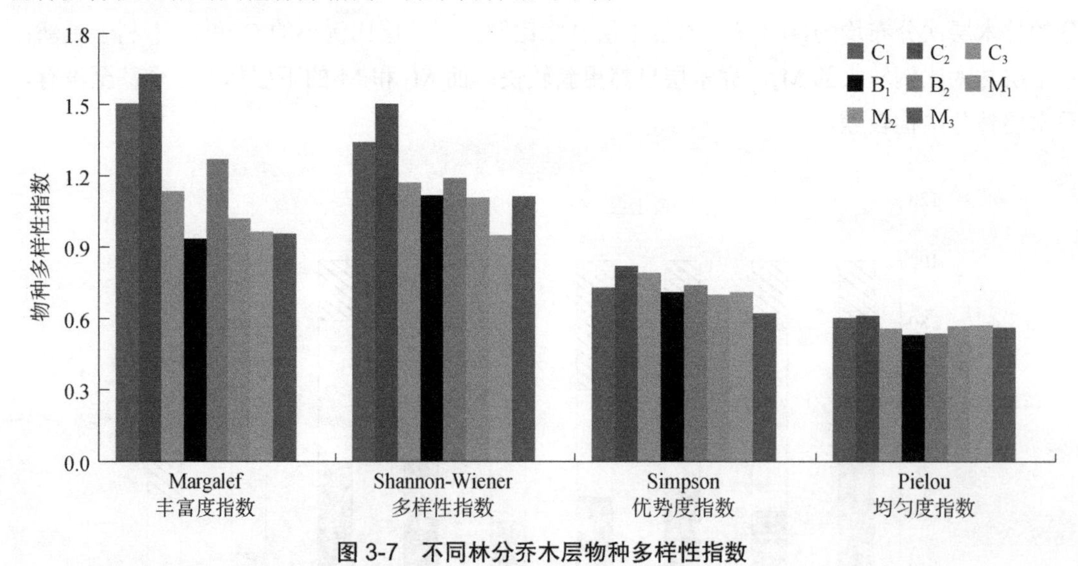

图 3-7 不同林分乔木层物种多样性指数

3.5.2 灌木层物种多样性特征

从图 3-8 可知，在灌木层中，以 C_1 的 Shannon-Wiener 多样性指数、Margalef 丰富度指数、

Pielou 均匀度指数和 Simpson 优势度指数最高，各指数值大小分别为：1.126、1.531、0.816 和 0.821；而以 M 的最低，各指数值分别仅为：0.617、0.152、0.031 和 0.197，两种林分多样性差异很大。但除 M 外，其他 8 种林分灌木层物种多样性相差不大，林下的灌木种类及分布状况相似，说明混交林对提高灌木层物种多样性作用较好。

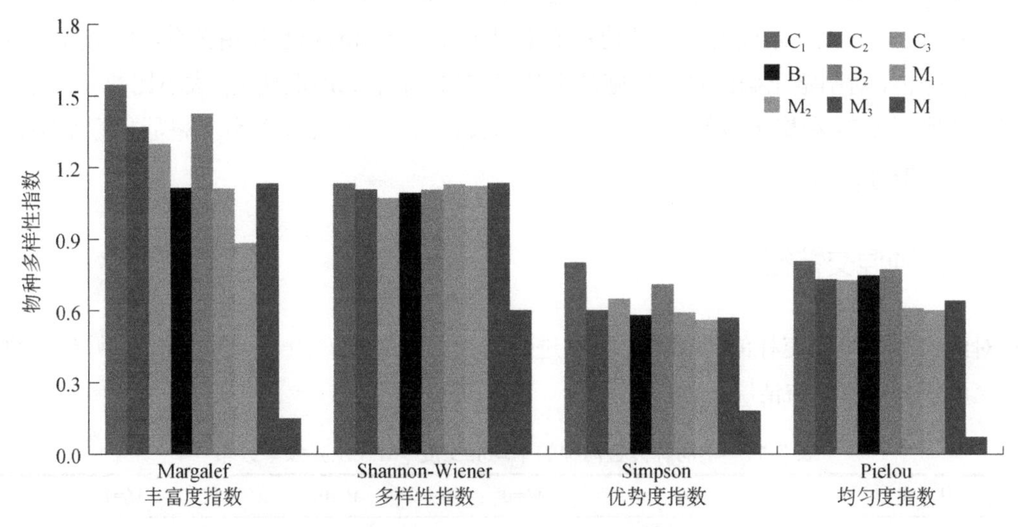

图 3-8　不同林分灌木层物种多样性指数

3.5.3　草本层物种多样性特征

综合比较 9 种林分内草本层的物种多样性指数（图 3-9），可以看出，草本层物种多样性指数以 C_2 最大，仍然是 M 最小。杉木的树冠较小，导致其郁闭度相对较小，且杉木属喜光树种，林分中杉木的数量较多，因而该林分下的草本物种多样性最高。M 下草本种类相对较少，且分布不均，这可能与毛林纯林的地表枯落物少，养分归还量低，导致土壤养分相对较低而使草本植被生长较少有关。从图 3-9 中还可以看出，竹林群落的林下草本多样性整体较针阔混交林和常绿阔叶林低。

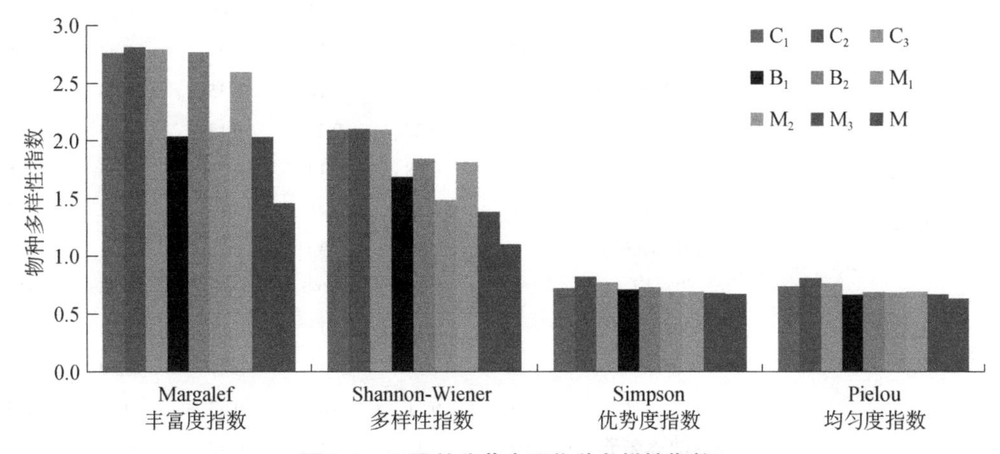

图 3-9　不同林分草本层物种多样性指数

3.6 典型林分的空间结构特征

林分的空间结构是林分内林木分布格局和相邻木关系的一个重要体现，对林分的生长和功能影响作用显著，林分空间结构的阐明无论是在理论研究上还是在实践应用上均有重要意义。因此，通过研究林木间的空间结构特征来揭示林木之间的相互作用关系，再结合其他因素做全面分析，对制定正确的管理措施是十分有益的。本节利用混交度、大小比数、角尺度、方差均值比率（*C*）和聚集指数（*R*）等空间结构表达指标和林木空间分布格局指标来综合分析缙云山典型林分的空间结构。

3.6.1 树种混交特征

对缙云山 8 种混交林的树种混交程度进行研究，表 3-11 列出了各林分样地所有树种平均混交度及其频率分布情况。

表 3-11 不同林分各树种的平均混交度（$\bar{M}$）及其频率分布

林分类型	树种组成	M_i=0	M_i=0.25	M_i=0.5	M_i=0.75	M_i=1	$\bar{M}$
马尾松阔叶林	马尾松	0.02	0.06	0.19	0.41	0.32	0.74
	广东山胡椒	0	0.16	0.20	0.37	0.27	0.69
	四川山矾	0	0	0.04	0.27	0.69	0.91
	川杨桐	0	0.02	0	0.42	0.56	0.88
	四川大头茶	0	0	0	0.23	0.77	0.94
	香樟	0	0	0.11	0.35	0.54	0.86
	丝栗栲	0	0	0	0.14	0.86	0.97
	白毛新木姜子	0	0.01	0.04	0.41	0.54	0.87
	杉木	0	0.02	0.01	0.27	0.70	0.91
	细齿叶柃	0	0	0	0.21	0.79	0.95
	虎皮楠	0	0	0	0	1	1
杉木阔叶林	杉木	0.13	0.15	0.41	0.09	0.22	0.53
	丝栗栲	0.04	0.09	0.29	0.24	0.34	0.69
	黄杞	0.05	0.13	0.18	0.35	0.29	0.68
	四川大头茶	0.01	0.27	0.29	0.19	0.24	0.60
	广东山胡椒	0	0.08	0.14	0.23	0.55	0.81
	滇柏	0.03	0.06	0.46	0.13	0.32	0.66
	四川山矾	0	0	0	0.28	0.72	0.93
	川杨桐	0	0	0.02	0.52	0.46	0.86
	细齿叶柃	0	0	0	0.36	0.64	0.91
	香樟	0	0	0	0.31	0.59	0.82
	光叶山矾	0	0.11	0.07	0.53	0.29	0.75
	白毛新木姜子	0	0	0.17	0.40	0.43	0.82

续表

林分类型	树种组成	M_i=0	M_i=0.25	M_i=0.5	M_i=0.75	M_i=1	$\bar{M}$
杉木阔叶林	麻栎	0	0.42	0.23	0.11	0.24	0.54
	薯豆	0	0	0.17	0.33	0.50	0.83
	白栎	0	0	0	0	1	1
	润楠	0	0	0.39	0.14	0.47	0.77
马尾松杉木阔叶林	马尾松	0	0	0.22	0.28	0.50	0.82
	杉木	0	0	0.42	0.38	0.20	0.70
	丝栗栲	0	0	0.24	0.37	0.39	0.79
	四川大头茶	0	0	0.00	0.63	0.37	0.84
	香樟	0	0	0.14	0.30	0.56	0.86
	短刺米槠	0.01	0.07	0.29	0.36	0.27	0.70
	木荷	0	0	0.07	0.41	0.52	0.86
	白毛新木姜子	0	0	0.00	0.51	0.49	0.87
四川大头茶林	四川大头茶	0.12	0.29	0.36	0.10	0.13	0.38
	短刺米槠	0.09	0.32	0.26	0.20	0.13	0.49
	香樟	0	0	0	0.32	0.68	0.92
	细齿叶柃	0.02	0.09	0.29	0.22	0.38	0.71
	川杨桐	0	0.17	0.43	0.14	0.26	0.62
	木荷	0	0	0.13	0.36	0.51	0.85
	四川山矾	0	0	0	0.5	0.5	0.88
	杉木	0	0	0	0	1	1
栲树林	丝栗栲	0	0.04	0.12	0.44	0.40	0.80
	短刺米槠	0	0.11	0.24	0.45	0.20	0.69
	川杨桐	0	0.29	0.02	0.27	0.42	0.71
	广东山胡椒	0	0	0.47	0.42	0.11	0.66
	四川大头茶	0.19	0.07	0.38	0.29	0.11	0.54
	白毛新木姜子	0.01	0	0	0.52	0.47	0.86
	杉木	0.43	0.27	0.13	0.09	0.08	0.28
	马尾松	0.31	0.17	0.21	0.21	0.1	0.41
	白栎	0	0	0	0	1	1
毛竹马尾松林	毛竹	0.48	0.10	0	0.19	0.24	0.40
	马尾松	0	0.13	0.27	0.33	0.27	0.73
	川杨桐	0	0	0.22	0.37	0.41	0.80
	四川大头茶	0	0.04	0.14	0.53	0.29	0.77
	杉木	0	0	0	0.32	0.68	0.92
	四川山矾	0	0	0	0.59	0.41	0.85
	润楠	0	0	0	0	1	1
毛竹杉木林	毛竹	0.19	0.38	0.29	0.08	0.06	0.36
	杉木	0.09	0.35	0.13	0.17	0.26	0.54

续表

林分类型	树种组成	M_i=0	M_i=0.25	M_i=0.5	M_i=0.75	M_i=1	$\bar{M}$
毛竹杉木林	四川山矾	0	0.03	0.22	0.34	0.41	0.78
	四川大头茶	0	0	0.07	0.43	0.50	0.86
	马尾松	0	0	0	0.27	0.73	0.93
毛竹阔叶林	毛竹	0.12	0.31	0.35	0.13	0.09	0.44
	四川山矾	0	0.28	0.31	0.21	0.21	0.59
	四川大头茶	0	0	0.08	0.51	0.41	0.83
	丝栗栲	0	0	0	0.23	0.77	0.94
	川杨桐	0	0	0	0.27	0.73	0.93
	香樟	0	0.02	0	0.50	0.48	0.86
	广东山胡椒	0.20	0	0	0.51	0.29	0.67
	马尾松	0	0	0	0	1	1
	麻栎	0	0	0	0	1	1

结果表明，马尾松阔叶林内各个树种的平均混交度基本都在 0.7 以上，混交度最高的虎皮楠为 1。林分中树种零度混交、弱度混交和中度混交的比例不高，强度混交和极强度混交占很大比例，仅马尾松出现了 2%的单种聚集情况，多为不同树种混交，而阔叶树种都不存在零度混交的情况，弱度混交和中度混交比例也相对较低，大多以强度混交和极强度混交为主。因此，可以看出，在该林分中，单种聚集的情况很少，树种之间的隔离程度较大，各树种组成的结构单元较多样化。

在杉木阔叶林中，各树种的平均混交度均在 0.5 以上，多数树种的平均混交度较大，在 0.8 以上；白栎因数量很少，分布较分散，平均混交度为 1。各树种以中度混交、强度混交和极强度混交比例较大，以杉木树种的中度混交频率分布最大，为 0.41，四川山矾、川杨桐、细齿叶柃、香樟树种以强度混交和极强度混交为主，不存在零度混交和弱度混交情况。此外，林分中存在部分树种聚集分布的情况，如杉木、丝栗栲、黄杞、四川大头茶和滇柏等。零度混交分布的树种也占有一定的比例，麻栎虽无零度混交的情况，但弱度混交比例达 0.42，混交程度较低。林分内针叶树种混交程度总体上不如阔叶树种的高。

马尾松杉木阔叶林分内的各树种平均混交度都在 0.7 及以上，除杉木和短刺米槠外，树种的强度混交和极强度混交总和达 0.7 以上，混交程度很高。其中，马尾松极强度混交分布较大，达 0.5，其中度混交和强度混交分别为 0.22 和 0.28；有 0.42 的杉木树种以中度混交分布，0.58 的杉木在强度混交以上。林分内除少量的短刺米槠存在单种聚集的情况外，其余树种零度混交和弱度混交分布均不存在，均在中度混交以上。另外，针叶和阔叶树种混交度均很高，针叶树种的混交度与阔叶树种的相比则稍弱。林分内树种组成的结构单元总体上较好。

四川大头茶林地内以四川大头茶和短刺米槠两个树种的平均混交度较低，以弱度混交和中度混交频率分布大，混交度均值分别为 0.38 和 0.49，均没有达到中度混交，单种聚集分布比例很大；其他树种的平均混交度较好，均在 0.6 以上；香樟、木荷、四川山矾的强度及以上混交比例均超过 80%，杉木密度小，分散均匀，周围相邻木均没有相同树种，混交度为 1。

毛竹马尾松林、毛竹杉木林和毛竹阔叶林中，毛竹 $M_i=0$ 和 $M_i=0.25$ 的比例分别高达 58%、57%和 43%，且平均混交度也相对较低，均在 0.4 左右，均未到达中度混交。在这三种竹林群落中，其他树种的混交程度则较高，平均混交度均在 0.5 以上，其中达到强度混交以上的树种比例较大。可以看出，竹子混交林分中毛竹的单种聚集分布较严重，这可能与毛竹竹鞭发育而导致株间距很近有关，而林分中的其他树种分布则较均匀，单种聚集的情况很少出现。

从各林分平均混交度来看（图 3-10），全林分强度混交和极强度混交分布频率较高的林分有马尾松阔叶林、杉木阔叶林、马尾松杉木阔叶林、栲树林和四川大头茶林，这几种林分内树种达到强度混交以上的比例均在 55%以上，平均混交度在 0.6 以上，接近强度混交，其中马尾松阔叶林和马尾松杉木阔叶林两个林分混交程度很高，平均混交度分别为 0.82 和 0.79，介于强度混交和极强度混交之间；栲树林和杉木阔叶林平均混交度分别为 0.73 和 0.65，接近强度混交，这 4 种林分内树种强度混交以上频率分布比例大，混交程度较好，因而群落状态很稳定。四川大头茶林分的平均混交度虽然在中度以上，但林分内中度混交以下频率分布比例达 54%，存在大量林木弱度混交和零度混交情况，林分整体混交程度稍差。竹林群落整体混交程度较差，平均混交度不高，均值在 0.5 左右，林分内零度混交和弱度混交的分布频率均达 30%以上，毛竹杉木林达 47%，毛竹马尾松林内树种零度混交分布比例最大，达 25%，林分内单种聚集现象严重。从林分混交程度来看，各林分混交度大小依次为马尾松阔叶林（0.82）＞马尾松杉木阔叶林（0.79）＞栲树林（0.73）＞杉木阔叶林（0.65）＞四川大头茶林（0.60）＞毛竹阔叶林（0.57）=毛竹马尾松林（0.57）＞毛竹杉木林（0.48），整体以马尾松林的混交度较高，竹林群落的混交度较低。

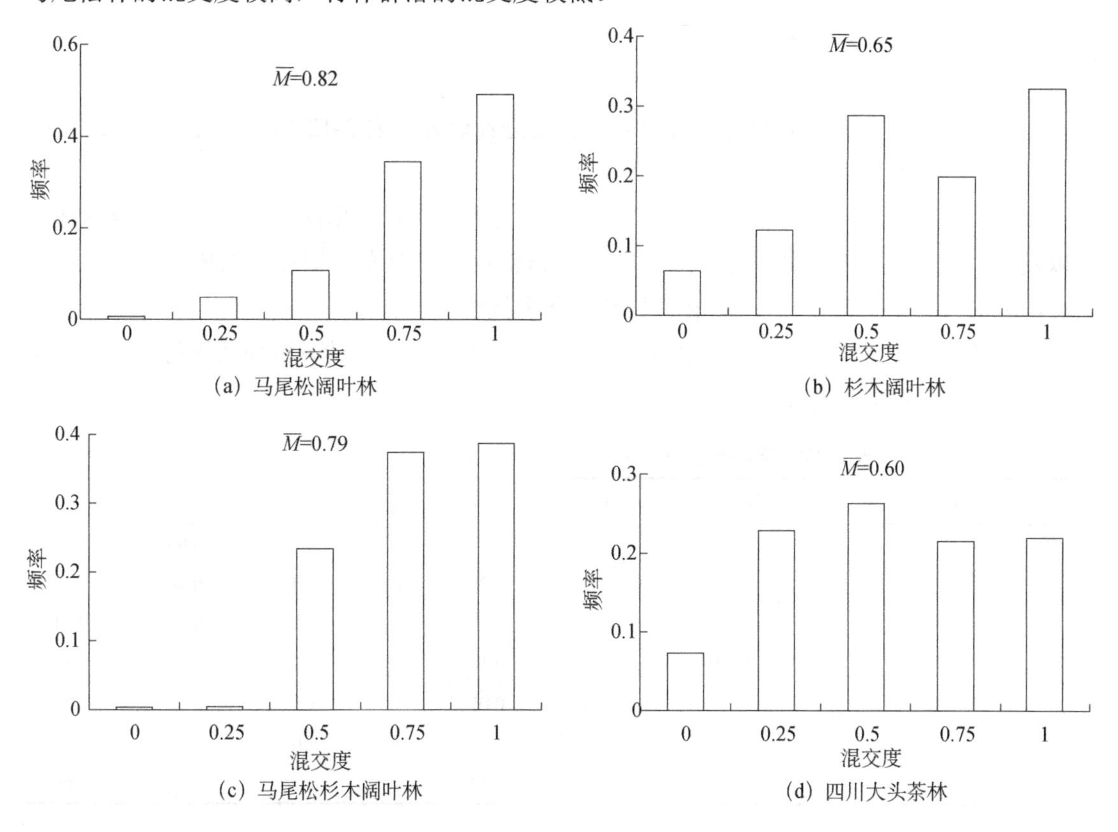

(a) 马尾松阔叶林　(b) 杉木阔叶林

(c) 马尾松杉木阔叶林　(d) 四川大头茶林

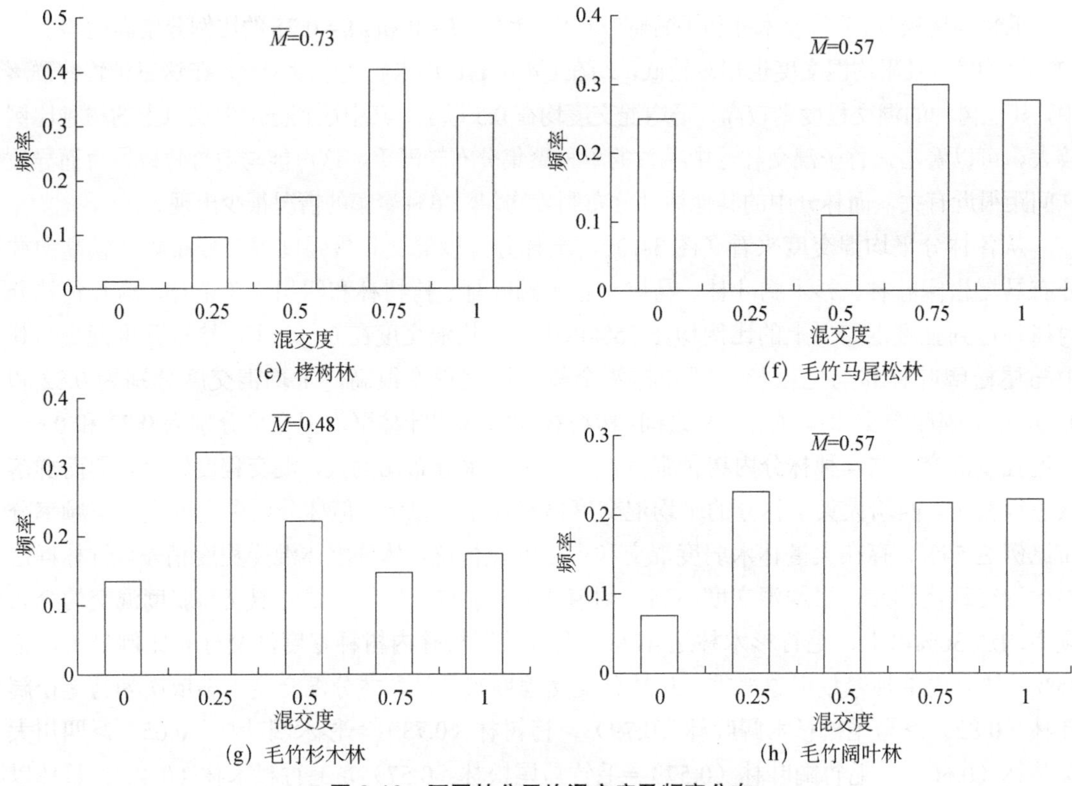

图 3-10 不同林分平均混交度及频率分布

3.6.2 树种大小分化特征

对缙云山 9 种典型林分的树种大小分化程度进行研究，表 3-12 列出了各林分样地所有树种胸径大小比数均值及其频率分布情况。

从表 3-12 可以看出，马尾松阔叶林、杉木阔叶林和马尾松杉木阔叶林 3 个针阔混交林群落以及四川大头茶林和栲树林 2 个常绿阔叶林群落内密度分布比例较大的树种均处于优势状态，平均大小比数在 0.5 以下，林分中典型代表树种的优势明显，这些树种在亚优势以上（U_i=0 和 U_i=0.25）的比例均在 50%以上，随着树种株数比例的减少，树种从优势逐渐向中庸过渡，而后逐渐趋向劣势状态。竹林中的这种规律性表现得不明显。

表 3-12 不同典型林分内树种的大小比数（$\overline{U}$）及其频率分布

林分类型	树种组成	U_i=0	U_i=0.25	U_i=0.5	U_i=0.75	U_i=1	$\overline{U}$
马尾松阔叶林	马尾松	0.40	0.24	0.16	0.12	0.08	0.31
	广东山胡椒	0.13	0.25	0.32	0.16	0.14	0.48
	四川山矾	0.03	0.17	0.37	0.22	0.23	0.61
	川杨桐	0	0.14	0	0.29	0.57	0.82
	四川大头茶	0.11	0.01	0.11	0.60	0.17	0.67
	香樟	0	0.50	0.50	0	0	0.38
	丝栗栲	0	0.13	0.38	0.25	0.25	0.66

续表

林分类型	树种组成	U_i=0	U_i=0.25	U_i=0.5	U_i=0.75	U_i=1	$\bar{U}$
马尾松阔叶林	白毛新木姜子	0	0.04	0.11	0.24	0.60	0.85
	杉木	0.07	0.12	0.34	0.23	0.25	0.62
	细齿叶柃	0	0	0	0.40	0.60	0.90
	虎皮楠	0	0	0	0	1	1.00
杉木阔叶林	杉木	0.43	0.27	0.14	0.07	0.09	0.28
	丝栗栲	0.29	0.29	0.18	0.12	0.12	0.37
	黄杞	0.07	0.29	0.43	0.07	0.14	0.48
	四川大头茶	0.17	0.33	0.08	0.17	0.25	0.50
	广东山胡椒	0.13	0.09	0.39	0.17	0.22	0.57
	滇柏	0	0.20	0	0.40	0.40	0.75
	四川山矾	0.20	0	0.20	0.40	0.20	0.60
	川杨桐	0	0	0.14	0.57	0.29	0.79
	细齿叶柃	0	0	0	0.33	0.67	0.92
	香樟	0.33	0.33	0.33	0	0	0.25
	光叶山矾	0.25	0.25	0.25	0	0.25	0.44
	白毛新木姜子	0	0.33	0	0.33	0.33	0.67
	麻栎	0	0.40	0.40	0.20	0	0.45
	薯豆	0	0	0	0.75	0.25	0.81
	白栎	0.33	0.67	0	0	0	0.17
	润楠	0	0	0.25	0.5	0.25	0.75
马尾松杉木阔叶林	马尾松	0.33	0.27	0.23	0.14	0.03	0.32
	杉木	0.19	0.27	0.26	0.15	0.14	0.44
	丝栗栲	0	0.32	0.21	0.11	0.37	0.63
	四川大头茶	0.17	0.36	0.26	0.14	0.07	0.40
	香樟	0.36	0.09	0.18	0.36	0	0.39
	短刺米槠	0.30	0.20	0.20	0.30	0	0.38
	木荷	0	0.13	0.50	0.25	0.13	0.59
	白毛新木姜子	0	0	0.14	0.43	0.43	0.82
四川大头茶林	四川大头茶	0.25	0.25	0.17	0.13	0.20	0.44
	短刺米槠	0	0.21	0.21	0.29	0.29	0.66
	香樟	0.44	0.33	0.11	0.11	0	0.22
	细齿叶柃	0	0	0.40	0.40	0.20	0.70
	川杨桐	0.50	0.17	0.17	0.17	0.00	0.25
	木荷	0.50	0.12	0.13	0.25	0.00	0.28
	四川山矾	0	0.25	0.25	0	0.50	0.69
	杉木	0.25	0	0.25	0.25	0.25	0.56
栲树林	丝栗栲	0.24	0.24	0.16	0.19	0.16	0.45
	短刺米槠	0.33	0.33	0.25	0.08	0	0.27

续表

林分类型	树种组成	U_i=0	U_i=0.25	U_i=0.5	U_i=0.75	U_i=1	$\bar{U}$
栲树林	川杨桐	0	0	0.14	0.43	0.43	0.82
	广东山胡椒	0.50	0.33	0.00	0.17	0	0.21
	四川大头茶	0.00	0.17	0.33	0.50	0	0.58
	白毛新木姜子	0	0	0.50	0.33	0.17	0.67
	杉木	0.75	0.13	0	0	0.13	0.16
	马尾松	0.20	0	0.80	0	0	0.40
	白栎	0.33	0.67	0	0	0	0.17
毛竹马尾松林	毛竹	0.17	0.33	0.17	0.25	0.08	0.44
	马尾松	0.78	0.13	0.08	0.01	0	0.08
	川杨桐	0.11	0.05	0.15	0.30	0.39	0.70
	四川大头茶	0.51	0.13	0.10	0.10	0.16	0.32
	杉木	0.10	0.15	0.25	0.25	0.25	0.60
	四川山矾	0.30	0.37	0	0.33	0	0.34
	润楠	0.50	0.50	0	0	0	0.13
毛竹杉木林	毛竹	0.31	0.33	0.13	0.12	0.12	0.35
	杉木	0.17	0.08	0.13	0.29	0.33	0.64
	四川山矾	0	0	0.38	0.38	0.25	0.72
	四川大头茶	0.20	0.20	0.20	0.20	0.20	0.50
	马尾松	0	0.25	0.38	0.38	0	0.53
毛竹阔叶林	毛竹	0.02	0.08	0.14	0.37	0.39	0.76
	四川山矾	0.23	0.01	0.02	0.12	0.62	0.72
	四川大头茶	0.12	0.41	0.31	0.16	0	0.38
	丝栗栲	0.20	0.20	0.32	0.08	0.20	0.47
	川杨桐	0.33	0	0.67	0	0	0.33
	香樟	0.50	0.50	0	0	0	0.13
	广东山胡椒	0	0	1	0	0	0.50
	马尾松	0.75	0.25	0	0	0	0.06
	麻栎	0.33	0	0.67	0	0	0.33
毛竹纯林	毛竹	0.19	0.22	0.16	0.19	0.24	0.52

马尾松阔叶林分中各树种的平均大小比数变化范围在0.31～1.00，说明林分内树种空间大小分布存在很大差异，马尾松阔叶林中马尾松的优势度显著，亚优势以上（U_i=0和U_i=0.25）比例达64%，阔叶树种以广东山胡椒、香樟的优势较大，亚优势以上比例分别为38%和50%；其他树种则均处于中庸以下到劣势，虎皮楠数量分布很少，周围被马尾松和广东山胡椒包围，在组成的结构单元中处于绝对劣势。

杉木阔叶林分的各树种平均大小比数变化范围在 0.17～0.92，大小分化差异也很大，处于$\bar{U}$=0.5 以下的树种（即中庸以上）有杉木、丝栗栲、黄杞、香樟、光叶山矾、麻栎和白栎；林分中 U=0（优势）和 U=0.25（亚优势）频率分布比例较大的树种有杉木、丝栗栲、四川大头茶、香樟、光叶山矾、白栎；细齿叶柃、薯豆、川杨桐、滇柏、润楠 5 个树种的平均大小比数在 0.75 及以上，均处于劣势。杉木在整个林分中的优势较显著。

马尾松杉木阔叶林分内针阔叶树种的优势均突出，马尾松和杉木平均大小比数分别为 0.32 和 0.44，均处于亚优势与中庸之间，接近于亚优势；阔叶树种中的四川大头茶、香樟、短刺米槠的优势明显，亚优势以上比例分布均在 45%及以上。丝栗栲、木荷处于中庸和劣势之间，仅白毛新木姜子处于劣势与绝对劣势之间。

四川大头茶林分中，四川大头茶的优势较其他几个树种优势度不明显，平均大小比数为 0.44，短刺米槠、细齿叶柃、四川山矾和杉木处于中庸和劣势之间，细齿叶柃的优势和亚优势比例均为 0，在该林分中处于绝对劣势。

栲树林的林木大小分化规律与四川大头茶林则较相似，丝栗栲的优势不明显，然而林分内短刺米槠的优势度较大，平均大小比数为 0.27，接近于亚优势。广东山胡椒、杉木、白栎则处于亚优势和优势之间，四川大头茶处于中庸与劣势之间，而白毛新木姜子和川杨桐则处于中庸与绝对劣势之间，这 3 个树种优势度均较差。

毛竹混交林中，毛竹马尾松林分的马尾松处于绝对优势，平均大小比数仅为 0.08，毛竹处于亚优势与中庸之间。毛竹杉木林中，毛竹优势最大，处于亚优势与中庸之间，四川大头茶处于中庸状态，其他树种处于中庸与劣势之间。毛竹阔叶林中的毛竹虽然数量优势明显，但从直径大小比数来看优势度不高，存在大量的毛竹处于劣势和绝对劣势状态，其他针阔叶树种的优势则较明显。毛竹纯林中因树种组成单一，林分自然更新较好，因此各大小比数频率分布比较均衡，样地优势木少，整体处于中庸状态。

图 3-11 是各林分的平均大小比数及频率分布情况。从图 3-11 中可以看出，全林分平均大小比数在 0.35～0.65，其中多数林分在 0.5 左右，且频率分布比较平均，林分多处于中庸状态。

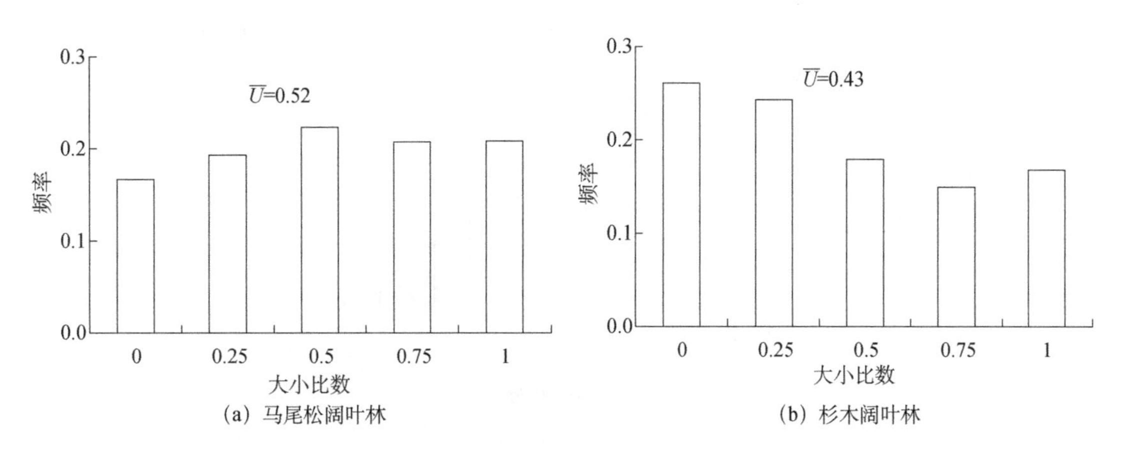

(a) 马尾松阔叶林　　(b) 杉木阔叶林

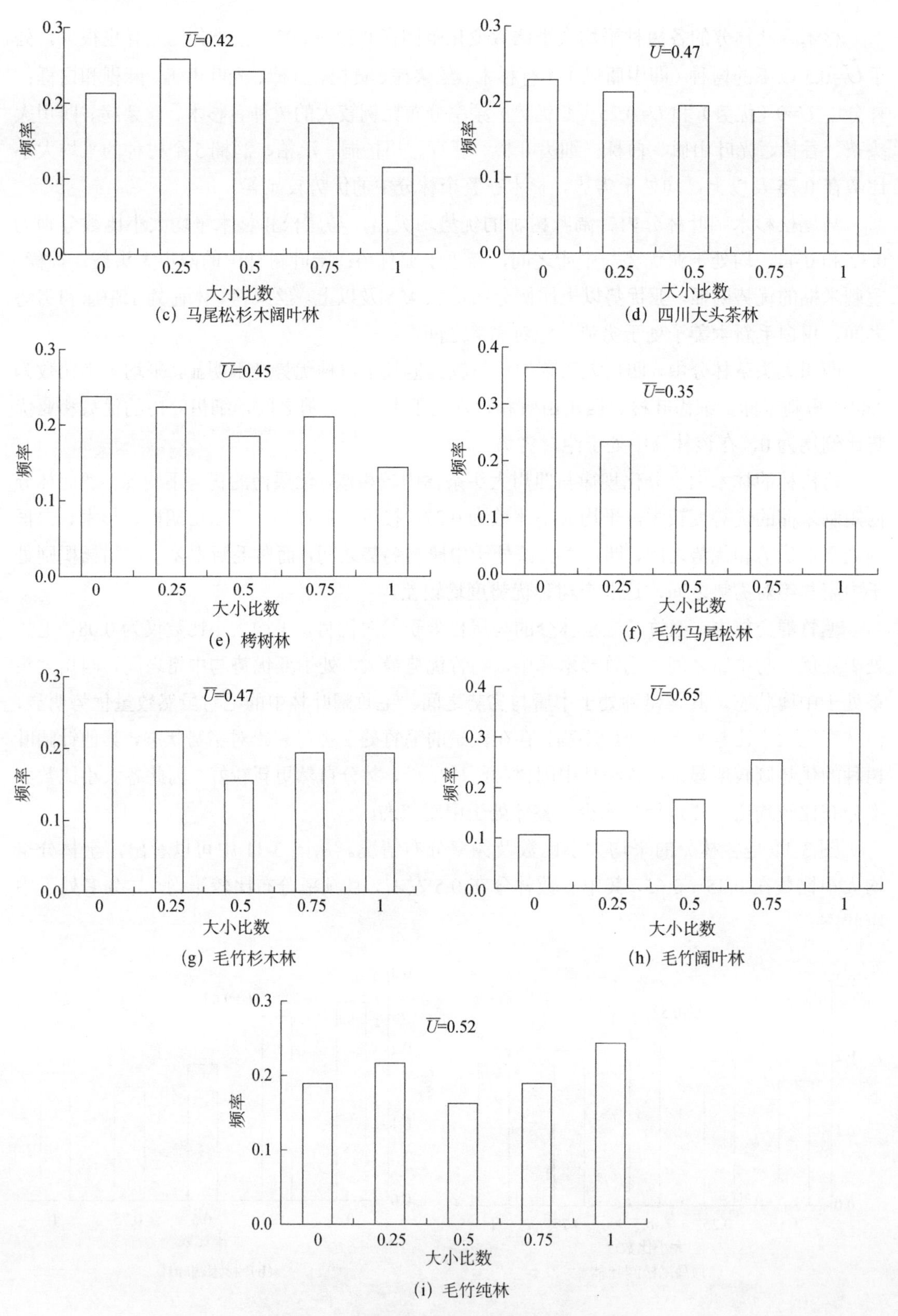

图 3-11 不同林分平均大小比数及频率分布

各林分林木大小分化程度由强到弱的顺序为：毛竹阔叶林（0.65）＞马尾松阔叶林（0.52）=毛竹纯林（0.52）＞毛竹杉木林（0.47）=四川大头茶林（0.47）＞栲树林（0.45）＞杉木阔叶林（0.43）＞马尾松杉木阔叶林（0.42）＞毛竹马尾松林（0.35）。全林分中处于优势状态的林木数量明显高于处于劣势状态的林木数量的林分有杉木阔叶林（优势 50%；劣势 32%）、马尾松杉木阔叶林（优势 47%；劣势 29%）、毛竹马尾松林（优势 60%；劣势 27%）；劣势状态林木数量较多的林分有毛竹阔叶林（优势 22%；劣势 60%）；优势与劣势林木数量相差不大的林分有马尾松阔叶林（优势 39%；劣势 41%）、栲树林（优势 44%；劣势 39%）、四川大头茶林（优势 43%；劣势 39%）、毛竹杉木林（优势 45%；劣势 42%）、毛竹纯林（优势 41%；劣势 43%）。以毛竹马尾松林林木大小分化最严重，平均大小比数为 0.35，这与林分中马尾松对毛竹的优势度很高有关；而毛竹阔叶林的平均大小比数最大，为 0.65，林分内处于劣势的林木分布频率高，说明该林分整体处于劣势，林分内优势树种的分布较少。

3.6.3　空间分布格局

1. 角尺度

角尺度方法是一种优秀的格局分析方法，不用测距也不用准确度量角度，既可以应用单个值的分布来表达结果，同时也可使用平均值来表达结果，对林木的空间结构具有很好的解析能力。用角尺度描述林分中的林木个体分布格局时，关注林木个体之间的方位关系，不必像分析混交度和大小比数那样分树种统计，只要考虑整个样地的取值情况即可（胡艳波等，2003）。根据惠刚盈和 Godow（2003）研究成果，对于 4 株相邻木而言，当平均角尺度在 0.475，0.517 时，为随机分布；当平均角尺度小于 0.475 时，为均匀分布；当平均角尺度大于 0.517 时，为聚集分布。图 3-12 为 9 个林分样地的角尺度频率分布。

从图 3-12 可以看出，9 种典型林分中角尺度 W_i=0.5 的占比最大，各林分在此等级频率分布范围为 49%～65%，各林分在此等级分布的林木株数比例范围为 50%～66%，这也就表明林分内大部分林木处于随机分布状态。其次是角尺度 W_i= 0.75（不均匀状态）的频率分布范围为 14%～32%；角尺度 W_i= 0.25（均匀状态）的频率分布范围为 9%～22%；9 种林分中林木株数均匀分布（W_i=0.25）高于不均匀分布（W_i=0.75）的林分只有 C_3；林木株数均匀分布（W_i=0.25）显著低于不均匀分布（W_i=0.75）的林分有 M_3。各林分中角尺度 W_i= 1（团状状态）的林木数量占比都很少，9 种林分频率分布范围为 0～7%。林分角尺度 W_i=0 等级也就是处于绝对均匀状态的林木几乎没有。

从 9 个林分的平均角尺度值来看（图 3-13），9 种林分中为随机分布状态（即林分平均角尺度值在大于 0.475 且小于 0.517 范围内）的林分有 C_1、C_3 和 B_2；其他林分平均角尺度值均大于 0.517，林分整体处于聚集分布状态。根据角尺度值越大，林分林木分布聚集性越强排序，9 个典型林分聚集程度由强到弱排序为：M＞M_2＞M_3＞M_1＞B_1＞C_2＞B_2＞C_3＞C_1。可见，缙云山针阔混交林的林木分布格局以随机分布为主，常绿阔叶林有聚集分布也有随机分布，竹林混交林均是聚集分布，林分空间分布格局较差。

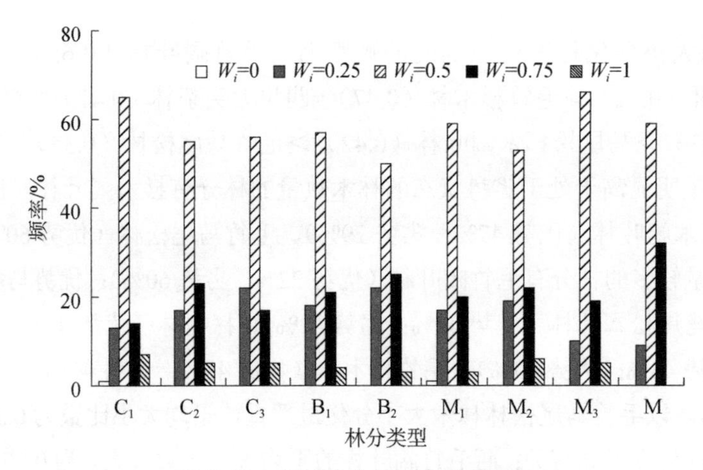

图 3-12　典型林分角尺度频率分布

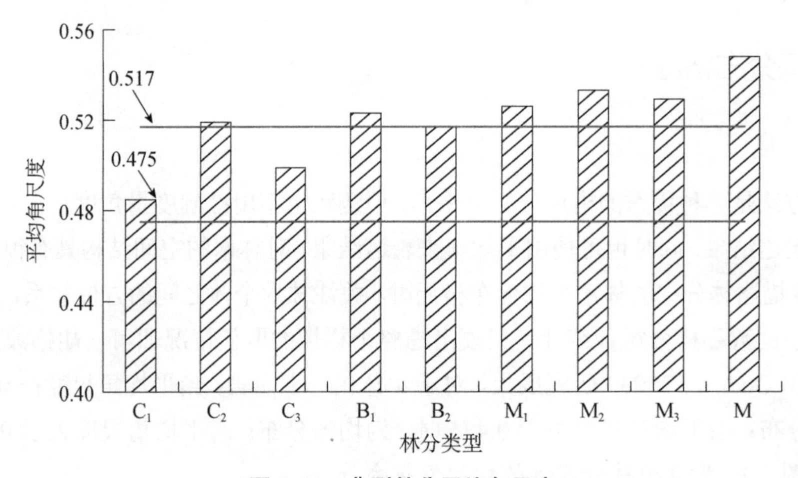

图 3-13　典型林分平均角尺度

2. 方差均值比率和聚集指数

从表 3-13 可以看出，通过对各林分聚集指数和方差均值比率计算，得出马尾松阔叶林、马尾松杉木阔叶林和栲树林的 R 值分别为 1.03、0.93 和 0.92，非常接近 1；这三个林分的方差均值比率经 t 显著性检验，t 的绝对值分别为 1.28、1.52、1.74，均小于 95%置信度 t 值，因此林木空间分布格局均为随机分布。其他 6 种林分的聚集指数均小于 1，方差均值比率经 t 检验，t 绝对值均大于 $t_{0.05}$，林木空间格局呈聚集分布状态。另外，由于方差均值比率是建立在严格的数学检验基础上，因此其结论不存在难以判断的临界点，分析结果具有客观性，而且用方差均值法也可确定种群的聚集强度，即比较其 t 值。t 值越大，表明种群的聚集强度越高；反之，则种群的聚集强度越低。因此，可以得出各林分聚集强度从弱到强依次为：马尾松阔叶林（1.28）、马尾松杉木阔叶林（1.52）、栲树林（1.74）、杉木阔叶林（2.78）、四川大头茶林（3.23）、毛竹马尾松林（3.34）、毛竹阔叶林（4.04）、毛竹杉木林（4.50）、毛竹纯林（5.73）。

表 3-13　不同林地林木空间分布格局概况

林分类型	聚集指数（R）	方差均值比率（C）	$\|t\|$	$t_{0.05}$	格局类型
马尾松阔叶林	1.03	2.57	1.28	2.35	随机
杉木阔叶林	0.89	4.41	2.78	2.35	聚集
马尾松杉木阔叶林	0.93	2.86	1.52	2.35	随机
四川大头茶林	0.88	4.95	3.23	2.35	聚集
栲树林	0.92	3.13	1.74	2.35	随机
毛竹马尾松林	0.85	5.09	3.34	2.35	聚集
毛竹杉木林	0.83	6.51	4.50	2.35	聚集
毛竹阔叶林	0.85	5.95	4.04	2.35	聚集
毛竹纯林	0.71	8.02	5.73	2.35	聚集

第 4 章　典型林分的涵养水源功能

森林中的降水受到地上植被的影响，体现出不同的留存、挥发、积存和空间分配状况（李奕，2016）。通常而言，森林对降水输入过程的影响主要从森林的四个垂直层次去开展，即林冠层、林下的灌草层、枯枝落叶层和土壤层。

4.1　实验设计与研究方法

4.1.1　气象特征监测

缙云山生态站上设有全自动气象站（图 4-1），可对各种气象因子进行连续监测，包括林外降水量（mm）、相对湿度（%）、净辐射（W/m^2）、水面蒸发量（mm）、空气温度（°C）、风速（m/s）和风向以及土壤的温度和含水率（0～20 cm、20～40 cm、40～60 cm、60～80 cm 深度）等，数据是每 10 min 记录 1 次。

图 4-1　全自动气象站

4.1.2　林冠层水文特征测定

1. 穿透雨量（through fall，TF）

在每个典型林分监测样地内，按照 10 m×10 m 网格均匀布设 25 个雨量筒（ ϕ=20 cm），对穿透雨量进行测定［图 4-2（a）］，由于雨量筒需求较大，每种林分内各布设了 13 个标准雨量筒和 12 个自制雨量筒（ ϕ=20 cm），标准雨量筒数据每 10 min 记录一次，自制雨量筒的水量尽量在雨后就测量，然后根据在同一时间林外位置下对比观测得到的自制雨量筒雨量与标准雨量筒测定的雨量的关系方程［图 4-2（b）］进行数据纠偏。最终取 25 个雨量筒的雨量平均值作为林分的平均穿透雨量。

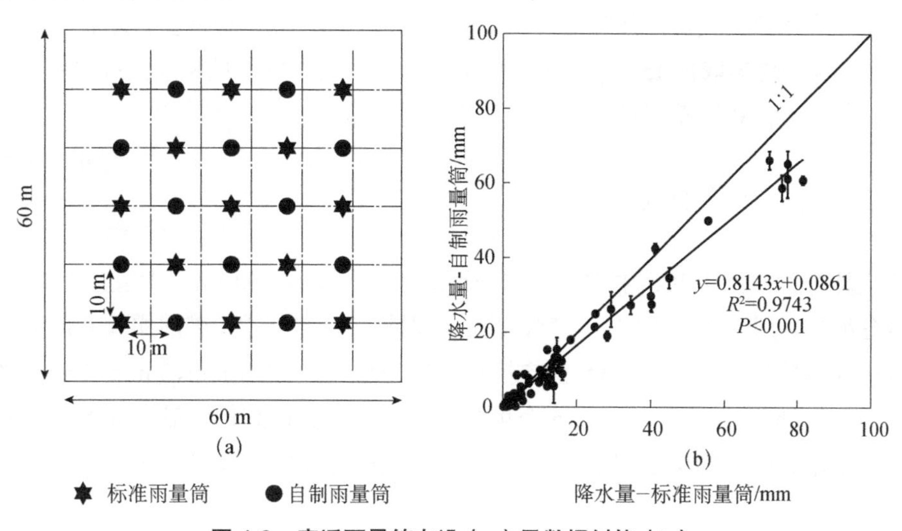

图 4-2　穿透雨量筒布设（a）及数据纠偏（b）

2. 树干茎流量（stem flow，SF）

将 9 种典型林分样地内主要优势树种按照胸径大小分为 5 个径级，每个径级选择 3 株有代表性的样树，用 PVC 塑料胶管做槽，环绕树干 2～3 圈，再用玻璃胶密封，下部接入桶收集干流（图 4-3），每次降雨后人工测量桶内水的体积，再换算成树干茎流量。树干茎流量计算公式如下：

$$SF = \frac{1}{M}\sum_{i=1}^{n}\frac{SF_n}{K_n}M_n \qquad (4\text{-}1)$$

式中，SF 为树干茎流量，mm；M 为单位面积上的株树，株/m^2；SF_n 为不同径级树干茎流量，mm；n 为径级级数；K_n 为不向径级树冠平均投影面积，m^2；M_n 为每个径级的树木株树。

图 4-3　树干茎流观测

3. 林冠最大持水量测定

采用“浸水法”和“称重法”，在每个 30 m×30 m 的样地内，选取标准木 6～8 株，详细调查其胸径、树高、冠幅、枝叶量、叶面积指数等指标，然后在林冠层进行枝叶采摘，混合均匀装袋带回实验室称重，之后浸水 24 h 再称重，确定不同林分的林冠层最大持水能力，采用 5 个重复。

4.1.3 灌草层截留量测定

于每个 30 m×30 m 的样地内，采用平行线跳跃法设置 6 个 1 m×1 m 的样方，砍下每个小样方内所有灌木草本枝叶，称鲜重，计算单位面积内灌草层的枝叶重，之后推算大样地内灌草重。之后混合均匀取样 1500 g 左右，测定灌草层的最大持水量和最大持水率，设置 3 个重复，并计算单位面积灌草层枝叶生物量和最大持水量。

4.1.4 枯落物持水量的测定

在各个林分的坡面上部、中部和下部分别取 3 个 50 cm×50 cm 的枯落物样方，分未分解层和半分解层，用钢卷尺测定其厚度，之后分别装入自封袋中，带回实验室称重。将所取的各林分中的枯落物进行浸水实验，测定持水过程，测定时段为 1 min、3 min、5 min、10 min、1 h、2 h、4 h、8 h、12 h、24 h，设 5 个重复。之后可计算得到指标最大持水率、最大拦蓄率、有效拦蓄率、枯落物层蓄积量、最大持水量、最大拦蓄水量、有效拦蓄水量等。

4.1.5 林地蒸散量测定

林地蒸散发主要由 4 个蒸散组分构成，即乔木蒸腾、林下植被蒸腾、土壤蒸发和枯落物蒸发。由于林下植被蒸腾量较小，本节未单独测定，而在计算时将其归入乔木蒸腾量内。

1. 树干液流通量密度测定

植被蒸腾研究样地选在缙云山国家级自然保护区生态站附近的一块天然针阔混交林内。样地面积 800 m^2，海拔 868.4 m，坡度 18°，坡向西北。样地内主要乔木树种为马尾松（16 株）、杉木（32 株）、四川山矾（37 株），有少量川杨桐（3 株），林分郁闭度为 0.9。调查样地内树木的树高、胸径、枝下高、冠幅，并选取样木。为了避免树形扭曲及斑痕给热扩散探针（thermal diffusion probe，TDP）监测带来误差，选取的样木需是长势良好、树形优良、树干通直圆满无结疤的树木。样木的胸径不能太小，以防探针插入不导水的心材，影响树干液流通量密度测量的准确度。

样木基本情况及探针布设情况如表 4-1 所示。在样木树干北侧胸径位置刮掉树皮，刮皮面积为 5 cm×10 cm。用专用规格的钻头在刮皮位置平行钻取上下距离相差 10 cm 的小孔，将 TDP 探针上下交替逐步插入孔内，并用专用橡皮泥和泡沫模瓣固定，最后用反光铝箔包裹。探针另一端连接 CR1000 数据采集器，自动记录并存储数据（图 4-4）。数据每 10 min 采集 1 次，并存储每 30 min 的平均值。2015 年整套装置用 12V 蓄电池供电，2016 年以后接通直流电源供电。树干液流通量密度值根据 Granier 经验公式计算：

$$F_{\mathrm{d}}=119\times\left(\frac{\Delta T_M-\Delta T}{\Delta T}\right)^{1.231} \tag{4-2}$$

式中，F_{d}为树干液流通量密度，g/（m^2·s）；ΔT为上下 2 探针温度差，℃；ΔT_M为树干液流为 0 时，两个探针的最大温差值，℃。

表 4-1　样木基本情况表

树种	样木编号	树高/m	胸径/cm	冠幅/（m×m）	探针在木质部深/mm	监测年份
马尾松	p1	16.5	24.90	3.2×3.8	5、15、25	2015
	p2	16.2	29.40	3.0×3.5	5、15、25	2015
	p3	14.0	36.30	4.2×3.6	15、25、70	2016
	p4	19.0	40.70	3.5×4.8	15、25、70	2016
	p5	15.0	34.70	3.8×4.1	5、15、25	2016
	p6	16.2	21.00	3.3×3.8	15	2016
杉木	c1	17.0	14.90	1.1×1.8	5、15、25	2015
	c2	13.8	17.50	1.8×2.0	5、15、25	2015
	c3	14.0	18.69	2.0×1.5	5、15、25	2015
	c4	12.5	18.00	1.0×2.0	15、25、70	2016
	c5	8.0	18.10	4.0×4.0	15、25、70	2016
	c6	16.8	24.50	2.5×2.7	5、15、25、70	2016
	c7	4.6	8.20	1.5×1.2	15	2016
	c8	13.5	15.60	2.1×1.8	15	2016
	c9	15.4	18.20	3.5×4.1	15	2016
四川山矾	s1	8.1	10.90	2.0×2.5	5、15、25	2015
	s2	14.5	14.75	5.0×3.0	5、15、25	2015
	s3	16.0	20.00	5.6×6.2	5、15、25	2015
	s4	8.0	14.20	4.0×4.0	5、15、25、70	2016
	s5	10.0	20.10	5.0×5.0	5、15、25、70	2016
	s6	7.0	9.70	3.0×3.0	5、15、25、70	2016
	s7	18.5	24.20	6.4×5.8	5	2016
	s8	17.3	18.40	5.1×5.3	5	2016

图 4-4　树干液流观测

2. 林下枯落物和土壤水分传输测定

1）枯落物蓄积量及持水量测定

为避免枯落物采样对树木蒸腾环境条件的干扰，选取 2 号样地作为枯落物采集样地，选取 8 个枯落物采样点，每个采样点大小为 30 cm×30 cm。将枯落物分为未分解层和半分解层，测量各层的厚度。将各层枯落物分别收集并带回实验室，用 0.1 g 电子秤分别称未分解层和半分解层枯落物的鲜重。然后将枯落物放入 80℃恒温烘箱烘干 24 h 后，取出分别称干重，将干重换算为每公顷下的重量，即为枯落物蓄积量。

将烘干后的两层枯落物分别放入不同的 100 目网兜，并完全浸入水中进行枯落物持水量测试实验。分别将浸水的枯落物在 1 min、3 min、5 min、10 min、1 h、2 h、4 h、8 h、12 h、24 h 时刻拿出，静置 5 min，待枯落物不再滴水时，称重并记录。每次将枯落物拿出水中的重量与干重之差即当时枯落物的持水量。本研究中，将重量差换算成单位面积下的持水深度（mm）来作为衡量枯落物持水量的指标。网兜的重量及持水量忽略不计。

根据枯落物的鲜重、干重和不同时刻的湿重，计算枯落物的自然含水率（R_0）、最大持水率（R_{max}）和有效拦蓄量（W），具体计算公式如下：

$$R_0 = \frac{M_{鲜} - M_{干}}{M_{干}} \times 100\% \tag{4-3}$$

$$R_{max} = \frac{M_{24h} - M_{干}}{M_{干}} \times 100\% \tag{4-4}$$

$$W = \left(0.85R_{max} - R_0\right) \times M_r \tag{4-5}$$

式中，$M_{鲜}$为枯落物的鲜重，g；$M_{干}$为枯落物烘干后的干重，g；M_{24h}为枯落物浸入水中 24 h 的湿重，g；M_r为枯落物蓄积量，t/hm^2。

2）枯落物及土壤蒸发量测定

除林冠截留蒸发以外的林地蒸发项包括林下植被蒸腾、枯落物蒸发和土壤蒸发三项。由于本研究区内林下植被（灌木和草本）很少，所以林下植被蒸腾忽略不计。因此，本研究中所涉及的林地蒸发量是指除林冠截留蒸发以外的枯落物蒸发和土壤蒸发总和。

由于枯落物的覆盖会影响土壤蒸发，因此本节中将枯落物与土壤视为一体，在尽量保留真实蒸发条件的前提下，采用自制蒸渗筒，监测林地内土壤和枯落物蒸发总量。本研究中自制蒸渗筒如图 4-5 所示，内筒直径为 20 cm，高 30 cm，采用 PVC 管制成，底部用带网筛的底座套住内筒，以防土粒剥落，在网筛底座外连接一个高 3 cm 的底托，用于盛接下渗水。将内筒与底托整体嵌入外筒，外筒底部封闭，外筒与内筒间用胶带封住，避免进入水分等影响测量结果。

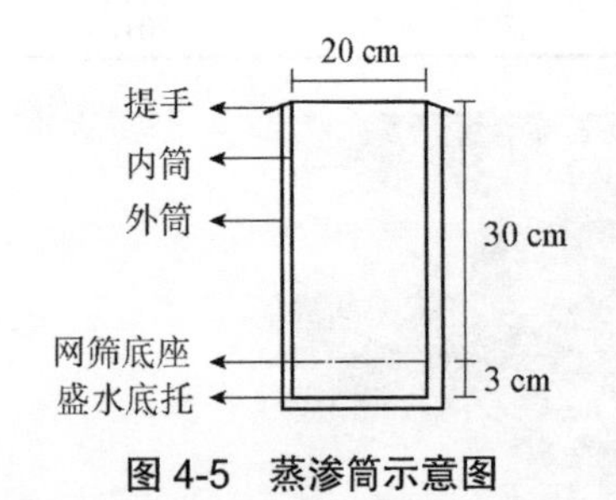

图 4-5　蒸渗筒示意图

由于研究区树木根系较浅，为避免在布设蒸渗筒的过程中接触到植物根系，因此蒸渗筒的布设选择在距主根 20 cm 以外的地表。林地内共布设 8 个蒸渗筒，它们均匀分布在 800 m^2 的样地内。在 2016 年 6～10 月和 2017 年 6～10 月监测林地蒸发量。在非降雨日，每天 8：00 和 18：00 对蒸渗筒内土体重量和下渗水分重量各测量一次，前后两次测量的正差值即林地蒸发量。每隔一周更换一次监测点，以避免蒸渗筒内土柱与外界土体失去水平间的水热传输引起误差。

3. 林地水汽通量测定

重庆缙云山通量塔，主要由开路式涡度相关通量监测系统和微气象观测系统两部分组成。其中通量观测系统安装于 35 m 高处，主要仪器包括：开路 CO_2/H_2O 气体分析仪（LI-7500，LI-COR Inc.，USA）、三维超声风速仪（CAST-3，Campbell，USA），仪器取样频率均为 10 Hz，利用数据采集器（CR3000，Campbell Inc.，USA）存储数据，同时在线计算并存储 30 min 的 CO_2 通量（Fc）、摩擦风速（U^*）等参数。微气象观测系统的主要仪器包括：安装于通量塔 2.5 m 和 35 m 处的空气温湿度传感器（HMP60，Vaisala，FIN）、翻斗式雨量筒（TR-525M，Texas Electronics，USA）、光合有效辐射传感器（LI-190SB，LI-COR Inc.，Lincoln，NE，USA）；35 m 处还安装有净辐射仪（NR01，Hukseflux，NED）、空气温湿度传感器（HMP60，Vaisala，FIN）、风速风向仪（03002，RM Young，CN）；6 个土壤热通量板（HFP01，Hukeflux，The Netherlands）安装于地下 5 cm 处；土壤 5 cm、20 cm、30 cm、50 cm、70 cm、100 cm 处分别安装有土壤温湿度传感器（CS616-I，Campbell，USA）。所有仪器频率均为 10 Hz，使用前均进行了标定，以保证观测精度。

4. 环境因子测定

1）树木个体间生态竞争力测定

A. 树木个体在种群中的地位

树木的空间结构对于调控和经营森林有重要的价值和意义。空间结构描述了树木位置的空间信息特征。由惠刚盈和 Gadow 提出的基于 4 株相邻木的空间结构参数（惠刚盈和 Godow，2003；惠刚盈等，2004a）包括大小比数（U）、角尺度（W）和混交度（M），它们可以反映树木的生长状况、空间分布、物种组成、遮阴遮蔽、种间竞争和抑制作用（Li et al.，2014），代表了个体的生态位，被生态学家广泛应用（Chai et al.，2016）。

本节研究将实验样地划分为 8 个 10 m×10 m 的小样方。记录样方内每株树的树种名称、树高、冠幅、胸径，并测量每株树距离样方上边界及左边界的距离。将每株树的坐标位置标记在坐标纸上，确定样木及最近 4 株相邻木并测量样木与相邻木之间的水平距离，计算每株样木的空间结构参数（大小比数 U、角尺度 W、混交度 M），计算方法同 3.1.2 节。

B. 树木个体竞争力

生态学中的竞争理论也可以用来描述个体树的社会地位和获取生物资源的能力。树木之间的竞争可以使用与距离无关或相关的竞争指数进行评估（Bérubé-Deschênes et al.，2017）。与距离相关的竞争指数在计算过程中需要每株树木的位置坐标和能体现树木大小的相关指标（Lagergren and Lindroth，2004；Bérubé-Deschênes et al.，2017）。Hegyi's 竞争力指数（HCI）由 Hegyi（1974）提出，虽然 HCI 的计算简单，仅运用了树木的胸径和水平距离来代表树木之间的个体差异及生存空间的大小，但其理论基础扎实，运用广泛，是许多研究者改进竞争力指数的基础（Pedersen et al.，2013；Bose et al.，2014）。

由于冠层的遮挡是影响树冠获取光照资源的主要方式（Jiménez et al.，2000；Fiora and Cescatti，2006），因此在考虑树木之间的竞争情况时，很有必要对树冠之间的遮蔽进行考量。我国学者惠刚盈等（2013）在 4 株相邻木的基础上，提出了基于交角的竞争指数（UACI）。UACI 既融合了树木相对优势度（大小比数），同时又描述了相邻木对样木的上部遮挡及侧翼挤压。在水平方向上，相邻木冠层与样木冠层存在资源的竞争，即相邻木对样木有侧翼的挤压作用。这种侧翼挤压竞争用 α_1 的反正切值表示。α_1 为样木树干基部和相邻木树冠顶部连线与水平线的夹角。若相邻木比样木高，则样木树冠会受到遮挡，使样木接收到的光热资源不足，蒸腾受限。树冠上部遮挡作用用 α_2 的反正切值表示，α_2 为两树冠层顶部连线与水平线的夹角。当相邻木树高高于样木树高时，则竞争来源于上部遮挡和侧翼挤压；当相邻木树高等于或低于样木树高时，则竞争只来源于侧翼挤压。α_1 和 α_2 示意图如图 4-6 所示。竞争力指数值越大，代表样木所遭受的竞争压力越大，越不利于样木获取生存资源。UACI 的计算公式如下：

$$\text{UACI} = \frac{1}{4}\sum_{j=1}^{4}\frac{\left(\alpha_1 + \alpha_2 \cdot c_{ij}\right)}{180^{\circ}} \cdot U_i \tag{4-6}$$

式中，U_i 为样木 i 的大小比数；α_1、α_2、c_{ij} 计算公式如下：

$$\alpha_1 = \begin{cases} \arctan\left(H_i/d_{ij}\right)，\text{如果相邻木}j\text{比参照木}i\text{高} \\ \arctan\left(H_j/d_{ij}\right)，\text{否则} \end{cases} \tag{4-7}$$

$$\alpha_2 = \arctan\left(\frac{H_j - H_i}{d_{ij}}\right) \tag{4-8}$$

$$c_{ij} = \begin{cases} 1，\text{如果相邻木}j\text{比参照木}i\text{高} \\ 0，\text{否则} \end{cases} \tag{4-9}$$

式中，H_j 为相邻木 j 的树高；H_i 为样木 i 的树高；d_{ij} 为样木 i 与相邻木 j 之间的水平距离。

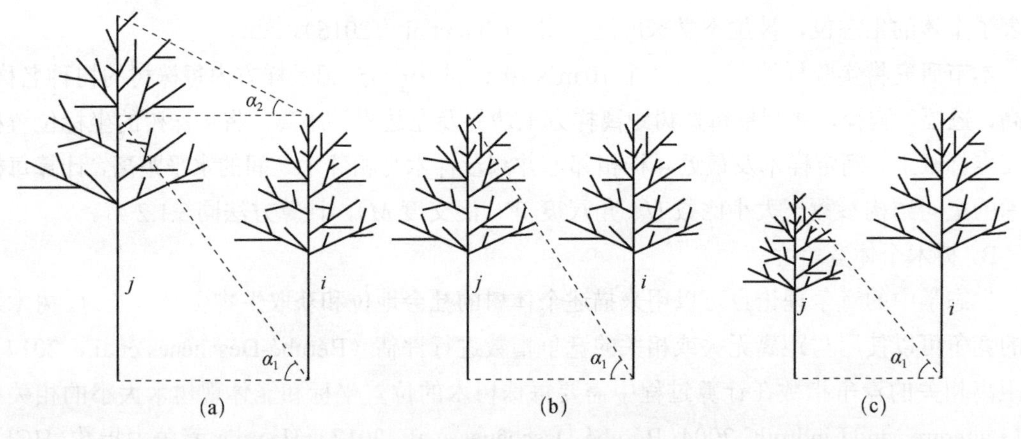

图 4-6　交角 α_1 和 α_2 示意图

HCI 的计算公式如下：

$$HCI = \sum_{i \neq j} \frac{D_j}{D_i \cdot d_{ij}} \tag{4-10}$$

式中，D_j 为相邻木 j 的胸径；D_i 为样木 i 的胸径；d_{ij} 为样木 i 与相邻木 j 之间的水平距离。

2）气象因子及土壤含水量监测

林外气象站布设在距离样地约 500 m 的空地上。气象观测系统采用美国生产的 HOBO 全自动气象观测站（Onset 公司），监测指标有降水量 P（mm）、光合有效辐射 PAR［μmol/（m² • s）］、饱和水汽压差 VPD（kPa）、空气温度 T_a（℃）、空气相对湿度 RH（%）、风速 W（m/s）、土壤体积含水量 VWC（m^3/m^3）。所有监测指标数据采集频率为每 10 min 一次，取 30 min 内平均值用于研究分析。

在样地内布设 8 组 ECH_2O 土壤含水量监测系统（美国 METER 公司，原名为 DECAGON 公司），土壤温湿度传感器采用 5TM，数据采集器采用 EM50。将样地划分成 8 个 10 m×10 m 的小样方，每个小样方内布设一组传感器，每组传感器包含 3 个 5TM 探头，分别布设在 20 cm、50 cm、70 cm 深的土层中。

4.1.6　土壤层特征测定

1. 土壤物理性质测定

在每个林分样地内，按照“S”形，均匀选择 3～5 个 1 m 深的土壤剖面，每隔 20 cm 土层用环刀和铝盒取样，一直取到基岩层，即（0～20 cm、20～40 cm、40～60 cm、60 cm 至基岩层），将采集到的土样带回室内实验室，对其土壤孔隙度状况、含水量、容重和颗粒物组成分别进行测定，每个土层样品至少要有 3 个重复。

2. 土壤水分入渗特征

土壤渗透速率采用双环法测定（余蔚青，2015），所用内外环半径分别为 30 cm 和 60 cm，渗透速率用式（4-11）计算：

$$K_t = 10/t \times 60 \tag{4-11}$$

式中，K_t 为土壤渗透速率，mm/min；t 为水位每下降 1 cm 所需要的时间，s。

3. 土壤体积含水量测定

2013～2014 年采用土钻法，在林分样地坡上、中、下打土钻取土，深度为 0～5 cm、5～10 cm、10～20 cm、20～40 cm、40～60 cm、60～80 cm 和 80～100 cm，对这些深度的土壤水分含量进行测定，在生长季大约每周测定 1 次，降雨后加测。2016 年开始在典型林分安装由美国 METER 公司的 ECH2O 土壤含水量监测系统，连接 EM50 系列数据采集器可对表层 0～20 cm、中层 20～40 cm、下层 40～60 cm 深度土壤含水量进行实时定位连续监测，分析土壤体积含水量动态变化。

4.1.7 径流测定

典型林分样地内分别布设有径流小区 1 个，各径流小区面积均为 5 m×20 m。径流沿着坡面会在集流槽内汇聚，并顺着导水管流入观测房内，在 5 个径流小区观测房间内安装了 CR2-L 型双翻斗流量传感器（图 4-7），可对地表与壤中流数据进行连续实时监测，数据每 10 min 记录一次。

图 4-7　径流小区及观测房设备

4.2 林冠层水文特征

林冠层作为森林生态系统与降水接触的第一个层面拦截了一部分的降水，与此同时，林冠层对降水的截留作用能大大消除雨滴下落的动能，从而减弱雨滴对地表的击溅作用，降低土壤侵蚀；因此研究森林冠层对降水量截留的大小，对于揭示森林水分输入起着决定性的作用。

研究区重庆缙云山多年降水量统计如表 4-2 所示，降雨主要集中在 4～10 月，且每个月的年均降水量均在 100 mm 以上，4～10 月的降水量之和可达全年降水量的 80%以上，因此，可以将全年的雨季划分在 4～10 月，其余月份为旱季。

表 4-2　研究期降雨量统计分析　（单位：mm）

年份	1月	2月	3月	4月	5月	6月	7月	8月	9月	10月	11月	12月	总和
2011	40.4	23.6	37.5	82.8	174.6	133.4	73.9	236.5	98.4	87.4	43.0	17.3	1048.8
2012	10.9	25.2	70.9	83.1	134.7	152.5	198.8	312.1	115.0	173.6	53.3	15.6	1345.7
2013	20.9	29.1	57.6	110.4	110.9	168.4	196.7	236.5	101.9	120.1	40.9	28.0	1221.4
2014	23.2	26.8	74.9	175.9	266.8	315.1	141.5	132.3	81.7	61.0	56.5	49.9	1405.6
2015	16.3	11.8	28.0	85.8	214.7	346.9	194.2	65.2	115.2	90.4	90.5	35.9	1294.9
2016	16.5	46.6	132.3	96.6	113.2	128.5	116.9	182.8	249.7	70.8	103.8	31.3	1289.0
均值	21.4	27.2	66.9	105.8	169.2	207.5	153.7	194.2	127.0	100.6	64.7	29.7	1267.9
标准差	9.4	10.3	33.7	32.8	56.8	88.8	47.3	79.7	56.0	37.5	23.9	11.6	112.8

选取 2013～2014 年 4～10 月 9 种典型林分同步观测到的 66 场降雨数据，探讨其穿透雨、树干茎流和截留量特征，揭示不同林分类型对林冠截留过程的影响（表 4-3）。66 场降雨总降水量达 1085.1 mm，场降水量分布在 0.2～81.6 mm，平均降水量为 16.4±21.2 mm；降雨历时为 0.17～27.5 h，平均降雨历时为 10.42±8.10 h；降雨强度最小为 0.08 mm/h，最大为 10.13 mm/h，平均降雨强度为 1.97±2.04 mm/h。按照中国气象站规定的标准 24 h 内的日降水量来划分降水量等级（表 4-3）：Ⅰ（小雨，0～10 mm）、Ⅱ（中雨，10～25 mm）、Ⅲ（大雨，25～50 mm）、Ⅳ（暴雨，＞50 mm），来进一步分析不同降水量等级下林冠截留差异。表 4-3 表明，研究期降水量主要分布在小雨（0～10 mm）和 中雨（10～25 mm）两个等级，其降雨频率分别占 66 场降雨的 51.52%和 25.76%。暴雨的降雨频次仅有 6 次，发生频率不到降雨场次的 10%，但是其累计的降水量最多，占研究期间降水量的 40.55%。

表 4-3　研究期降雨量等级分布特征

降雨等级	降水量 /mm	场次	频率/ %	累计降水量/mm	占降水量比例/%
Ⅰ	0～10	34	51.52	107.3	9.89
Ⅱ	10～25	17	25.76	228.8	21.09
Ⅲ	25～50	9	13.64	309	28.48
Ⅳ	＞50	6	9.09	440	40.55

注：数据求和不为 100%是存在四舍五入问题。

4.2.1　穿透雨特征

1. 不同林分穿透雨空间异质性

计算每种林分 25 个雨量筒的穿透雨率，分析每种林分穿透雨的空间异质性（图 4-8）。马尾松阔叶林（C_1）中 25 个样点的穿透雨率分布在 58.7%～94.5%，林分穿透雨率变异系数为 9.7%；杉木阔叶林（C_2）的穿透雨率最小值为 64.8%、最大值为 93.6%，林分穿透雨率变异系数为 6.6%；马尾松杉木阔叶林（C_3）的穿透雨率分布在 69.6%～87.9%，林分穿透雨率变异系数为 5.8%；四川大头茶林（B_1）的穿透雨率分布在 62.1%～83.6%，变异系数为 5.7%；烤树林（B_2）的穿透雨率分布在 66.01%～91.2%，变异系数为 7.4%；毛竹马尾松林（M_1）的穿透雨率分布在 48.8%～92.9%，变异系数为 10.9%；毛竹杉木林（M_2）的穿透雨率分布在 54.5%～85.6%，变异系数为 8.4%；毛竹阔叶林（M_3）的穿透雨率分布在 53.8%～90.7%，变异系数为 8.7%；毛竹纯林（M）的穿透雨率最小值为 43.7%、最大值为 87.9%，林分穿透雨率变异系数为 16.1%。

由以上分析可知，9 种林分穿透雨变异系数在 5.7%～16.1%，以毛竹纯林的变异系数最大，其次是竹林混交林，针阔混交林和常绿阔叶林的变异系数相对较小。这可能主要是由冠层密度和冠层形态特征造成的，竹林郁闭度小且树冠较小，造成冠层空隙不大，冠层遮挡不均匀，因而造成林分不同位置监测样点之间穿透雨差异显著。

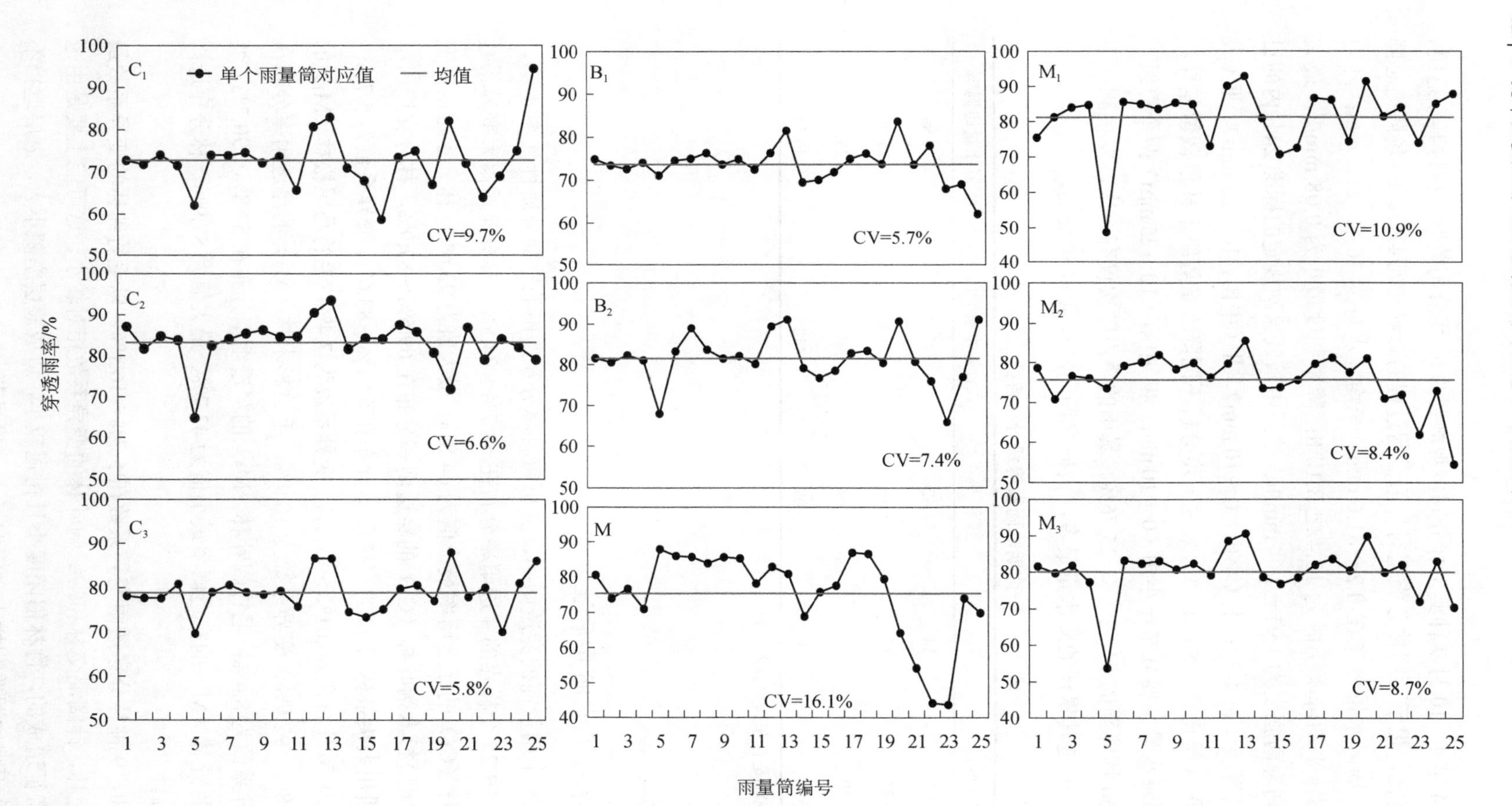

图 4-8　典型林分穿透雨空间分布

2. 不同林分穿透雨差异

研究期间不同林分的平均穿透雨率情况见图 4-9。9 种典型林分平均穿透雨率分布范围在 72.8%±7.1%～83.2%±5.5%，不同林分之间具有显著差异（$P<0.05$）。杉木阔叶林（C_2）和栲树林（B_2）两种林分的穿透雨率最高，分别为 83.2% ±5.5%和 81.5% ±6.1%，且 2 种林分之间不具有显著差异。其次是毛竹马尾松林（M_1）和毛竹阔叶林（M_3），其余 5 种林分相对较低，且不具有显著差异，从数值上来说，马尾松杉木阔叶林（C_3）＞毛竹杉木林（M_2）＞毛竹纯林（M）＞四川大头茶林（B_1）＞马尾松阔叶林（C_1）。

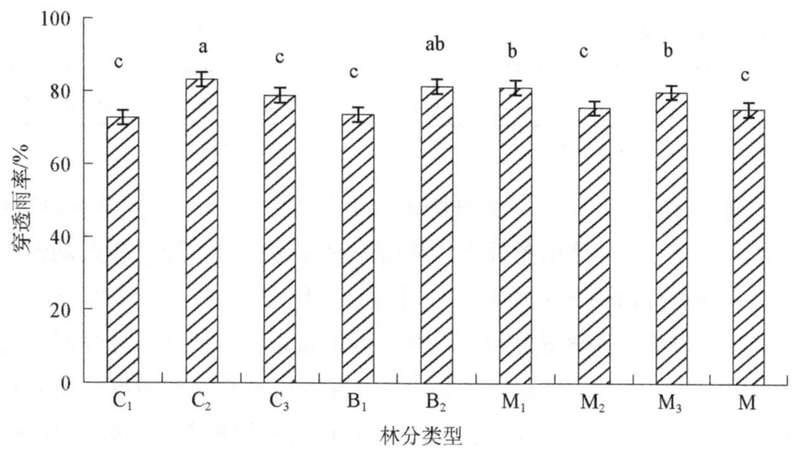

图 4-9　典型林分平均穿透雨率

3. 穿透雨量（率）与林外降雨的关系

对穿透雨量(率)与林外降水量、降雨强度与降雨历时的关系进行分析，关于穿透雨量(率)与林外降水量存在紧密的相关关系已经是确定的（Crockford and Richardson，2000；Mazza et al.，2011；Molina and Del Campo，2012），只是不同林分类型拟合方程和参数有所不同。由表 4-4 可知，各林分的穿透雨量均与林外降水量呈极显著的线性相关关系，穿透雨率与林外降水量呈极显著的对数关系，所有林分穿透雨量和穿透雨率均随着林外降水量的增大而增大，这与许多的研究结果一致。

表 4-4　典型林分穿透雨量（率）与林外降雨的关系

项目	林分	与降水量的关系		与降雨强度的关系		与降雨历时的关系	
		关系方程	R^2	关系方程	R^2	关系方程	R^2
穿透雨量/mm	C_1	y=0.8381x−1.49	0.988**	y=5.4039 ln$x$+11.277	0.192*	y=0.7683x+3.1137	0.259**
	C_2	y=0.8537x−0.85	0.984**	y=5.7142 ln$x$+12.52	0.220**	y=0.5984x+7.0341	0.144*
	C_3	y=0.8677x−0.3101	0.994**	y=9.4582 ln$x$+14.983	0.318**	y=0.7909x+6.9028	0.176*
	B_1	y=0.9477x−0.9172	0.998**	y=7.1338 ln$x$+11.823	0.226**	y=1.3582x+0.084	0.299**
	B_2	y=0.9536x−0.8276	0.998**	y=7.2401 ln$x$+11.99	0.230*	y=1.3615x+0.2263	0.297**
	M_1	y=0.9316x−1.2122	0.988**	y=8.9958 ln$x$+15.976	0.338**	y=0.6068x+11.296	0.094
	M_2	y=0.8756x−1.318	0.991**	y=8.9263 ln$x$+13.888	0.339**	y=0.662x+8.3139	0.126*
	M_3	y=0.9435x−1.6392	0.996**	y=9.7311 ln$x$+14.709	0.348**	y=0.6766x+9.2402	0.113
	M	y=0.7407x+0.4593	0.995**	y=5.761 ln$x$+10.409	0.241**	y=0.1033x+0.7288	0.152**

续表

项目	林分	与降水量的关系		与降雨强度的关系		与降雨历时的关系	
		关系方程	R^2	关系方程	R^2	关系方程	R^2
穿透雨率/%	C_1	y=9.3539 ln$x$+45.715	0.522**	y=7.007 ln$x$+66.629	0.379**	y=0.2609x+65.453	0.035
	C_2	y=9.0392 ln$x$+52.772	0.472**	y=6.726 ln$x$+72.967	0.380**	y=0.0272x+74.853	0.000
	C_3	y=11.279 ln$x$+50.956	0.597**	y=8.4812 ln$x$+76.158	0.371**	y=0.4286x+72.433	0.075
	B_1	y=11.61 ln$x$+53.81	0.703**	y=7.9123 ln$x$+75.067	0.331**	y=0.9672x+66.824	0.18**
	B_2	y=8.4307 ln$x$+63.312	0.514**	y=6.1402 ln$x$+78.818	0.277**	y=0.7353x+72.557	0.145**
	M_1	y=5.1454 ln$x$+69.408	0.342**	y=2.6766 ln$x$+81.633	0.134*	y=0.3337x+78.31	0.127
	M_2	y=9.8709 ln$x$+48.299	0.581**	y=6.7949 ln$x$+70.505	0.356**	y=0.4422x+67.055	0.101
	M_3	y=20.965 ln$x$+19.299	0.824**	y=13.338 ln$x$+66.362	0.435**	y=0.666x+62.056	0.073
	M	y=5.1752 ln$x$+66.939	0.469**	y=2.5799 ln$x$+76.046	0.045	y=0.5013x+71.711	0.062

*表示在 0.05 水平（双侧）上显著相关；**表示在 0.01 水平（双侧）上显著相关。

与降水量不同，林冠截留量（率）与降雨强度的关系复杂，不同学者研究结果不一致。例如，一些研究结果表明，强降雨条件下，降雨容易穿透林冠空隙从枝叶滴落，或者顺着树干变为树干茎流，使得降雨不容易被树木枝叶留存，因此降雨强度越大，林冠截留量越少；当然大部分研究结果表示，降雨强度越大，林冠截留量越多，主要是林分冠层的逐渐饱和造成的（Horton，1919）。本研究中除极个别林分外，穿透雨量和穿透雨率均与降雨强度呈显著或极显著的对数关系（表 4-4），林分穿透雨量和穿透雨率均随着降雨强度的增大而增大。

对于对降雨历时的响应，大部分林分（M_1 和 M_3 除外）的穿透雨量与降雨历时呈显著的正相关，随着降水历时的增大，穿透雨量也显著增加，然而仅有个别林分（B_1 和 B_2）穿透雨量率与降雨历时呈显著或极显著线性正相关（表 4-4）。

4.2.2 树干茎流特征

1. 不同树种树干茎流特征

对缙云山主要乔木树种（马尾松、杉木、四川大头茶、四川山矾、广东山胡椒和毛竹）在不同径级下的树干茎流量的平均值进行计算，如图 4-10。针叶树种马尾松的树干茎流量为（1.17±0.88～1.48±1.09）L，杉木的树干茎流量为（1.6±1.1～2.0±1.3）L，针叶树种不同径级间差异不是很大。阔叶树种的树干茎流量相对针叶树种较高，四川大头茶为（3.1±2.2～6.3±1.3）L，不同径级表现为先增大再减小，径级 8～12 cm 时产生的树干茎流量最大；四川山矾的树干茎流量分布在（4.4±3.1～11.2±8.0）L，不同径级之间具有显著差异，但趋势规律不明确；广东山胡椒树干茎流量为（5.1±3.7～10.4±7.4）L，不同径级间差异显著，也是大致表现为随着径级的增大先增加后减少。毛竹树干茎流量是最大的［（6.4±5.9～12.4±8.9）L］，整体表现为随着树种径级的增大，树干茎流量明显减少（P＜0.05）。综合比较不同树种树干茎流量，它们的大小排序为：毛竹＞广东山胡椒＞四川山矾＞四川大头茶＞杉木＞马尾松。这主要是由树种和树干的特征决定的。这几种乔木树种中，毛竹林树冠最小，且树干最光滑，因此最有利于树干茎流的产生，阔叶树种相较于针叶树种，其树皮要光滑，因此产生的树干茎流更多。

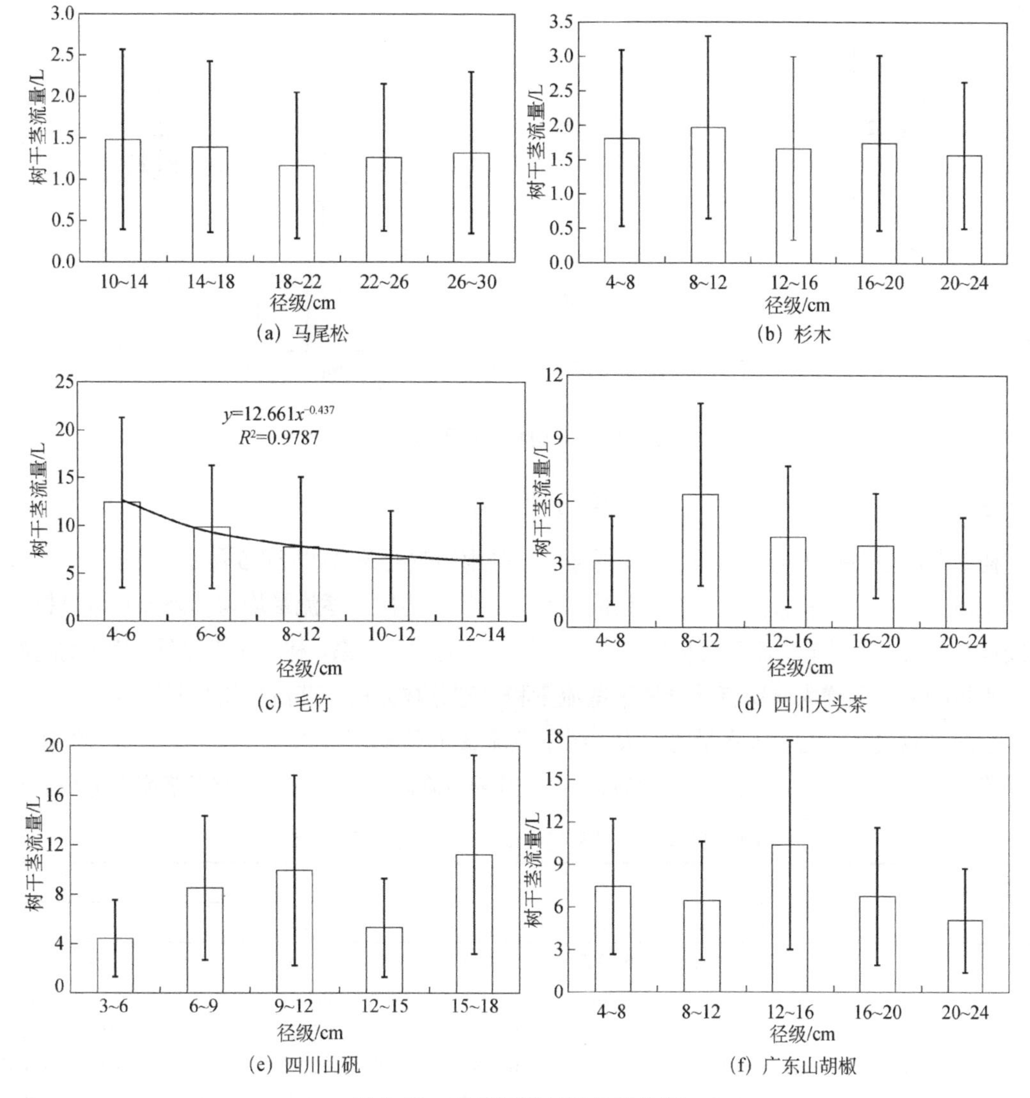

图 4-10　典型树种树干茎流特征

2. 不同林分树干茎流差异

通过单株树木茎流量推算每个林分的树干茎流量，计算典型林分的树干茎流率（图 4-11）。如图 4-11 所示，9 种典型林分的树干茎流率为 0.5%±0.3%～11.3%±2.8%，不同林分之间差异显著（P＜0.05）。9 种林分树干茎流率大小排序为毛竹纯林（M）（11.3%±2.8%）＞毛竹杉木林（M_2）（5.1%±2.8%）＞毛竹马尾松林（M_1）（4.1%±3.8%）＞毛竹阔叶林（M_3）（2.8%±1.3%）＞杉木阔叶林（C_2）（1.5%±0.4%）＞四川大头茶林（B_1）（1.4%±0.6%）＞马尾松阔叶林（C_1）（1.0%±0.4%）＞栲树林（B_2）（0.7%±0.4%）＞马尾松杉木阔叶林（C_3）（0.5%±0.3%）。整体表现为毛竹纯林（M）树干茎流率最高，与其他林分差异十分显著，其次是 3 种毛竹混交林（M_1、M_2 和 M_3），且 3 种林分之间差异不显著。针阔混交林或常绿阔叶林最低，且林分之间无显著差异。

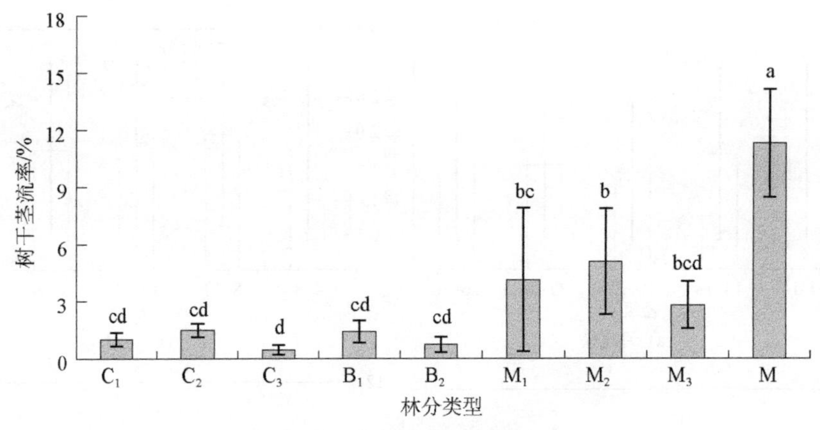

图 4-11 典型林分树干茎流率

3. 树干茎流量（率）与林外降雨的关系

树干茎流量(率)与林外降水量、降雨强度与降雨历时的关系如表 4-5 所示，同穿透雨一致，树干茎流量（率）与林外降雨具有密切的关系。各林分的树干茎流量均与林外降水量呈极显著的线性相关关系，树干茎流率与林外降水量呈极显著的对数关系，林分树干流量（率）均随着林外降水量的增大而增大。所有林分树干茎流量和大部分林分树干茎流率均与降雨强度呈显著或极显著的对数关系，随着降水量的增大，树干茎流量（率）均增大，但个别林分（C_1和B_2）的树干茎流率与降雨强度呈极显著的幂函数关系，其随着降雨强度的增大，树干茎流率是减小的。

表 4-5 典型林分树干茎流量（率）与林外降雨的关系

项目	林分	与降水量的关系		与降雨强度的关系		与降雨历时的关系	
		关系方程	R^2	关系方程	R^2	关系方程	R^2
树干茎流量/mm	C_1	$y=0.0102x+0.0051$	0.992**	$y=0.1039\ln x+0.1824$	0.338**	$y=0.0075x+0.1202$	0.119
	C_2	$y=0.0101x+0.003$	0.983**	$y=0.1011\ln x+0.1819$	0.355**	$y=0.007x+0.1282$	0.102
	C_3	$y=0.0071x+0.0112$	0.998**	$y=0.076\ln x+0.114$	0.312**	$y=0.0062x+0.0506$	0.166*
	B_1	$y=0.0208x+0.0345$	0.998**	$y=0.1585\ln x+0.2453$	0.232**	$y=0.0303x-0.0167$	0.309**
	B_2	$y=0.0172x+0.0079$	0.999**	$y=0.1315\ln x+0.239$	0.234**	$y=0.0247x+0.0255$	0.301**
	M_1	$y=0.0077x+0.0258$	0.998**	$y=0.0783\ln x+0.1151$	0.380**	$y=0.0046x+0.0832$	0.080
	M_2	$y=0.0547x+0.0382$	0.998**	$y=0.5682\ln x+0.9095$	0.353**	$y=0.0398x+0.5868$	0.116
	M_3	$y=0.0209x+0.0408$	0.995**	$y=0.2139\ln x+0.3233$	0.342**	$y=0.0156x+0.1934$	0.122
	M	$y=0.168x+0.8473$	0.993**	$y=1.2654\ln x+1.3944$	0.229*	$y=0.2423x-0.7005$	0.306**
树干茎流率/%	C_1	$y=0.7104\ln x+0.0125$	0.432**	$y=1.1x^{-0.04}$	0.284**	$y=-0.0024x+1.1217$	0.053
	C_2	$y=0.1003\ln x+0.6734$	0.529**	$y=0.0531\ln x+0.9093$	0.189*	$y=0.0045x+0.8714$	0.080
	C_3	$y=0.1649\ln x+0.1294$	0.694**	$y=0.1262\ln x+0.5061$	0.400**	$y=0.0064x+0.4502$	0.0816
	B_1	$y=0.7222\ln x-0.2893$	0.764**	$y=0.5337\ln x+1.0548$	0.378**	$y=0.0624x+0.524$	0.189**
	B_2	$y=0.101\ln x+0.0219$	0.751**	$y=1.912x^{-0.055}$	0.421**	$y=-0.118x+2.0219$	0.179**
	M_1	$y=0.3453\ln x-0.4737$	0.711**	$y=0.2168\ln x+0.3325$	0.367**	$y=-0.0112x+0.2632$	0.060
	M_2	$y=0.7135\ln x+3.0181$	0.666**	$y=0.4954\ln x+4.6394$	0.373**	$y=-0.0224x+4.5078$	0.051
	M_3	$y=0.5676\ln x+0.0658$	0.723**	$y=0.378\ln x+1.3601$	0.424**	$y=-0.0216x+1.2046$	0.081
	M	$y=5.5518\ln x-5.5819$	0.840**	$y=11.713\ln x-6.6892$	0.367**	$y=1.3901x-18.522$	0.189**

*表示在 0.05 水平上显著相关；**表示在 0.01 水平上显著相关。

然而，降雨历时不同，只有小部分林分树干茎流量（率）与降雨历时的相关性呈显著或极显著正相关，随着降雨历时的增加，产生的树干茎流量增加，树干茎流率增大。

4.2.3　林冠截留特征

1. 不同林分林冠截留差异

根据水量平衡原理，即林冠截留量等于林外降水量减去穿透雨量与树干茎流量之和，来计算各林分的林冠截留量。如图 4-12 所示，9 种林分林冠截留率范围为 13.3%±12.2%～26.2%±7.1%。其中，马尾松阔叶林（C_1）和四川大头茶林（B_1）的林冠截留率较大，分别为 26.2%±7.1%和 24.9%±4.2%，且两种林分之间差异不显著；其余林分排序为马尾松杉木阔叶林（C_3）＞毛竹杉木林（M_2）＞栲树林（B_2）＞毛竹阔叶林（M_3）＞杉木阔叶林（C_2）＞毛竹马尾松林（M_1）＞毛竹纯林（M），大部分林分之间具有显著差异。可见，林分树种组成和结构配置不同，会导致林冠截留率具有显著差异。

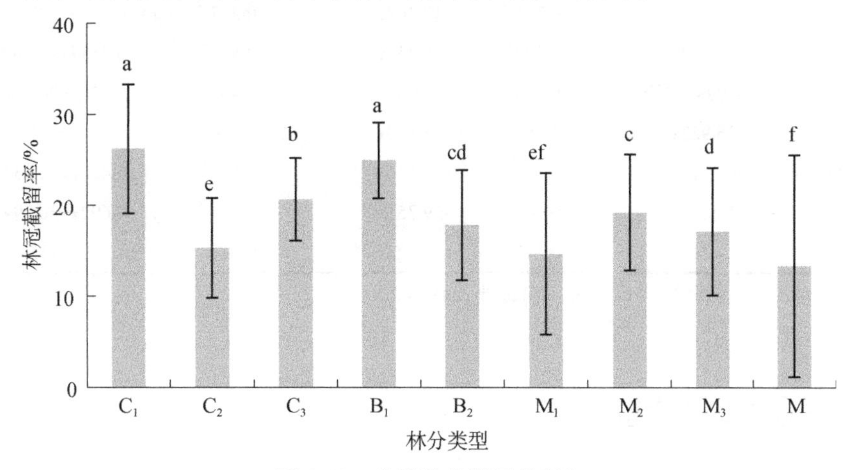

图 4-12　典型林分林冠截留率

2. 林冠截留量（率）与林外降雨的关系

关于林冠截留量（率）与林外降雨的关系，本书对降雨观测数据进行拟合分析（表 4-6）。各林分的林冠截留量均与林外降水量呈极显著的线性相关关系，林冠截留量均随着降水量的增大而增大，但其增大幅度随着降水量的增大而减小；但林冠截留率均与林外降水量呈极显著的负幂函数关系，随着降水量的增大，林冠截留率逐渐减小，最后减小趋势减缓，趋于一条平稳曲线。

除毛竹阔叶林外，林冠截留量与降雨强度呈显著或极显著的对数关系，随着降水量的增大，林冠截留量逐渐增大；与降水量一致，林冠截留率均与林外降雨强度呈显著或极显著的负幂函数关系，随着降水量的增大，林冠截留率逐渐减小，最后减小趋势减缓，趋于一条平稳曲线。

对于降雨历时，只有少数林分林冠截留量（率）与降雨历时的呈显著或极显著正相关，随着降雨历时的增加，林冠截持的降水量增加，林冠截留率增大。

表 4-6　典型林分林冠截留量（率）与林外降雨的关系

项目	林分	与降水量的关系		与降雨强度的关系		与降雨历时的关系	
		关系方程	R^2	关系方程	R^2	关系方程	R^2
林冠截留量/mm	C_1	$y=0.5534x^{0.716}$	0.853^{**}	$y=1.8262\ln x+4.0383$	0.379^{**}	$y=0.1197x+3.1004$	0.109
	C_2	$y=0.451x^{0.6935}$	0.818^{**}	$y=1.2916\ln x+3.3744$	0.221^{**}	$y=0.1426x+2.0325$	0.161^{*}
	C_3	$y=0.54x^{0.500}$	0.395^{**}	$y=1.2158\ln x+2.4819$	0.238^{**}	$y=0.0694x+1.8476$	0.061
	B_1	$y=0.5661x^{0.3914}$	0.749^{**}	$y=0.4525\ln x+1.3659$	0.423^{**}	$y=0.0375x+1.0522$	0.106^{*}
	B_2	$y=0.3976x^{0.4753}$	0.673^{**}	$y=0.392\ln x+1.2043$	0.339^{**}	$y=0.0384x+0.8801$	0.119
	M_1	$y=0.3692x^{0.626}$	0.366^{**}	$y=1.1632\ln x+2.1668$	0.446^{**}	$y=-0.0246x+2.8617$	0.012
	M_2	$y=0.552x^{0.6085}$	0.850^{**}	$y=0.726\ln x+2.5618$	0.186^{*}	$y=0.0342x+2.3523$	0.028
	M_3	$y=1.273x^{0.265}$	0.451^{**}	$y=0.3641\ln x+2.302$	0.110	$y=0.0425x+1.888$	0.100
	M	$y=0.0898x+0.3991$	0.823^{**}	$y=0.6906\ln x+1.6152$	0.186^{**}	$y=0.1035x+0.7278$	0.148^{**}
林冠截留率/%	C_1	$y=55.335x^{-0.284}$	0.478^{**}	$y=29.246x^{-0.224}$	0.345^{**}	$y=-0.269x+33.553$	0.038
	C_2	$y=45.103x^{-0.308}$	0.470^{**}	$y=22.631x^{-0.264}$	0.444^{**}	$y=-0.0317x+24.276$	0.001
	C_3	$y=54.001x^{-0.5}$	0.395^{**}	$y=17.262x^{-0.39}$	0.237^{**}	$y=-0.4576x+27.357$	0.083
	B_1	$y=56.452x^{-0.606}$	0.879^{**}	$y=18.258x^{-0.446}$	0.431^{**}	$y=-0.9587x+32.021$	0.159^{**}
	B_2	$y=39.646x^{-0.523}$	0.716^{**}	$y=15.008x^{-0.414}$	0.406^{**}	$y=-0.658x+24.839$	0.118
	M_1	$y=36.923x^{-0.374}$	0.453^{**}	$y=15.173x^{-0.186}$	0.146^{*}	$y=-0.3448x+21.427$	0.128
	M_2	$y=69.911x^{-0.584}$	0.362^{**}	$y=18.316x^{-0.358}$	0.158^{*}	$y=-0.4561x+28.334$	0.097
	M_3	$y=139.37x^{-0.852}$	0.669^{**}	$y=19.751x^{-0.534}$	0.304^{**}	$y=-0.692x+36.794$	0.074
	M	$y=66.269x^{-0.759}$	0.447^{**}	$y=14.325x^{-0.431}$	0.134^{*}	$y=-1.3028x+35.461$	0.168^{**}

*表示在 0.05 水平上显著相关；**表示在 0.01 水平上显著相关。

4.3　灌草层水文特征

灌草层作为降水输入的第二层面，对降水的截持不但可以对穿透降雨进行再分配，而且可以减缓雨滴动能，延缓地表径流的发生，同时为下一层枯落物层截留也提供了有利条件。本节对典型林分灌草层的生物量和最大持水量进行了测定。

4.3.1　灌草层的生物量

从图 4-13 可以看出，9 种典型林分灌草层的生物量范围在 0.73±0.41～2.48±0.13 t/hm²，其大小排序为杉木阔叶林（C_2）（2.48±0.13 t/hm²）＞马尾松阔叶林（C_1）（2.25±0.21 t/hm²）＞毛竹阔叶林（M_3）（2.15±0.21 t/hm²）＞毛竹马尾松林（M_1）（1.70±0.16 t/hm²）＞马尾松杉木阔叶林（C_3）（1.67±0.05 t/hm²）＞毛竹杉木林（M_2）（1.50±0.21 t/hm²）＞栲树林（B_2）（1.15±0.51 t/hm²）＞四川大头茶（B_1）（1.12±0.11 t/hm²）＞毛竹纯林（M）（0.73±0.41 t/hm²）。从林分类型上看，针阔混交林的灌草层生物量较高，其次是毛竹混交林，再次是常绿阔叶林，毛竹纯林的灌草层生物量最低。

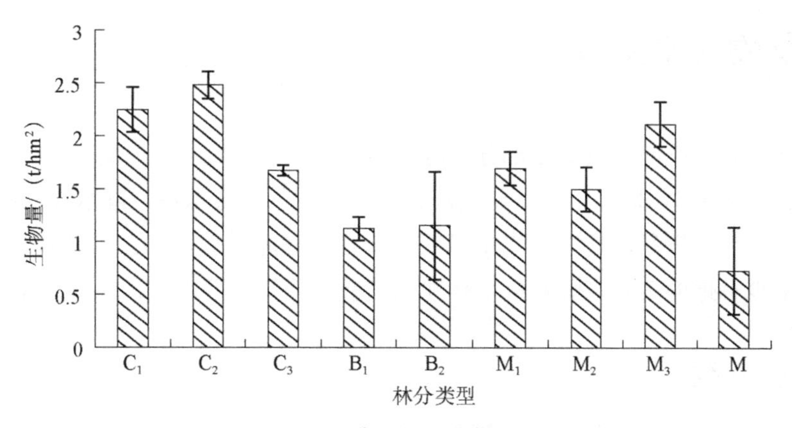

图 4-13　缙云山典型林分灌草层的生物量

4.3.2　灌草层的持水量

通过采集样方，采用浸水法得到 9 种典型林分灌草层的最大持水量（图 4-14），由结果可以看出，相对乔木冠层对降水的截持，灌草层截持的水量很小，9 种林分灌草层最大持水量在 0.09±0.04～0.33±0.01 mm。

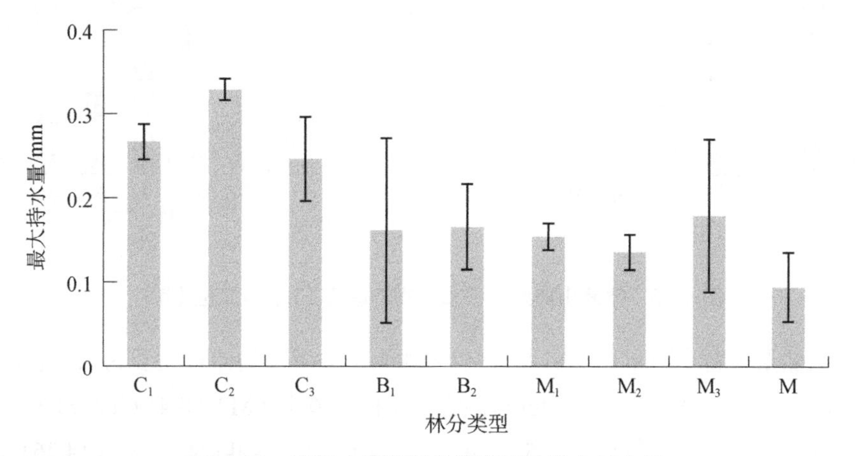

图 4-14　缙云山典型林分灌草层的最大持水量

对比不同林分，其排序大小为杉木阔叶林（C_2）（0.33±0.01 mm）＞马尾松阔叶林（C_1）（0.27±0.02 mm）＞马尾松杉木阔叶林（C_3）（0.25±0.05 mm）＞毛竹阔叶林（M_3）（0.18±0.09 mm）＞栲树林（B_2）（0.17±0.05 mm）＞四川大头茶林（B_1）（0.16±0.11 mm）＞毛竹马尾松林（M_1）（0.15±0.02 mm）＞毛竹杉木林（M_2）（0.14±0.02 mm）＞毛竹纯林（M）（0.09±0.04 mm）。针阔混交林的灌草层持水量相对要高点，毛竹纯林最低，常绿阔叶混交林和竹林混交林分之间差异不显著。这主要是因为针阔混交林物种多样性比较高，而毛竹林不存在灌木层，且草本层稀疏。

4.4 枯落物层水文特征

作为森林生态系统的重要组成部分，枯落物的存在可提高地表粗糙度，对降水起到缓冲作用（Li et al.，2016），同时由于其结构疏松，具有很好的透水性，降水又能经枯落物逐渐渗透到土壤中，将地表径流转变成壤中流或地下径流（赵洋毅，2011），地表枯落物的覆盖又能有效地减少林地的蒸发，影响整个林地的蒸散发损耗（吕锡芝，2013；李奕，2016）。

4.4.1 枯落物储量

对缙云山典型林分的枯落物厚度与储量进行调查［图 4-15（a）］，首先多数林分半分解层的厚度均大于未分解层。枯落物半分解层厚度范围在 1.2～3.8 cm，未分解层厚度在 0.7～2.4 cm。其总厚度在 1.9～5.5 cm，9 种林分中以杉木阔叶林（C_2）和四川大头茶林（B_1）的较厚，毛竹纯林（M）的最薄。

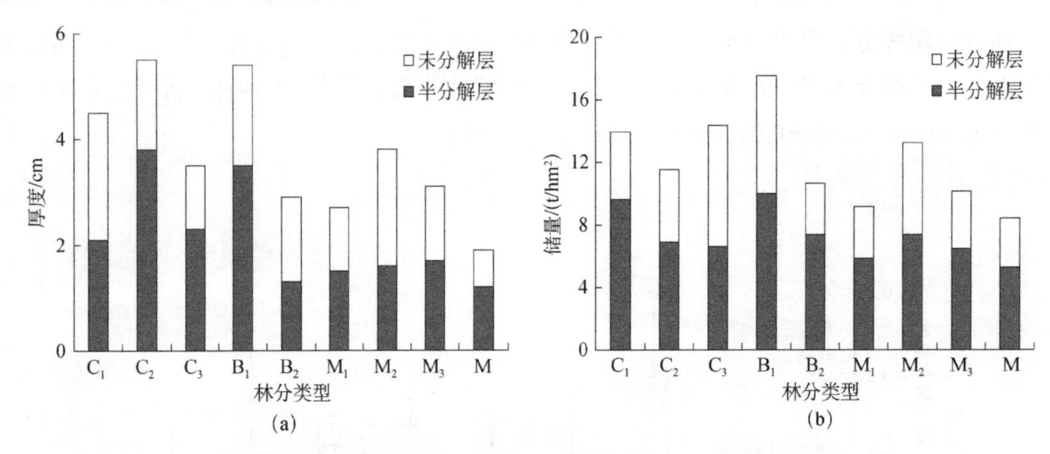

图 4-15 缙云山典型林分枯落物的厚度（a）与储量（b）

从枯落物储量来看［图 4-15（b）］，其也表现为半分解层的储量大于为未分解层。以四川大头茶林（B_1）的储量最大（17.52 t/hm^2），毛竹纯林的最小（M）（8.41 t/hm^2）。9 种林分枯落物储量大小依次为四川大头茶林（17.52 t/hm^2）＞马尾松杉木阔叶林（C_3）（14.36 t/hm^2）＞马尾松阔叶林（C_1）（13.94 t/hm^2）＞毛竹杉木林（M_2）（13.23 t/hm^2）＞杉木阔叶林（C_2）（11.51 t/hm^2）＞栲树林（B_2）（10.64 t/hm^2）＞毛竹阔叶林（M_3）（10.13 t/hm^2）＞毛竹马尾松林（M_1）（9.15 t/hm^2）＞毛竹纯林（M）（8.41 t/hm^2）。针阔混交林或常绿阔叶林的枝、叶和茎干较大会显著提高林下枯落物积累量，使得枯落物储量较大；相反，毛竹林枝叶较少，林下枯落物储量就低，再加上其分解慢，使得竹林混交林和毛竹纯林的枯落物储量小。

4.4.2 枯落物持水过程

从 9 种典型林分的枯落物持水过程（图 4-16）可知，所有林分的枯落物持水量均随随时间的延长而增加，且在最开始时吸水速率最快（尤其是前 10 min 中），之后随着时间的增加逐渐有减缓趋势，增加的幅度逐渐减小。这说明枯落物对降水的截持作用随着降雨历时的延长是逐渐减弱的。本书中枯落物在吸水 12 h 后枯落物重量基本保持稳定，泡水 24 h 后一般均达到最大持水量。对比图 4-16 持水量过程曲线，四川大头茶林（B_1）的枯落物持水量始终保持在最高水平，说明其枯落物持水量最大，毛竹纯林（M）的曲线一直在最下方，其持水量一直最小，有的林分之间枯落物持水量变化较接近，差异不显著。各典型林地内的枯落物持水量与泡水时间存在显著的对数函数关系（表 4-7）。

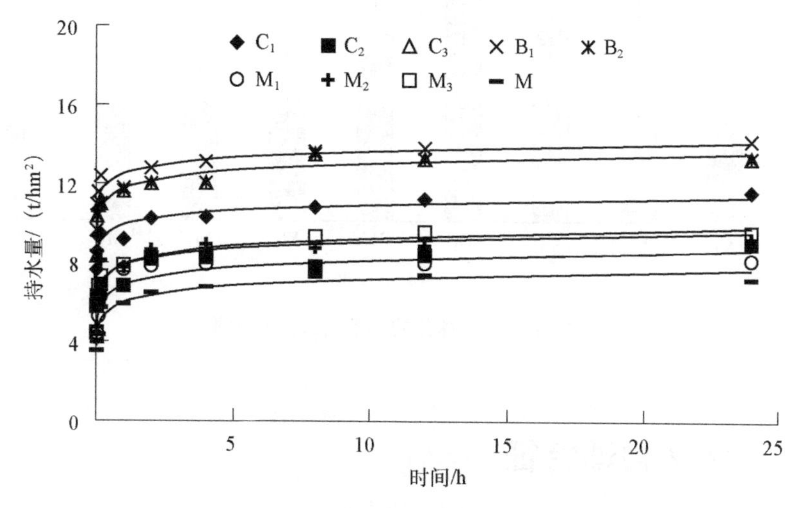

图 4-16 典型林分的枯落物持水量随时间变化过程

表 4-7 典型林地枯落物持水量随时间变化过程方程

林分类型	拟合方程	R^2
C_1	y=0.461ln$x$+9.925	0.918**
C_2	y=0.406ln$x$+7.376	0.883**
C_3	y=0.441ln$x$+9.886	0.884**
B_1	y=0.525ln$x$+12.493	0.897**
B_2	y=0.5853ln$x$+11.749	0.890**
M_1	y=0.578ln$x$+6.849	0.904**
M_2	y=0.544ln$x$+7.872	0.857**
M_3	y=0.611ln$x$+7.897	0.926**
M	y=0.542ln$x$+5.966	0.950**

**表示在 0.01 水平上显著相关。

4.4.3 枯落物最大持水量

枯落物最大持水量通常是指其泡水 24 h 后的饱和持水量（王礼先和张志强，1998）。对枯落物的最大持水量进行研究（图 4-17），结果表明，9 种典型林分枯落物的最大持水量变化范围为 1.24±0.87～2.74±0.98 mm。其大小依次为四川大头茶林（B_1）（2.74±0.98 mm）＞

马尾松阔叶林（C_1）（2.49±0.47 mm）＞马尾松杉木阔叶林（C_3）（2.33±0.56 mm）＞栲树林（B_2）（2.29±1.05 mm）＞毛竹杉木林（M_2）（2.01±0.68 mm）＞毛竹阔叶林（M_3）（1.99±0.99 mm）＞杉木阔叶林（C_2）（1.82±1.02 mm）＞毛竹马尾松林（M_1）（1.49±0.66 mm）＞毛竹纯林（M）（1.24±0.87 mm）。

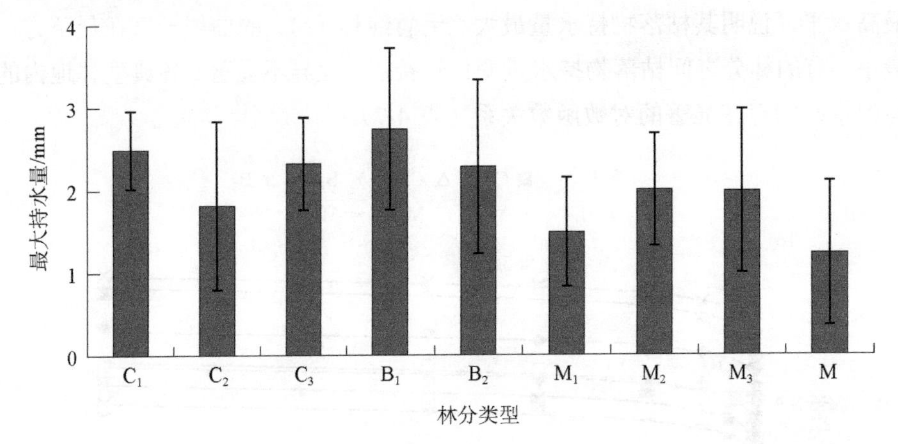

图 4-17 典型林分的枯落物最大持水量

4.5 土壤层水文物理特征

森林土壤在森林水分传输中起着重要作用（马雪华，1987），土壤层通过对降水的入渗和蓄纳等作用来对水资源分配格局产生影响（刘世荣等，1996）。另外，林地土壤含水量控制着土壤-植物界面间的物质和能量交换，其将直接影响到林地的蒸散和坡面产流（杨文治等，1998）。因此，研究土壤水文物理特性及其含水量是研究森林生态系统水分传输过程和揭示产流机理的重要环节（王金叶等，2006）。

本节选取缙云山典型林分针阔混交林（CBF）、常绿阔叶林（BEF）、毛竹林（MF）、灌木林（shrub）及对照样地裸地（BS）的土壤层水文数据，并对上述 5 种样地的土壤含水量进行连续实时监测，研究典型森林植被对土壤层水文物理特性和土壤含水量变化的影响。

4.5.1 土壤颗粒物组成

由于受到森林枯落物、林木树根以及土壤微生物群体的影响，不同森林土壤具有不一样的水文物理性质，主要表现在土壤的结构性、吸收性、持水性、透水性、水分移动性等方面。森林对土壤有改善作用，其土壤一般比较疏松，孔隙多或有大孔隙，透水性强。土壤的水文物理性质对土壤水分的吸收、入渗等过程有着显著影响。本书以缙云山典型林分样地的实验数据为基础，研究了不同林分土壤颗粒物组成、土壤容重、土壤孔隙度、土壤入渗特征、土壤蓄水能力和土壤含水量特征等多个方面的土壤水文物理特征。

土壤是由大量不同大小且形状不同的颗粒组成的。土壤颗粒组成是土壤最基本的物理性质之一。对研究区 5 个典型样地四个土壤层次（0～20 cm、20～40 cm、40～60 cm 和 60～80 cm）土壤颗粒组成进行测定（图 4-18），发现不同层次土壤颗粒组成具有差异。按照国际制土壤质地分级标准各土层土壤质地类型进行划分，不同土层土壤质地类型不同。针阔混交林的Ⅰ层为黏壤土，其他 3 层均为壤质黏土；常绿阔叶林Ⅰ层和Ⅱ层均为砂质黏壤土，底下两层均为壤质黏土；毛竹林Ⅰ层为砂质黏壤土，中间两层为黏壤土，第Ⅳ层为壤质黏土；灌木林Ⅰ层为黏壤土，中间两层为壤质黏土，第Ⅳ层为砂质壤土；裸地上 3 层均为壤质黏土，

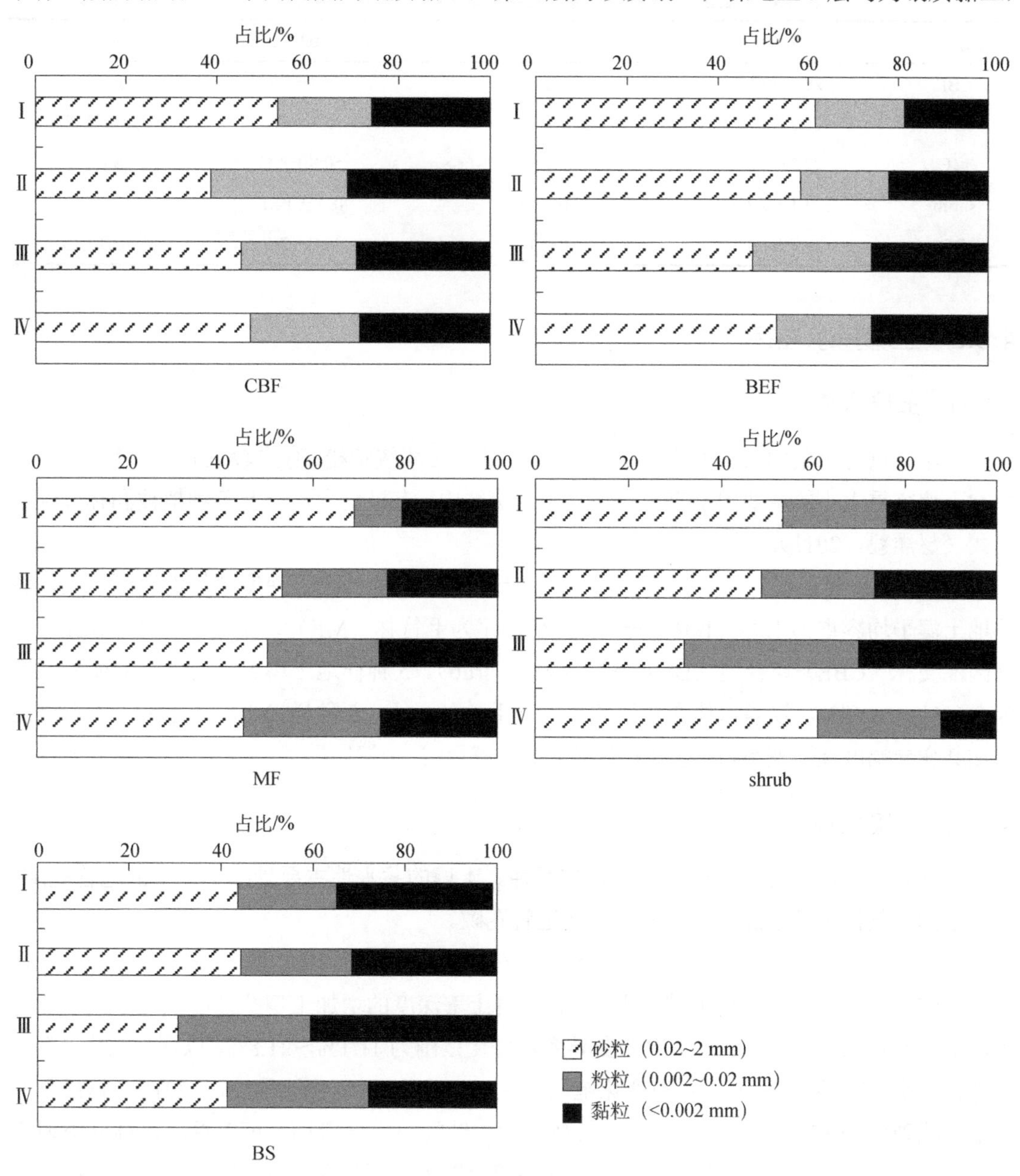

图 4-18 缙云山典型林地不同层次土壤颗粒组成

第Ⅳ层为黏壤土。林分表层土质地较粗和疏松，而下层质地较细且黏度较大。可见，森林植被对表层土壤质地的影响最大。

各林地土壤总体以砂粒含量最大，变化范围在40.0%±7.6%～55.1%±6.4%，粉粒变化范围为21.7%±2.6%～28.0%±5.9%，黏粒变化范围为23.1%±9.7%～33.8%±7.4%。对林分整体土壤质地类型划分（表4-8），结果表明，针阔混交林、毛竹林和裸地均为壤质黏土，而常绿阔叶林为砂质黏壤土，灌木林为黏壤土。

表4-8　典型样地整体土壤颗粒组成比例和土壤质地类型　（单位：%）

林分类型	黏粒（<0.002 mm）	粉粒（0.002～0.02 mm）	砂粒（0.02～2 mm）	土壤质地类型
CBF	28.8±3.5	25.0±3.2	46.2±4.4	壤质黏土
BEF	23.2±3.7	21.7±2.6	55.1±6.4	砂质黏壤土
MF	27.3±5.3	22.0±6.5	50.8±8.1	壤质黏土
shrub	23.1±9.7	28.0±5.9	48.8±12.1	黏壤土
BS	33.8±7.4	26.2±4.4	40.0±7.6	壤质黏土

4.5.2　土壤持水性特征

1. 土壤容重

土壤容重与土壤的紧实度成反比，容重较小时，土壤较疏松；容重较大时，土壤较紧实。影响土壤容重大小的主要因素有土壤质地、土壤结构、有机质含量以及各种植被和林分经营模式（赵洋毅，2011）。

从表4-9可以看出，5种样地4个土层的土壤容重均随着土层深度增加而逐渐增大，各林地土壤平均容重为1.05～1.36 g/cm^3，大小排序为毛竹林（MF）＞常绿阔叶林（BEF）＞针阔混交林（CBF）＞裸地（BS）＞灌木林（shrub）。5种样地土壤容重不同深度变异系数为9.68%～26.64%，以灌木林变异系数最大、毛竹林最小。5种样地土壤容重随土壤深度的增加其变异幅度逐渐变小，这是由于下层土壤致密紧实，土壤容重很大，加上没有根系的作用。

2. 土壤孔隙度

土壤孔隙包括毛管孔隙和非毛管孔隙两种。土壤的蓄水性主要受控于土壤的毛管孔隙，而土壤的通气性和排水能力主要取决于非毛管孔隙。

对缙云山典型样地土壤孔隙状况分析表明(表4-9)，除毛竹林之外，表层土壤的总孔隙、毛管孔隙和非毛管孔隙要高于其他土层，且随着土壤深度的增加土壤孔隙度呈逐渐减小的趋势。各样地土壤总孔隙度不同层次的变异系数变化范围为11.1%～21.8%，以裸地最大，常绿阔叶林最小；毛管孔隙度变异系数变化范围为9.7%～19.5%，以裸地最大，常绿阔叶林最小；非毛管孔隙度为15.8%～53.9%，以毛竹林最大，针阔混交林最小，可以看出，林分类型不同，土壤孔隙状况具有显著差异，尤其是非毛管空隙差异更显著，可见非毛管空隙受林分类型影响作用较大。

表 4-9　缙云山典型样地土壤水分物理性质

林分类型	土层	容重/（g/cm³）	总孔隙度/%	毛管孔隙度/%	非毛管孔隙度/%
CBF	Ⅰ层	1.01±0.12	61.00±2.31	44.89±2.86	16.11±1.21
	Ⅱ层	1.27±0.23	48.19±3.56	34.79±4.29	13.40±2.12
	Ⅲ层	1.35±0.15	45.45±2.25	30.61±3.27	14.84±2.46
	Ⅳ层	1.39±0.12	48.17±2.22	37.85±1.86	10.32±1.42
	均值	1.26±0.16	50.71±6.04	37.04±5.21	13.67±2.16
BEF	Ⅰ层	0.98±0.24	56.66±1.64	49.64±2.69	7.02±1.09
	Ⅱ层	1.32±0.23	53.83±2.94	48.89±3.21	4.94±1.07
	Ⅲ层	1.49±0.11	48.14±4.63	44.19±3.47	3.95±1.11
	Ⅳ层	1.59±0.09	42.12±4.26	38.66±2.18	3.46±0.28
	均值	1.35±0.23	50.19±5.57	45.35±4.39	4.84±1.37
MF	Ⅰ层	1.17±0.22	51.13±3.01	43.66±4.42	7.47±1.38
	Ⅱ层	1.32±0.21	54.44±4.24	43.95±3.54	10.49±2.03
	Ⅲ层	1.41±0.17	48.35±1.22	39.50±3.93	8.85±1.32
	Ⅳ层	1.53±0.17	38.73±1.97	32.20±2.89	6.53±2.45
	均值	1.36±0.13	48.17±5.86	39.83±4.74	8.34±1.49
shrub	Ⅰ层	0.68±0.22	61.70±3.01	52.05±4.42	9.65±1.38
	Ⅱ层	0.91±0.21	46.02±4.24	43.54±3.54	2.48±2.03
	Ⅲ层	1.19±0.17	54.55±1.22	50.31±3.93	4.24±1.32
	Ⅳ层	1.42±0.17	37.17±1.97	33.29±2.89	3.88±2.45
	均值	1.05±0.28	49.86±9.19	44.80±7.37	5.06±3.20
BS	Ⅰ层	0.79±0.22	65.16±3.01	56.89±4.42	8.27±1.38
	Ⅱ层	1.01±0.21	47.08±4.24	43.85±3.54	3.23±2.03
	Ⅲ层	1.40±0.17	59.25±1.22	50.79±3.93	8.46±1.32
	Ⅳ层	1.46±0.17	35.82±1.97	32.68±2.89	3.14±2.45
	均值	1.17±0.28	51.83±11.30	46.05±8.99	5.78±2.59

比较不同样地土壤孔隙度状况，发现土壤总孔隙度大小依次为裸地（BS）＞针阔混交林（CBF）＞常绿阔叶林（BEF）＞灌木林（shrub）＞毛竹林（MF）；土壤毛管孔隙度大小依次为裸地（BS）＞常绿阔叶林（BEF）＞灌木林（shrub）＞毛竹林（MF）＞针阔混交林（CBF）；土壤非毛管孔隙度大小依次为针阔混交林＞毛竹林＞裸地＞灌木林＞常绿阔叶林。

4.5.3　土壤入渗特征

土壤渗透性的强弱直接关系到土壤水分变化和地表流量的大小，以及将地表径流转化为壤中流的能力（吴钦孝等，2004）。植被类型、土壤结构和降雨特性与土壤渗透性关系密切。

本节采用土壤初渗速率、稳渗速率、平均渗透速率和渗透总量 4 个常用指标来表征土壤渗透性（张昌顺等，2009；赵洋毅，2011），从而来探讨不同林分类型对土壤渗透性能的影响。其中，初渗速率=最初入渗时段内渗透量/入渗时间，本研究取最初入渗时间为 2 min；稳渗速率为单位时间内的渗透量趋于稳定时的渗透速率；平均渗透速率=达稳渗时的总渗透水量/达稳渗时的时间；众多研究表明，渗透速率在 90 min 前已基本达到稳定，为方便比较，统一取前 120 min 内的渗透量作为渗透总量（吕锡芝，2013；李奕，2016）。

各样地不同土层各入渗指标如表 4-10 所示，由结果可知，同一样地不同深度土壤入渗指标也具有显著差异。针阔混交林（CBF）、常绿阔叶林（BEF）和毛竹林（MF）3 种林分的初渗速率、稳渗速率、平均渗透速率和渗透总量 4 个指标基本随土壤深度的增加而降低，而灌木林和裸地表现不同，灌木林表现为Ⅱ层＞Ⅲ层＞Ⅳ层＞Ⅰ层，裸地基本表现为Ⅰ层＞Ⅲ层＞Ⅳ层＞Ⅱ层。这主要是由各样地土壤非毛管孔隙度随深度的变化差异大引起的。各样地初渗速率变异系数为 29.1%～103.6%，稳渗速率变异系数为 7.9%～105.2%，平均渗透速率变异系数为 8.1%～108.6%，渗透总量变异系数为 8.2%～111.2%，均是以灌木林地变异系数最大、毛竹林最小。

不同林地之间入渗指标具有显著差异，特别是Ⅰ层（0～20 mm）和Ⅱ层（20～40 mm）。初渗速率表现为针阔混交林（CBF）＞常绿阔叶林（BEF）=裸地（BS）＞灌木林（shurb）＞毛竹林（MF）；稳渗速率表现为常绿阔叶林=裸地＞针阔混交林＞灌木林＞毛竹林；平均渗透速率大小排序为针阔混交林＞裸地＞常绿阔叶林＞灌木林＞毛竹林；渗透总量表现为裸地＞针阔混交林＞灌木林＞常绿阔叶林＞毛竹林。

表 4-10　林地不同土层土壤入渗指标

入渗指标	土壤层	CBF	BEF	MF	shrub	BS
初渗速率/（mm/min）	Ⅰ层	7.84	8.50	2.15	0.43	8.50
	Ⅱ层	5.56	6.45	1.91	5.56	0.65
	Ⅲ层	2.14	0.65	1.15	1.80	6.45
	Ⅳ层	1.33	0.61	0.49	0.58	0.61
稳渗速率/（mm/min）	Ⅰ层	3.17	4.98	0.88	0.39	4.98
	Ⅱ层	2.19	2.82	0.78	3.17	0.28
	Ⅲ层	0.98	0.28	0.75	0.74	2.82
	Ⅳ层	0.73	0.35	0.40	0.40	0.35
平均渗透速率/（mm/min）	Ⅰ层	5.44	3.13	1.45	0.37	6.19
	Ⅱ层	5.10	1.52	1.36	3.71	0.37
	Ⅲ层	1.79	0.58	1.22	0.88	3.36
	Ⅳ层	1.16	0.20	0.62	0.45	0.44
渗透总量/mm	Ⅰ层	646.83	371.42	174.16	69.40	1078.11
	Ⅱ层	600.32	179.00	163.40	692.06	64.11
	Ⅲ层	206.79	63.97	146.27	153.33	585.20
	Ⅳ层	128.71	21.82	74.17	77.79	76.57

各样地 4 个土层的土壤入渗速率随时间的变化过程如图 4-19 所示。所有样地土壤初始入渗速率均较大，随着入渗时间的增加，其入渗速率迅速下降，之后下降趋势减缓，最终趋

于一条平缓的直线，直到达到土壤的稳渗速率。本书研究结果与其他人的研究结果相符，即入渗的过程可分为 3 个阶段：瞬降阶段、渐变阶段和平稳阶段。此外，结果表明，各样地 4 个土层深度土壤入渗速率具有显著差异。对于针阔混交林（CBF）来说，0～20 cm 和 20～40 cm 土层的土壤入渗速率明显高于其他两层，0～20 cm 土层初渗速率最大，瞬降的幅度也最大。20～40 cm 土层的稳渗速率最大，40～60 cm 和 60～80 cm 两个土层的入渗速率差异不大。对于常绿阔叶林（BEF）来说，表层 0～20 cm 的土壤入渗速率明显最高，其次是 20～40 cm 土层，40～60 cm 和 60～80 cm 两个土层的入渗速率差异不大。对于毛竹林（MF）来说，上 3 层的土壤入渗速率明显高于最底层，而灌木林（shrub）的 20～40 cm 土层的入渗速率明显高于其他 3 层，裸地（BS）是 0～20 cm 和 40～60 cm 土层要明显高于其他两层，其中表层（0～20 cm）最高。

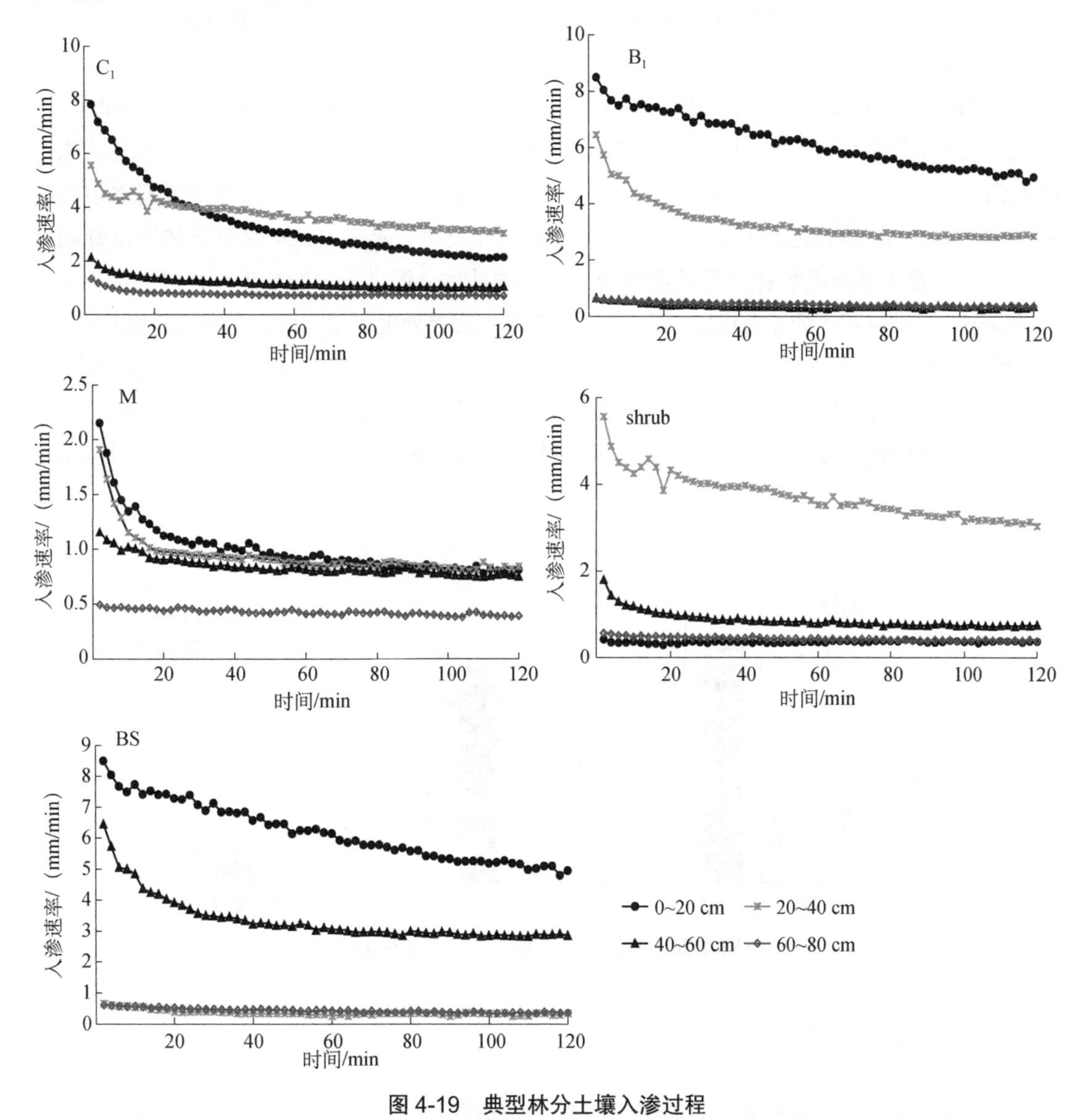

图 4-19　典型林分土壤入渗过程

4.5.4 土壤蓄水能力

土壤蓄水能力是评价土壤涵养水源功能的一个重要指标，又分为非毛管蓄水能力、毛管蓄水能力和总毛管蓄水能力。土壤的非毛管孔隙中所能填充的水分储量主要影响土壤吸收和入渗，又叫有效蓄水能力；而毛管孔隙中的水分可长时间保持在土壤中，利于植物根系吸收和土壤蒸发；当土壤的全部孔隙都充满水分时即土壤最大蓄水能力。其计算公式为

$$S = h_i \times p_i \times r \tag{4-12}$$

式中，S 为土壤的蓄水能力，mm；h_i 为第 i 层土壤的厚度，m；p_i 为第 i 层土壤的非毛管孔隙度、毛管孔隙度或总孔隙度，%，分别对应的是有效蓄水能力、毛管蓄水能力和最大蓄水能力；r 为水的比重，取值为 1。

图 4-20 为缙云山典型样地土壤蓄水能力，各样地总体的土壤最大蓄水能力为 439.4～565.3 mm，以针阔混交林（CBF）蓄水能力最高。土壤最大蓄水能力强弱依次为：针阔混交林（CBF）＞常绿阔叶林（BEF）＞毛竹纯林（MF）＞裸地（BS）＞灌木林（shrub）。各样地的土壤毛管蓄水能力在 364.2～407.2 mm，林分之间差异不是很显著，毛管蓄水能力大小依次为：毛竹林＞灌木林＞针阔混交林＞裸地＞常绿阔叶林。各样地土壤有效蓄水能力在 41.7～167.6 mm，林分之间差异显著，以针阔混交林最大，依次为：针阔混交林＞常绿阔叶林＞裸地＞灌木林＞毛竹林。有效蓄水能力反映的是林分调洪蓄水的能力，可见针阔混交林和常绿阔叶林调洪蓄水的能力较好。不同林地的蓄水能力差异主要受土壤孔隙度状况和土壤厚度的影响。另外，结果还表明，各样地毛管蓄水能力是有效蓄水能力的 2.4～10.0 倍，这是因为林地土壤的非毛管孔隙度较小，虽然非毛管孔隙蓄水量要比毛管孔隙小得多，但对于小流域来说，非毛管孔隙既能快速吸水又能迅速排水，从而可暂时滞缓径流（但不影响总量），削减径流峰值。

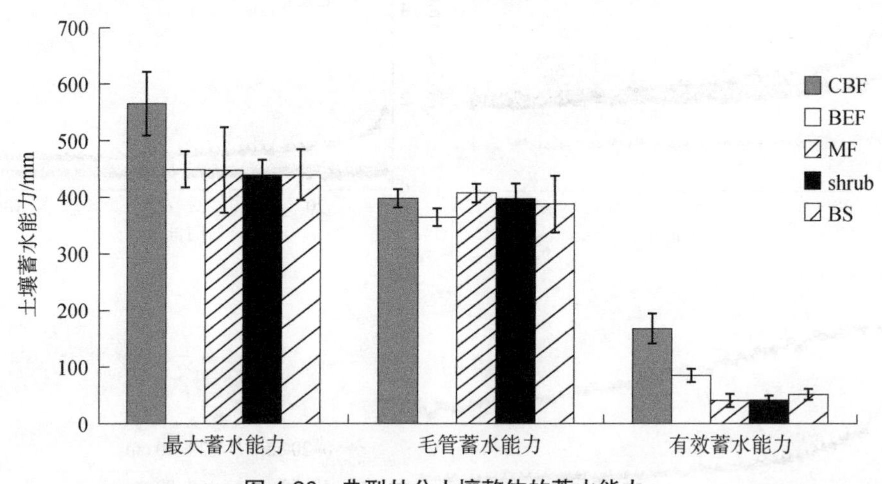

图 4-20 典型林分土壤整体的蓄水能力

4.5.5 土壤含水量特征

土壤层与多个水文过程相关，如植物蒸腾、土壤蒸发、土壤入渗、地表径流和壤中流均发

生在土壤界面。而这些水文过程又与土壤水分含量有着密切关系，土壤水分动态变化与这些水文过程相互影响。因此，研究土壤水分动态对解析整个森林生态水文过程有着重要的价值。

1. 土壤含水量动态变化

1）季节变化

本节对 2016 年 8 月 1 日～2017 年 12 月 31 日的土壤含水量进行了实时监测。各样地土壤含水量动态变化如图 4-21 所示。由图 4-21 看出，土壤水分变化与降雨变化一致，具有明

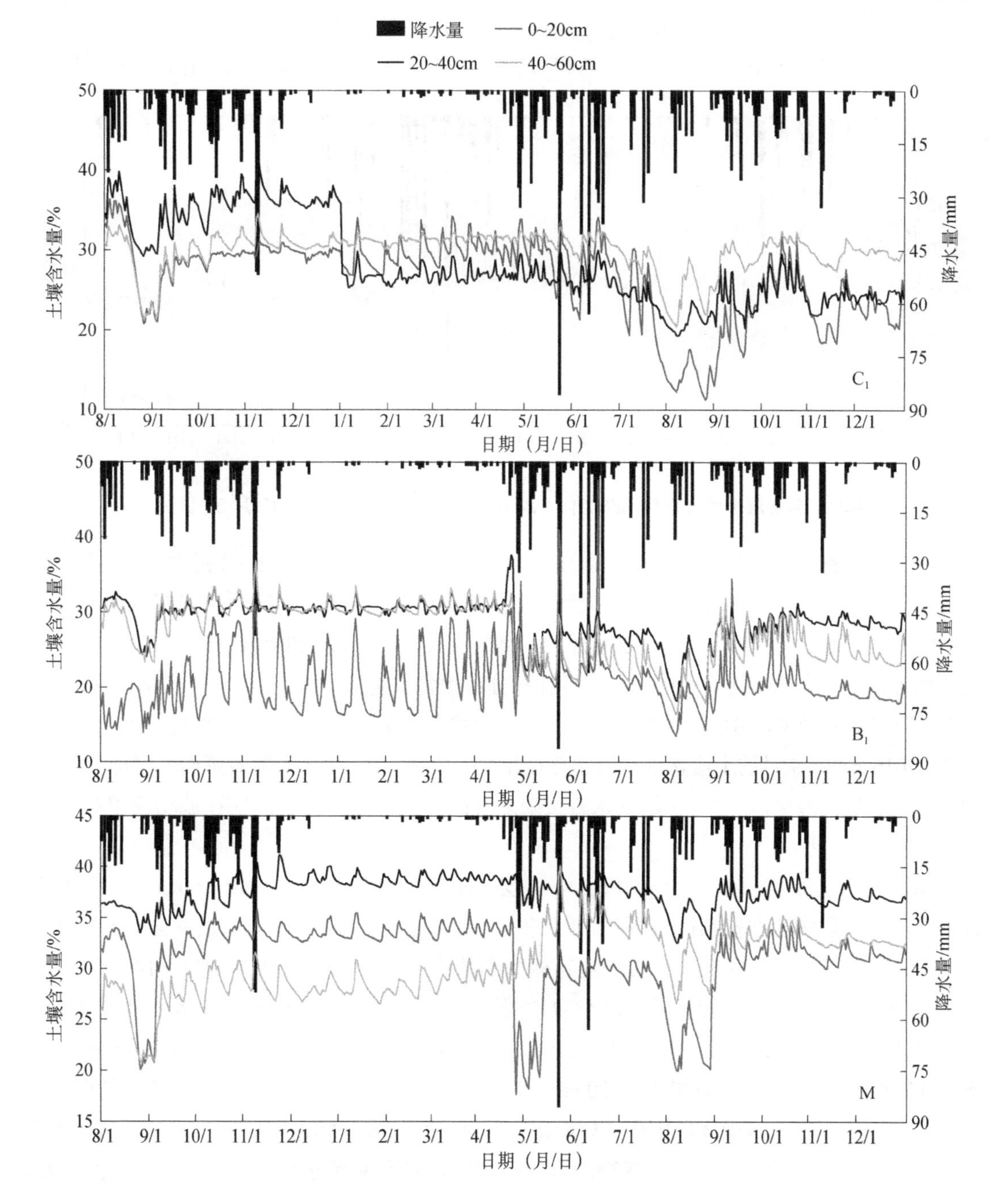

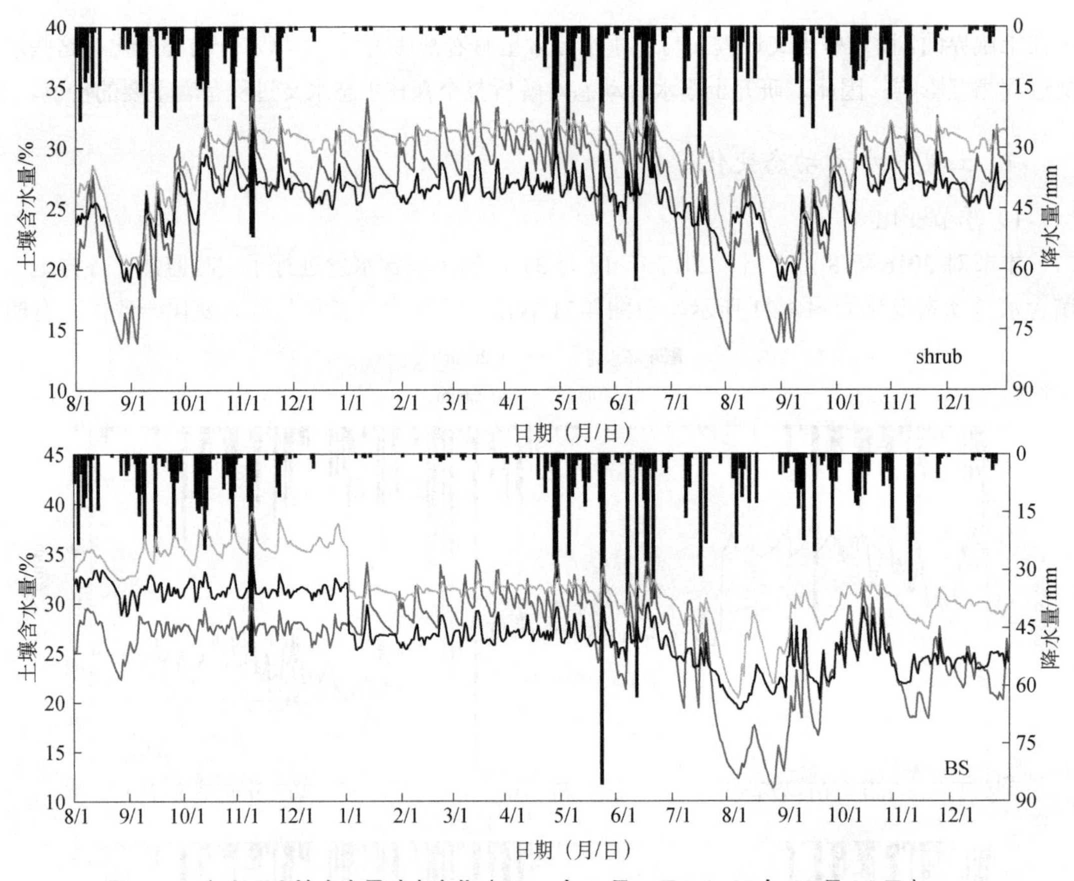

图 4-21 各土层土壤含水量动态变化（2016 年 8 月 1 日～2017 年 12 月 31 日）

显的季节变化特征，随着降水量的增大，土壤含水量随之上升。研究区 1～4 月由于气温较低，植被和蒸发较少，加上这段时间降雨多为低雨强、长历时的小雨，利于土壤入渗和蓄水，因此这段时间各林分土壤含水量较高。5 月开始，植被生长耗水增加，加上气温升高带来的林地蒸发的增加，尽管在此期间降水量增大，但各林分土壤含水量呈下降趋势，尤其是在 8～9 月伏旱期，降雨输入减少，温度增加加剧林地蒸散，土壤含水量下降趋势很大，可能达到一年中最低值（2016 年 8～9 月的土壤含水量确实存在相同的变化）。10 月之后随着降雨的增加和集中，加上林地蒸散的减少，各林地土壤含水量又随之升高，第二年之后保持平稳，波动性相对不大。

2）垂直变化

从不同土层深度：表层（0～20 cm）、中层（20～40 cm）和下层（40～60 cm）来分析各样地土壤含水量垂直动态变化。从变化幅度来看，针阔混交林各层次变异系数下层（15.7%）＞中层（13.6%）＞表层（9.7%）；常绿阔叶林变异系数为表层（18.6%）＞下层（14.6%）＞中层（10.1%）；毛竹林表现为表层（12.4%）＞下层（8.5%）＞中层（3.6%）；灌木林表现为表层（17.2%）＞下层（9.7%）＞中层（8.1%）；裸地表现为表层（21.7%）＞中层（8.9%）＞下层（7.9%）。可见，样地表层（0～20 cm）的土壤水分变化幅度都是最大的，特别是裸地。这主要是因为表层土壤受环境因子（如降雨、气温、空气湿度和太阳辐射等）的影响是最直接的，而且其作为林下灌草和枯落物的直接接触层，对土壤水分的下渗和蒸发影响也最大。

其次是下层土壤，中层土壤含水量变异性最小。

从垂直层次土壤含水量大小来看，裸地（BS）的土壤含水量整体上表现为下层含水量最高，这是因为裸地没有植被的蒸腾耗水作用，土壤水分含量主要受控于土壤蒸发和土壤入渗，表层土蒸发量大，而且随着土壤水分下渗，深层的含水量要大一些。土壤表层含水量在气温较低时大于中层含水量，但 7～9 月时，由于表层土壤蒸发量过大，表层含水量要小于中层。而对于林地来说，由于植被覆盖和根系的存在及其对土壤结构的改善作用，4 种林分土壤垂直变化过程就比较复杂。

针阔混交林（CBF），在 1～4 月，土壤含水量表现为下层显著高于中层，表层土壤含水量在有降雨时高于下层，无降雨时稍低于下层。在之后的 5～12 月，随着降水输入的增多和植被蒸腾的增大，表层土壤含水量变化幅度最大。

对于常绿阔叶林（BEF），除几次集中降雨天数表层的土壤含水量要显著低于中层和下层外，中层和下层的土壤含水量要显著高于表层，且中层和下层差异不是不大，变化曲线几乎是重合的，这主要归功于常绿阔叶林良好的土壤理化性质，土壤入渗性能较好。

毛竹林（MF）的土壤含水量在 1～4 月表现为中层＞表层＞下层，这是表层植物生长耗水，使得其含水量低于中层，但由于毛竹林土壤板结，土壤下渗能力差，其下层含水量最低。但 5～9 月生长季是竹子和竹笋生长最旺盛的时期，其耗水量很大，再加上土壤蒸发量增加，因此导致表层含水量急剧下降，显著低于中层和下层含水量，在 9 月之后表层含水量随着降水输入有所增加，稍低于下层含水量，但一直处于最低值，从整体上看，毛竹林中层土壤含水量一直保持在最高水平，显著高于其他两层的含水量。

灌木林的土壤含水量一直表现为下层＞中层，这是由于灌木林中层的土壤入渗速率最高，中层的水量下渗到了下层。表层随降雨、土壤蒸发和入渗波动较大，具有明显的季节性变化，在有降雨时表层含水量显著升高，要高于中层的含水量，甚至高于下层的。但在 7～10 月干旱少雨的时段，由于林地蒸散量的增大，表层含水量急剧下降，显著低于其他两层，10 月之后，由于蒸散量的减少，表层土壤含水量又显著提升回来，其含水量要高于中层土壤含水量。

2. 不同土壤深度下林分土壤含水量对比

计算各样地在土层 0～20 cm、20～40 cm、40～60 cm 深度以及林分整体每月的平均土壤含水量，如图 4-22 所示。首先相比裸地（BS）的平缓曲线来说，各林地曲线波动幅度都相对较大。这是因为林地有植被覆盖和根系的存在影响了其土壤入渗和土壤蒸发。对比各样地整体平均土壤含水量，可知毛竹林（MF）含水量最高，其次是裸地。其他 3 种林分差异不是太大，但具体到各个土壤深度，由于植被的作用林分间具有显著差异。

对于表层（0～20 cm）来说，毛竹林的土壤含水量最高，这可能是毛竹林冠层截留量少，导致有效降水量大，加上土壤板结又不利于入渗，进而导致其表层含水量最高，再者也可能是竹林中有大量竹鞭，其也可以储存水量，进而使得毛竹林土壤含水量较高。针阔混交林（CBF）和灌木林（shrub）的土壤含水量在 1～6 月其几乎一直是高于裸地的，主要还是因为植被覆盖减少了蒸腾，裸地表层的土壤入渗速率很大，蒸发量也大。但在 7～8 月由于高温植被蒸腾和林地蒸发量大，土壤含水量急剧下降，其土壤含水量显著低于裸地。常绿阔叶林（BEF）表层土壤含水量最低，这主要是由于常绿阔叶林土壤入渗能力强，理水性能好。

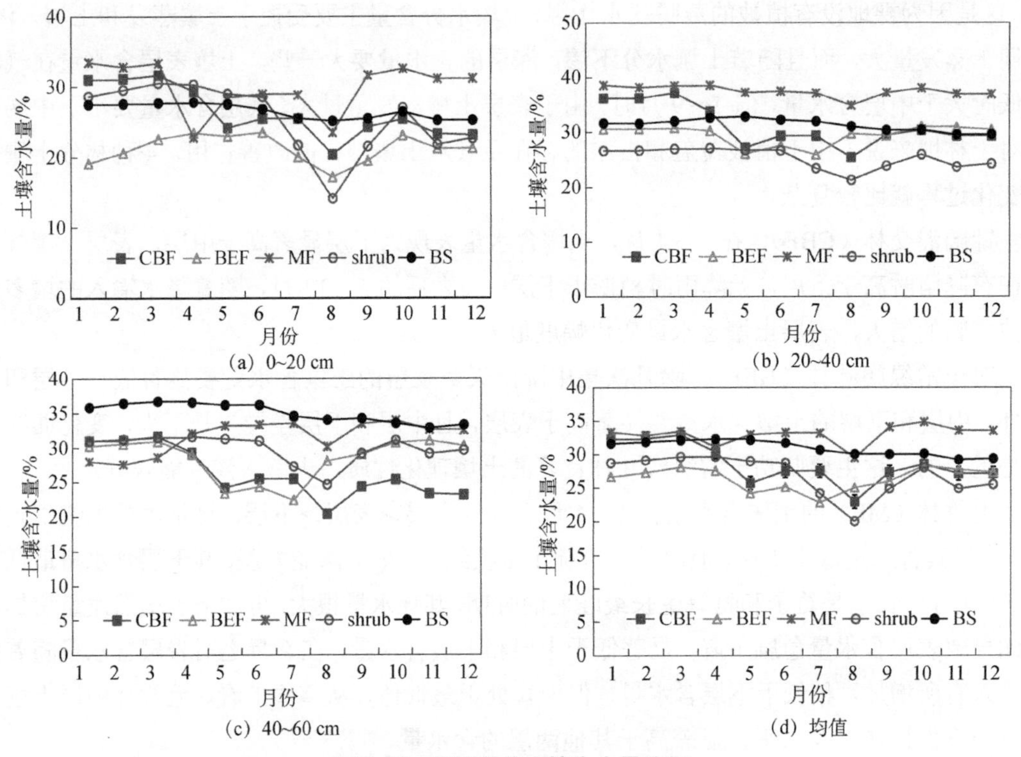

图 4-22 不同林分土壤含水量特征

中层（20～40 cm）深度各样地土壤含水量相比表层变化比较平缓，还是毛竹林的土壤含水量最高，其次是裸地，再次是针阔混交林，1～4 月针阔混交林土壤含水量还稍微高于裸地，由于其植被蒸腾作用，在之后的月份，土壤含水量明显下降，低于裸地。灌木林和常绿阔叶林的含水量一直低于裸地，两者相比较，灌木林的土壤含水量最低，这主要是由于常绿阔叶林的渗透速率高于灌木林，并且灌木林冠层遮挡小，其蒸发量也大，因此，常绿阔叶林的土壤含水量高于灌木林。

对于下层 40～60 cm 土层，裸地的土壤含水量明显是最高的，其次是毛竹林，其他林地在 4～8 月有显著差异，这主要是植被生长过程中蒸腾耗水所导致的。

4.6 林地蒸散发特征

4.6.1 树干液流通量密度特征

植物生长过程必然伴随着蒸腾作用，研究表明，植物从土壤中吸收的水分约有 95%用于蒸腾作用，自身生长发育耗水量很少。影响蒸腾作用的因素分为内部因素和外部因素。前者是指气孔内水气压差和水汽运动的内部阻力，后者主要就是气象因子，如光照、空气相对湿度、大气水势、温度、风速和土壤水分条件等（杨芝歌等，2012；Schlesinge and Jasechko，2014；张璇等，2016），当然植被蒸腾与植被本身特征有着密切关系。本节对研究地区主要乔木树种树干液流速率、单株以及林分尺度蒸腾耗水规律进行了研究，旨在了解三峡库区典型森林植被对蒸腾耗水的作用规律。

1. 树干液流通量密度时间变化特征

1）树干液流通量密度日变化特征

树干内部的水分传输在日尺度上遵从一定的变化规律。在 2015 年 7～8 月伏旱期，选取 7 个连续无降雨晴天（8 月 9～15 日）的树干液流通量密度作为代表，发现三个典型树种树干液流通量密度日际分布形态均呈倒“U”形（图 4-23）。虽然在短时间内会出现波动，

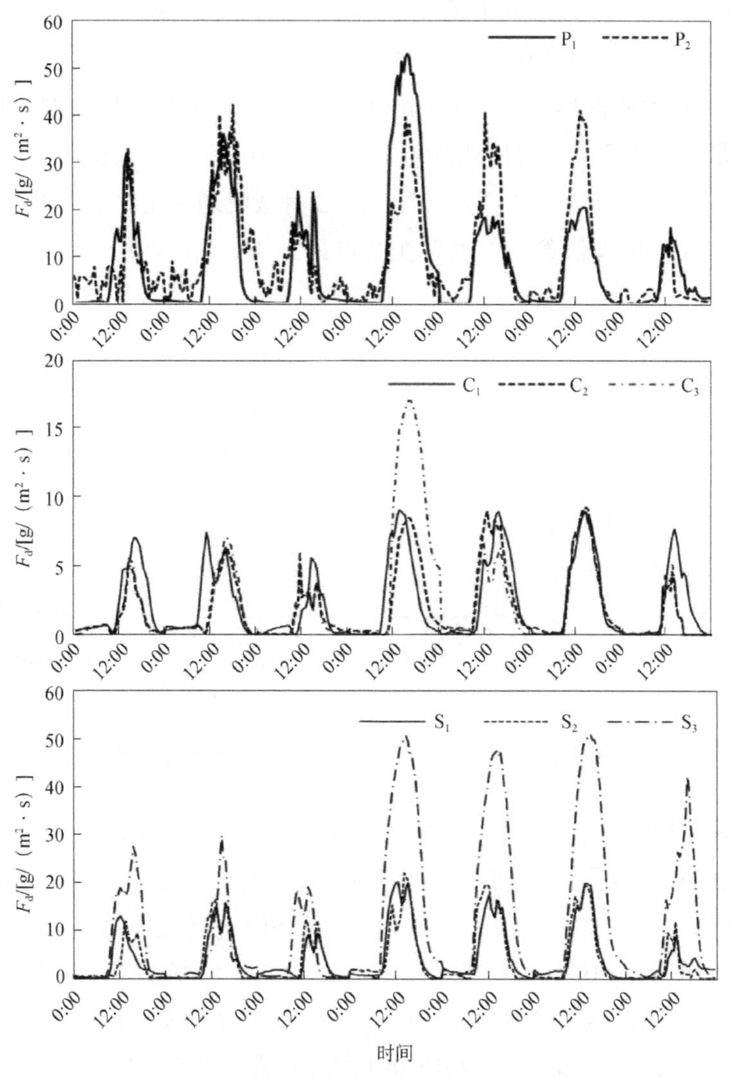

图 4-23　树干液流通量密度（F_d）日变化

P 代表马尾松，C 代表杉木，S 代表四川山矾，1、2、3 代表编号

尤其是中午时段会出现双峰值现象，但整体趋势都是中午高、早晚低，液流通量密度在早上 07：00～09：00 开始增加，至中午 12：00～14：00 达到峰值，而后开始下降，到 18：00 左右降到最低值后保持平稳，但不为 0。在同一天中，相同树种的不同个体液流通量密度变化趋势基本相似，如中午时段的波动情况。这是由于树木的水分传输受气象等因素控制，所有个体均会受到同样的影响。在不同天里，每个个体导水组织的生理状况不同，导致不同个体的树干液流通量密度也不相同，有些树木个体（C_1、C_2、S_1、S_2）在这 7 天的观测期内整体液流通量密度变化不大，而有些个体（P_1、P_2、C_3、S_3）在某几天液流通量密度出现明显增高。此外，这种个体间的液流通量密度差异也不相同。例如，3 号杉木（C_3）只在 8 月 12 日出现显著增高，3 号四川山矾（S_3）却在 8 月 12～15 日连续出现显著增高。这种差异的出现不仅是因为生理条件的差异，同时也说明不同个体对控制水分传输因素的响应程度不同。例如，被遮挡的树木，对光照变化的敏感度会低于不被遮挡的树木。

2）树干液流通量密度月变化特征

以 TDP 探针在木质部形成层下 2.5 cm 处测得的液流通量密度为例，将研究期内每个月的日液流通量密度求平均，得出液流通量密度月均值分布图（图 4-24～图 4-26）。三个树种液流通量密度月际分布规律都呈现为，1～5 月液流通量密度逐渐升高，6～8 月液流通量密度波动较大，出现低谷，但也存在全年最高值，9 月以后液流通量密度开始逐渐减小。

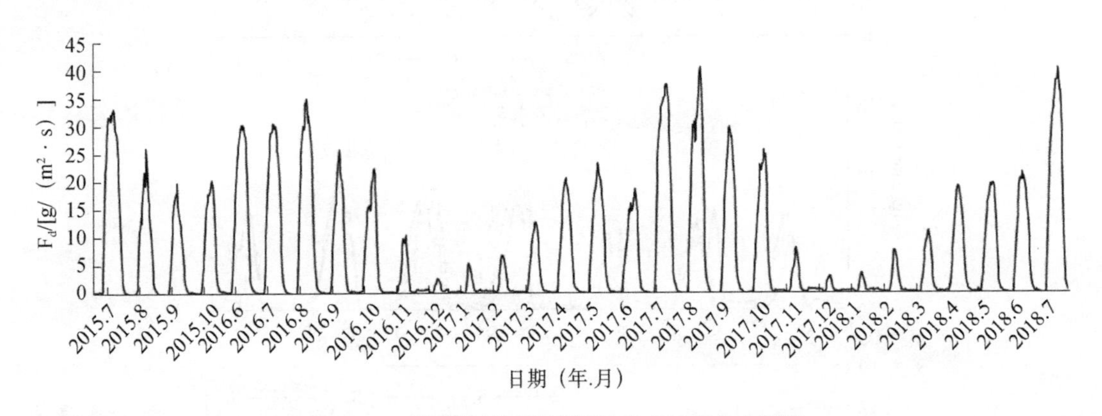

图 4-24　马尾松树干液流通量密度月均分布规律

马尾松树干液流通量密度月均变化如图 4-24 所示。马尾松 2015 年 8 月树干液流通量密度月均峰值为 26.59 g/（m²·s），低于 7 月液流通量密度月均峰值，9 月和 10 月峰值几乎相等，但均低于 7 月和 8 月。2016 年 6 月和 7 月马尾松树干液流通量密度月均峰值相差不大，约 30 g/（m²·s），8 月达到最大，为 35.49 g/（m²·s），9 月和 10 月开始下降，分别为 26.26 g/（m²·s）和 22.84 g/（m²·s），略高于 2015 年同期。从 11 月开始，液流通量密度月均峰值明显下降，12 月仅为 2.97 g/（m²·s）。2017 年 1 月起，液流通量密度月均值逐渐上升，直至 5 月，液流通量密度峰值到达 23.87 g/（m²·s），6 月有所下降，为 18.98 g/（m²·s），明显低于 2016 年同期。但 7 月又显著增高，为 37.92 g/(m^2 • s)。8 月液流通量密度达到全年最高，为 40.91 g/(m^2 • s)。9 月和 10 月同样开始下降，分别为 30.17 g/(m^2 • s)和 26.13 g/(m^2 • s)。11 月开始同样出现大幅下降，12 月液流通量密度峰值仅为 3.32 g/（m^2 • s）。2018 年 1 月与 2017 年 12 月持平，之后逐渐开始增加，到 7 月达到 40.69 g/（m^2 • s）。

杉木树干液流通量密度月均变化如图 4-25 所示。杉木 2015 年 7 月树干液流通量密度月均峰值为 10.17 g/(m^2 • s)，8 月降低到 6.64 g/(m^2 • s)，9 月小幅度上升到 7.63 g/(m^2 • s)，10 月略低于 8 月，为 5.59 g/（m^2 • s）。2016 年 7 月杉木树干液流通量密度月均峰值达到全年最高，约 8.59 g/(m^2 • s)，6 月和 8 月相差不大，分别为 7.74 g/(m^2 • s)和 7.79 g/(m^2 • s)，9 月和 10 月开始下降，分别为 5.08 g/（m^2 • s）和 5.16 g/（m^2 • s）。11 月杉木液流通量密度非常微弱，峰值仅为 1.12 g/（m^2 • s），12 月上升为 2.17 g/（m^2 • s）。2017 年 1 月液流通量密度月均值与 2016 年 12 月持平，自 2 月起开始逐渐上升，4 月不增反降，低于 3 月约 24%，5 月显著增长至 13.27 g/（m^2 • s），6 月又下降至 8.93 g/（m^2 • s）。7 月液流通量密度达到当年最高值，为 14.04 g/（m^2 • s）。8～10 月液流通量密度相近，约 5 g/（m^2 • s），11 月和 12 月液流通量密度下降到与 2016 年同期相当。2018 年 1～7 月液流通量密度变化趋势与 2017 年同期相似，5 月和 6 月略高于上年同期，但 7 月低于上年同期。

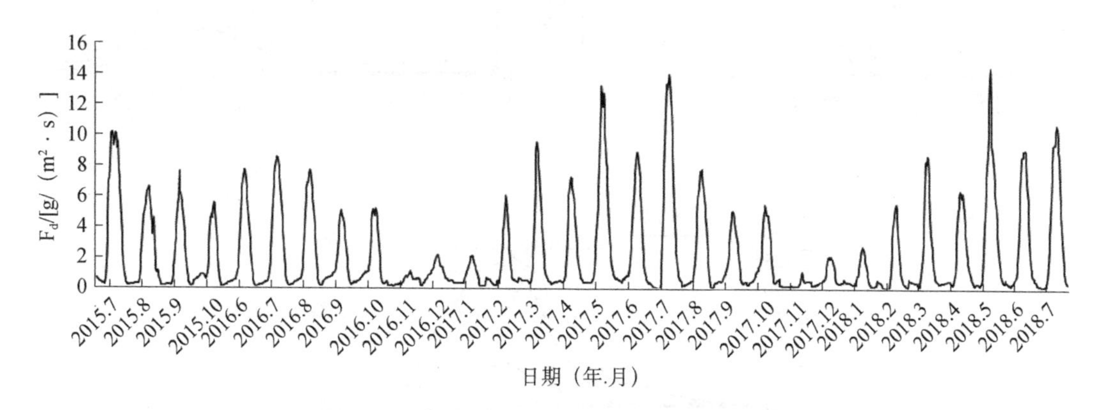

图 4-25　杉木树干液流通量密度月均分布规律

四川山矾树干液流通量密度月均变化如图 4-26 所示。四川山矾 2015 年 8 月树干液流通量密度月均峰值为 14.84 g/（m^2 • s），9 月和 10 月略高于 8 月，分别为 19.15 g/（m^2 • s）和 15.13 g/（m^2 • s）。2016 年 6～10 月四川山矾树干液流通量密度相差不大，月均峰值 14.82～16.30 g/（m^2 • s），7 月月均峰值最大，8 月最小。从 11 月开始，液流通量密度月均峰值明显下降，12 月为 6.52 g/（m^2 • s）。2017 年 1 月起，液流通量密度月均值逐渐上升，直至 7 月达全年最高值，为 35.00 g/（m^2 • s），8 月降低至 15.30 g/（m^2 • s），仅为 7 月的 44%。9 月和 10 月液流通量密度与 8 月持平，11 月和 12 月持续下降至与上年同期持平。2018 年 1～5 月液流通量密度持续增加至 26.27 g/(m^2 • s)，与上年同期持平，6 月下降至 21.13 g/(m^2 • s)，7 月上升至 34.23 g/（m^2 • s）。

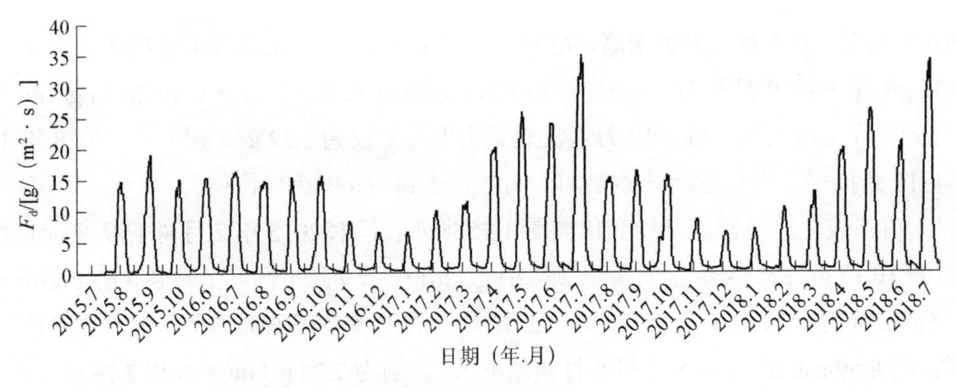

图 4-26　四川山矾树干液流通量密度月均分布规律

3）树干液流通量密度季节变化特征分析

将研究期划分为雨季（4～6 月、9 月和 10 月）、伏旱期（7～8 月）和旱季（11 月至翌年 3 月），发现三个树种树干液流通量密度在不同季节表现出明显差异，结果如图 4-27 所示。

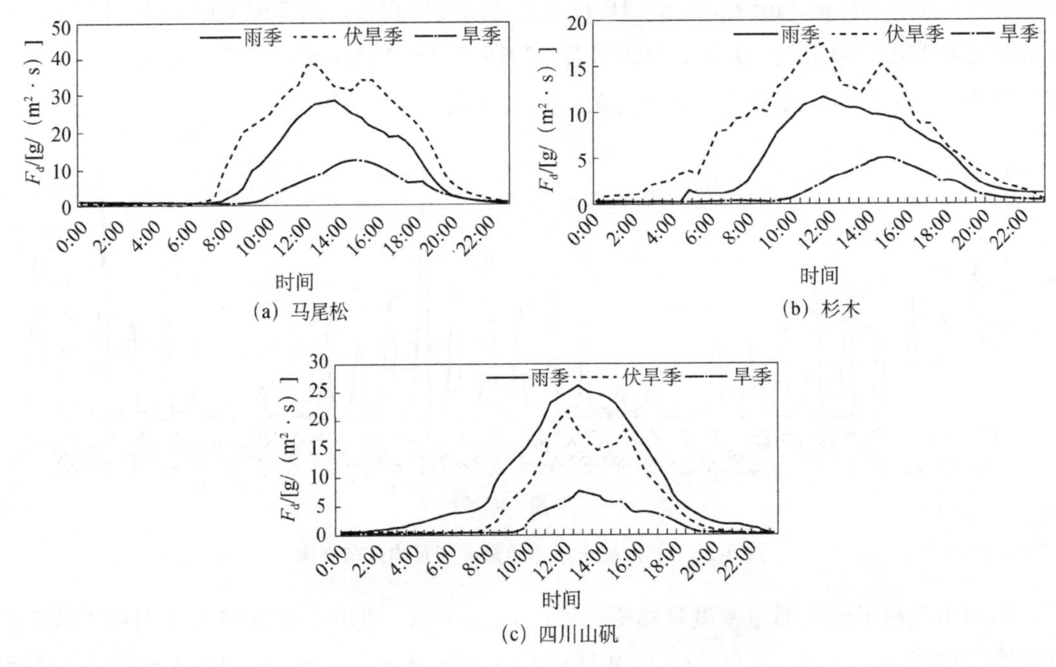

图 4-27　不同季节树干液流通量密度日变化

雨季和旱季树干液流通量密度日分布格局为单峰式，伏旱季为双峰式，这是由于伏旱季不仅干旱少雨，而且气温最高，太阳辐射最强，导致植物出现光合午休，气孔关闭，从而使植物蒸腾力也受限。三个树种树干液流主要发生在雨季和伏旱季，而旱季树干液流大幅减小。马尾松旱季树干液流通量密度峰值仅分别为雨季和伏旱季的 19.61%和 14.14%；杉木旱季树干液流通量密度峰值仅为雨季和伏旱季的 43.97%和 28.90%；四川山矾旱季树干液流通量密度峰值分别为雨季和伏旱季的 29.24%和 41.52%。

三个树种在不同季节的水分传输能力不同。马尾松和杉木伏旱季树干液流通量密度大于雨季，尽管伏旱季因光合午休现象会出现蒸腾衰退，但蒸腾耗水能力仍高于雨季。而四川山矾伏旱季整体液流通量密度均小于雨季，这说明两个针叶树种对高温强辐射的抵抗能力强于阔叶树种四川山矾。

2. 树干液流通量密度空间变化特征分析

1）树干液流通量密度径向差异

在树木个体木质部不同深度插入 TDP 探针，发现不同深度处（径向）液流通量密度有显著差异。以 6 株样本木为例，树干液流通量密度径向差异如图 4-28 所示。

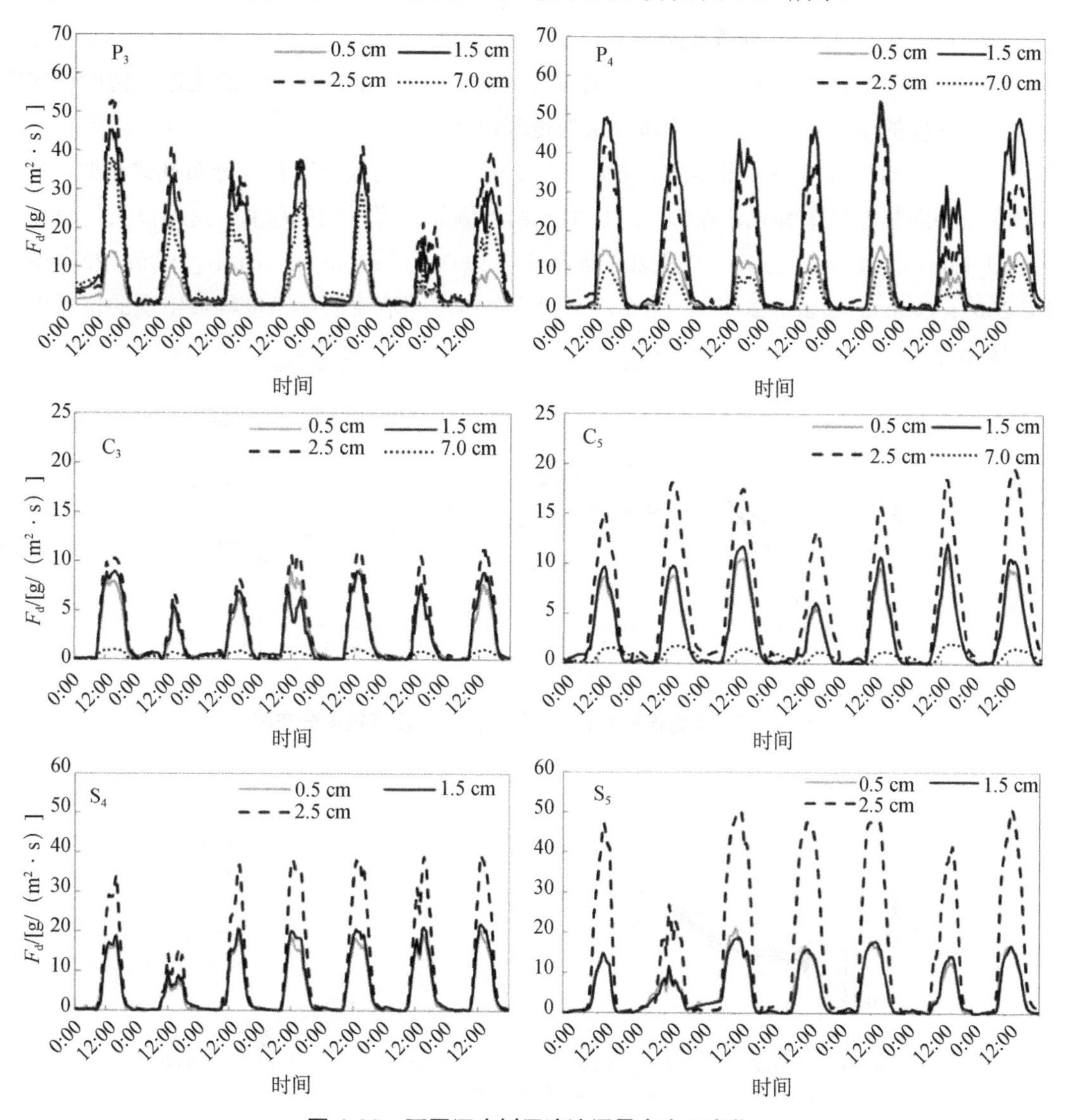

图 4-28　不同深度树干液流通量密度日变化

两株马尾松在 4 个不同深度范围测得的液流通量密度大小不同，P_3 最外侧 0.5 cm 处的液流通量密度值最小，为 10 g/（m^2·s），P_4 最内侧 7.0 cm 处的液流通量密度最小，为

8 g/（m^2 • s）。P_4在 1.5 cm 处的液流通量密度达到 40～60 g/（m^2 • s），是 0.5 cm 处液流通量密度的 3 倍左右，P_3在 2.5 cm 处的液流通量密度达到 35 g/（m^2 • s）左右，是 0.5 cm 处液流通量密度的 4 倍多；杉木在靠近心材的 7.0 cm 处液流通量密度几乎为零，0.5 cm 和 1.5 cm 处液流相差不大，在 2.5 cm 处液流通量密度最大，最大值是最小值的 10 倍左右；与杉木相似，四川山矾在 0.5 cm 和 1.5 cm 处液流通量密度差异不大，但在 2.5 cm 处显著增大，S_4在 2.5 cm 处液流通量密度最高达到 40 g/(m^2 • s)，S_5在 2.5 cm 处液流通量密度最高达到 50 g/(m^2 • s)，2.5 cm 处液流是 0.5 cm 处液流通量密度的 2.5 倍左右。

2）树干液流通量密度径向分布格局

本节研究选取 1.5 cm 处液流通量密度值为参考值，将其他深度处液流通量密度值与参考值进行比较，得到的数值比定义为液流通量密度径向比（F_d ratio）。液流通量密度径向比随木质部深度的变化而变化的趋势即可认为是液流通量密度径向分布规律。通过液流通量密度径向比分布图（图 4-29～图 4-31）可知，三个树种液流通量密度径向分布规律相似，液流通量密度径向分布呈单峰式，峰值出现在木质部外侧靠近形成层的位置，这与前人的研究结果相似（Jiménez et al.，2000；Nadezhdina et al.，2002；Fiora and Cescatti，2006；Poyatos et al.，2007；Gebauer et al.，2008）。然而，不同的个体之间液流通量密度峰值出现的位置也存在个体差异。

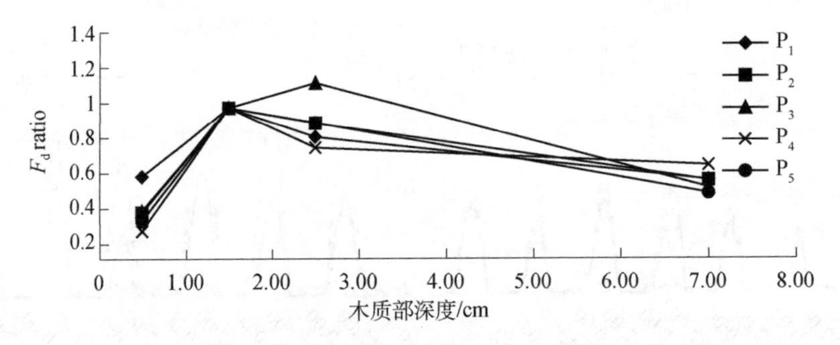

图 4-29　马尾松树干液流通量密度在木质部径向分布图

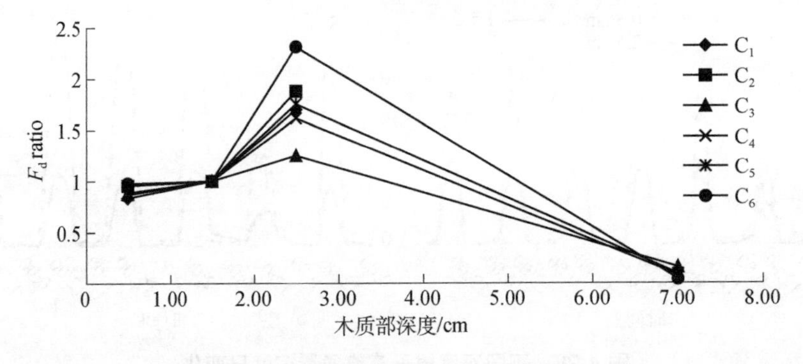

图 4-30　树干液流通量密度在木质部径向分布图

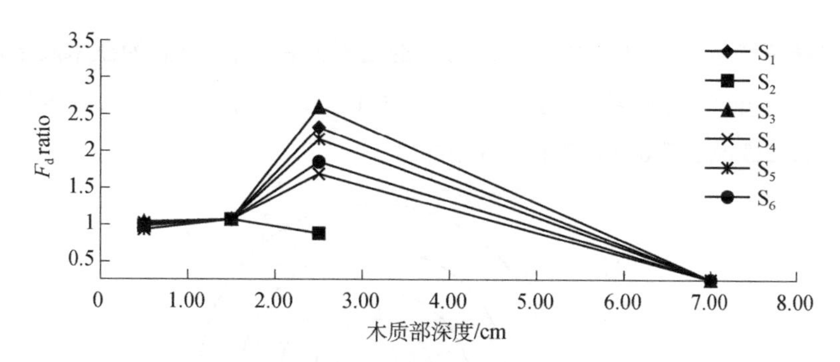

图 4-31　树干液流通量密度在木质部径向分布图

在形成层下 1.5 cm 以内，液流通量密度随深度增加而增大，马尾松在 0.5 cm 处液流通量密度径向比为 0.18～0.54，杉木在 0.5 cm 处液流通量密度径向比为 0.84～0.98，四川山矾在 0.5 cm 处液流通量密度径向比为 0.83～0.96。在 2.5 cm 处，液流通量密度径向比在个体之间差异较大。马尾松个体之间在 2.5 cm 处的液流通量密度径向比为 0.73～1.16，相差约 59%，杉木个体之间在 2.5 cm 处的液流通量密度径向比为 1.25～2.31，相差约 85%，四川山矾个体之间在 2.5 cm 处的液流通量密度径向比差异最大，为 0.77～2.88。由于杉木和四川山矾胸径较小，边材厚度也相对较小，因此在接近心材的 7.0 cm 处液流几乎为零。但马尾松在 7.0 cm 处液流通量密度仍然能达到最大值的 50%左右。马尾松个体之间在 7.0 cm 处的液流通量密度径向比相差较小。

4.6.2　单株树木蒸腾量特征

单株树木蒸腾量的计算精度影响着林分尺度上总蒸腾量的准确度。而树干液流通量密度在木质部不同深度处显著的径向差异是估算单株蒸腾量的主要误差因素（Nadezhdina et al.，2002；Ford et al.，2007；Kume et al.，2012）。目前，仅有少数学者在单株蒸腾量的推算上考虑了液流通量密度在树干木质部上的径向差异（Nadezhdina et al.，2002；Ford et al.，2007），而大多数学者在估算单木及林分蒸腾量时，均假设液流通量密度在整株树木的木质部上是均匀、同质分布的（徐飞等，2012）。然而，任意一点的液流通量密度都不能代表单木平均水分传输能力，单一树木个体的液流通量密度径向差异也不能代表林内所有树木的液流通量密度径向差异。

1. 单株尺度水分传输转化方法

单株尺度的水分传输，即树木在一定时间内通过某一导水组织断面的总液流量。根据 Hatton 等（1990）提出的估算单株蒸腾量的方法，运用不同深度的树干液流通量密度与其对应的边材导水面积，分区域计算总液流量（图 4-32），即单株蒸腾量，公式如下：

$$Q = \sum_{i=1}^{n} A_{si} F_{di} \tag{4-13}$$

式中，Q 为单株蒸腾量，g；A_{si} 为探针 i 所对应的边材面积，m^2；F_{di} 为在木质部形成层下第 i 个深度处所测得的液流通量密度，g/（m^2 • s）。i=1，2，3，4，分别代表在木质部形成层下 0.5 cm、1.5 cm、2.5 cm、7.0 cm 的 4 个监测深度。

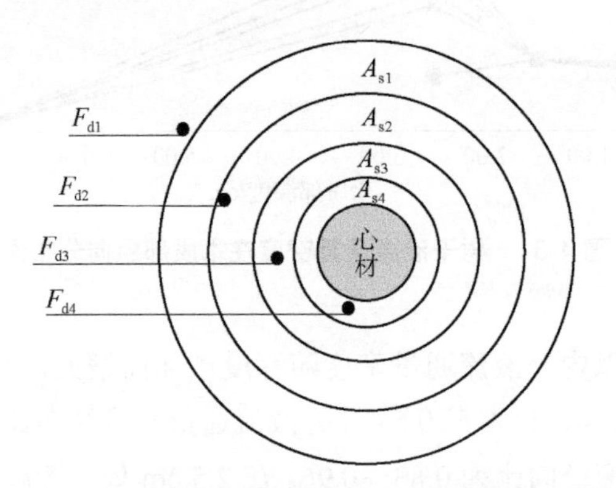

图 4-32　液流通量密度到单株日蒸腾量转化示意图

根据以上公式可知，单株蒸腾量的推算需要不同深度处液流通量密度与边材导水面积。但在以往对林木蒸腾的监测过程中，由于树干液流监测仪器受限，大多数研究中只能实现对树干木质部某一个深度的液流通量密度的监测。因此，为简化未来对本研究区树木蒸腾甚至水量平衡研究的操作过程，节约研究成本，需要对树干木质部不同深度处的液流通量密度建立数量关系，从而实现只观测一个深度处液流通量密度便能获取其他深度处液流通量密度，进而实现单株蒸腾量的尺度转化的目标。

1）树干液流通量密度径向关系建立

根据三个树种树干液流通量密度径向分布规律，建立不同深度处树干液流通量密度数量关系，将木质部内单一深度处树干液流通量密度转化为多深度处树干液流通量密度，从而将树干液流通量密度转化为单株蒸腾量，以提高水分传输尺度扩展的精度。2015～2016 年，选取进行树干液流通量密度径向差异监测的样木，将不同个体在同一深度处监测到的液流通量密度求平均值，并对不同深度处的液流通量密度均值进行相关性分析，发现每两个深度处液流通量密度都有显著线性相关关系。

马尾松树干木质部不同深度处液流通量密度径向相关性如图 4-33 所示，马尾松 0.5 cm 处液流通量密度与 1.5 cm 处液流通量密度线性拟合相关性 R^2 为 0.83［图 4-33（a）］，拟合方程为 y=0.3208x；2.5 cm 处液流通量密度与 1.5 cm 处液流通量密度线性拟合相关性 R^2 为 0.98［图 4-33（b）］，拟合方程为 y=0.8964x；7.0 cm 处液流通量密度与 1.5 cm 处液流通量密度线性拟合相关性 R^2 为 0.93［图 4-33（c）］，拟合方程为 y=0.5137x。

杉木树干木质部不同深度处液流通量密度径向相关性如图 4-34 所示。杉木 0.5 cm 处液流通量密度与 1.5 cm 处液流通量密度线性拟合相关性 R^2 为 0.94［图 4-34（a）］，拟合方程为 y=0.9042x；2.5 cm 处液流通量密度与 1.5 cm 处液流通量密度线性拟合相关性 R^2 为 0.94［图 4-34（b）］，拟合方程为 y=1.7472x；7.0 cm 处液流通量密度与 1.5 cm 处液流通量密度线性拟合相关性 R^2 为 0.30［图 4-34（c）］，拟合方程为 y=0.1214x。

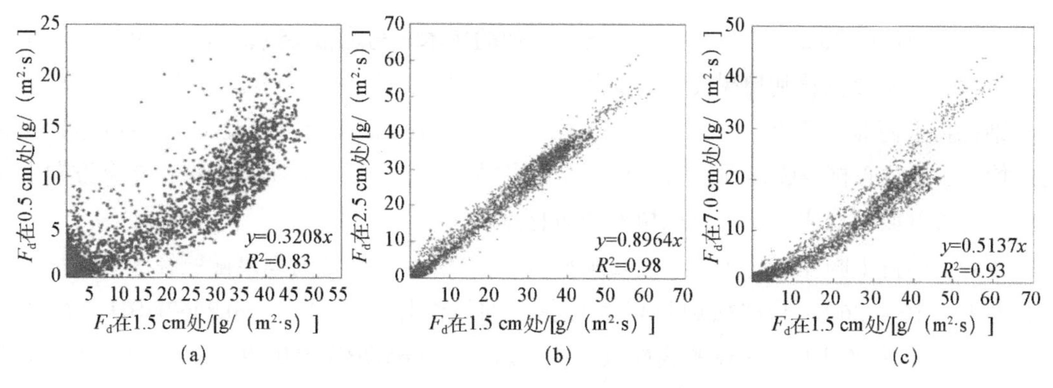

图 4-33　马尾松不同深度处液流通量密度线性关系

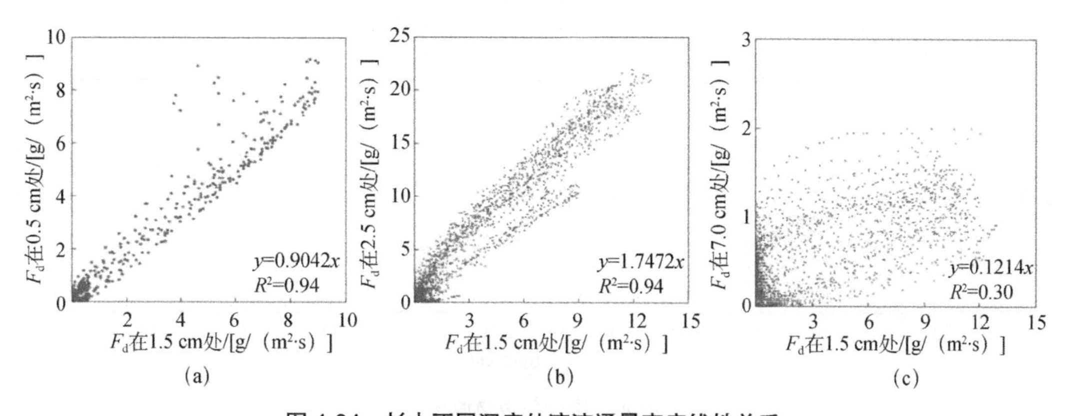

图 4-34　杉木不同深度处液流通量密度线性关系

四川山矾树干木质部不同深度处液流通量密度径向相关性如图 4-35 所示。四川山矾 0.5 cm 处液流通量密度与 1.5 cm 处液流通量密度线性拟合相关性 R^2 为 0.97［图 4-35（a）］，拟合方程为 y=0.9108x；2.5 cm 处液流通量密度与 1.5 cm 处液流通量密度线性拟合相关性 R^2 为 0.98［图 4-35（b）］，拟合方程为 y=2.3287x；7.0 cm 处液流通量密度与 1.5 cm 处液流通量密度线性拟合相关性 R^2 为 0.94［图 4-35（c）］，拟合方程为 y=0.9042x。

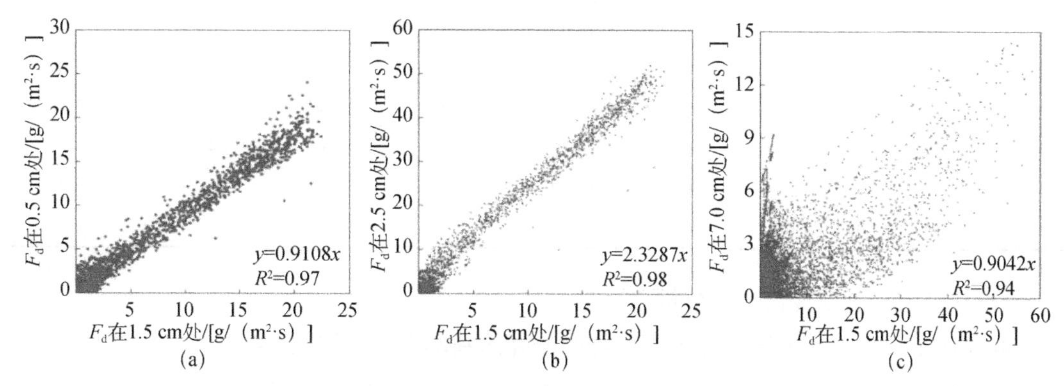

图 4-35　四川山矾不同深度处液流通量密度线性关系

2）单株边材导水面积推算

为避免对测定树干液流通量密度的样木造成破坏，在样地内及样地附近，另选取 56 株长势良好、胸径在 30 cm 左右的树干通直无结疤的树木（马尾松 15 株、杉木 19 株、四川山矾 22 株）。在胸径位置刮掉树皮，测量树皮厚度（四川山矾树皮极薄，忽略不计）。随后用生长锥在树干南北 2 个方向分别钻入树干木质部，直至 1/2 胸径的位置，获得直径为 5 mm 的木栓。通过对心材与边材颜色的区别，确定边材导水部分长度。将每株树在 2 个方向上获取的边材长度取平均值，得到该株树木的边材厚度。

将获得的树干胸径处的边材厚度与胸径值进行分析，发现边材厚度随胸径的增大呈线性增长趋势（图 4-36）。马尾松边材厚度与胸径的线性拟合关系为 y=0.2462DBH+2.6782，R^2=0.89；杉木边材厚度与胸径的线性拟合关系为 y=0.3965DBH−0.0876，R^2=0.91；四川山矾边材厚度与胸径的线性拟合关系为 y=0.8748DBH−0.434，R^2=0.97。根据边材厚度与胸径的线性拟合关系，推算出树干液流通量密度监测样木的边材厚度，如表 4-11 所示。

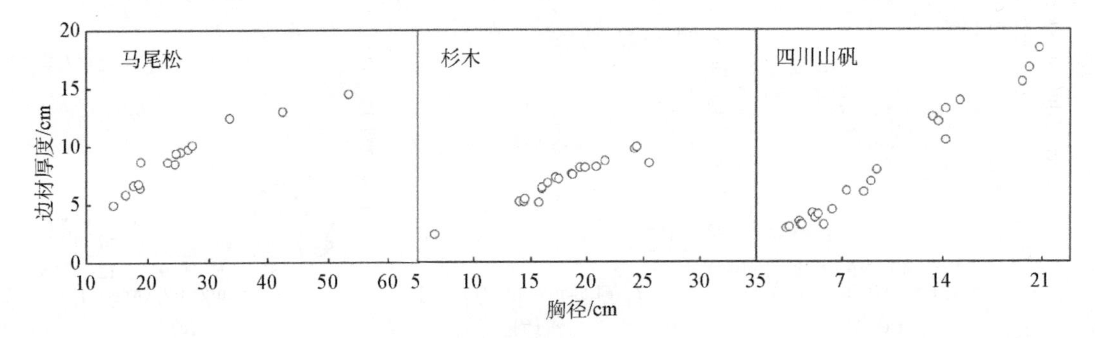

图 4-36　胸径与边材厚度关系

表 4-11　样木边材厚度

马尾松			杉木			四川山矾		
样木编号	胸径/cm	边材厚度/cm	样木编号	胸径/cm	边材厚度/cm	样木编号	胸径/cm	边材厚度/cm
P_1	24.90	8.8	C_1	14.90	5.8	S_1	10.90	3.8
P_2	29.40	9.9	C_2	17.50	6.9	S_2	14.75	5.1
P_3	36.30	11.6	C_3	18.69	7.3	S_3	20.00	7.1
P_4	40.70	12.7	C_4	18.00	7.0	S_4	14.20	4.9
P_5	34.70	11.2	C_5	18.10	7.1	S_5	20.10	7.0
P_6	21.00	7.8	C_6	24.50	9.6	S_6	9.70	3.4
			C_7	8.20	3.2	S_7	24.20	7.5
			C_8	15.60	6.1	S_8	18.40	6.8
			C_9	18.20	7.1			

3）单株尺度水分传输误差分析

本节研究在考虑树干液流通量密度径向差异的基础上，通过式（4-13）估算样木的单株日平均蒸腾量，并与只采用单点树干液流通量密度（F_d）估算的样木单株日平均蒸腾量进行对比，结果如表 4-12 所示。对马尾松采用式（4-13）估算得到的单株日平均蒸腾量为 36.68 kg，而只用 0.5 cm 处 F_d 算得的单株日平均蒸腾量较式（4-13）估算值低了 73.34%，采用液流通量密度最大的 1.5 cm 处 F_d 算得的单株日平均蒸腾量高估了 57.85%，只用 2.5 cm 处 F_d 算得的单株日平均蒸腾量低估了 65.10%；对杉木采用式（4-13）估算得到的单株日平均蒸腾量约为 8.44 kg，而只用 0.5 cm 处 F_d 算得的单株日平均蒸腾量较式(4-13)估算值低估了 52.73%，只用 1.5 cm 处 F_d 算得的单株日平均蒸腾量低估了 42.18%，采用液流通量密度最大的 2.5 cm 处 F_d 算得的单株日平均蒸腾量高估了 53.91%；对四川山矾采用式（4-13）估算得到的单株日平均蒸腾量约为 13.95 kg，而只用 0.5 cm 处 F_d 算得的单株日平均蒸腾量较式（4-13）估算值低估了 34.34%，只用 1.5 cm 处 F_d 算得的单株日平均蒸腾量低估了 40.43%，采用液流通量密度最大的 2.5 cm 处 F_d 算得的单株日平均蒸腾量高估了 58.71%。由于马尾松边材导水面积大于杉木和四川山矾，其采用单点估算单株日平均蒸腾量带来的误差大于杉木和四川山矾。这说明任何一个深度处的树干液流通量密度都不能代表整个边材部分的平均导水能力，因此树干液流通量密度在木质部径向的差异对单株尺度蒸腾量估算的准确性至关重要，不可忽略。

表 4-12　单点液流通量密度估算单株日蒸腾量与多点液流通量密度估算单株日蒸腾量的对比

树种	多点估算日蒸腾量/kg	单点估算日蒸腾量								
		0.5 cm/kg	误差/%	变异系数 CV/%	1.5 cm/kg	误差/%	变异系数 CV/%	2.5 cm/kg	误差/%	变异系数 CV/%
马尾松	36.68	9.78	−73.34	30	57.9	57.85	18	12.8	−65.10	51
杉木	8.44	3.99	−52.73	26	4.88	−42.18	26	12.99	53.91	31
四川山矾	13.95	9.16	−34.34	37	8.31	−40.43	40	22.14	58.71	47

2. 单株蒸腾耗水时间变化特征

1）单株蒸腾耗水日变化特征

选取 2016 年树木蒸腾监测个体，以 2016 年 6 月 1～10 日的单株蒸腾量日平均值为例，单株蒸腾量日变化过程与树干液流日变化过程一致，均呈倒“U”形分布（图 4-37～图 4-39）。不同树种单株日蒸腾量差异较大。马尾松单株日蒸腾量最大个体的峰值为 3.5 kg（图 4-37），杉木单株日蒸腾量最大个体的峰值为 1.62 kg（图 4-38），四川山矾单株日蒸腾量最大个体的峰值为 2.36 kg（图 4-39）。蒸腾启动时间表现为马尾松最早，四川山矾最晚；达到峰值的时间表现为马尾松最晚，杉木最早。三个树种单株蒸腾耗水能力表现为马尾松＞四川山矾＞杉木。

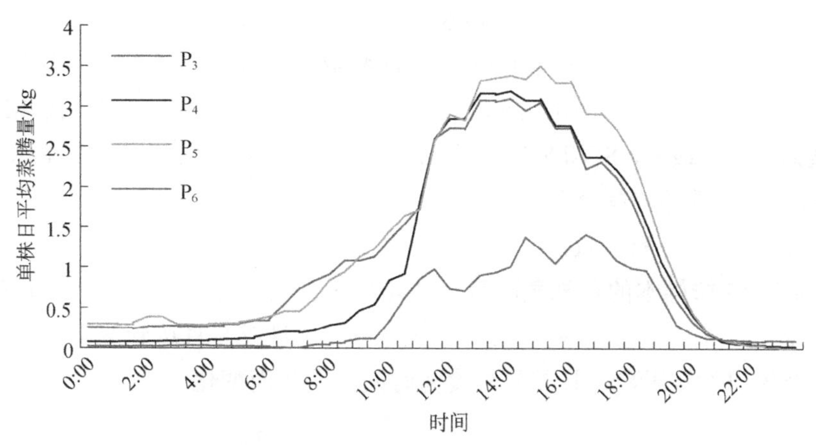

图 4-37　马尾松单株蒸腾量日变化

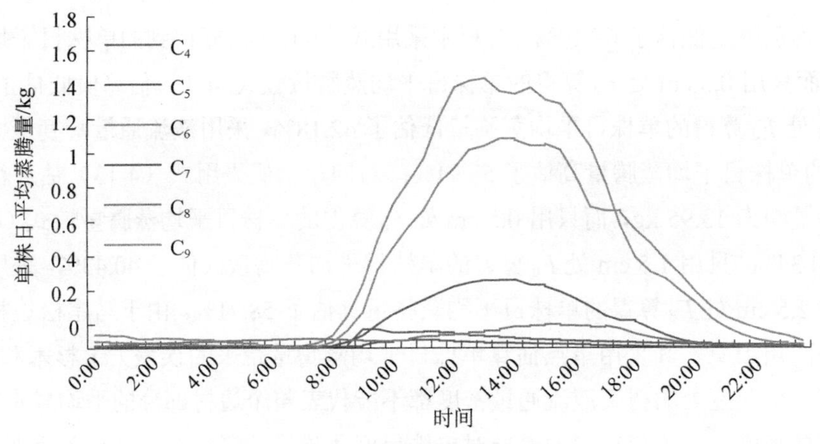

图 4-38　杉木单株蒸腾量日变化

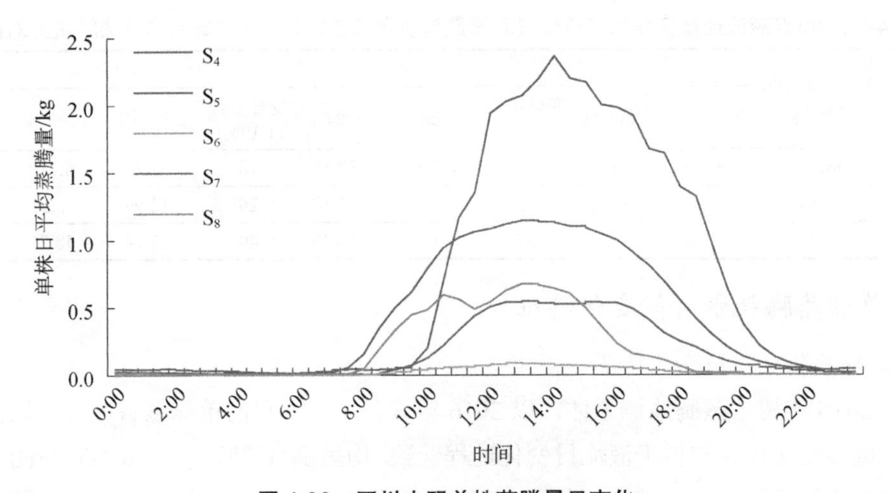

图 4-39　四川山矾单株蒸腾量日变化

同一树种不同个体间单株蒸腾量日变化也存在明显差异。4 株马尾松个体的蒸腾启动时间和蒸腾日变化峰值存在差异（图 4-37）。其中，P_3 和 P_5 蒸腾启动时间最早，P_4 蒸腾启动时间较 P_3 和 P_5 滞后约 1 h，P_6 蒸腾启动时间较 P_4 滞后约 1 h。P_3、P_4 和 P_5 单株蒸腾量相差不大，P_6 单株蒸腾量峰值仅有 P_5 的 48%。6 株杉木个体的蒸腾启动时间基本相同，蒸腾日变化峰值存在差异（图 4-38）。C_7 单株蒸腾量峰值仅有 0.049 kg，C_6 单株蒸腾量峰值为 1.57 kg，约是 C_7 的 32 倍。5 株四川山矾个体的蒸腾启动时间和蒸腾日变化峰值存在差异（图 4-39）。其中，S_5 和 S_8 蒸腾启动时间最早，S_4 和 S_7 蒸腾启动时间较 S_5 和 S_8 滞后约 2 h。S_6 单株蒸腾量峰值仅有 0.089 kg，S_7 单株蒸腾量最大，为 2.36 kg，约是 S_6 的 27 倍。

2）单株蒸腾耗水月变化特征

3 个树种共 15 株样本的单株蒸腾量月变化规律一致，表现为正弦波式分布格局（图 4-40～图 4-42），所有个体蒸腾集中在 4～10 月，于 7 月或 8 月达到蒸腾量峰值。但每个树种内部的个体间差异明显，且差异程度随时间的变化而变化。

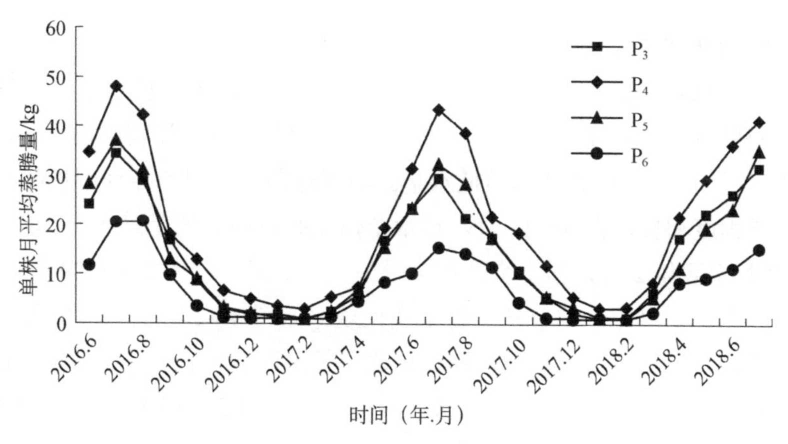

图 4-40 马尾松单株蒸腾量月变化

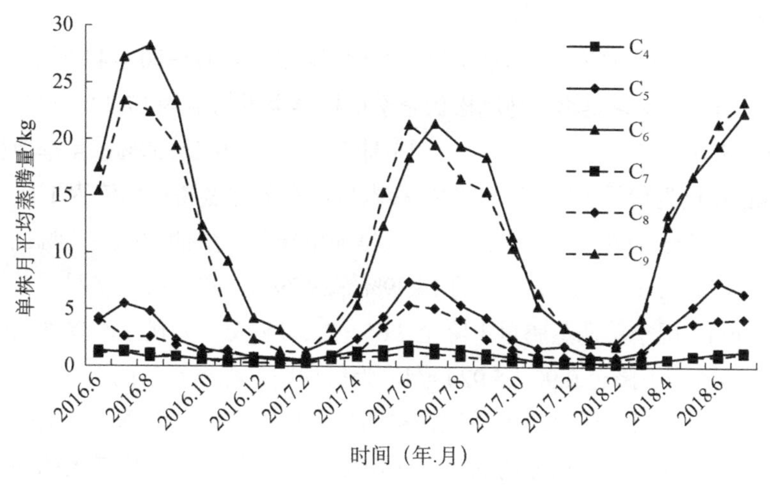

图 4-41 杉木单株蒸腾量月变化

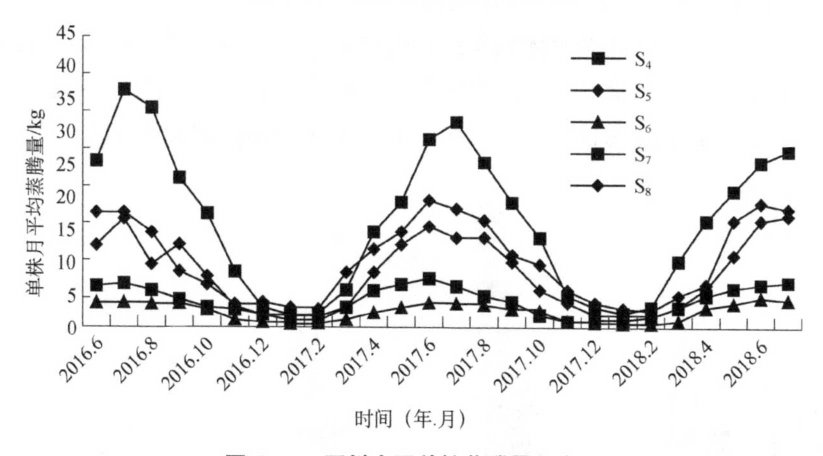

图 4-42 四川山矾单株蒸腾量月变化

马尾松 4 株个体每月平均单株蒸腾量变化规律如图 4-40 所示。4 株树种单株蒸腾主要集中在 4～10 月，在 7 月达到最大。4 株树种的单株蒸腾量月变化趋势基本一致，但不同时期个体间差异程度不同。4～10 月，P_4 为 P_6 的 1.62～4.16 倍，11 月至翌年 3 月，单株蒸腾量个体差异较大，P_4为P_6的2.61～9.53倍。

杉木6株个体每月平均单株蒸腾量变化规律如图4-41所示。杉木单株蒸腾主要集中在4～10月。但与马尾松不同，杉木单株蒸腾耗水在3月和11月依然较明显，仅有1月和2月杉木个体蒸腾接近于0，并达到全年最低水平。不同时期个体间差异程度也明显不同。与马尾松个体间差异程度相反，在3～11月，杉木个体蒸腾量最大值是最小值的10～35倍，在蒸腾微弱的12月至翌年2月，杉木个体蒸腾量最大值是最小值的2.5～7.9倍。

四川山矾5株个体每月平均单株蒸腾量变化规律如图4-42所示。四川山矾单株蒸腾同样集中在4～10月。与杉木情况相似，四川山矾单株蒸腾耗水在3月和11月依然较明显。在蒸腾强度较大的4～10月，个体蒸腾量最大值是最小值的5.5～10倍，在蒸腾微弱的12月至翌年3月，个体蒸腾量最大值是最小值的3.7～5.6倍。

3）单株蒸腾耗水季节变化特征

三个树种15株个体单株蒸腾量随季节的变化情况如图4-43～图4-45所示。个体单株蒸腾量均表现为伏旱季＞雨季＞旱季。马尾松伏旱季单株蒸腾量均值为17.28～42.78 kg/d；雨季单株蒸腾量下降至8.49～22.89 kg/d，为伏旱期单株蒸腾量的49%～59%；旱季单株蒸腾量下降至1.25～5.59 kg/d，仅为伏旱季的7%～13%。杉木伏旱季单株蒸腾量均值为1.15～23.75 kg/d；雨季单株蒸腾量下降至0.86～15.19 kg/d，为伏旱期单株蒸腾量的19%～79%；旱季单株蒸腾量下降至0.34～3.77 kg/d，仅为伏旱季的14.39%～29.79%。四川山矾伏旱季单株蒸腾量均值为4.18～34.56 kg/d；雨季单株蒸腾量下降至3.65～22.87 kg/d，为伏旱季单株蒸腾量的66%～87%；旱季单株蒸腾量下降至0.90～5.92 kg/d，为伏旱期单株蒸腾量的14.51%～29.35%。

在不同季节，个体间差异表现为马尾松＜四川山矾＜杉木。雨季，马尾松单株蒸腾量差异最大的两个个体（P_4和P_6）相差约63%；四川山矾单株蒸腾量差异最大的两个个体（S_6和S_7）相差约84%；杉木单株蒸腾量差异最大的两个个体（C_6和C_7）相差约94%。伏旱季，马尾松单株蒸腾量差异最大的两个个体相差约60%；四川山矾单株蒸腾量差异最大的两个个体相差约88%；杉木单株蒸腾量差异最大的两个个体相差约95%。旱季，马尾松最大个体间差异为77%；四川山矾最大个体间差异为82%；杉木最大个体间差异为91%。

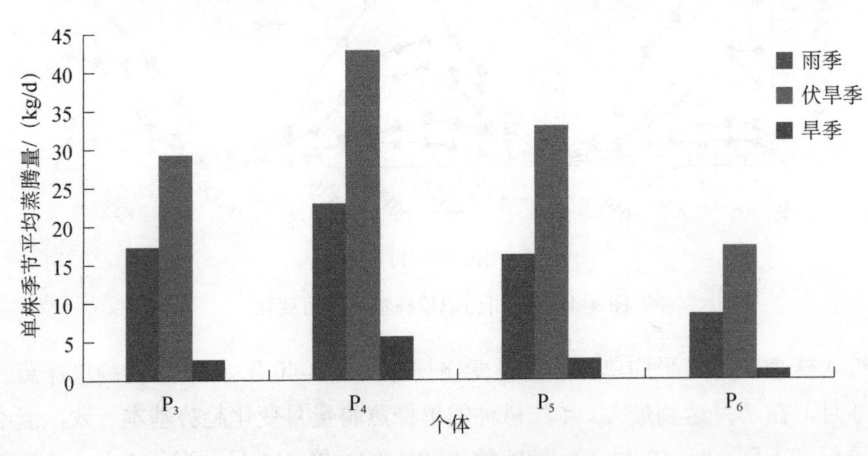

图4-43　马尾松单株蒸腾量季节变化

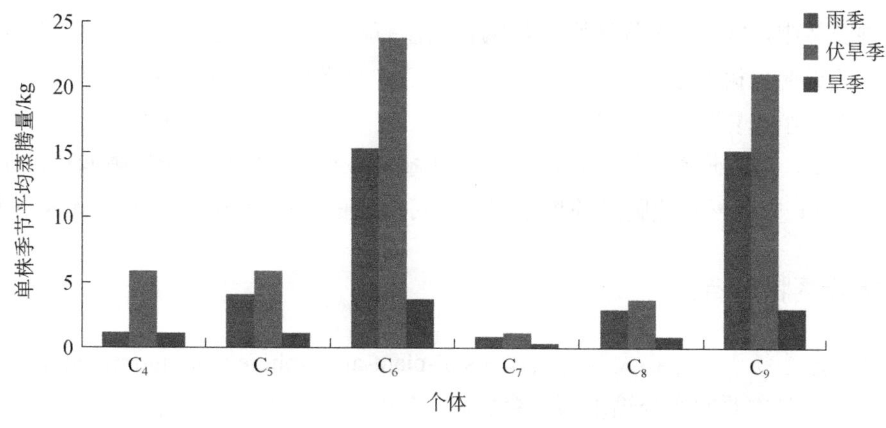

图 4-44　杉木单株蒸腾量季节变化

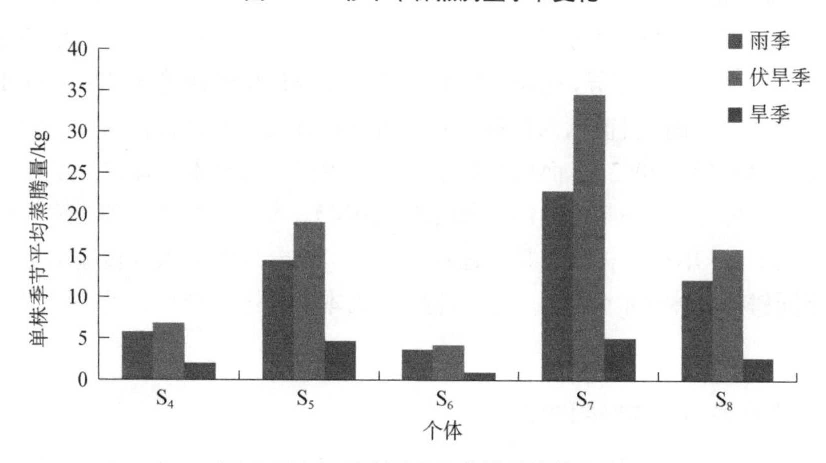

图 4-45　四川山矾单株蒸腾量季节变化

综合各时间尺度单株蒸腾量变化规律发现，不同树种不同个体单株蒸腾量时间变化趋势一致。但个体间单株蒸腾量差异较大，且随时间变化而变化。为探究个体间差异的产生原因，本节研究选取胸径、树高和冠幅三个表征树木个体大小的参数，对单木蒸腾量与个体大小进行了相关性分析，结果如表 4-13 所示。马尾松和四川山矾的胸径与单株蒸腾量呈正相关关系，相关系数 R^2 分别为 0.897（$P<0.05$）和 0.795（$P<0.05$），而杉木胸径与单株蒸腾量无相关性。同时三个树种树高和冠幅与单株蒸腾量都没有相关性。

表 4-13　单木蒸腾量与个体大小相关性分析

树种	*N*	胸径	*P*	树高	*P*	冠幅	*P*
马尾松	6	0.897*	0.015	n.s.	0.842	n.s.	0.486
杉木	9	n.s.	0.299	n.s.	0.070	n.s.	0.789
四川山矾	8	0.795*	0.018	n.s.	0.065	n.s.	0.164

注：*N* 代表样木数量；*P* 代表显著性；*代表 $P<0.05$；n.s.代表没有相关性（$P>0.05$）。

由于胸径与边材导水面积有显著相关性，因此胸径的大小在一定程度上能反映单木蒸腾量的多少。树高和冠幅在一定程度上决定了树冠能接收到的光照资源的多少。有研究者在纯林中分析了单木蒸腾量与树高和胸径的关系，并得到显著相关性（Röll et al.，2015），但在本节研究的混交林中，杉木的单株蒸腾量与胸径并没有相关性，且树高和冠幅对单株蒸腾量都没有影响。这说明，树木个体的大小差异不是引起单株蒸腾量个体差异的主要原因。

混交林树种组成复杂，不同树种冠层的相互交叠与遮挡会在个体获取光热资源的过程中相互制约。例如，本节研究中杉木树高较小，且冠幅形态呈尖窄形，冠层被四川山矾遮挡情况非常严重，因此限制杉木蒸腾量的根本因素是可获取的光热资源的多少，而不是胸径大小。

4.6.3 林分蒸腾量特征

在森林生态系统土壤植物大气连续体（soil-plant-atmosphere continuum，SPAC）循环过程中，林分蒸腾是主要的水分输出项（余新晓，2013）。我国不同研究区林分蒸腾占降水量的32.39%～87%（童鸿强，2011；莫康乐，2013；沈竞等，2016；张晓艳，2016）。由于天然混交林树种组成复杂，个体大小差异较大，从单株尺度到林分尺度的蒸腾量转化不仅需要考虑树木内部水分传输能力差异，还需要同时考虑个体差异和树种差异（Kume et al.，2012）。由于热扩散探针成本较高，目前国内仅有少数学者在林分尺度水分传输的研究中考虑到以上尺度转化问题（熊伟等，2003），而更多的学者仅停留在分析树木个体内部水分传输时空差异上（张宁南等，2003；王华等，2010；李轶涛，2014）。本节研究将水分传输的尺度转化贯穿到 “树木体内部—单株—林分” 整个过程，提高了林分尺度上水分传输总量估算的准确度，明晰了不同树种对林分水分传输贡献率特征，为本研究区水分传输动态过程及机理研究提供了支持。

1. 林分尺度水分传输转化方法

林分尺度的水分传输，即林内所有树木在一定时间内通过林内总导水组织断面的液流量。在现实条件下，对林内每株树木都进行树干液流通量密度监测来获取单株蒸腾量是不现实的。因此，需要通过对一定样本量的单株液流通量密度监测来推算出林分平均液流通量密度，进而根据林内总导水面积，将树干液流通量密度上升到林分尺度。因此，林分尺度水分传输可根据以下公式计算（Zhang et al.，2016）：

$$E_{\mathrm{t}} = \sum_{i=1}^{n} J_{\mathrm{s}i} \frac{A_{\mathrm{ST}i}}{A_{\mathrm{G}}} \tag{4-14}$$

式中，E_{t} 为林分蒸腾量，mm；n 为林分内树种个数；$J_{\mathrm{s}i}$ 为树种 i 的平均液流通量密度，g/（$\mathrm{m}^2 \cdot \mathrm{s}$）；$A_{\mathrm{ST}i}$ 为树种 i 的林内总边材面积，m^2；A_{G} 为林分总面积，m^2。

1）林分平均液流通量密度推算

根据树干木质部不同深度处液流通量密度之间的数量关系，将三个树种在树干木质部断面上的液流总量分别进行平均，推算每个树种在木质部上的平均液流通量密度。木质部平均液流通量密度计算公式（Zhang et al.，2016）如下：

$$J_{\mathrm{s}} = \frac{\sum_{i=1}^{n} A_i u_i + f_{\mathrm{m}} \sum_{i=1}^{n} B_i u_i + g_{\mathrm{m}} \sum_{i=1}^{n} C_i u_i + h_{\mathrm{m}} \sum_{i=1}^{n} D_i u}{\sum_{i=1}^{n} \left(A_i + B_i + C_i + D_i \right)} J \tag{4-15}$$

式中，J_s为树干木质部平均液流通量密度，g/（m^2 • s）；　i 为样木编号；A_i、B_i、C_i、D_i 为样木 i 在 4 个液流通量密度监测点所代表的导水面积，m^2；u_i 为样木 i 在木质部形成层下 1.5 cm 处的液流通量密度，g/（m^2 • s）；f_m、g_m、h_m 分别为 0.5 cm、2.5 cm 和 7.0 cm 处液流通量密度与 1.5 cm 处液流通量密度的比值；如果样木个体较小，边材厚度小于 7.0 cm，则 D_i 和 h_m 视为 0。

根据式（4-15）推算得到的三个树种在树干木质部上的平均液流通量密度月均分布如图 4-46 所示。

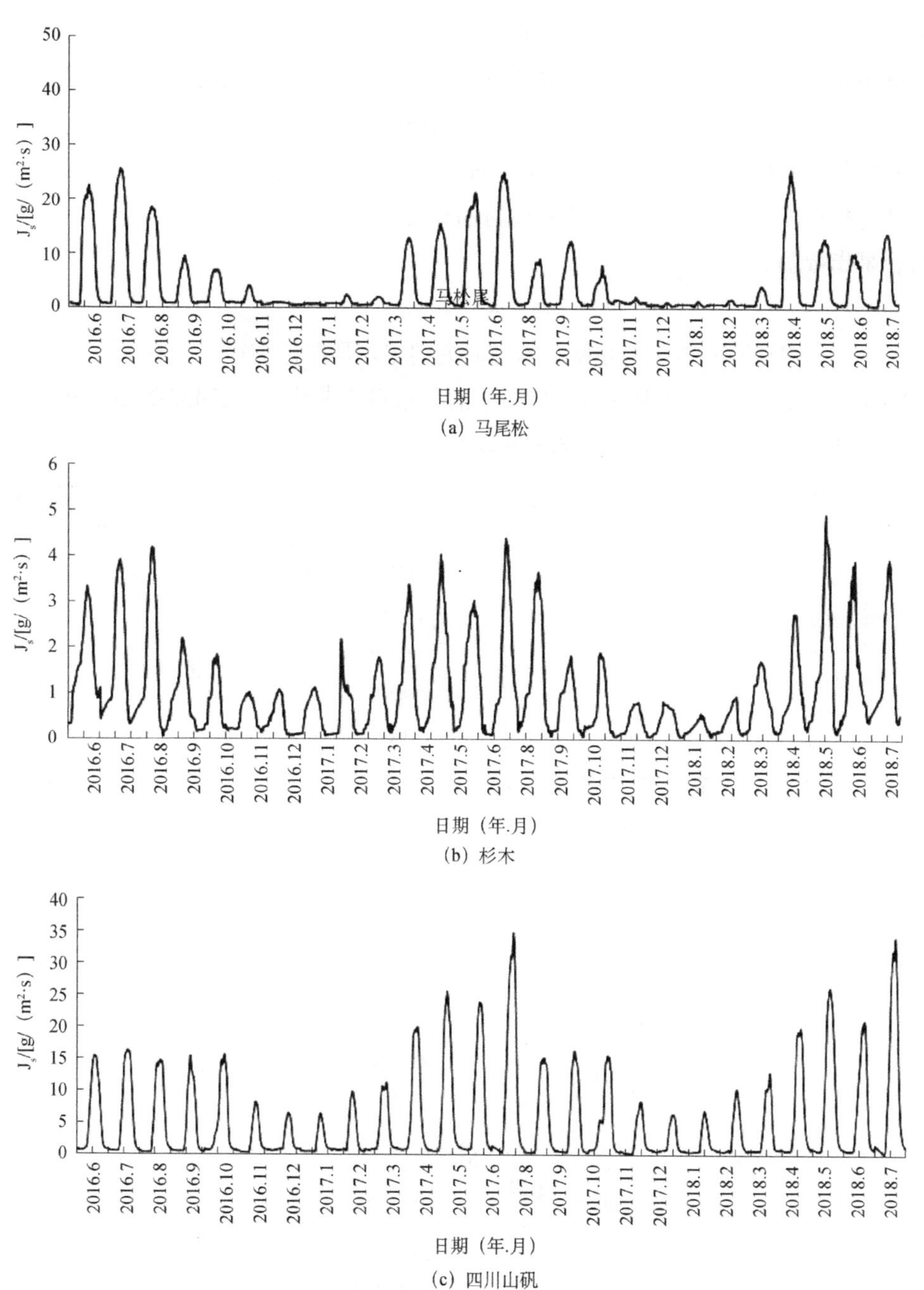

（a）马尾松

（b）杉木

（c）四川山矾

图 4-46　林分平均液流通量密度月均分布

与树干木质部形成层下 2.5 cm 处液流通量密度相比，木质部平均液流通量密度明显降低。马尾松各月平均液流通量密度低于 2.5 cm 深度处液流通量密度 14%～92%；杉木各月平均液流通量密度低于 2.5 cm 深度处液流通量密度 5%～97%；四川山矾各月平均液流通量密度低于 2.5 cm 深度处液流通量密度 6.8%～67%。由此可以证明，树干木质部任一深度处的液流通量密度都不能代表林内树种平均水分传输能力，在推算林分尺度水分传输量时，不可忽略树干木质部径向上的液流通量密度差异。

2）林分边材导水面积推算

根据生长锥获取的边材厚度，计算该树木个体在胸径位置的边材面积，计算公式如下：

$$A_s = \pi\left(r - r_b\right)^2 - \pi\left(r - r_b - r_s\right)^2 \tag{4-16}$$

式中，A_s 为边材面积，cm^2；r 为树干半径，cm；r_b 为树皮厚度，cm；r_s 为边材厚度，cm。通过计算获得每株树的边材面积，并建立边材面积与胸径的关系曲线（图 4-47），发现二者的分布符合幂指数函数关系：

$$A_s = k\left(\mathrm{DBH}\right)^c \tag{4-17}$$

式中，k、c 为非线性回归得出的系数。本节研究得出，马尾松胸径与边材面积的关系符合曲线 $A_s=2.9585\mathrm{DBH}^{1.8514}$；杉木胸径与边材面积的关系符合曲线 $A_s=1.7433\mathrm{DBH}^{2.0426}$；四川山矾胸径与边材面积的关系符合曲线 $A_s=2.9296\mathrm{DBH}^{2.0125}$。

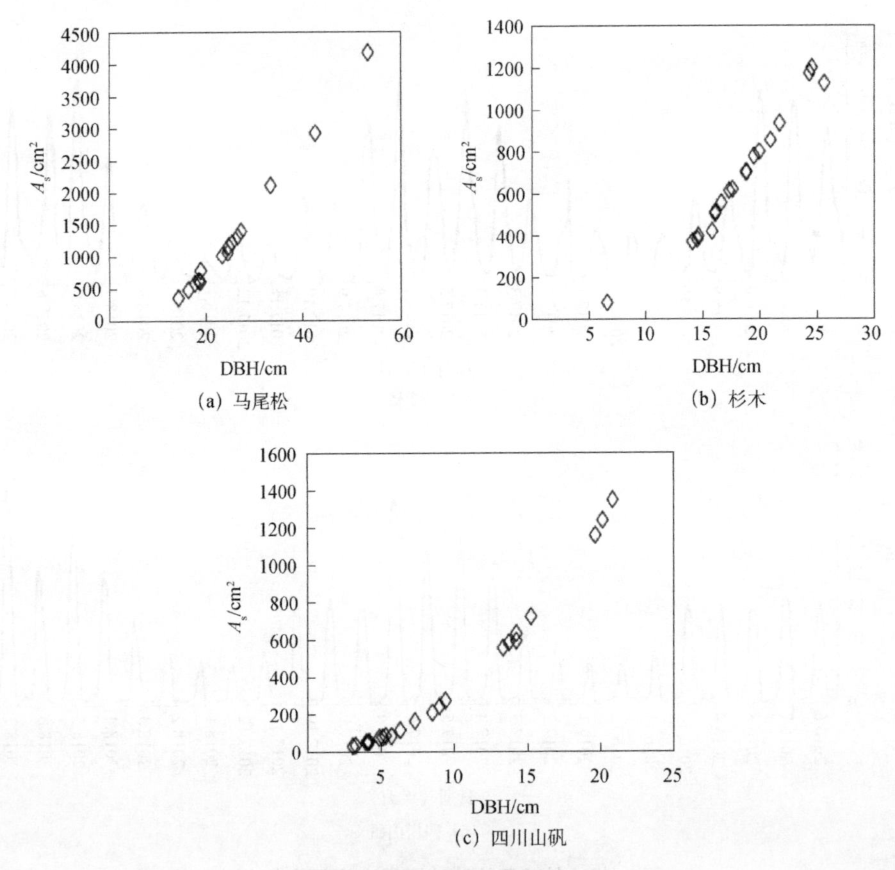

图 4-47 胸径与边材面积关系

通过对样地内所有树木进行每木检尺获取树木胸径，并通过以上胸径与边材面积的数量关系，计算得到研究林分内三个树种的边材面积总量。结果如图 4-48 所示，林内 16 株马尾松边材面积总和为 13787 cm^2，约占林内所有树种总边材面积的 59%；32 株杉木边材面积总和为 5669 cm^2，仅占林内所有树种总边材面积的 24%；37 株四川山矾边材面积总和为 4075 cm^2，仅占林内所有树种总边材面积的 17%。

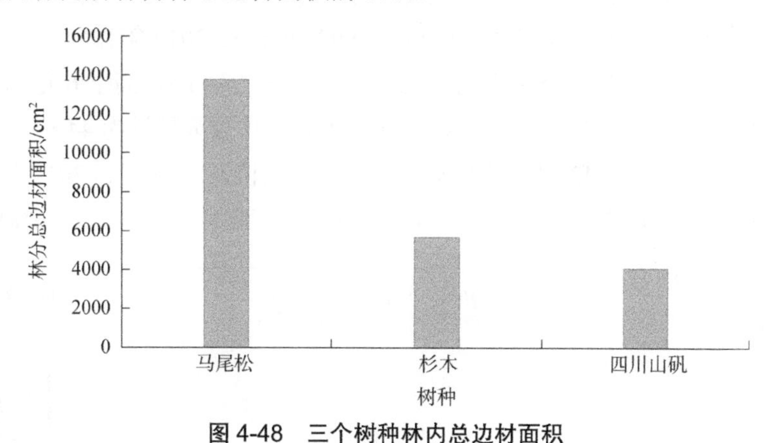

图 4-48　三个树种林内总边材面积

3）林分尺度水分传输误差分析

基于树干木质部径向水分传输能力差异，通过树木内部—单株—林分逐步的水分传输尺度转化，最终得到林分尺度上的水分传输总量，即林分蒸腾量。对于尺度转化的效果，本节研究对比了经过尺度转化得到的林分蒸腾量与非尺度转化（用木质部任一深度处液流通量密度）得到的林分蒸腾量，结果如表 4-14 所示。非尺度转化条件下，三个树种在林内的总蒸腾量均出现了高估或低估的情况。非尺度转化与经过尺度转化的林内马尾松总蒸腾量日均值相差−84.62%（低估）～80.77%（高估）；非尺度转化与经过尺度转化的林内杉木总蒸腾量日均值相差−64.55%（低估）～118.18%（高估）；非尺度转化与经过尺度转化的林内四川山矾总蒸腾量日均值相差−65.63%（低估）～25.00%（高估）。

表 4-14　单点液流通量密度估算林分日均蒸腾量与多点液流通量密度估算林分日均蒸腾量的对比

树种	多点估算日均蒸腾量/mm	单点估算日均蒸腾量								
		0.5cm/mm	误差/%	变异系数 CV/%	1.5cm/mm	误差/%	变异系数 CV/%	2.5cm/mm	误差/%	变异系数 CV/%
马尾松	0.52	0.08	−84.62	34	0.94	80.77	61	0.51	−1.92	48
杉木	0.11	0.039	−64.55	31	0.068	−38.18	25	0.24	118.18	39
四川山矾	0.32	0.11	−65.63	41	0.12	−62.50	35	0.40	25.00	42
林分	0.95	0.23	−75.79	37	1.128	18.74	42	1.15	21.05	51

在混交林内，不同树种在水分传输升尺度推算过程中的误差导致了林分总水分传输（林分总蒸腾量）的误差。采用尺度转化估算得到的林分总蒸腾量日均值约为 0.95 mm，而只用 0.5 cm 处液流通量密度计算的林分总蒸腾量日均值低估了 75.79%，只用 1.5 cm 处液流通量密度算得的林分总蒸腾量日均值高估了 18.74%，只用 2.5 cm 处液流通量密度算得的林分总蒸腾量日均值高估了 21.05%。

2. 林分蒸腾时间变化特征

1）林分蒸腾耗水日变化特征

经尺度转化后得到的林分总蒸腾量如图 4-49 所示。2016 年 6 月～2018 年 7 月，林内树木向大气传输水分总量(即蒸腾总量)共 812.44 mm，占大气水分输入总量(降水量)的 26.78%。林分蒸腾主要集中在 4～10 月的雨季。雨季林分蒸腾量占整个研究期林分蒸腾量的 88.41%。2016 年研究区林分总蒸腾量在 7 月达到最高，为 92.49 mm。2017 年林分总蒸腾量在 6 月达到最高，为 51.33 mm。2018 年 4 月林分总蒸腾量达到 62.76 mm，高于 6 月和 7 月。8 月伏旱期，林分蒸腾量较 6 月和 7 月明显减少。2016 年 8 月林分蒸腾量为 44.87 mm，2017 年 8 月林分蒸腾量为 30.79 mm。12 月林分总蒸腾量达到最低值。2016 年和 2017 年 12 月林分总蒸腾量分别为 6.44 mm 和 5.19 mm，仅为当年林分月总蒸腾量最大值的 6.96%和 10.11%。

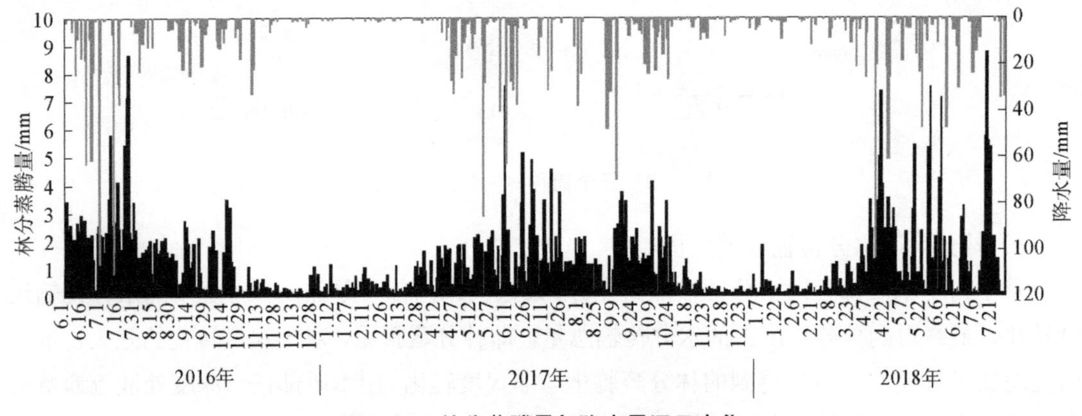

图 4-49　林分蒸腾量与降水量逐日变化

横轴“6.1”表示“月.日”，余同

林分蒸腾主要发生在降雨停止后，在降雨停止初期，林分蒸腾逐日增高，在连续多日无降雨条件下，林内水分供给不足，导致树木向大气传输的水分逐渐减少，即林分蒸腾量逐日减少，直至下一次降雨后，林分蒸腾再一次逐渐上升。由此可见，降雨作为水分输入项，控制着蒸腾的总体发展趋势。然而，降雨的分布格局与蒸腾的分布格局并不完全一致。例如，2016 年 6 月降水量显著大于 7 月降水量，但 6 月蒸腾量却不及 7 月多；同样 2017 年 6 月降水量大于 7 月降水量，而这两个月蒸腾量仅持平；2016 年 9 月和 10 月降水量超过了 8 月降水量，但蒸腾量却仍然小于 8 月，而 2017 年 9 月和 10 月降水量同样超过 7 月和 8 月，蒸腾量也大幅回升。同时，降水量与林分蒸腾量之间在统计学上不存在相关性，这些现象说明，降水量是间接控制林分的水分传输过程的。

2）林分蒸腾月变化特征

通过对林分内三个树种的水分传输能力及边材面积进行计算，可以得到经尺度转化后林内三个树种的蒸腾量，结果如图 4-50～图 4-52 所示。2016 年马尾松 7 月蒸腾量最大，为 46.54 mm，12 月最低，仅 1.13 mm，之后逐月上升，到 2017 年 7 月蒸腾量最大，为 28.47 mm，但仅有上一年度月蒸腾量最大值的 61.17%，9～12 月都比 2016 年同期高，至 2018 年 4 月，蒸腾量上升到 31.67 mm，比 2017 年同期增长 1 倍，6～7 月均低于 2017 年同期。

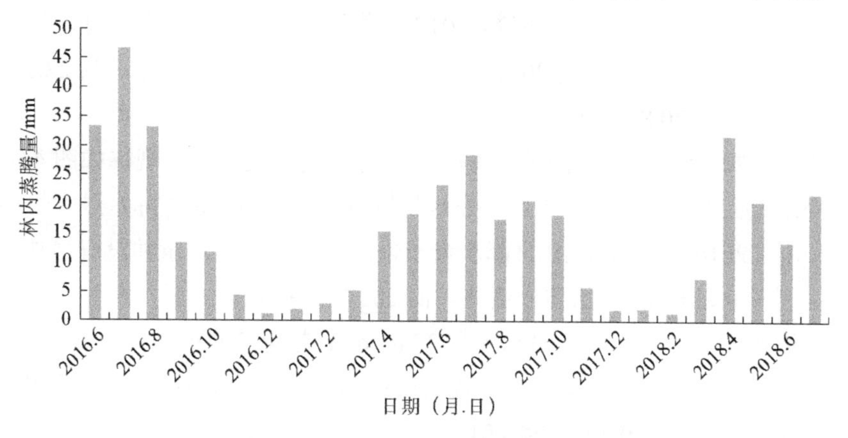

图 4-50　林内马尾松蒸腾量月变化

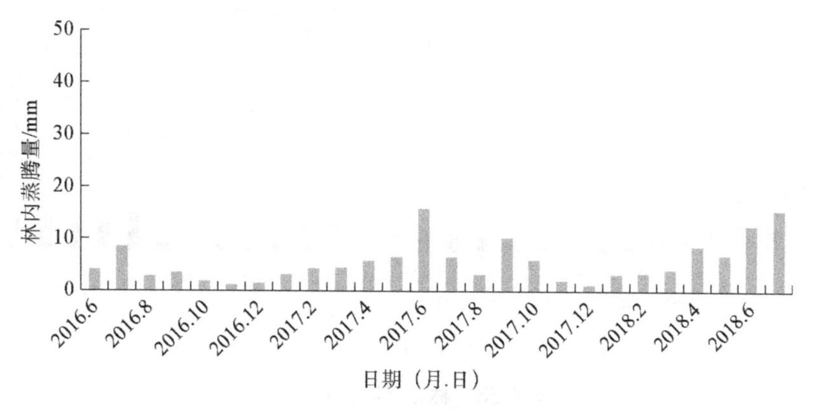

图 4-51　林内杉木蒸腾量月变化

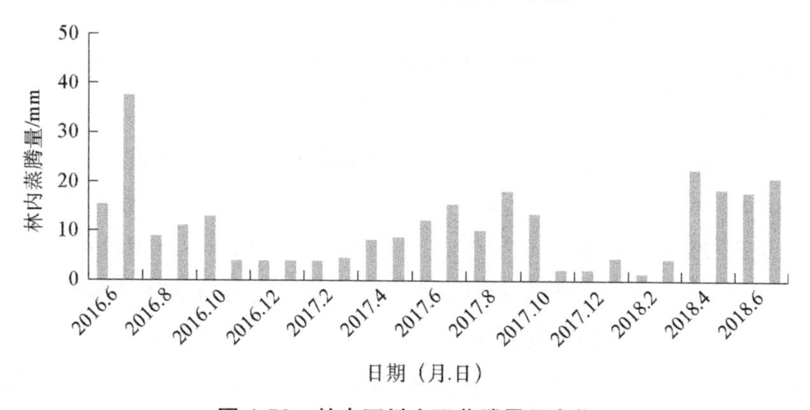

图 4-52　林内四川山矾蒸腾量月变化

2016 年杉木 7 月蒸腾量最大，为 8.4 mm，11 月最低，为 1.17 mm，2017 年 1～6 月逐月上升，6 月蒸腾量达到全年最高，为 15.76 mm，8 月蒸腾量陡降至 3.14 mm，9 月上升至 10.14 mm，之后逐月降低，2018 年从 1 月起蒸腾量逐渐上升，由 3.21 mm 增长到 15.48 mm，2017 年和 2018 年蒸腾量月最高值相差不大，约是 2016 年蒸腾量月最高值的 2 倍。

2016年四川山矾蒸腾量最高值出现在7月，为37.55 mm，8月下降至仅剩8.93 mm，9月和10月略有增长，11月开始逐月下降，2017年蒸腾量最高值出现在9月，为18.14 mm，仅为2016年最高值的48.31%，而2018年蒸腾量月最大值出现在4月，为22.55 mm，7月蒸腾量仅次于4月，为20.83 mm。

将三个树种蒸腾量综合，得到林分蒸腾量。林分蒸腾量逐月变化规律如图4-53所示。林分蒸腾量随降水量的变化而变化。7月林分蒸腾量达到最大值，8月降水量大幅减少，林分蒸腾也受到抑制，2016年9月和10月降水量小幅回升，林分蒸腾量并没有增加，这说明其他环境条件抑制了9月和10月的林分蒸腾。而2017年9月和10月，降水量大幅回升，此时的林分蒸腾量超过8月，达到48.93 mm和37.63 mm，接近7月的林分蒸腾量（50.37 mm）。11月至翌年3月，林分蒸腾非常微弱，蒸腾量仅占总研究期的11.6%。在月尺度上，林分蒸腾量与降水量的相关性达到0.79（$P<0.01$）。

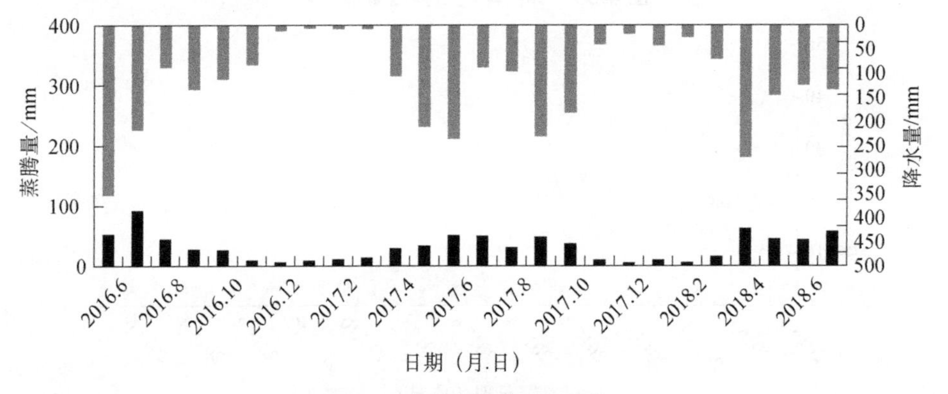

图4-53 林分蒸腾量月变化

3）林分蒸腾季节变化特征

不同季节林分蒸腾量变化特征如图4-54所示。伏旱季林分蒸腾量＞雨季林分蒸腾量＞旱季林分蒸腾量。伏旱季林分蒸腾量最大值为8.77 mm/d，平均值为1.59 mm/d；雨季林分蒸腾量最大值为7.51 mm/d，平均值为1.39 mm/d，比伏旱季下降12.6%；旱季林分蒸腾量最大值仅有1.84 mm/d，平均值为0.33 mm/d，比伏旱季下降79%。 林分蒸腾量最小值在三个季节相差不大，分别为0.013 mm/d（伏旱季）、0.016 mm/d（雨季）、0.014 mm/d（旱季）。

从图4-54可知，雨季林分蒸腾量数据分散程度最大，说明雨季林分蒸腾量波动最剧烈。整个雨季空气温度先增加后减小，波动较大，同时降雨导致太阳辐射变化剧烈，不稳定的气象条件是雨季蒸腾量波动大的原因。伏旱季林分蒸腾量波动较小，伏旱季空气温度上升到最高水平，变化幅度不大，且太阳辐射比较稳定，使林分一直处于蒸腾旺盛期，蒸腾量较大，但伏旱季降雨较少，水分供给不足，导致林分蒸腾在伏旱季的后期大幅减弱。因此，伏旱季林分蒸腾量的波动在一定程度上由降雨不足引起。旱季林分蒸腾量波动最小，旱季温度低，辐射强度小，且水分供给不足。林分蒸腾受水热条件的双重限制，导致林分蒸腾量一直非常微弱，差异不大。林分蒸腾量随季节发生变化的现象说明，不同季节，林分蒸腾对气象因子的响应方式和响应程度不同。

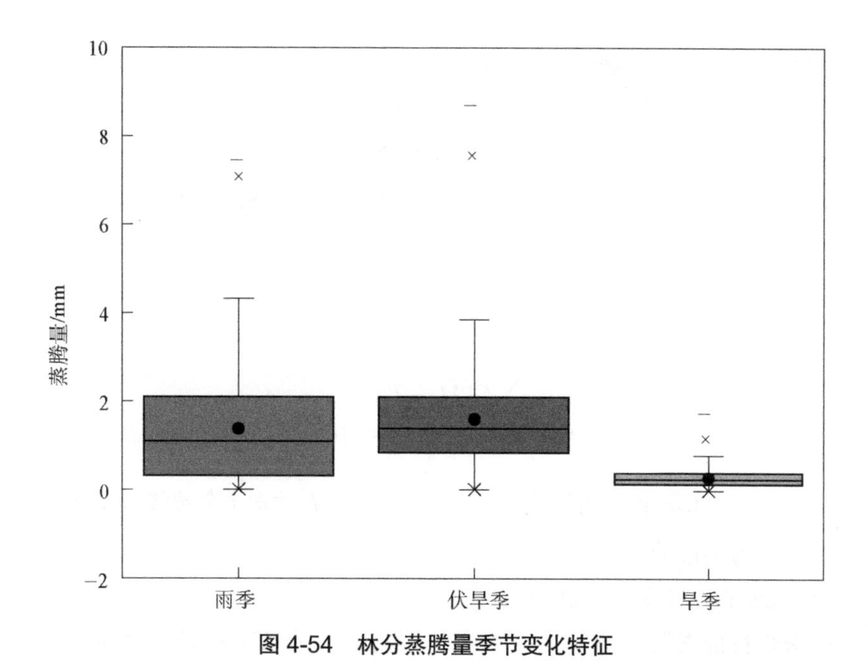

图 4-54　林分蒸腾量季节变化特征

4.6.4　林地蒸散量特征

水分在森林生态系统下垫面和大气之间的物质流动被称为水汽通量，即单位时间水汽在两个不同界面间的净交换量。水汽通量在时间上的积分值即蒸发量。水汽通量是生态系统水循环过程的重要参数（于贵瑞等，2006）。目前，涡度相关法是国际上通用的直接测量地表与大气间水汽通量的标准方法（张宝忠，2009；丛振涛等，2013），但涡度相关法要求下垫面平坦且均匀。在复杂山地条件下，涡度相关法的应用需要进行严格的数据质量控制和适用性分析。

在林地尺度上，水分传输主要分为林冠截留蒸发 E_c、植被蒸腾 E_t 和林下枯落物及土壤蒸发 E_s（马昌坤，2018）。然而，涡度相关法并不能区分蒸散发的组分，无法获取林地水分传输的分配特征。本节研究通过树干液流升尺度过程，在提高了林地树木蒸腾估算准确性的基础上，综合林冠层及林下枯落物及土壤层的水分传输过程及特征，获取林地尺度水分传输，并与涡度相关法获取的林地水分传输进行比较，验证了涡度相关法在本研究区的适用性，刻画了林地水分传输的分配情况，构建了完整的水分传输体系。

1. 林地尺度水分传输转化方法

1）基于树干液流的尺度转化过程

林地向大气输送的水分主要来源于林冠截留蒸发（E_c）、植被蒸腾（E_t）、林下枯落物及土壤蒸发（E_s）。本研究区林地植被以马尾松、杉木和四川山矾三个乔木树种为主，林下灌草植被极少，可忽略不计。因此，林地水分传输总量（ET）根据以下公式计算：

$$\mathrm{ET} = E_t + E_c + E_s \tag{4-18}$$

林冠层将降雨分配为冠层截留、穿透雨及树干茎流。根据林冠层水量平衡关系，林冠截留蒸发（E_c）的计算公式如下：

$$E_c = P - TF - SF \tag{4-19}$$

式中，P 为林外总降水量，mm；TF 为林地穿透雨量，mm；SF 为树干茎流量，mm。其中，SF 根据式（4-1）计算。

林下枯落物及土壤蒸发采用自制蒸渗筒监测，林地尺度上的枯落物及土壤蒸发量计算公式如下：

$$E_s = \frac{\sum_{i=1}^{n}\left(\Delta M_i - T_i\right)}{n \cdot A_z} \times 10 \tag{4-20}$$

式中，ΔM_i 为第 i 个蒸渗筒前后两次称重的质量差，g；T_i 为第 i 个蒸渗筒的入渗量，g；n 为蒸渗筒的个数；A_z 为蒸渗筒的截面积，cm^2。

2）基于水汽通量的尺度转化过程

涡度相关法是目前对陆地生态系统和大气间物质与能量交换进行直接观测的通用标准方法。其基本原理是通过测定大气中湍流运动产生的风速脉动和物理量脉动的协方差来测定物质或能量的通量。水汽通量可表示为

$$E = \overline{\rho q' \omega'} \tag{4-21}$$

式中，ρ 为干空气密度；q'为水汽脉动；ω' 为垂直风速脉动；横线表示一段时间的平均值。E 为正值代表蒸散发，即水汽由生态系统向大气方向传输，E 为负值代表凝结，即水汽由大气向生态系统方向传输。

研究区地形复杂，下垫面不平坦，很难达到涡度相关法假设的条件，会产生垂直风速不为零、夜间湍流微弱等现象，导致对通量观测产生误差。同时，在降雨及大气湍流不充分的情况下，通量数据需要进行剔除。因此，为获取连续且可靠的水汽通量及能量通量数据，需要进行严格的数据质量控制及插补。本节研究采用的数据处理流程如图 4-55 所示。具体数据处理方法如下：

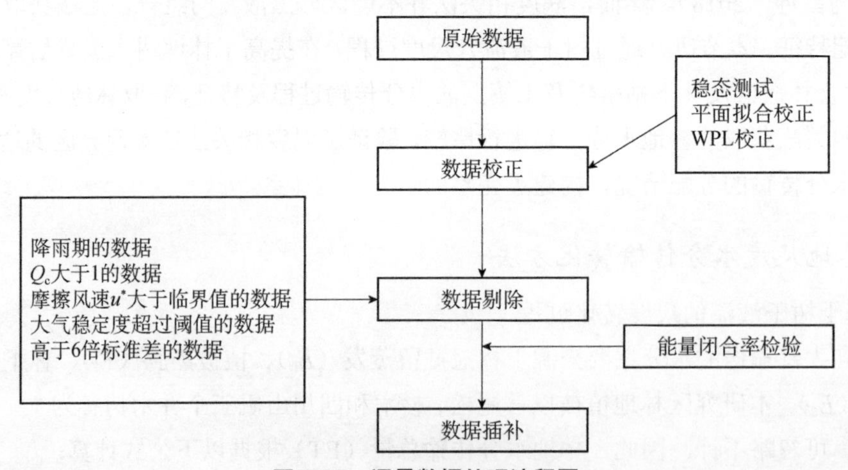

图 4-55　通量数据处理流程图

WPL 指空气密度效应；Q_c 指 CO_2 通量对应的能量通量（W/m^2）

（1）采用 6.1.0 版本的 EddyPro 软件（LI-COR，Inc.，Lincoln，NE，USA）对 10 Hz 的通量原始数据进行处理。对于坐标旋转校正，由于本研究区地形复杂，下垫面不平坦，2 次和 3 次坐标旋转不能满足本研究区对垂直风速的要求，因此采用平面拟合法（Wilczak et al.，2001）进行校正。

（2）采用 Foken 等（2004）提出的 0～2 级分级法作为数据质量分级标准。

（3）摩擦风速 u*的临界值是不固定的，而是利用移动平均值插补法（Papale et al.，2006）动态估计的。

（4）在 2016 年 6 月～2017 年 5 月的通量观测数据中被剔除的通量数据所占比例为 38%。为获取连续数据，采用由德国马克斯·普朗克生物地球化学研究所开发的 REddyProcWeb 在线数据处理工具（详见：http://www.bgc-jena.mpg.de/REddyProc/brew/ REddyProc. rhtml）对不连续的通量数据进行插补。使用的插补方法为 Reichstein（2005）提出的涡度相关通量数据插补方法。

（5）能量闭合率分析。经过以上数据质量控制，本节研究利用 2016 年 6 月～2017 年 6 月的半小时尺度能量通量数据，计算了研究区涡度相关系统的能量闭合度。图 4-56 展示了涡度相关系统观测的潜热和显热通量之和（LE+H）与对应的可用能量通量（Rn-G-S-Qp）之间的相关关系。从图 4-56 中可以看出，本研究区涡度相关系统能量闭合率为 0.84（R^2＝0.79）。以往研究采用涡度相关系统对山区林地通量观测的能量闭合率为 0.7～0.9（Wilson et al.，2001），说明本研究区涡度相关系统观测的通量数据经过严格的数据质量控制后，数据质量较好，可信度较高。

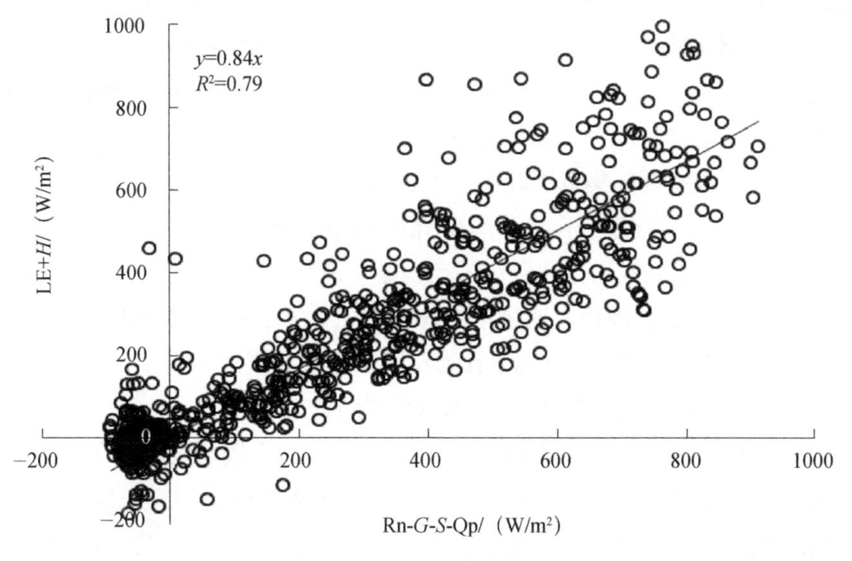

图 4-56　研究区能量闭合状况

（6）通量足迹模拟。通量贡献区代表研究区下垫面每个观测点的通量贡献权重。通量贡献区受观测高度、下垫面粗糙度及大气稳定度影响。当风速、风向保持稳定时，代表大气稳定度较高。当下垫面均一、地形平坦开阔时，观测的通量来自四面八方，观测的区域达到上百公里。但在实际情况下，下垫面通常是非均一的。尤其是在山区林地，地形及植被结构复杂，导致下垫面空气动力学粗糙度很大，使近地表大气产生环流，通量来源不稳定，观测区域的范围变小。

本节研究对 2016 年 6 月～2017 年 5 月观测期内风向进行了分析，风向玫瑰图（图 4-57）显示，全年主风向以东南风为主，风向较稳定，说明全年尺度上通量贡献来源基本不变。

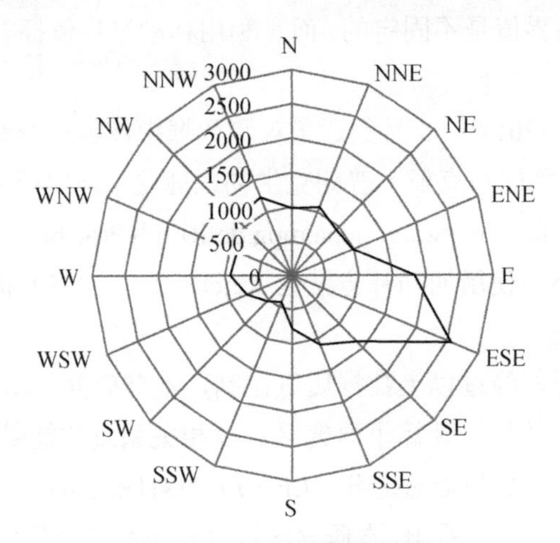

图 4-57　全年风向分布图

数值代表频次，即某个风向的风全年次数

通过生成逐月通量足迹分布图（图 4-58），可以发现，在 2016 年 6 月～2017 年 5 月，各月通量贡献区方向基本为东南方向，仅有 2017 年 5 月通量贡献区方向为东北方向。从全年尺度上，通量贡献区方向与风向基本一致。图 4-58 中红色代表通量数据采集最密集的区域，为通量主要贡献区。由图 4-58 可以看出，2016 年 8 月和 9 月，通量数据采集范围较大，在通量塔的西北—东南方向都有观测到通量，这主要是因为此时段风向波动较大。而其他各月，风向较稳定，导致通量采集范围较小，仅在通量塔的东南方向。

表 4-15 列出了通量贡献区距离。本研究区通量贡献峰值的观测点距离通量塔平均 109.25 m，CV 为 2.00%；10%累计通量贡献范围距离通量塔 36.74 m，变异系数最大，CV 为 6.80%；30%累计通量贡献范围距离通量塔 92.62 m，CV 为 2.90%；50%累计通量贡献范围距离通量塔 141.65 m，CV 为 2.19%；70%累计通量贡献范围距离通量塔 198.97 m，CV 为 1.87%；90%累计通量贡献范围距离通量塔 298.48 m，CV 为 1.67%。

本节研究中，植被蒸腾、林冠截留蒸发和林下枯落物及土壤蒸发样地在图 4-58 中以红色方框标出。用于监测植被蒸腾的 1 号样地位于通量塔正东方向，距离通量塔 40 m 远，样地东西边长 40 m、南北边长 20 m。1 号样地在 30%通量累计贡献区内，与通量贡献最密集的红色区域重合度较高。用于监测林冠截留蒸发和林下枯落物及土壤蒸发的 2 号样地位于 1 号样地北侧。2 号样地与通量贡献最密集的红色区域重合度较低，但也在通量贡献源区内。这说明基于树干液流升尺度的林地水分传输与基于水汽通量升尺度的林地水分传输具有重合的研究区，两种方法得到的结果具有可比较性。

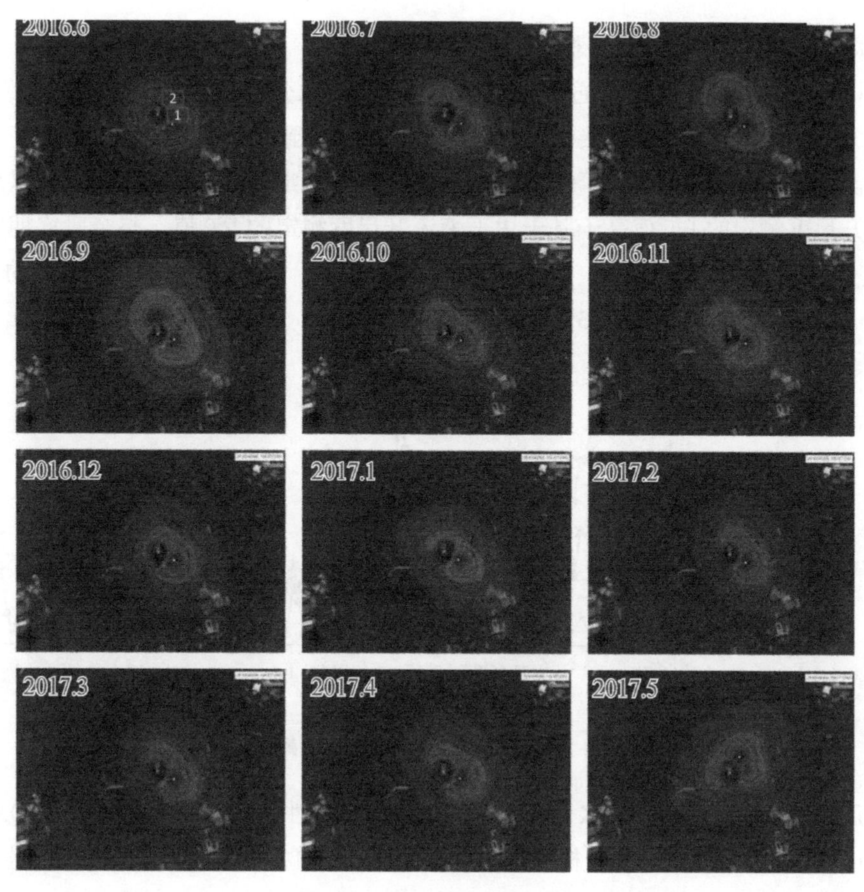

图 4-58　逐月通量足迹分布

表 4-15　通量贡献区距离　（单位：m）

月份	通量贡献峰值观测点距离通量塔	10%累计通量贡献范围距离通量塔	30%累计通量贡献范围距离通量塔	50%累计通量贡献范围距离通量塔	70%累计通量贡献范围距离通量塔	90%累计通量贡献范围距离通量塔
6	108.57	37.27	92.81	141.54	198.51	297.40
7	111.86	38.40	95.62	145.82	204.52	306.41
8	106.06	36.41	90.66	138.26	193.91	290.51
9	107.53	36.91	91.91	140.17	196.59	294.53
10	112.13	38.49	95.85	146.17	205.01	307.14
11	110.18	28.67	84.98	134.38	192.14	292.40
12	107.89	37.03	92.22	140.64	197.25	295.52
1	109.49	37.58	93.59	142.73	200.18	299.91
2	108.53	37.25	92.77	141.48	198.43	297.28
3	110.63	37.98	94.57	144.22	202.27	303.04
4	108.30	37.18	92.57	141.18	198.01	296.65
5	109.86	37.71	93.90	143.21	200.85	300.91
平均	109.25	36.74	92.62	141.65	198.97	298.48
CV	2.00%	6.80%	2.90%	2.19%	1.87%	1.67%

3）林地尺度水分传输误差分析

基于树干液流升尺度和水汽通量升尺度得到的林地水分传输（ET）日变化如图 4-59 所示。两种方法测得的 ET 值比较接近，且逐日变化趋势一致。2016 年 6～9 月，基于树干液流升尺度测定的 ET 值普遍略高于基于水汽通量升尺度测定的 ET 值。而在 9 月以后，基于水汽通量升尺度测定的 ET 值高于基于树干液流升尺度测定的 ET 值。整个研究期内，基于水汽通量升尺度测定的 ET 总量（679.71 mm）高于基于树干液流升尺度测定的 ET 总量（596.99 mm），前者比后者高估 13.86%。

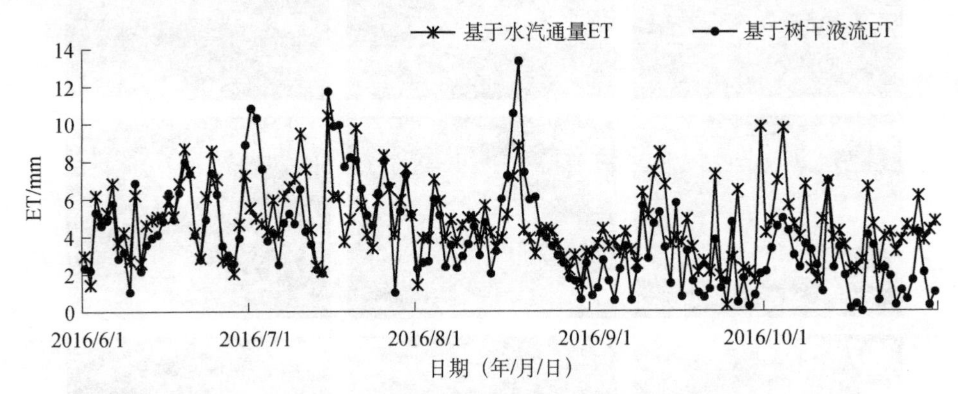

图 4-59　两种升尺度方法获得的林地水分传输（ET）日变化

两种升尺度方法获得的林地水分传输（ET）之间呈线性关系（图 4-60），R^2 为 0.64。刘晨峰等（2009）对北京大兴杨树人工林的研究表明，在 8 月的典型晴天，林地水汽通量与蒸散发组分综合法（$E_c+E_t+E_s$）获得的 ET 相关性高达 0.83，在雨天二者相关性为 0.57。本节研究所得相关系数仅为 0.64，这主要是水汽通量的数据质量问题引起的误差。2016 年 7 月和 8 月，基于水汽通量升尺度获取的 ET 值较低，因为夜间湍流不足，通量数据质量较差，在数据处理过程中，将夜间通量数据剔除，但实际通过树干液流特征可以发现，夜间树木蒸腾量不为 0，因此会低估林地水汽通量。但在 9 月和 10 月，由于降水量较多，在通量数据处理过程中，将降雨时段的数据剔除掉后进行插补，插补数据是根据 ET 值及与气象因子的数量关系得到

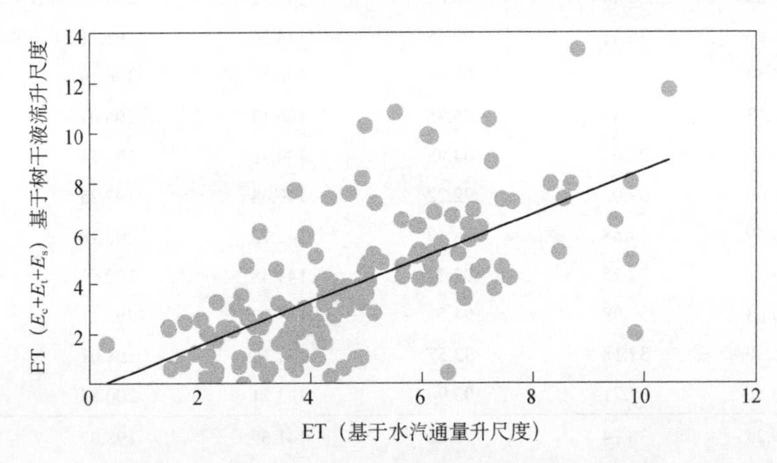

图 4-60　涡度相关法和组分综合法测定 ET 的拟合关系

的，而在实际情况中，降雨时林分蒸腾和林地蒸发非常小，尤其是在大雨条件下，林分蒸腾几乎为 0，这会造成对林地水汽通量的高估。

涡度相关法对下垫面条件要求较高，本研究区下垫面复杂，因此在应用涡度相关法时，尽管进行了严格的数据质量控制及校正，但误差还是不可避免。从整体情况来看，与基于树干液流升尺度得到的 ET 相比，涡度测定的 ET 值变化趋势与之相似，说明涡度相关法在本研究区能正确反映 ET 的动态变化。同时，涡度测定的 ET 值比基于树干液流升尺度得到的 ET 值偏高 13.86%，相差不大，在可接受范围内。因此，涡度相关法在本研究区内对林地水分传输的观测是有效的。

2. 林地蒸散发时间变化特征

1）林地蒸散发日变化特征

研究区 2016 年 6 月～2017 年 5 月水汽通量日变化特征如图 4-61 所示。水汽通量日变化波动较大，没有明显的日分布规律，没有相对固定的峰值时间和低谷时间。但水汽通量日分布随季节发生变化。2016 年 6～7 月，水汽通量整体逐渐有升高趋势，7 月水汽通量值最高，为 0.5 mm。8 月水汽通量明显下降，水汽通量正值（即蒸散发）基本不超过 0.2 mm。9 月和 10 月水汽通量峰值较 8 月升高，最高达 0.29 mm，但低谷值却低于 8 月。从 11 月以后，水汽通量日分布整体呈逐月减小趋势。从 2017 年 3 月起水汽通量日分布整体逐月增大，到 5 月，水汽通量最大值已经达到 0.51 mm。

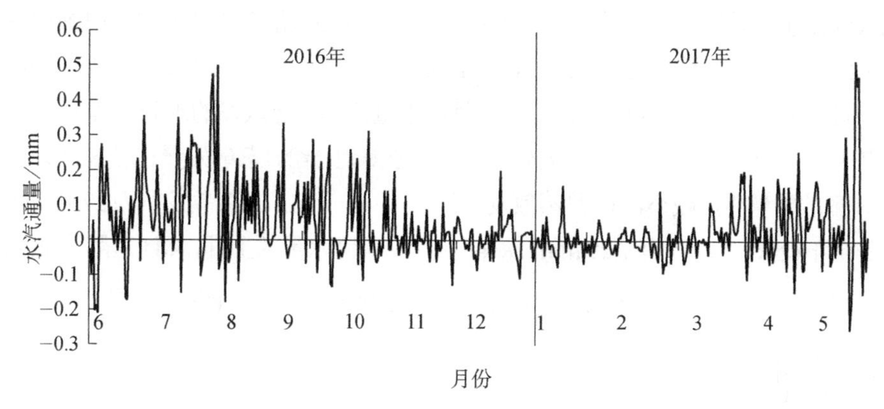

图 4-61　水汽通量日变化

研究区 2016 年 6～10 月和 2017 年 6～10 月，基于树干液流升尺度扩展得到的林地水分传输总量为 1115.83 mm，占降水量的 64.37%。2016 年 6 月～2017 年 5 月，基于水汽通量升尺度扩展得到的林地水分传输总量为 1036.83 mm，占降水量的 77.98%。林地日水分传输量变化范围为 0.16～16.94 mm。从图 4-62 可知，降雨时林地水分传输较弱。降雨停止初期，林地水分传输开始逐渐增加，在连续无降雨条件下，林地水分传输逐渐减少。伏旱季林地水分传输强度主要与前期降水量有关。2016 年 6 月降雨较充沛，共 352.6 mm，林地水分条件充足，因此 7 月和 8 月伏旱季，虽然降雨减少，但林地水分传输总量较高，分别为 186.36 mm 和 129.88 mm。 由于 7 月有几场强降雨的补充（月总降水量 217.2 mm），8 月单日林地水分传输量出现了全年最高值，达到 13.33 mm，月总林地水分传输量为 129.88 mm。与 2016 年相比，2017 年 6 月下旬开始，降水量明显减少（月总降水量 235.6 mm），7 月和 8 月林地水分传输强度比 2016 年同期减弱，尤其是 8 月林地水分传输明显小于 2016 年同期，最高日林地水分传输量仅有 8.13 mm，月总林地水分传输量为 82.07 mm。

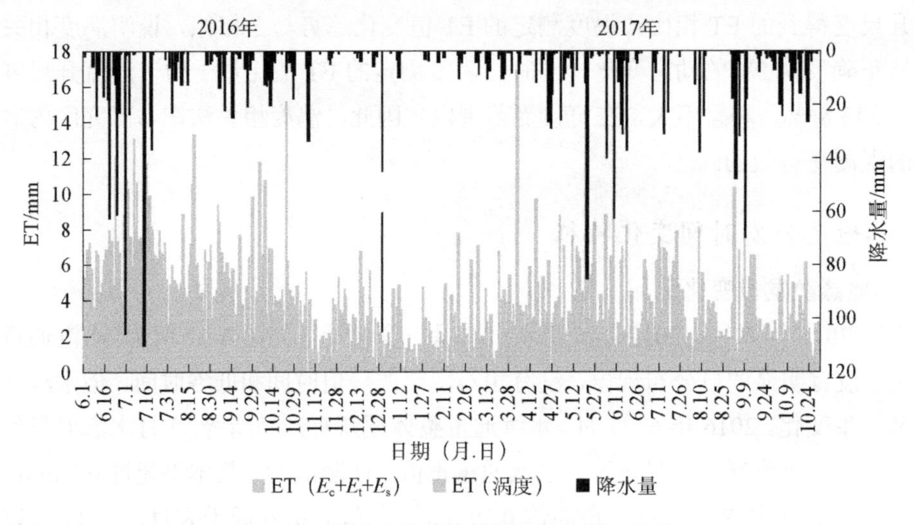

图 4-62 林地水分传输总量及降水量日变化

2）林地蒸散发月变化特征

林地水分传输（蒸散发）月变化特征如图 4-63 所示。林地蒸散发主要发生在雨季（4～10 月）。研究期内，2016 年林地蒸散发在 7 月最高，为 174.70 mm，8 月由于降水量的减少，蒸散发也相应减少，但 8 月蒸散发量为 133.89 mm，超过当月降水量，林地蒸散发的水分来源为土壤存储的水分。2017 年 9 月和 10 月，由于降水量大幅增加，水分得到补给，蒸散发量也较 8 月有所回升。从 11 月开始，蒸散发量明显减小，11 月蒸散发量为 56.33 mm，12 月蒸散发量为 27.91 mm。1 月蒸散发量达到全年最低水平，仅有 7.29 mm。从 4 月起，随着降水量的上升，林地蒸散发量随之上升。

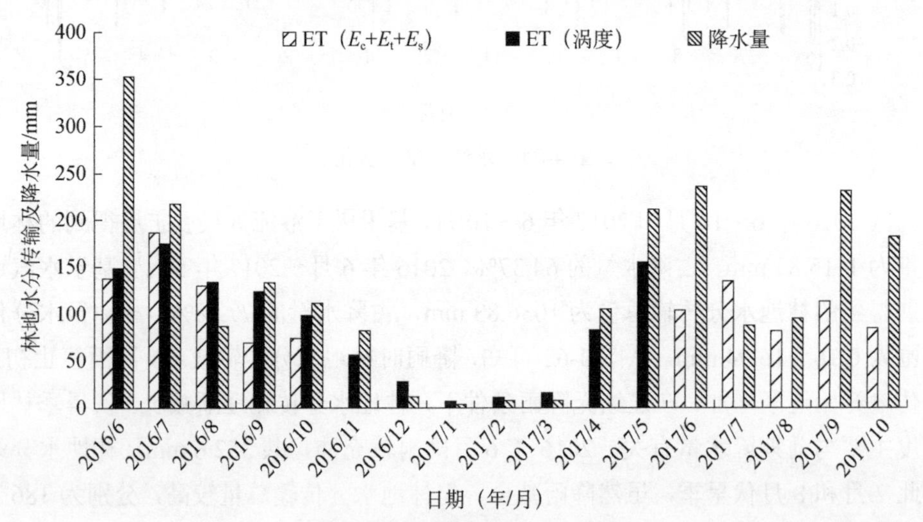

图 4-63 林地蒸散发月变化特征

林地蒸散发量占降水量比例的月变化如图4-64所示。在研究期内，伏旱季和旱季，林地蒸散发量超过当月降水量，林地表现为消耗土壤中存储的水分，整体呈水分输出状态。例如，2016年8月，降水量仅有83 mm，林地蒸散发量是降水量的1.50倍。2017年7月，林地蒸散发量是降水量的1.54倍。但由于7月林地消耗了大量土壤存储的水分，且得不到降雨补给，因此2017年8月出现水分亏缺，林地蒸散发减弱，没有超过当月降水量。2016年12月～2017年3月，林地蒸散发量为降水量的1.46～5.21倍。

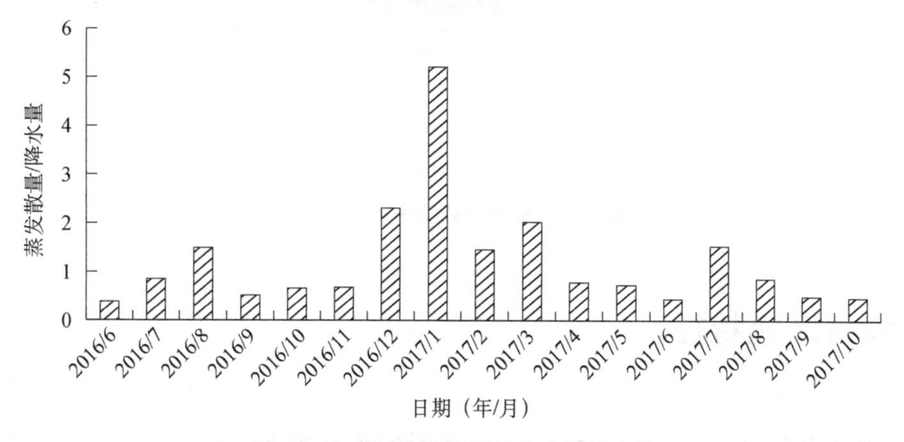

图4-64　林地蒸散发量与降水量的比值

雨季林地水分充沛，林地蒸散发量不会超过降水量，林地水分整体呈输入状态。降水量最大的6月，蒸散发量所占比例较小，仅为42%。这主要是因为降雨影响能量输入，增加空气相对湿度，蒸散发驱动力不足。7月随着降雨减少，能量输入增加，蒸散发强度增大，蒸散发量占降水量的80%。9月和10月降雨增加，虽然能量输入相对减少，但降水量的50%以上都用于蒸散发。

3）林地蒸散发季节变化特征

不同季节林地蒸散发季节变化特征如图4-65所示。伏旱季、雨季、旱季的林地蒸散发最大值分别为13.33 mm、16.94 mm和7.81 mm。与林分蒸腾季节变化特征不同，林地蒸散发最大值表现为雨季＞伏旱季＞旱季。且旱季林地蒸散发比伏旱季低41%，比雨季低54%，林地蒸散发最大值季节间差距小于林分蒸腾。林地蒸散发平均值的季节变化表现为伏旱季（4.30 mm）＞雨季（3.54 mm）＞旱季（2.31 mm）。林地蒸散发最小值表现为伏旱季＞旱季＞雨季。与林分蒸腾最小值季节差异相比，林地蒸散发最小值季节差异较大。伏旱季林地蒸散发最小值为0.54 mm，雨季林地蒸散发最小值仅有0.046 mm，比伏旱季低91%，旱季林地蒸散发最小值为0.14 mm，比伏旱季低74%。

产生林地蒸散发季节变化特征与林分蒸腾季节变化特征存在差异的主要原因是，林地蒸散发包括植被蒸腾、林冠截留蒸发和林下枯落物及土壤蒸发，蒸散发各组分共同决定了林地蒸散发量。这说明林地蒸散发最大值、最小值及平均值的季节变化规律不一致的原因可能是，蒸散发各组分在不同季节对林地蒸散发的贡献率不同。

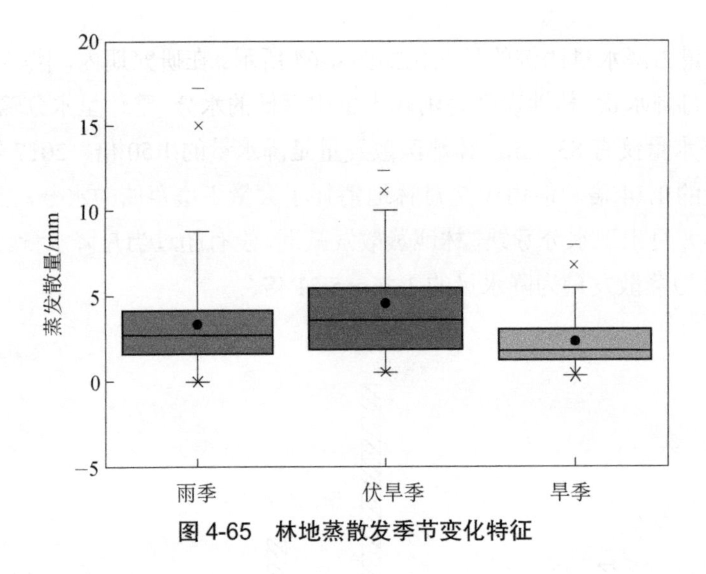

图 4-65　林地蒸散发季节变化特征

4.7　坡面产流特征

本节研究利用缙云山 2012～2016 年总共 5 年的典型林分径流小区——针阔混交林（CBF）、常绿阔叶林（BEF）、毛竹林（MF）、灌木林（shrub）及对照样地裸地（BS）产流数据，来分析典型森林植被产流特征及其影响因子。

2012～2016 年观测到缙云山每年降水量为 1044.8～1402.4 mm，年均降水量为 1221.5±149.1 mm。5 年总共观测到 676 场降雨，场降水量为 0.2～97.1 mm，平均降水量为 8.7 mm；降雨强度为 0.2～23.8 mm/h，平均降雨强度为 1.2 mm/h；降雨历时为 0.3～23.8 h，平均降雨历时为 9.7 h。

按照中国气象站规定的标准 24 h 内的日降水量对研究期降雨进行雨量级划分，其中小雨（0～10 mm）有 514 场、中雨（10～25 mm）有 112 场、大雨（25～50 mm）有 33 场、暴雨（≥50 mm）有 17 场。可见，缙云山的降雨以小雨（0～10 mm）为主，占全部降雨场次的 76.0%，小雨的总降水量为 1622.4 mm，与中雨（1753.8 mm）、大雨（1163.9 mm）和暴雨（1335.8 mm）的总降水量相差不大，可见不同雨量级降雨对总降水量的贡献基本一致（表 4-16）。

表 4-16　研究期降雨特征分析

项目	0～10 mm	10～25 mm	25～50 mm	≥50 mm
场次	514	112	33	17
所占比例/%	76.0	16.6	4.9	2.5
平均降水量/mm	3.2	15.7	35.3	78.6
总降水量/mm	1622.4	1753.8	1163.9	1335.8
平均降雨历时/h	8.9	14.7	14.7	18.9
平均雨强 mm/h	0.78	1.8	3.9	4.7
最大 10 min 降雨强度平均值/（mm/10 min）	0.6	2.0	4.4	7.2
最大 30 min 降雨强度平均值/（mm/30 min）	1.1	4.0	9.3	16.0

4.7.1 场降雨径流组分特征

对典型林分所有降雨场次下产流情况进行分析，如图 4-66，我们观测到针阔混交林（CBF）只有在降水量＞4.6 mm 时才会产生地表径流，676 场降雨场次中产生地表径流的次数为 295 次（产流概率为 43.6%），地表径流总量 406.1 mm，占研究期总降水量的 6.9%；对于常绿阔叶林（BEF），地表径流发生的最小降水量也是 4.6 mm，发生地表径流的次数为 294 次（发生概率为 43.5%），地表径流总量 183.5 mm，占研究期总降水量的 3.1%；当降水量＞4.2 mm 时，毛竹林（MF）会产生地表径流，研究期间产流次数 317 次（产流概率为 46.9%），地表径流总量 1186.8 mm，占研究期总降水量的 20.2%；对于灌木林（shrub）而言，总共产生地表径流的降雨场次为 329 次，占比 48.7%，产生地表径流的最小降水量为 3.9 mm，地表径流总量为 300.6 mm，占了整个降水量的 5.1 %；在裸地（BS）中，只要降水量超过 3.0 mm 就会有地表径流产生，因此产流场次最多有 382 次（产流概率为 56.5 %），地表径流总量 1575.4 mm，占整个研究期降水量的 26.8%。

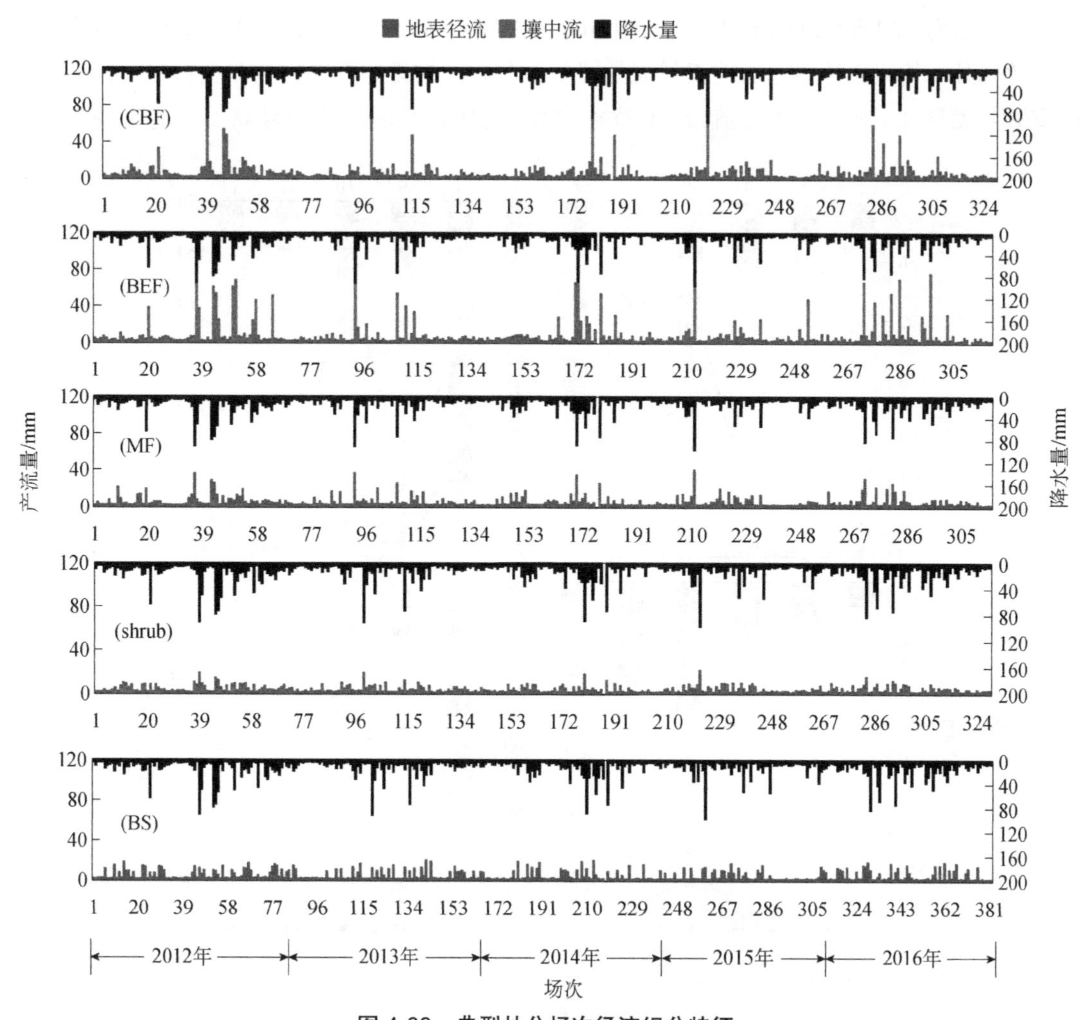

图 4-66 典型林分场次径流组分特征

同理，对于壤中流而言，5 种典型林分产生壤中流的最小降水量分别为 3.9 mm、4.1 mm、4.3 mm、3.9 mm 和 4.1 mm；产生壤中流的场次及概率分别为 328 次（48.5%）、318 次（47.0%）、315 次（46.6%）、325 次（48.1%）和 296 次（43.8%）。总壤中流分别为 1876.5 mm、2623.5 mm、590.7 mm、907.4 mm 和 175.2 mm，其分别占研究期降水量的 31.9%、44.6%、10.1%、15.4%和 3.0%。

4.7.2 径流月变化特征

根据 5 年产流数据计算各林分各月径流量均值，得到 5 种样地的地表径流和壤中流的月均值变化（图 4-67）。由图 4-67 可知，各样地地表径流量［图 4-67（a)］主要产生在 4～10 月，11 月至翌年 2 月的产流量很少，这与这几个月降水量很少有直接关系。各样地月地表径流量峰随着月降水量的增加而增加，与裸地（BS）不同，4 种林地的地表径流峰值均发生在 8 月，与月降水量峰值是一致的。针阔混交林、常绿阔叶林、毛竹林、灌木林的月地表径流量峰值分别为 17.1±15.0 mm、13.2±12.1 mm、60.4±25.9 mm 和 18.1±16.1 mm。可以看出，除毛竹林外，其他 3 种林地的地表径流量峰值明显低于裸地，可见林地在植被覆盖作用下可以有效拦蓄降水，削减地表径流量。毛竹林（MF）的地表径流量要明显高于其他 3 种林分，

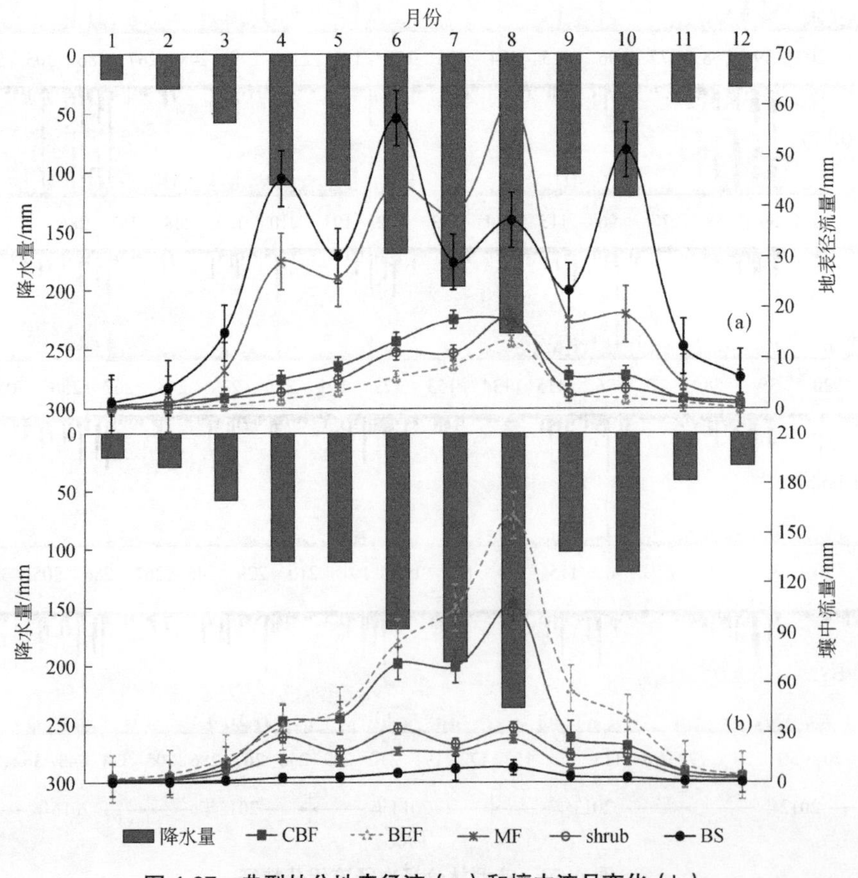

图 4-67 典型林分地表径流（a）和壤中流月变化（b）

甚至高于裸地，可见毛竹林拦蓄径流作用最差。这主要是毛竹林本身表层土壤含水量最高且土壤板结导致其土壤入渗能力差，加上本身枯落物又薄，拦蓄能力差，最终导致随着降雨的增加，大部分降雨形成地表径流。

与地表径流一致，各样地壤中流［图 4-67（b）］主要产生在 4～10 月，11 月至翌年 2 月的产流量极少或几乎没有。针阔混交林、常绿阔叶林、毛竹林、灌木林及裸地的壤中流峰值均发生在 8 月，分别为 106.8±56.8 mm、 160.3±66.8 mm、25.9±5.9 mm、32.7±7.6 mm 和 8.7±4.5 mm，与月降水量峰值是一致的。而且从每个月的壤中流量看，均表现为常绿阔叶林＞针阔混交林＞灌木林＞毛竹林＞裸地。可见，相较于裸地，林地均可将有限的地表径流转化为壤中流，有效地减小地表径流的产生。从林分类型来看，在相同的降雨条件下，常绿阔叶林的理水能力最佳（壤中流最高），毛竹林最差。

4.7.3　年径流特征

根据 5 年产流数据，计算 5 种样地的总径流、地表径流和壤中流的年均产流系数，并对各林分之间产流系数的差异进行方差分析（图 4-68）。5 种样地的年均地表径流系数范围为 0.034～0.254，裸地（BS）的年均地表径流系数明显高于 4 种林地，除常绿阔叶林（BEF）和灌木林（shrub）年均地表径流系数不具有显著差异之外，其他林分之间均具有显著差异。林地的年均地表径流系数大小排序为毛竹林（0.204±0.013）＞针阔混交林（0.066±0.009）＞灌木林（0.052±0.009）＞常绿阔叶林（0.034±0.009），因此相较于裸地，林分对地表径流的削减率分别为常绿阔叶林（86.6%）＞灌木林（79.3%）＞针阔混交林（74.1%）＞毛竹林（19.4%）。5 种样地的年均壤中流系数为 0.030～0.451，4 种林地的年均壤中流系数明显高于裸地，且各林分之间全具有显著差异；其大小表现为常绿阔叶林（0.451±0.058）＞针阔混交林（0.324±0.034）＞灌木林（0.149±0.015）＞毛竹林（0.102±0.010）＞裸地（0.030±0.002）。

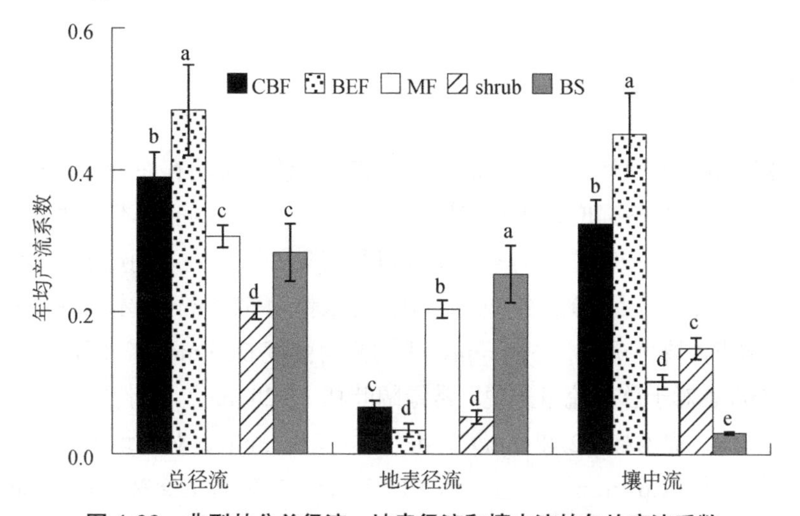

图 4-68　典型林分总径流、地表径流和壤中流的年均产流系数

5种样地的年均总径流系数分布在0.201～0.484。其大小排序为常绿阔叶林（0.484±0.064）>针阔混交林（0.390±0.035）>毛竹林（0.306±0.015）>裸地（0.283±0.040）>灌木林（0.201±0.011），除毛竹林和裸地年均总径流系数不具有显著差异之外，其他样地之间均具有显著差异。

对降水量进行分级后再对比各样地地表径流系数和壤中流系数（图4-69），发现不同降水量等级下产流存在差异。对于地表径流来说［图4-69（a）］，在小雨（0～10 mm）条件下，不同林分类型的地表径流系数大小排序为裸地>毛竹林>灌木林>针阔混交林>常绿阔叶林；在中雨（10～25 mm）条件下，呈现裸地>毛竹林>针阔混交林>灌木林>常绿阔叶林；在大雨（25～50 mm）条件下，排序为毛竹林>裸地>针阔混交林>常绿阔叶林>灌木林；在暴雨（>50 mm）条件下，表现为毛竹林>针阔混交林>灌木林>裸地>常绿阔叶林。可见，林分类型与降雨类型共同影响地表径流量。壤中流系数也有些差异变化［图4-69（b）］，但相对地表径流系数来说变化不是很大。

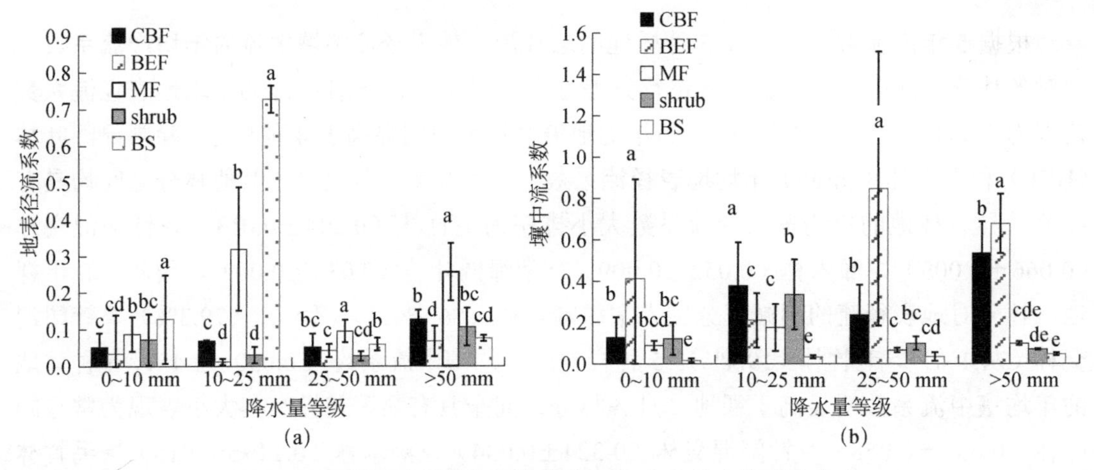

图4-69　不同降水量等级下地表径流（a）和壤中流系数（b）

4.7.4　暴雨条件下坡面产流特征

由以上分析可知，不同林分类型对地表径流和壤中流的影响存在差异，同时又受降雨类型的影响，与降水量和降雨强度存在着密切的关系，为了进一步了解不同林分类型对径流的影响作用，接下来针对某一特定降雨条件下（以暴雨条件下为例）的产流过程进行研究。

选取缙云山2012年5月30日的一场暴雨，降水量为62.4 mm，本场降雨从5：20开始至当日15：10结束，降雨历时为590 min，平均降雨强度6.35 mm/h，降雨过程中最大降雨强度为0.6 mm/min。对于总产流量来说，常绿阔叶林（8.28 mm）>针阔混交林（5.24 mm）>裸地（3.69 mm）>灌木林（2.48 mm）>毛竹林（2.36 mm）。对于地表径流量来说，裸地（2.97 mm）>灌木林（1.61 mm）>毛竹林（1.57 mm）>针阔混交林（1.18 mm）>常绿阔叶林（0.99 mm）。对于壤中流量来说，常绿阔叶林（7.28 mm）>针阔混交林（4.06 mm）>

灌木林（0.87 mm）＞毛竹林（0.79 mm）＞裸地（0.73 mm）。

1. 坡面产流滞后特征

从表 4-17 可以看出，本次暴雨条件下，5 个径流小区坡面产流时间均滞后于降雨发生时间。这是因为本次降水量大，且降雨强度较大，坡面产流形式为超渗产流，受坡面土壤入渗、蓄水和植被截留等水文过程的影响，坡面产流时间要滞后于降雨发生时间。

表 4-17　各样地产流滞后情况

	C_1	B_1	M	shrub	BS
降雨开始时刻	5：20	5：20	5：20	5：20	5：20
地表径流发生时刻	8：35	8：50	8：30	7：40	8：25
壤中流发生时刻	10：20	9：50	11：30	8：30	11：30
地表径流滞后时间	3 h 15 min	3.5 h	3 h 10 min	2 h 20 min	3 h 5 min
壤中流滞后时间	5 h	4.5 h	6 h 10 min	3 h 10 min	6 h 10 min

各样地产流时间和滞后时间也有差异。这种滞后时间的差异主要是不同林分土壤入渗和地上植被截留量不同导致的。灌木林地表径流发生时刻最早，产生于 7：40，地表径流滞后于降雨 2 h 20 min，其产流时间要明显早于其他径流小区。这可能是因为灌木林的根系较浅，枯落物也较少，进而对土壤的改良作用较小，再加上相比其他乔木林，其被林冠截留的水量少，导致土壤蓄满时间较短，因此灌木林相比其他 3 种林分产流时间较早，滞后时间最短。其次是裸地地表径流时刻比灌木林要晚一些，比其他乔木林要早一些，裸地没有植被截留，蓄满时间比灌木林时间长，可能跟其前期土壤含水量低和土壤下渗速率快有关。3 种乔木林中地表径流时刻毛竹林稍早，常绿阔叶林最晚，滞后 3.5 h，这主要是因为 3 种林分的土壤入渗速率表现为常绿阔叶林＞针阔混交林＞毛竹林，土壤入渗速率快的林分不利于地表径流的产生，且针阔混交林和常绿阔叶林的枯落物比毛竹林要厚。壤中流的滞后时间相比地表径流要更长，不同植被类型滞后时间也具有显著差异，灌木林的壤中流发生时刻还是最早的（比降雨滞后 3 h 10 min），其次是常绿阔叶林（比降雨滞后 4.5 h），针阔混交林（比降雨滞后 5 h），毛竹林和裸地滞后时间最长，在 6 h 以上。这主要是由土壤理化性质造成的。

2. 坡面产流过程特征

本次暴雨条件下，各样地坡面地表径流和壤中流过程曲线如图 4-70 所示。由图 4-70（a）可以看出，5 种样地的地表径流过程曲线轮廓大体上是一致的，但是过程曲线的宽度与高度具有显著差异，这说明林分类型不同，对径流发生时刻、结束时刻和发生的量产生了显著影响，当降水量达到最大的时刻，各样地地表径流量也最大，说明降雨是地表径流过程的主要驱动因素。

与地表径流过程曲线不同，各样地壤中流过程曲线要明显滞后于降雨过程曲线［图 4-70（b）］，这主要是由于土壤对降水的蓄纳作用，即在降雨之初水分首先入渗进土壤，当土壤水分饱和之后才会产生壤中流。从林分类型来看，常绿阔叶林和针阔混交林两种林分的壤中流量要远远地高于其他 3 种，毛竹林、灌木林和裸地的壤中流量很小，过程曲线也非常平缓。这是由于针阔混交林和阔叶林的根系和枯落物十分丰富，能较好地改善土壤理化性质，土壤入渗和保水性能都较好。

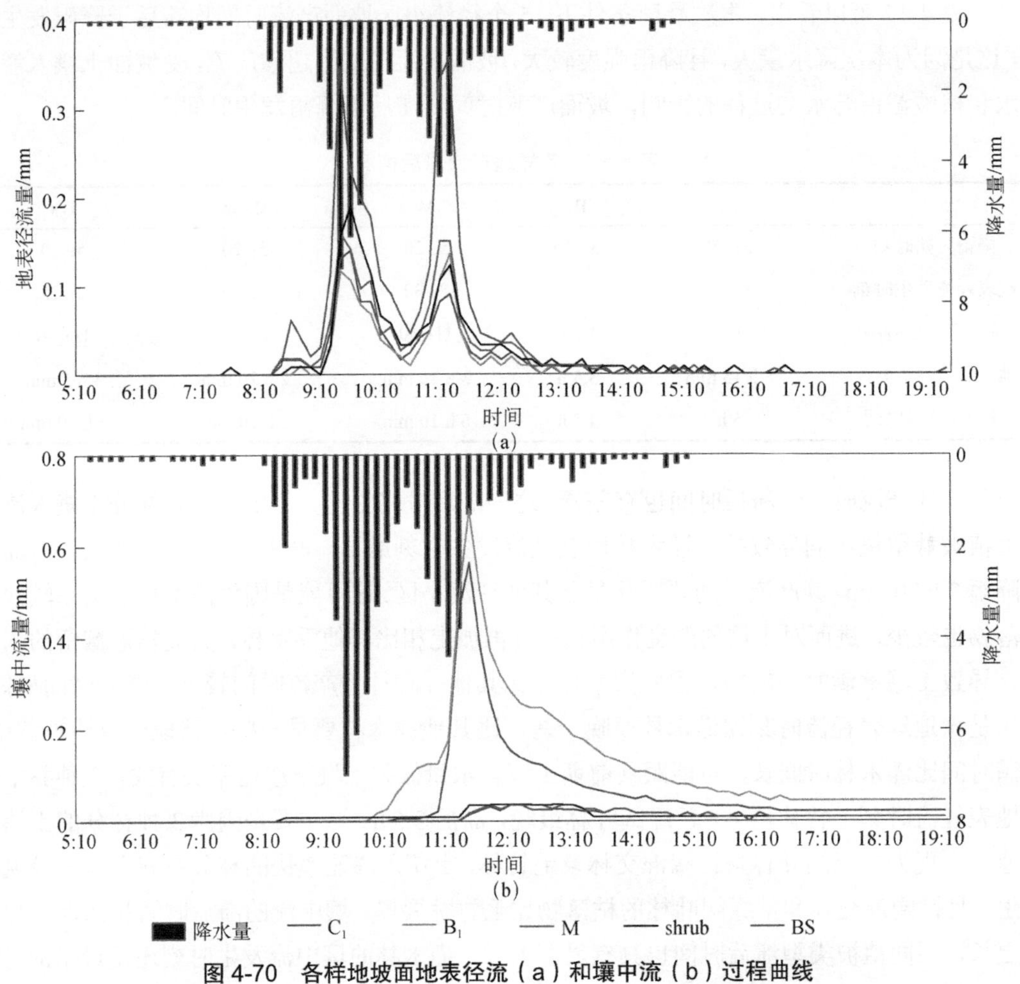

图 4-70　各样地坡面地表径流（a）和壤中流（b）过程曲线

4.7.5　降雨对产流的影响

众多研究已经表明，降雨特性是影响产流的主要因素（Mohammad and Adam，2010；Zhou et al.，2016）。本节对各样地地表径流量和壤中流量与降水量、降雨强度和降雨历时进行相关分析（表 4-18）。结果表明，径流量均与降水量呈显著的正相关关系（$P<0.01$），即随着降水量的增加，典型林分的地表径流量和壤中流量均显著增加。与平均降雨强度、10 min 降雨强度和 30 min 降雨强度基本呈显著的正相关（$P<0.01$），且相关系数大小均表现为 $I_{30}>I_{10}>I_{m}$。除毛竹林（MF）外，其他林分的地表径流量与降雨历时均具有显著的负相关关系（$P<0.05$），而对于壤中流而言，只有灌木林（shrub）和裸地（BS）与降雨历时呈显著负相关（$P<0.05$）。

表 4-18　不同林分径流（地表径流量和壤中流量）与降雨特性的关系

径流组分	林分	场次	降水量	降雨历时	降雨强度		
					I_{10}	I_{30}	I_m
地表径流量	CBF	295	0.941**	−0.198*	0.490**	0.549**	0.263**
	BEF	294	0.833**	−0.173*	0.378**	0.427**	0.233**
	MF	317	0.848**	−0.034	0.553**	0.603**	0.353**
	shrub	329	0.827**	−0.193*	0.384**	0.439**	0.227**
	BS	382	0.323**	−0.147*	0.284**	0.300**	0.142*
壤中流量	CBF	328	0.900**	−0.072	0.544**	0.610**	0.371**
	BEF	318	0.875**	−0.074	0.599**	0.661**	0.464**
	MF	315	0.763**	−0.056	0.603**	0.645**	0.394**
	shrub	325	0.504**	−0.110*	0.472**	0.498**	0.297**
	BS	296	0.950**	−0.114*	0.566**	0.627**	0.332**

注：I_{10}指 10 min 降雨强度；I_{30}指 30 min 降雨强度；I_m指每场降雨场次的平均降雨强度。*显著水平 $P<0.05$；**显著水平 $P<0.01$。

第 5 章　典型林分的保育土壤功能

土壤是地球陆地生态系统的基础，植物-土壤系统是生物圈基本的结构单元，它们之间的相互作用研究是陆地生态系统研究的热点之一。植被是土壤状况改变的重要影响因素之一，植物根系具有改善土壤结构和固持土壤的功能，植被及其结构特征对土壤性状发生发展过程产生重要影响（朱显谟和田积莹，1993）。地面林草植被破坏或是林分结构差，土壤则易遭受破坏（吕春花，2000），森林土壤资源也是森林可持续经营与环境持续发展的重要物质基础，要合理地保护和改善森林土壤资源，以提高林地生产力。因此，研究不同结构下森林土壤物化性状特征的差异，对了解森林及结构特征与土壤之间的关系、更新和营建森林、防治土壤侵蚀等都具有极其重要的意义。

5.1　实验设计与方法

5.1.1　土壤物理特征测定

在每个林分样地内，按照“S”形，均匀选择 3～5 个 1 m 深的土壤剖面，每隔 20 cm 土层用环刀和铝盒取样，一直取到基岩层，即 0～20 cm、20～40 cm、40～60 cm、60 cm 至基岩层，将采集到的土样带回室内实验室，对其土壤孔隙度状况、含水量、容重和颗粒物组成分别进行测定，每个土层样品至少要有 3 个重复。

5.1.2　土壤化学性质测定

土壤 pH 采用 pH-213 台式酸度离子计测定，有机质采用重铬酸钾-外加热法测定，土壤全氮采用半微量凯氏法测定，全磷采用碱熔-钼锑抗比色法测定，全钾采用碱融-火焰光度计法测定，速效氮采用碱解扩散法测定，有效磷采用 NH_4F-HCl 浸提-钼锑抗比色法测定；速效钾采用 CH_3COONH_4 浸提-火焰光度法测定；阳离子交换量采用乙酸铵交换法测定。

5.2　林地土壤物理性状特征

土壤物理性质是衡量林地土壤状况的一个重要指标，它对土壤蓄水保肥能力以及对土壤养分的吸收和利用有重要影响。土壤物理性质的变化在一定程度上将影响森林的生长状况，反之，不同树木、林分及林分结构对土壤物理性状特征的作用不同。因此，研究不同结构水源林的土壤物理性质，既可以了解各林地土壤的物理质量特征，又可以进一步掌握林分对土壤物理性质的影响等。

5.2.1　土壤容重特征

土壤容重能够反映土壤的紧实程度，与土壤孔隙的大小和数量关系密切，容重较小时，则土壤疏松，总孔隙度大，反之，容重较大时，土壤紧实，总孔隙度小。容重数值大小受到土壤质地、结构、有机质含量以及各种植被和经营模式的影响。

从表 5-1 和表 5-2 可以看出，各林地 4 个层次的土壤容重差异均极显著或显著。土壤容重随着土层深度增加而逐渐增大，不同林地的土壤容重平均值均在 1.25 g/cm^3 以上，缙云山林地土壤平均容重达 1.33 g/cm^3，最大达 1.39 g/cm^3，最小为 1.15 g/cm^3。容重随土壤深度的增加其变化幅度逐渐减小，变异系数由 Ⅰ 层的 38.93%逐渐减少为Ⅳ层的 11.12%；整个林地土壤容重变异系数为 25.70%，属中等变异水平，说明植被类型对上层土壤的影响较大，而下层土壤容重很大，土壤致密紧实，根系无法到达，对其影响程度则相对较小。

对各典型林地土壤容重进行多重比较分析表明（表 5-1 和图 5-1），9 种林地的土壤容重以毛竹马尾松林显著高于除毛竹纯林外的其余所有林地；以马尾松阔叶林显著低于除马尾松杉木阔叶林和栲树林外的其余所有林地；除马尾松杉木阔叶林外，杉木阔叶林与所有林地差异显著。马尾松阔叶林、杉木阔叶林、马尾松杉木阔叶林和栲树林地的土壤容重均较小，土壤较疏松，以马尾松阔叶林的土壤平均容重最小，为 1.27 g/cm^3；竹林群落的土壤容重平均值均较大，毛竹马尾松林和毛竹纯林两种林分下土壤容重较大，平均值分别达 1.39 g/cm^3 和 1.36 g/cm^3，这两种林分样地表层（0～20 cm）土壤容重与其他林分相比也相对较大，达 1.22 g/cm^3 和 1.17 g/cm^3。各样地表层土壤容重除毛竹马尾松林和毛竹纯林地外均较小，变化范围为 0.93～1.09 g/cm^3，而各林地土壤从Ⅱ层到Ⅳ层，容重逐渐增大，平均从 1.31 g/cm^3 上升至 1.50 g/cm^3 以上。这一方面是因为在毛竹混交林和毛竹纯林中，其他阔叶树种类型和数量较少或没有，针叶树种和毛竹的枯枝落叶分解缓慢，样地养分归还量较少；另一方面，可能是毛竹混交林与毛竹纯林人为活动较多造成土壤被人为踩踏而紧实。

表 5-1　缙云山典型林地不同层次土壤容重和孔隙度平均值

土壤层次	土深/cm	林分类型	容重/（g/cm³）	总孔隙度/%	毛管孔隙度/%	非毛管孔隙度/%
Ⅰ	0～20	马尾松阔叶林	1.01±0.12	60.99±2.31	44.89±2.86	16.11±1.21
		杉木阔叶林	0.93±0.27	62.48±3.18	47.01±1.72	15.47±1.74
		马尾松杉木阔叶林	0.98±0.31	56.03±2.23	39.50±1.37	16.54±1.56
		四川大头茶林	0.98±0.24	56.65±1.64	49.64±2.69	7.02±1.09
		栲树林	0.93±0.24	63.14±4.75	48.08±3.23	15.06±0.82
		毛竹马尾松林	1.22±0.26	57.71±2.17	51.32±2.43	6.39±1.07
		毛竹杉木林	1.06±0.20	59.25±3.76	51.86±4.65	7.39±1.14
		毛竹阔叶林	1.09±0.16	61.68±1.25	48.74±3.47	12.93±2.28
		毛竹纯林	1.17±0.22	51.13±3.01	43.66±4.42	7.47±1.38
		F 值	8.563**	9.342**	11.654**	18.764**
Ⅱ	20～40	马尾松阔叶林	1.27±0.23	48.19±3.56	34.79±4.29	13.40±2.12
		杉木阔叶林	1.34±0.12	46.24±2.32	35.92±3.27	10.33±1.34
		马尾松杉木阔叶林	1.14±0.21	45.90±1.33	32.96±2.85	12.94±3.34
		四川大头茶林	1.32±0.23	53.83±2.94	48.89±3.21	4.94±1.07
		栲树林	1.22±0.24	54.80±4.39	41.83±2.49	12.97±2.16
		毛竹马尾松林	1.40±0.13	44.64±2.67	39.53±1.26	5.11±1.26
		毛竹杉木林	1.34±0.12	56.23±3.87	51.80±2.38	4.43±2.15
		毛竹阔叶林	1.42±0.17	53.03±2.13	49.85±1.25	3.19±0.78
		毛竹纯林	1.32±0.21	54.44±4.24	43.95±3.54	10.49±2.03
		F 值	13.172**	15.451**	12.167**	16.347**
Ⅲ	40～60	马尾松阔叶林	1.35±0.15	45.45±2.25	30.61±3.27	14.84±2.46
		杉木阔叶林	1.51±0.12	41.46±1.28	33.63±1.95	7.83±1.08
		马尾松杉木阔叶林	1.48±0.09	47.74±3.21	37.01±2.23	10.73±2.03
		四川大头茶林	1.49±0.11	48.14±4.63	44.19±3.47	3.95±1.11
		栲树林	1.47±0.10	44.65±2.67	31.64±2.62	13.01±2.67
		毛竹马尾松林	1.50±0.13	42.54±1.57	34.03±1.87	8.51±3.79
		毛竹杉木林	1.45±0.16	52.44±2.68	46.67±4.34	5.77±1.49
		毛竹阔叶林	1.33±0.26	49.66±3.09	43.43±2.75	6.24±2.54
		毛竹纯林	1.41±0.17	48.34±1.22	39.50±3.93	8.85±1.32
		F 值	12.092**	7.647**	12.496**	17.363**
Ⅳ	60～105	马尾松阔叶林	1.39±0.12	48.17±2.22	37.85±1.86	10.32±1.42
	60～87	杉木阔叶林	1.45±0.21	38.57±1.61	33.57±3.64	5.04±0.42
	60～126	马尾松杉木阔叶林	1.59±0.11	41.23±2.36	28.71±2.75	12.53±2.74
	60～96	四川大头茶林	1.59±0.09	42.12±4.26	38.66±2.18	3.46±0.28
	60～94	栲树林	1.54±0.10	39.19±3.57	25.79±1.46	13.40±3.11
	60～82	毛竹马尾松林	1.49±0.15	42.44±2.78	38.29±1.58	4.15±1.07
	60～89	毛竹杉木林	1.52±0.13	38.66±1.19	36.74±2.34	1.93±0.59
	60～91	毛竹阔叶林	1.49±0.14	41.93±3.53	40.04±4.07	1.89±0.37
	60～111	毛竹纯林	1.53±0.17	38.73±1.97	32.20±2.89	6.53±2.45
		F 值	3.670*	10.097**	9.867**	10.745**

注：文中土壤层次和取样厚度为各样地调查采样的平均厚度，下同。**表示 $P<0.01$ 差异极显著，*表示 $P<0.05$ 差异显著，下同。

表 5-2　缙云山典型林地各层土壤容重统计特征值

层次	*N*	*M*/(g/cm³)	Sd/(g/cm³)	CV/%	Max/(g/cm³)	Min/(g/cm³)
Ⅰ	144	0.98	0.38	38.93	1.26	0.63
Ⅱ	144	1.27	0.35	27.82	1.43	0.91
Ⅲ	108	1.39	0.31	22.15	1.59	1.12
Ⅳ	72	1.49	0.17	11.12	1.72	1.31
样地总体	144	1.33	0.34	25.70	1.44	1.15

注：*M* 为平均值，Sd 为标准差，CV 为变异系数，Max 为最大值，Min 为最小值。*N* 为样本数，下同。

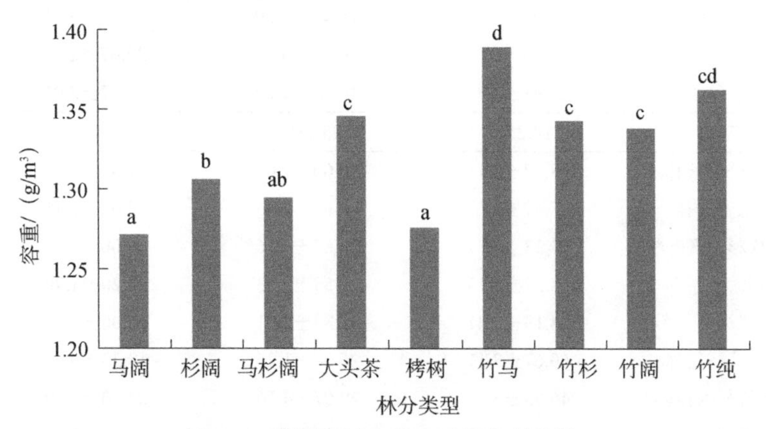

图 5-1　典型林地土壤容重及多重比较

马阔，马尾松阔叶林；杉阔，杉木阔叶林；马杉阔，马尾松杉木阔叶林；大头茶，四川大头茶林；栲树，栲树林；竹马，毛竹马尾松林；竹杉，毛竹杉木林；竹阔，毛竹阔叶林；竹纯，毛竹纯林。下同

图中字母为 Duncan Grouping 检验结果，同一列中字母不同表示它们之间差异显著（$P<0.05$），字母相同表示差异不显著。下同

5.2.2　土壤颗粒组成特征

土壤由大量不同大小、不同形状的土粒组成，这些土粒的矿物组成和理化性质变化很大。土壤颗粒组成为土壤质地的一个表达指标，土壤质地决定了土壤物理、化学和生物特性，土壤中养分状况和它对各养分吸附能力的强弱与土壤的粒级组成有关（朱静华等，1994）。土壤颗粒组成是土壤最基本的物理性质之一。大小不同的土壤颗粒对有机质亲和、阳离子交换以及生物活动具有巨大影响（Fisher and Binkleg，2000）。所以，土壤颗粒作为构成土壤的主要组分，其颗粒组成的变化直接影响到土壤容重、孔隙度、蓄水性和渗透性等性质的变化。

对缙云山典型林分样地土壤颗粒以国际制分级为标准进行测定，结果表明（表 5-3、表 5-4），各林地不同层次土壤颗粒组成具有差异，土壤Ⅰ层以黏壤土和砂质黏壤土为主，从Ⅱ层起部分林地土壤质地出现壤质黏土，随层次逐渐向下，壤质黏土类型在各林地分布增多，其中以毛竹马尾松林土壤质地最粗，砂质壤土为其主要类型，表层土质地较粗和疏松，下层土质地较细，土壤黏度大，较致密，可以看出植被对上层土壤的影响较大。

表 5-3　缙云山典型林地不同层次土壤颗粒组成和土壤质地

土壤层次	林分类型	砂粒（0.02～2 mm）/%	粉粒（0.002～0.02 mm）/%	黏粒（<0.002 mm）/%	质地
Ⅰ	马尾松阔叶林	53.33±2.13	20.67±1.05	26.00±1.17	黏壤土
	杉木阔叶林	53.33±2.02	24.00±1.58	22.67±1.17	黏壤土
	马尾松杉木阔叶林	65.33±3.06	18.67±1.32	16.00±2.03	砂质黏壤土
	四川大头茶林	61.60±2.00	19.73±1.15	18.67±1.54	砂质黏壤土
	栲树林	43.87±1.80	34.80±3.02	21.33±2.31	黏壤土
	毛竹马尾松林	65.33±1.12	18.00±1.46	16.67±2.31	砂质黏壤土
	毛竹杉木林	60.93±1.15	18.40±2.00	20.67±3.06	砂质黏壤土
	毛竹阔叶林	51.00±2.65	26.33±0.58	22.67±2.26	黏壤土
	毛竹纯林	68.93±2.31	10.40±1.29	20.67±3.06	砂质黏壤土
	*F*值	14.256^{**}	23.118^{**}	8.357^{**}	
Ⅱ	马尾松阔叶林	38.67±1.15	30.00±2.00	31.33±1.13	壤质黏土
	杉木阔叶林	48.67±1.67	26.67±2.46	24.67±2.15	黏壤土
	马尾松杉木阔叶林	53.33±4.77	28.67±3.16	18.00±1.92	黏壤土
	四川大头茶林	58.27±2.13	19.53±3.83	22.20±1.70	砂质黏壤土
	栲树林	44.13±2.41	31.87±2.71	24.00±2.00	黏壤土
	毛竹马尾松林	60.67±3.11	26.00±1.26	13.33±0.76	砂质壤土
	毛竹杉木林	46.93±3.06	29.07±4.16	24.00±2.00	黏壤土
	毛竹阔叶林	36.00±0.78	31.33±1.15	32.67±1.15	壤质黏土
	毛竹纯林	53.27±2.08	22.87±1.22	23.87±2.20	黏壤土
	*F*值	27.358^{**}	11.237^{**}	10.129^{**}	
Ⅲ	马尾松阔叶林	45.33±1.29	25.33±1.31	29.33±1.14	壤质黏土
	杉木阔叶林	32.00±1.97	30.00±2.00	38.00±2.76	壤质黏土
	马尾松杉木阔叶林	49.33±3.05	34.00±2.00	16.67±2.30	黏壤土
	四川大头茶林	47.60±2.00	26.40±1.24	26.00±1.95	壤质黏土
	栲树林	30.67±1.15	40.67±1.16	28.67±3.62	黏壤土
	毛竹马尾松林	59.67±1.52	25.00±1.73	15.33±1.15	砂质壤土
	毛竹杉木林	40.27±1.15	32.07±3.51	27.67±2.52	壤质黏土
	毛竹阔叶林	45.00±1.73	27.67±2.52	27.33±1.12	壤质黏土
	毛竹纯林	50.11±3.11	24.24±1.38	25.65±1.86	黏壤土
	*F*值	21.149^{**}	13.768^{**}	20.307^{**}	
Ⅳ	马尾松阔叶林	47.33±1.21	24.00±2.00	28.67±1.15	壤质黏土
	杉木阔叶林	61.33±1.53	26.67±1.13	11.67±0.95	砂质壤土
	马尾松杉木阔叶林	43.33±3.01	36.67±2.21	20.00±2.00	黏壤土
	四川大头茶林	52.93±1.15	21.07±1.14	26.00±2.03	壤质黏土
	栲树林	41.33±3.06	28.00±1.46	30.67±2.75	壤质黏土
	毛竹马尾松林	67.33±1.13	21.33±1.21	11.33±2.16	砂质壤土
	毛竹杉木林	30.00±2.00	32.67±3.06	37.33±1.15	壤质黏土
	毛竹阔叶林	49.80±1.35	26.87±3.01	23.33±2.05	黏壤土
	毛竹纯林	44.93±2.31	29.73±2.31	25.33±2.25	壤质黏土
	*F*值	26.651^{**}	18.153^{**}	25.762^{**}	

表 5-4　缙云山典型林分样地总体土壤颗粒组成和土壤质地

林分类型	砂粒（0.02～2 mm）/%	粉粒（0.002～0.02 mm）/%	黏粒（<0.002 mm）/%	质地
马尾松阔叶林	46.17±4.43	25.00±3.15	28.83±3.54	壤质黏土
杉木阔叶林	48.83±5.65	23.08±2.77	28.00±4.14	壤质黏土
马尾松杉木阔叶林	52.83±7.67	29.50±4.43	17.67±3.76	黏壤土
四川大头茶林	55.10±6.43	21.68±2.57	23.22±3.68	砂质黏壤土
栲树林	40.00±4.52	33.83±3.35	26.17±4.67	壤质黏土
毛竹马尾松林	63.25±7.87	22.58±4.33	14.17±4.54	砂质壤土
毛竹杉木林	48.27±5.34	27.32±4.36	24.42±5.25	黏壤土
毛竹阔叶林	45.45±6.45	28.05±3.53	26.50±4.78	壤质黏土
毛竹纯林	50.73±8.11	21.98±6.45	27.29±5.33	壤质黏土
F 值	23.086**	14.131**	11.912**	

各林地土壤总体均以砂粒含量最大，变化范围在 28.26%～71.60%，平均含量达 50.07%，粉粒和黏粒平均含量为 25.89%和 24.03%（表 5-5），这与研究区的成土母质为三叠纪发育的泥质砂岩有关，其使缙云山的黄壤普遍具有砂或黏等特性。各林地不同层次土壤砂粒、粉粒和黏粒含量变异系数范围在 15.93%～34.46%，平均分别为 13.33%、14.31%和 15.61%，属于中等变异程度。研究区土壤质地分为 4 类，砂质壤土、砂质黏壤土、黏壤土和壤质黏土，以黏壤土和壤质黏土为主。土壤质量的定量评价中，常常使用黏粒含量作为主要指标（张华和张甘霖，2003；马强等，2004；耿玉清，2006），各样地土壤黏粒含量从高到低排序为：马尾松阔叶林（28.83%）>杉木阔叶林（28.00%）>毛竹纯林（27.29%）>毛竹阔叶林（26.50%）>栲树林（26.17%）>毛竹杉木林（24.42%）>四川大头茶林（23.22%）>马尾松杉木阔叶林（17.67%）>毛竹马尾松林（14.17%），黏粒最少的毛竹马尾松林地的黏粒含量仅约为马尾松阔叶林地的一半。虽然 9 种林地土壤质地存在相似性，但经方差分析，结果表明，各林分各层土壤及样地总体的土壤砂粒、粉粒和黏粒含量差异均极显著。综合可看出，不同林分类型对土壤质地具有一定的影响。

表 5-5　缙云山典型林地各层土壤颗粒组成统计特征值

颗粒分级	层次	*M*/%	Sd/%	CV/%	Max/%	Min/%
砂粒	Ⅰ	55.80	9.22	15.93	71.60	42.05
	Ⅱ	47.86	9.07	18.63	62.77	36.19
	Ⅲ	40.13	9.45	21.41	62.21	30.53
	Ⅳ	50.81	10.64	22.70	68.76	28.26
	样地总体	50.07	6.20	13.33	62.67	37.87
粉粒	Ⅰ	21.14	7.28	34.46	38.45	4.40
	Ⅱ	26.83	7.04	26.26	42.12	10.58
	Ⅲ	30.14	5.52	18.33	44.26	24.46
	Ⅳ	25.93	6.72	25.92	38.74	11.28
	样地总体	25.89	3.67	14.31	34.50	20.42
黏粒	Ⅰ	20.83	3.57	17.12	28.12	14.15
	Ⅱ	24.21	5.95	24.58	34.23	12.37
	Ⅲ	26.13	7.18	27.47	38.00	14.05
	Ⅳ	26.07	7.12	27.32	38.83	10.17
	样地总体	24.03	3.80	15.61	30.40	15.50

5.2.3 土壤孔隙特征

土壤的孔隙特征和容重特征呈反相关，一般来说，容重越小则孔隙度越大。土壤的孔隙为森林植被提供水和氧气，其包括毛管孔隙和非毛管孔隙两种，毛管孔隙是细小土粒紧密排列而成的小孔隙，决定着土壤的蓄水性，非毛管孔隙又称为通气孔隙，其决定着土壤的通气性和排水能力。土壤孔隙状况同样受到土壤质地、结构、有机质含量以及各种植被和经营模式的影响，同时人为活动对其干扰也较大。

对缙云山典型林地孔隙状况分析表明（表 5-1、图 5-2），林地表层土壤的总孔隙度、毛管孔隙度和非毛管孔隙度均较大，孔隙度均随着土壤深度的增加而逐渐减小，特别是心土层，由于容重较大，质地致密，孔隙状况较差。缙云山典型林地总孔隙度和毛管孔隙度平均值分别为 50.16%和 42.27%，非毛管孔隙度平均值较小，仅为 8.64%，说明缙云山典型林地土壤的透水性相对较差。各层土壤总孔隙度变异系数变化范围为 12.04%～17.58%，平均变异系数为 10.94%；毛管孔隙度变异系数变化范围为 14.73%～21.24%，均值为 15.79%；非毛管孔隙度变异系数变化范围为 49.62%～89.38%，平均变异系数均值达到 63.13%（表 5-6），可以看出，虽然林地总孔隙度变异程度不大，但毛管孔隙度，特别是非毛管孔隙度的变异程度还是较大的，都达到了中等变异的程度。因此，不同林分类型对毛管孔隙度和非毛管孔隙度具有一定的影响。

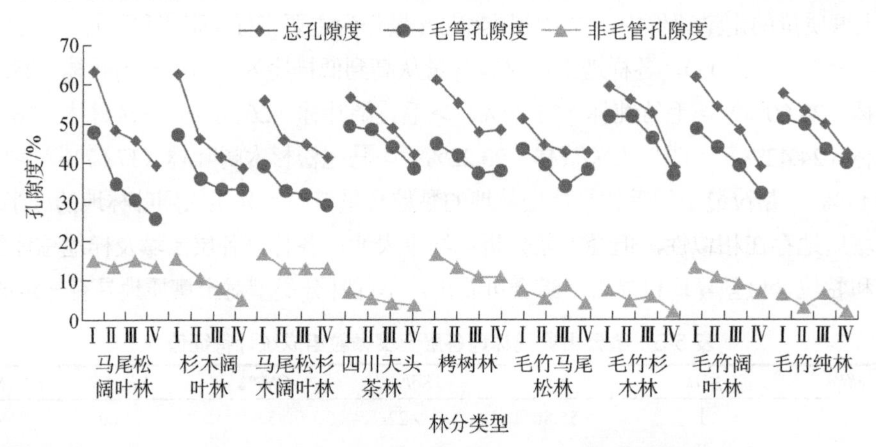

图 5-2 缙云山典型林地不同层次土壤孔隙状况

表 5-6 缙云山典型林地各层土壤孔隙度统计特征值

孔隙度	层次	M/%	Sd/%	CV/%	Max/%	Min/%
总孔隙度	Ⅰ	59.35	7.15	12.04	69.57	40.33
	Ⅱ	48.90	6.40	13.08	60.17	34.30
	Ⅲ	46.65	5.87	12.58	59.24	38.37
	Ⅳ	42.13	7.41	17.58	61.30	32.33
	样地总体	50.16	5.49	10.94	65.17	41.42
毛管孔隙度	Ⅰ	47.30	9.28	19.62	63.57	19.01
	Ⅱ	42.55	7.05	16.57	53.91	32.96
	Ⅲ	38.70	5.70	14.73	46.67	30.61
	Ⅳ	37.99	8.07	21.24	51.95	25.15
	样地总体	42.27	6.67	15.79	58.11	28.00

续表

孔隙度	层次	M/%	Sd/%	CV/%	Max/%	Min/%
非毛管孔隙度	Ⅰ	10.49	4.63	49.62	21.32	4.02
	Ⅱ	8.64	8.12	70.23	14.30	2.46
	Ⅲ	8.86	6.99	81.63	22.13	1.19
	Ⅳ	6.58	5.80	89.38	17.95	1.06
	样地总体	8.64	5.62	63.13	20.57	2.21

从各样地不同层次土壤孔隙状况来看（图 5-2），Ⅰ、Ⅱ、Ⅲ和Ⅳ层土壤总孔隙度大小范围分别在 51.13%～63.14%、44.64%～56.23%、41.46%～52.44%和 45.18%～52.92%，各层土壤的孔隙度均存在极显著差异，各林地不同层次土壤孔隙度大小顺序不一。从表层来看，总孔隙度大小顺序依次为马尾松阔叶林＞杉木阔叶林＞毛竹阔叶林＞栲树林＞毛竹杉木林＞毛竹纯林＞四川大头茶林＞马尾松杉木阔叶林＞毛竹马尾松林；从Ⅰ层到Ⅳ层总体来看（图 5-3），土壤总孔隙度大小顺序依次为栲树林＞毛竹杉木林＞毛竹阔叶林＞毛竹纯林＞四川大头茶林＞马尾松阔叶林＞杉木阔叶林＞马尾松杉木阔叶林＞毛竹马尾松林；土壤毛管孔隙度大小顺序依次为毛竹杉木林＞毛竹纯林＞四川大头茶林＞毛竹阔叶林＞栲树林＞毛竹马尾松林＞杉木阔叶林＞马尾松阔叶林＞马尾松杉木阔叶林；土壤非毛管孔隙度大小顺序依次为马尾松阔叶林＞马尾松杉木阔叶林＞栲树林＞毛竹阔叶林＞杉木阔叶林＞毛竹马尾松林＞毛竹杉木林＞四川大头茶林＞毛竹纯林。不同林分类型土壤孔隙状况排序存在较大的差异，可能是植被类型、枯枝落叶储量、土壤性质和人为干扰等各种因素所致，但仅从上层土壤来看，仍是以马尾松阔叶林等几种结构较好的林分的孔隙特征较好。

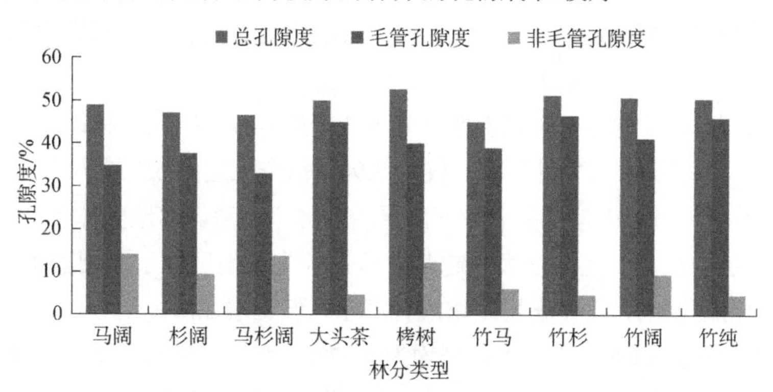

图 5-3　缙云山典型林地土壤孔隙总体状况

5.3　林地土壤化学性状特征

土壤养分作为土壤环境的一部分，是土地生产力的基础，对森林植被的生长有着极其重要的作用。同时，植被类型和分布格局等对土壤养分保持的影响也同样显著，植被在生长发育过程中通过根系分泌物和枯落物等改善土壤的水、热、气、肥等理化性质（杨万勤等，2001）。森林和土壤养分之间是相互影响、相互促进的关系，一方面，具有良好结构的林分中，其物种多样性丰富，林地存有大量的枯枝落叶且土壤中根系发达，有利于腐殖质的形成和土壤的改良，对提高土壤养分具有重要作用；另一方面，土壤养分是植被发育和生长的基础，只有土壤养分含量丰富充足才能保证林木的正常生长。由于表征土壤养分的指标种类很多，且植被类型和土壤类型具有复杂性，针对土壤养分状况的评价，不同学者从不同土壤功能角度提出一系列的土壤化学指标（Doran and Parkin，1996；Gupta and Yeates，1997；Wienhold et al.，2004；曹承绵等，1983；耿玉清，2006）。本节针对缙云山不同结构林地土壤养分性质，采用目前表征土壤养分常用的几个指标，包括土壤活性酸（pH）、有机质、全氮、全磷、全钾、速效氮、速效磷、速效钾、阳离子交换量（CEC）指标来进行研究，旨在从各典型林地土壤养分特征和保土保肥功能方面的差异性来揭示土壤对林分类型和结构特点的响应，从而进一步了解土壤养分和林分之间的关系，为土壤的可持续利用提供合理的科学依据。

5.3.1 土壤活性酸（pH）特征

土壤 pH 是土壤酸碱性强度的主要指标，是土壤重要的基本性质，也是影响土壤肥力的因素之一。土壤 pH 的变化直接影响土壤微生物区系的分布和活动，土壤离子的交换、运动、迁移和转化，从而改变土壤可溶性养分的含量及其有效性（朱祖祥，1982），进而影响植被的正常生长。

缙云山地区位于我国西南片区，受到严重的酸沉降影响，土壤酸化严重。土壤酸化易导致森林生产力下降、林木生长衰退甚至成片死亡，造成重大经济和环境损失(陆元昌，2003)。因此，研究缙云山典型林分土壤 pH 分布情况，不仅可以直观地反映该地区土壤酸化现状，而且可以了解林分对土壤酸化的改良作用，对土壤酸化区域的林分经营管理和酸化改良等具有一定的借鉴意义。

对缙云山典型林地土壤 pH 研究表明（表 5-7、表 5-8），研究区林地的土壤酸化程度严重，平均仅为 4.14，表层土壤酸性更强，仅为 3.94。每个土层的 pH 最小值均在 4 以下，0～20 cm 和 20～40 cm 土壤 pH 差异显著，下两层的差异不显著。林地整体和各个样地土壤 pH 均表现为随着土层的加深而逐渐增大的趋势，这是因为该地区位于我国酸雨最严重的地区，土壤长期受酸雨淋溶影响，致使表层土壤酸化严重，但土层加深淋溶程度减弱。林地各层土壤 pH 变异系数范围在 5.18%～6.16%，平均为 4.67%，变异程度属于弱度水平，可见林分类型对土壤 pH 的影响不大。尽管各林地土壤 pH 变异程度低，但由于土壤的酸碱性是影响土壤性质的一个重要因素，因此了解各林地土壤的 pH 变化仍然意义重大。

表 5-7 缙云山典型林地各层土壤 pH 统计特征值

层次	*M*	Sd	CV/%	Max	Min
Ⅰ	3.94	0.24	6.16	4.78	3.64
Ⅱ	4.09	0.21	5.18	4.72	3.81
Ⅲ	4.19	0.23	5.49	4.99	3.96
Ⅳ	4.33	0.24	5.47	4.82	3.96
样地总体	4.14	0.19	4.67	4.70	3.91

表 5-8 缙云山典型林地各层土壤养分指标均值

土壤层次	林分类型	pH	有机质/（g/kg）	全氮/（g/kg）	全磷/（g/kg）	全钾/（g/kg）	速效氮/（mg/kg）	速效磷/（mg/kg）	速效钾/（mg/kg）	CEC/（coml/kg）
Ⅰ	马尾松阔叶林	3.81±0.18	48.78±5.39	2.69±0.53	0.28±0.05	10.47±2.72	150.75±6.39	3.38±0.83	36.08±7.44	39.51±2.32
	杉木阔叶林	3.82±0.23	75.11±4.34	3.26±0.58	0.23±0.08	10.78±1.89	114.17±6.06	2.98±0.32	70.68±6.35	57.49±2.91
	马尾松杉木阔叶林	3.82±0.29	30.27±4.53	1.17±0.39	0.26±0.05	12.04±1.71	84.86±10.33	1.31±0.52	53.89±7.38	34.99±12.53
	四川大头茶林	4.02±0.05	24.17±7.56	2.34±1.91	0.39±0.31	11.96±0.03	90.71±10.51	6.52±0.97	46.21±11.07	15.94±1.66
	栲树林	3.87±0.20	32.91±2.57	3.27±2.11	0.48±0.29	11.79±1.32	114.95±10.66	12.28±2.94	59.29±6.19	25.46±2.34
	毛竹马尾松林	3.87±0.07	21.73±1.05	1.02±0.09	0.18±0.02	10.80±1.31	154.54±2.69	0.91±0.05	53.05±3.54	12.48±1.89
	毛竹杉木林	3.94±0.15	38.79±2.27	1.72±0.31	0.15±0.03	16.54±3.76	77.08±1.61	5.28±0.06	40.51±3.55	21.26±3.12
	毛竹阔叶林	3.88±0.04	46.50±5.06	3.00±0.91	0.27±0.14	13.06±1.38	137.61±5.55	3.89±1.11	43.73±5.41	13.86±0.89
	毛竹纯林	4.47±0.17	20.84±0.89	1.37±0.04	0.34±0.01	5.53±0.78	90.36±1.87	5.52±0.32	35.78±1.76	6.27±0.11
	F 值	4.108*	47.113**	22.161**	31.267**	24.476**	137.975**	232.183**	65.225**	117.352**
Ⅱ	马尾松阔叶林	4.16±0.11	18.87±3.55	0.93±0.26	0.15±0.02	8.58±2.52	47.76±2.17	1.25±0.31	32.40±6.28	36.94±1.45
	杉木阔叶林	3.94±0.15	13.38±1.98	0.67±0.21	0.15±0.02	9.96±1.74	59.49±2.91	0.87±0.27	26.01±1.99	27.51±3.46
	马尾松杉木阔叶林	3.79±0.12	11.10±1.97	0.62±0.12	0.19±0.06	15.45±4.52	71.38±1.07	0.40±0.06	34.65±4.36	32.44±9.99
	四川大头茶林	4.04±0.17	4.43±1.36	1.07±0.81	0.36±0.34	14.26±0.31	82.61±7.48	1.93±0.45	24.39±4.25	12.98±2.89
	栲树林	4.09±0.04	18.07±1.89	1.17±0.63	0.34±0.07	12.23±0.26	77.51±7.06	1.99±0.46	23.10±1.92	20.28±1.96
	毛竹马尾松林	3.95±0.13	9.40±0.75	0.59±0.05	0.13±0.01	10.02±1.24	94.17±1.56	0.32±0.04	21.69±1.77	9.25±0.73
	毛竹杉木林	4.15±0.04	10.36±1.12	1.02±0.27	0.12±0.02	11.25±2.13	47.84±2.15	4.27±0.05	32.98±3.18	17.32±2.53
	毛竹阔叶林	4.08±0.12	11.25±1.82	1.22±0.28	0.21±0.03	11.41±1.46	53.10±3.74	1.00±0.04	11.88±1.57	11.88±0.55
	毛竹纯林	4.72±0.22	11.36±0.60	0.81±0.06	0.29±0.11	5.71±0.34	50.93±1.07	3.20±0.07	15.84±1.71	4.77±0.15
	F 值	3.694*	34.137**	23.379**	5.153**	28.517**	138.339**	12.131**	33.693**	237.461**
Ⅲ	马尾松阔叶林	4.12±0.04	7.45±1.28	0.69±0.13	0.13±0.01	8.00±1.53	24.61±5.23	0.83±0.12	25.19±1.25	26.75±1.07
	杉木阔叶林	4.09±0.17	2.99±0.45	0.41±0.10	0.18±0.05	11.13±1.43	53.29±7.04	0.27±0.05	15.59±2.48	11.93±0.54
	马尾松杉木阔叶林	3.96±0.11	6.36±0.71	0.48±0.12	0.13±0.02	10.67±1.03	64.55±1.12	0.36±0.09	17.93±3.31	29.81±0.26

续表

土壤层次	林分类型	pH	有机质/（g/kg）	全氮/（g/kg）	全磷/（g/kg）	全钾/（g/kg）	速效氮/（mg/kg）	速效磷/（mg/kg）	速效钾/（mg/kg）	CEC/（coml/kg）
Ⅲ	四川大头茶林	4.28±0.05	1.00±0.03	1.37±0.09	0.63±0.09	13.49±0.79	78.28±1.23	3.45±0.33	20.82±1.76	8.07±0.17
	栲树林	4.20±0.02	12.91±1.16	0.84±0.43	0.33±0.03	12.07±0.12	54.75±4.17	1.03±0.39	14.39±4.21	15.67±1.87
	毛竹马尾松林	4.99±0.16	3.18±0.27	0.81±0.03	0.28±0.02	6.95±0.06	43.95±0.81	2.45±0.06	15.84±1.52	4.46±0.09
	毛竹杉木林	4.54±0.17	7.31±1.25	0.95±0.11	0.11±0.01	10.63±1.18	35.62±3.85	2.21±0.13	27.96±1.24	15.98±2.11
	毛竹阔叶林	4.31±0.13	2.30±0.40	0.51±0.07	0.15±0.01	10.67±1.23	41.40±2.86	1.33±0.79	16.89±1.58	8.54±0.46
	毛竹纯林	4.41±0.17	6.38±0.15	0.46±0.01	0.13±0.01	12.11±0.47	72.71±1.81	0.33±0.05	12.91±0.79	8.90±0.72
	F 值	1.256	135.248**	16.142**	9.135**	13.228**	378.267**	38.378**	36.285**	47.472**
Ⅳ	马尾松阔叶林	4.24±0.15	5.28±0.11	0.27±0.12	0.10±0.02	7.86±1.87	17.16±5.95	1.20±0.76	18.33±3.22	24.95±1.27
	杉木阔叶林	4.37±0.14	2.87±0.34	0.40±0.07	0.15±0.07	8.47±0.59	22.89±1.75	0.23±0.05	12.50±2.36	8.75±0.49
	马尾松杉木阔叶林	3.97±0.01	5.57±0.07	0.44±0.11	0.12±0.04	10.34±0.94	57.33±2.54	0.33±0.07	17.65±2.19	28.64±0.57
	四川大头茶林	4.17±0.13	0.84±0.02	0.50±0.01	0.09±0.01	9.01±0.03	13.77±1.87	0.32±0.04	10.85±1.26	6.27±0.13
	栲树林	4.41±0.16	9.01±0.82	0.65±0.29	0.29±0.22	13.76±3.78	40.33±7.66	1.00±0.28	13.77±4.81	14.78±2.43
	毛竹马尾松林	4.43±0.06	5.03±0.07	0.41±0.05	0.12±0.02	11.94±0.85	50.31±1.34	0.31±0.02	12.71±0.59	4.93±0.68
	毛竹杉木林	4.76±0.21	1.39±1.55	0.77±0.10	0.06±0.02	10.42±1.36	26.83±2.15	1.29±0.07	22.95±1.98	14.27±1.34
	毛竹阔叶林	4.48±0.39	1.57±0.18	0.44±0.02	0.12±0.02	10.44±1.04	26.99±2.81	1.01±0.72	12.51±2.09	7.69±0.52
	毛竹纯林	4.64±0.07	2.05±0.04	0.50±0.04	0.14±0.07	5.97±0.59	31.69±2.13	1.15±0.08	19.57±0.68	5.93±0.19
	F 值	2.108	66.387**	10.435**	24.256**	127.252**	317.264**	32.643**	27.359**	218.242**

对 9 种典型林地土壤 pH 综合分析可知（图 5-4），9 种林地土壤 pH 变化规律不明显，差异不显著。其中，马尾松杉木阔叶林土壤 pH 最低，为 3.88，pH 最大的是毛竹纯林，也仅为 4.70，各样地土壤 pH 均在 4 左右，呈强酸性。有研究表明，当表层有较多的根系分布时，马尾松和杉木根系正常呼吸产生的 CO_2 及根分泌的有机酸和 H^+ 使土壤 pH 降低（陈金林和俞元春，1998）；还有针叶凋落物分解缓慢，且分解过程中容易产生大量有机酸，会导致土壤酸化，单纯营造针叶林树种，将使土壤退化，不利于土壤养分的保存和积累（Raison and Crane，1986；McColl and Firestone，1991），因此可营造针阔混交林，以提高酸性土壤的 pH。

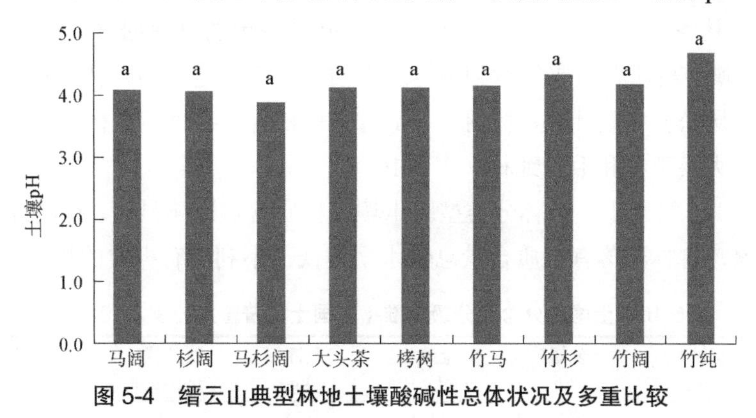

图 5-4　缙云山典型林地土壤酸碱性总体状况及多重比较

5.3.2　土壤有机质含量

土壤有机质是土壤中重要的组成部分，是土壤肥力的物质基础。它也是水稳性团粒的主要胶结剂，能够促进土壤团粒结构的形成，增加土壤的疏松性、通气性和透水性，改善土壤结构（沈慧等，2000）。土壤有机质对土壤性质有显著影响，如土壤渗透性、可蚀性、持水性和养分循环等（Francioso et al.，2000；Wander and Yang，2000）。近来的研究则认为，土壤有机质是土壤质量和健康的中心指标，是土壤质量指标中唯一最重要的指标。

对缙云山典型林地土壤有机质含量进行研究，结果表明（表 5-8、表 5-9），各林地表层土壤有机质含量显著地高于其他三层，林地各层有机质含量差异均极显著。有机质含量随土层深度增加而逐渐减少。这是因为森林土壤有机质主要来源于森林植被凋落物的分解和淋溶，因此土壤上层有机质的含量显著地高于下层。林地内各层土壤有机质含量变异系数范围为 47.29%～87.54%，平均为 41.05%，变异程度属于中等变异水平，层次越深土壤变异程度则增大，这可能是由林分类型、土壤性质、结构和土壤厚度等特点的差异影响所致。

表 5-9　缙云山典型林地各层土壤有机质含量统计特征值

层次	*M*/（g/kg）	Sd/（g/kg）	CV/%	Max/（g/kg）	Min/（g/kg）
Ⅰ	44.41	21.00	47.29	100.17	18.86
Ⅱ	14.44	8.71	60.35	34.74	1.98
Ⅲ	11.34	9.71	85.61	34.80	1.80
Ⅳ	8.48	7.59	89.54	26.33	1.00
样地总体	19.88	8.16	41.05	36.54	9.15

参考全国土壤养分含量分级标准（表 5-10），缙云山典型林地表层有机质含量平均值为 44.41 g/kg，土壤养分丰缺度分级属于丰富，表明缙云山林地表层土壤有机质丰富，整体平均值为 19.88 g/kg，属于稍缺，由表 5-8 可知，这与各林分样地土壤下层有机质含量整体较低有关。9 种林分的表层土壤有机质含量均达到中等以上水平，其中，马尾松阔叶林、杉木阔叶林和毛竹阔叶林表层土壤有机质含量达到丰富。对 9 种林分下土壤有机质含量进行多重比较（图 5-5），结果表明，除毛竹杉木林和毛竹阔叶林之间的有机质含量差异不显著外，其余林分间均存在显著性差异，林地土壤有机质含量大小依次为：杉木阔叶林＞马尾松阔叶林＞栲树林＞毛竹阔叶林＞毛竹杉木林＞马尾松杉木阔叶林＞毛竹马尾松林＞毛竹纯林＞四川大头茶林。林地土壤有机质含量整体达到中等水平的林分有马尾松阔叶林和杉木阔叶林，达到稍缺的林分有马尾松杉木阔叶林、栲树林、毛竹马尾松林、毛竹杉木林和毛竹阔叶林，达到缺的林分有四川大头茶林和毛竹纯林（表 5-10）。

以上分析表明，缙云山不同林分类型对土壤有机质含量影响显著，针阔混交林有利于土壤有机质的积累，竹林群落有机质含量总体水平偏低，不利于有机质的积累。

表 5-10　土壤养分含量分级标准（全国土壤普查办公室，1979）

级别	丰缺度	有机质/（g/kg）	全氮/（g/kg）	全磷/（g/kg）	全钾/（g/kg）	速效氮/（mg/kg）	速效磷/（mg/kg）	速效钾/（mg/kg）
1	丰富	＞40	＞2.0	＞1.0	＞25	＞150	＞40	＞200
2	稍丰富	30～40	1.5～2.0	0.8～1.0	20～25	120～150	20～40	150～200
3	中等	20～30	1.0～1.5	0.6～0.8	15～20	90～120	10～20	100～150
4	稍缺	10～20	0.75～1.0	0.4～0.6	10～15	60～90	5～10	50～100
5	缺	6～10	0.5～0.75	0.2～0.4	5～10	30～60	3～5	30～50
6	极缺	＜6	＜0.5	＜0.2	＜5	＜30	＜3	＜30

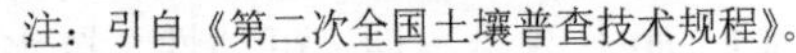
注：引自《第二次全国土壤普查技术规程》。

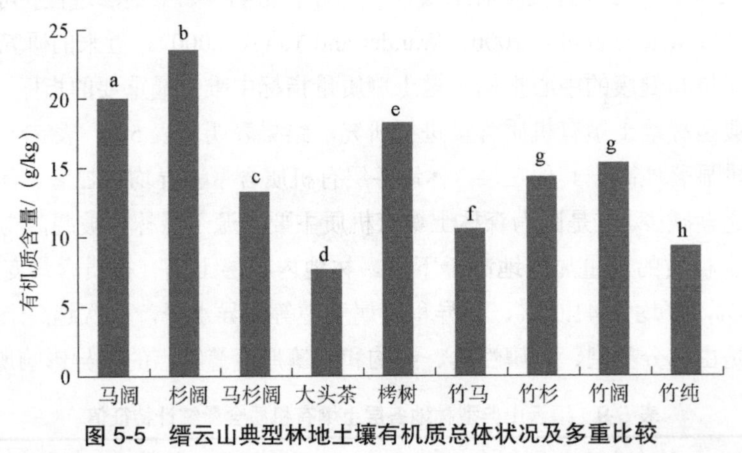

图 5-5　缙云山典型林地土壤有机质总体状况及多重比较

5.3.3　土壤全量养分特征

氮、磷、钾是植物需要最多的三种必需的营养元素，也是土壤养分中三个重要的指标。在土壤中主要以有机态和无机态两种形式存在。全氮含量反映土壤的总体供氮能力，是土壤中氮素供应容量的反映，森林土壤中的氮素在不施肥的条件下主要来源于一些固氮树种、凋落物的分解、固氮微生物，以及大气降水中的化合态氮等（陈欣等，2000）。磷是一种沉积性的矿物，在风化物质的迁移过程中迁移量最小。土壤全磷含量主要受土壤剖面层次、质地、母质中矿物成分以及管理措施等因素影响（张凤荣和昌贻忠，2005）。地壳中钾的形态有含钾矿物、缓效钾和速效钾等，平均含钾量在 2.45%左右，且总体比氮、磷多。土壤中全氮、全磷和全钾的含量能反映土壤“营养库”中养分总储量水平（李易麟和南忠仁，2008）。

从表 5-8 和表 5-11 可以看出，各林地表层（0～20 cm）土壤全氮含量同样显著地高于其他三层，其含量随土层深度增加而逐渐减少。而土壤中全氮含量与有机质含量关系密切（鲍士旦，1999），因此土壤全氮含量与有机质含量变化规律一致，方差分析表明，林地间相同层次土壤全氮、全磷和全钾含量差异均极显著。林地内各层土壤全氮、全磷和全钾含量变异系数范围分别在 42.00%～54.42%、46.87%～61.76%和 21.19%～31.50%，平均分别为 36.94%、45.84%和 23.62%，变异程度都属于中等变异水平，表明不同林分下土壤全氮、全磷和全钾含量存在一定的差异。

表 5-11　缙云山典型林地各层土壤全量养分统计特征值

全量养分	层次	*M*/（g/kg）	Sd/（g/kg）	CV/%	Max/（g/kg）	Min/（g/kg）
全氮	Ⅰ	2.32	1.17	50.55	5.09	0.98
	Ⅱ	0.95	0.40	42.00	1.77	0.51
	Ⅲ	0.75	0.36	48.24	1.46	0.28
	Ⅳ	0.58	0.32	54.42	1.18	0.08
	样地总体	1.15	0.43	36.94	2.23	0.61
全磷	Ⅰ	0.30	0.14	46.87	0.73	0.13
	Ⅱ	0.25	0.15	60.61	0.62	0.12
	Ⅲ	0.25	0.13	50.51	0.63	0.12
	Ⅳ	0.19	0.12	61.76	0.48	0.08
	样地总体	0.25	0.11	45.84	0.50	0.14
全钾	Ⅰ	10.37	2.20	21.19	13.78	4.97
	Ⅱ	11.46	3.61	31.50	19.75	5.49
	Ⅲ	11.41	2.93	25.69	18.78	5.22
	Ⅳ	11.84	3.57	30.13	20.70	5.97
	样地总体	11.27	2.66	23.62	17.00	6.04

参考全国土壤养分含量分级标准（表 5-10），缙云山林地表层全氮含量平均值为 2.32 g/kg，土壤全氮养分分级属于丰富，表明林地表层土壤全氮丰富，而整体平均值为 1.15 g/kg，属于中等水平。表层全磷和全钾含量平均值分别为 0.30 g/kg 和 10.37 g/kg，整体平均值分别为 0.25 g/kg 和 11.27 g/kg，土壤全磷和全钾养分分级属于缺和稍缺水平，这些均表明缙云山林地土壤全磷和全钾缺乏。9 个林地表层土壤全氮含量均达到中等以上水平，其中，马尾松阔叶林、杉木阔叶林、四川大头茶林、栲树林和毛竹阔叶林达到丰富；9 个林地各层土壤的全磷和全钾含量很低，大多数都属于缺乏水平，一方面由于磷素受土壤酸碱性影响较大，土壤酸性

强，则磷素含量低（安韶山，2004），该区土壤酸化严重，这可能是导致磷素含量低的一个原因；另外，钾素的主要来源是土壤的含钾矿物，但含钾的原生矿物和黏土矿物只能说明钾素的潜在供应能力，土壤的实际供应水平则表现为含钾矿物分解成可被植物吸收的钾离子的速度和数量，研究区的成土母质中钾素含量偏低，分解的钾素较少，这可能是导致林地钾含量整体偏低的另一个原因。

多重比较结果表明（图 5-6），土壤全氮含量除马尾松阔叶林、杉木阔叶林和毛竹杉木林间差异不显著，杉木阔叶林和毛竹阔叶林间差异不显著，马尾松杉木阔叶林和毛竹马尾松林间差异不显著，四川大头茶林和毛竹阔叶林间差异不显著外，其他比较结果均存在显著性差异。林地土壤全氮含量大小依次为：栲树林＞四川大头茶林＞毛竹阔叶林＞杉木阔叶林＞马尾松阔叶林＞毛竹杉木林＞毛竹纯林＞马尾松杉木阔叶林＞毛竹马尾松林。土壤全磷含量差异性表现为除马尾松阔叶林、马尾松杉木阔叶林和杉木阔叶林之间差异不显著，四川大头茶林与栲树林之间差异亦不显著，毛竹马尾松林和毛竹杉木林间差异不显著，马尾松阔叶林和毛竹马尾松林差异不显著，毛竹阔叶林与马尾松阔叶林、马尾松杉木阔叶林和杉木阔叶林之间差异不显著外，其他比较结果均存在显著差异。林地土壤全磷含量大小依次为：四川大头茶林＞栲树林＞毛竹纯林＞毛竹阔叶林＞杉木阔叶林＞马尾松杉木阔叶林＞马尾松阔叶林＞毛竹马尾松林＞毛竹杉木林。土壤全钾含量差异性表现为除马尾松杉木阔叶林、四川大头茶林、栲树林和毛竹杉木林两两之间差异不显著，毛竹马尾松林和毛竹阔叶林间差异不显著外，其他比较结果均差异显著。林地土壤全钾含量大小依次为：栲树林＞毛竹杉木林＞四川大头茶林＞马尾松杉木阔叶林＞毛竹阔叶林＞毛竹马尾松林＞杉木阔叶林＞马尾松阔叶林＞毛竹纯林。

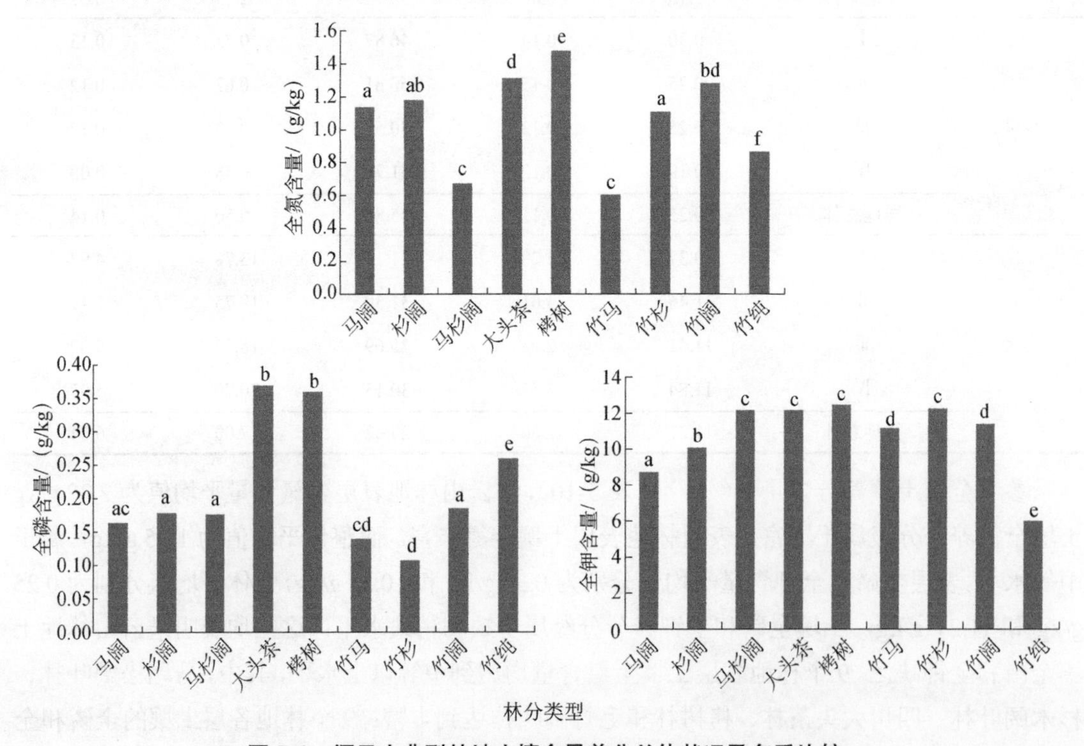

图 5-6　缙云山典型林地土壤全量养分总体状况及多重比较

以上分析表明，缙云山典型林地土壤全量养分含量较低，各林分间全量养分含量高低水平不一，以常绿阔叶林的全量养分含量相对高于其他林分。

5.3.4　土壤速效养分特征

土壤的速效氮只表征一定时期范围内氮素的供应强度和供应状况。土壤的速效磷多为碱金属、碱土金属的磷酸盐类（HPO_4^{2-}、$H_2PO_4^-$、PO_4^{3-}），速效磷受土壤酸碱度影响较大，当 pH＜5.5 时，磷酸根与铝、铁离子形成难溶的磷酸铝和磷酸铁，当 pH＞7.5 时，磷酸根与钙离子形成磷酸钙盐，当 pH 介于 5.5～7.5 时，磷的有效性最大（Stevenson，1982）。因此，通常土壤全磷含量较高，但由于受 pH 影响，速效磷的含量却很低，二者相关性不明显。土壤中速效钾有水溶性钾和代换性钾两种形式，占全钾比例很小，仅为 1%～2%。

对缙云山典型林地土壤速效养分含量进行测定，结果表明（表 5-8、表 5-12），林地间相同层次的土壤速效氮、速效磷和速效钾含量的差异均极显著，林地表层土壤速效养分含量高于Ⅱ、Ⅲ、Ⅳ层，其含量随土层深度增加而逐渐减少。林地内各层土壤速效氮、速效磷和速效钾含量变异系数范围分别为 40.74%～50.74%、80.63%～135.53%和 33.72%～51.21%，平均分别为 42.88%、89.82%和 32.26%，变异程度都属于中等变异水平，其中，林地表层速效磷含量变异程度属于强度变异，不同林分类型对速效磷影响很大。综合可以看出，不同林分下土壤速效氮、速效磷和速效钾含量存在一定的差异。

表 5-12　缙云山典型林地各层土壤速效养分统计特征值

速效养分	层次	*M*/（mg/kg）	Sd/（mg/kg）	CV/%	Max/（mg/kg）	Min/（mg/kg）
速效氮	Ⅰ	102.15	51.83	50.74	220.34	33.77
	Ⅱ	87.34	36.75	42.07	159.49	40.94
	Ⅲ	61.33	24.99	40.74	110.12	19.81
	Ⅳ	47.47	22.91	48.26	94.17	12.07
	样地总体	74.57	27.06	42.88	101.54	51.07
速效磷	Ⅰ	3.85	4.37	113.37	22.15	0.88
	Ⅱ	1.10	0.96	87.51	3.60	0.23
	Ⅲ	0.96	0.77	80.63	3.20	0.23
	Ⅳ	0.99	1.34	135.53	5.32	0.15
	样地总体	1.72	1.55	89.82	7.26	0.43
速效钾	Ⅰ	56.59	19.08	33.72	89.39	27.97
	Ⅱ	28.87	12.24	42.40	53.05	9.61
	Ⅲ	21.65	11.09	51.21	43.02	7.90
	Ⅳ	18.49	8.14	44.00	38.00	9.61
	样地总体	31.40	10.13	32.26	52.43	19.19

参考全国土壤养分含量分级标准（表 5-10），缙云山典型林地表层速效氮含量平均值为 102.15 mg/kg，土壤速效氮养分分级整体属于中等，而整体平均值为 74.57 mg/kg，属于稍缺，表明缙云山林地速效氮养分含量偏低；表层速效磷和速效钾含量平均值分别为 3.85 mg/kg 和

56.59 mg/kg，整体平均值分别为 1.72 mg/kg 和 31.40 mg/kg，土壤速效磷和速效钾养分分级分别属于极缺和缺水平，以上均表明林地土壤速效养分缺乏。土壤表层速效氮含量达到丰富水平的林分有：马尾松阔叶林和毛竹马尾松林，达到中等和稍丰富的有杉木阔叶林、四川大头茶林、栲树林、毛竹阔叶树林和毛竹纯林；其余样地表层土壤速效氮含量均为稍缺；而各林分样地各层土壤速效磷和速效钾含量基本处于缺或极缺水平，原因仍然与研究区土壤酸性强以及土壤质地等因素有关。

多重比较结果表明（图 5-7），各林地土壤速效氮含量差异性比较结果为：毛竹马尾松林与其他 8 种林分样地的差异显著，毛竹杉木林与马尾松杉木阔叶林以及栲树林差异显著。林地土壤速效氮含量大小依次为：毛竹马尾松林＞栲树林＞马尾松杉木阔叶林＞四川大头茶林＞毛竹阔叶林＞杉木阔叶林＞马尾松阔叶林＞毛竹纯林＞毛竹杉木林。土壤速效磷含量多重比较结果为：毛竹马尾松林除与马尾松杉木阔叶林差异不显著外，与其他各林地差异均显著；毛竹阔叶林除与马尾松阔叶林、杉木阔叶林、马尾松杉木阔叶林差异不显著外，与其他林地差异均显著；四川大头茶林、栲树林、毛竹杉木林、毛竹纯林四种林分间差异不显著，但与其他林地相比差异均显著。林地土壤速效磷含量大小依次为：栲树林＞毛竹杉木林＞毛竹纯林＞四川大头茶林＞毛竹阔叶林＞马尾松阔叶林＞杉木阔叶林＞马尾松杉木阔叶林＞毛竹马尾松林。各林地土壤速效钾含量比较结果为：除马尾松阔叶林、杉木阔叶林、马尾松杉木阔叶林、栲树林和毛竹杉木林之间差异不显著，四川大头茶林和毛竹马尾松林差异不显著，毛竹阔叶林和毛竹纯林差异不显著外，其他比较结果差异均显著，各林地间速效钾含量差异显著性较低。林地土壤速效钾含量大小依次为：杉木阔叶林＞马尾松杉木阔叶林＞毛竹杉木林＞马尾松阔叶林＞栲树林＞四川大头茶林＞毛竹马尾松林＞毛竹纯林＞毛竹阔叶林。

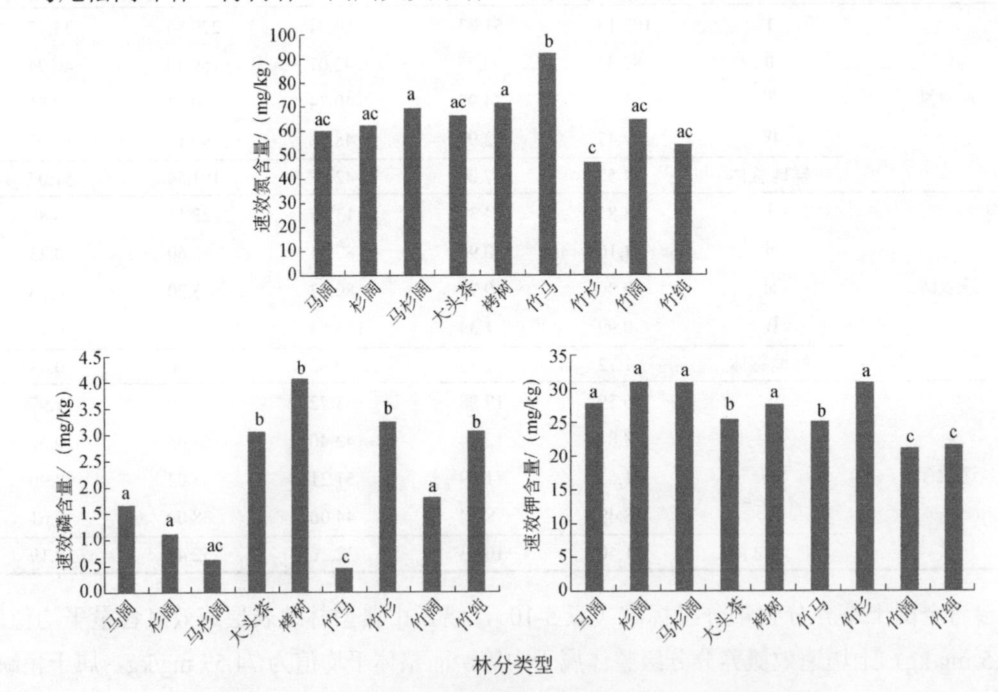

图 5-7　缙云山典型林地土壤速效养分总体状况及多重比较

综上所述，缙云山典型林地土壤速效养分含量低，特别是速效磷养分缺乏严重。各林分间速效氮养分含量高低水平不一，速效磷和速效钾养分含量分级相差不大，针对这种情况应该通过改良土壤酸化及补充磷素和钾素等措施来达到提高速效养分水平的目的。

5.3.5　土壤交换性能特征

土壤的交换性能是由土壤胶体表面性质所决定的。阳离子交换量（CEC）包含交换性盐基（Na^+、K^+、Ca^{2+}、Mg^{2+}）和水解性酸，反映了土壤吸附阳离子的能力和黏粒的活性，起着储存和释放速效营养元素的作用，是土壤养分的重要指标之一，也是改良土壤的重要依据之一（Zibilske et al.，2002）。研究表明，CEC 的大小取决于土壤中有机质和黏粒的含量以及黏粒的矿物类型（Polemio and Rhoades，1977）。对缙云山典型林地土壤 CEC 测定，结果表明（表 5-8、表 5-13），林地间相同层次的土壤 CEC 的差异均极显著，林地表层土壤 CEC 高于其余的 3 层，其含量随土层深度增加而逐渐减少。林地内各层土壤 CEC 变异系数范围在 51.18%～61.98%，平均为 50.67%，变异程度均属于中等变异水平，不同林分类型对 CEC 影响很大。

表 5-13　缙云山典型林地各层土壤阳离子交换量（CEC）统计特征值

层次	*M*/（coml/kg）	Sd/（coml/kg）	CV/%	Max/（coml/kg）	Min/（coml/kg）
Ⅰ	31.54	17.31	54.88	70.99	6.53
Ⅱ	25.91	13.26	51.18	47.04	4.77
Ⅲ	25.11	13.32	53.07	48.60	4.46
Ⅳ	23.67	14.67	61.98	47.75	4.34
样地总体	26.56	13.45	50.67	47.01	5.42

一般认为，土壤 CEC＞20 coml/kg 为保肥供肥能力较好的土壤，CEC 在 10～20 coml/kg 为保肥供肥能力中等的土壤，CEC＜10 coml/kg 为保肥供肥能力弱的土壤（黄昌勇，2000）。缙云山典型林地整体表现为各层次土壤 CEC 均值都大于 20 coml/kg 且平均值为 26.56 coml/kg，属于保肥供肥能力较好的土壤。从各个林地来看，马尾松阔叶林、马尾松杉木阔叶林各层土壤 CEC 均较高，而杉木阔叶林表层的 CEC 最大，达 57.49 coml/kg，毛竹纯林样地各层土壤 CEC 均在 10 coml/kg 以下，保肥供肥能力最弱。可以看出，在缙云山地区针阔混交林对土壤的保肥供肥作用显著，竹林群落的作用较差，而以毛竹纯林最差。

各林分样地 CEC 多重比较结果表明（图 5-8），毛竹纯林由于 CEC 最低，与其他林分相比均差异显著；三种典型针阔混交林分之间差异不显著，与其他林分相比差异则显著；四川大头茶林与毛竹马尾松林、毛竹阔叶林差异不显著，与其他林分差异显著；毛竹杉木林与栲树林差异不显著，与其他林分相比差异显著。9 种林分综合比较，CEC 大小顺序为：马尾松阔叶林＞马尾松杉木阔叶林＞杉木阔叶林＞栲树林＞毛竹杉木林＞四川大头茶林＞毛竹阔叶林＞毛竹马尾松林＞毛竹纯林。

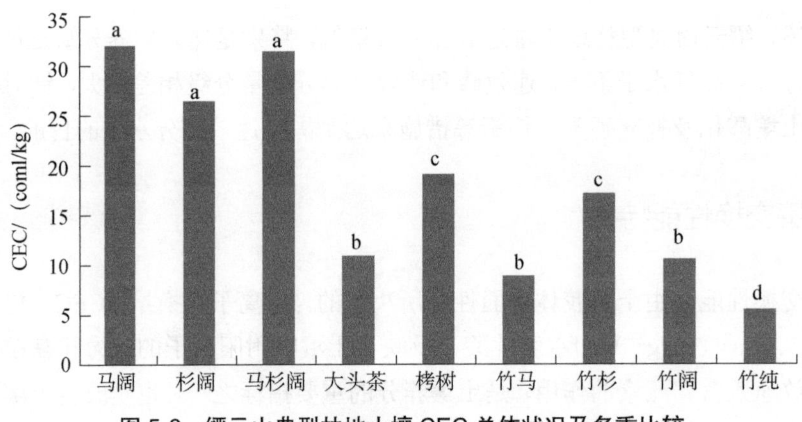

图 5-8　缙云山典型林地土壤 CEC 总体状况及多重比较

以上分析表明，缙云山典型林地土壤交换性能整体较好，个别林分下土壤阳离子交换量较低，针阔混交型林地群落对提高土壤养分能力作用突出，竹林群落则较差。

5.4　典型林分保育土壤功能评价

通过对缙云山典型林地土壤物理性状特征和化学性状特征的定量和定性分析，发现根据上述单个指标判定林分保育土壤功能的好坏结果不一，很难判定 9 种典型林分对林下土壤理化特性的综合影响情况。目前，对林地或农地土壤质量或健康评价的方法很多，如综合指数法、分等定级法、模糊评判法、地统计学方法以及聚类分析法等（朱祖祥，1982；刘崇洪，1996；张华和张甘霖，2001；王建国等，2001；刘世梁等，2003；谭万能等，2005）。各种研究的侧重点不同，所选择的指标体系和方法均存在一定的差异性（刘世梁等，2003，2006；李月芬等，2004），研究的重点是对各种土壤功能退化和恢复的评价，在目前的研究中，仍主要是以土壤理化性质作为质量评价的指标体系。本节研究的目的是重点了解各种典型林分对林下土壤理化性状特征的影响，进而掌握林分保育土壤功能作用情况。因此，在综合前人分析和研究方法优缺点的基础上（刘崇洪，1996；张华和张甘霖，2001），采用加权综合指数法对研究区土壤物理和化学质量进行综合评价。具体方法是，首先对各评价指标值标准化，再通过因子分析确定各评价指标的权重，最后通过加权综合指数法计算各林分所有评价指标的累计得分。

功能评价的步骤一般包括：目标确定；评价指标的筛选；权重的确定和获取综合指标（薛立等，2003）。对本节研究而言：①目标是确定土壤生态功能效应；②评价指标选取综合考虑了数据的可获取性和测定难易程度等，选用常用的表征土壤物理和养分特征的指标，其中物理质量指标有毛管孔隙度（A_1）、非毛管孔隙度（A_2）、容重（A_3）、黏粒含量（A_4）、粉黏粒比（A_5）、腐殖质层厚度（A_6），选取的化学质量指标有：pH（A_7）、有机质（A_8）、全氮（A_9）、全磷（A_{10}）、全钾（A_{11}）、速效氮（A_{12}）、速效磷（A_{13}）、速效钾（A_{14}）、阳离子交换量（A_{15}），以模糊数学原理为依据，建立各指标与土壤功能间的隶属度函数，可将数字的或主观的指标转化为变幅在 0～1 无量纲的数值，得到各项指标评分；③用经验模型，如多元回归分析、层次分析、逐步回归分析、因子分析、灰色关联分析等来确定各项评价指标和土壤功能的权重，在各级指标体系中所得的指标权重之和应为 100%或 1；④用各指标的权重系数与评分值，通过加权综合指数法计算各林分所有评价指标的累计得分，即土壤的生态功能效应综合得分值。其计算公式为

$$S=\sum_{i=1}^{n}K_i\times C_i \tag{5-1}$$

式中，S 为土壤理化状况加权总分；K_i 为第 i 项评价指标的权重；C_i 为第 i 项评价指标的隶属度得分值；n 为评价指标的数量。

由于不同指标对土壤状况影响程度不同，而且指标的量纲单位也有差异，因此在求算时，需要进行一定的数学处理，对土壤指标进行标准化转换。由于土壤因子变化存在连续性，故采用连续性质的隶属度函数，对土壤指标进行标准化处理，并根据主成分因子的负荷量所得数值的正负性来确定隶属度函数分布的升降性，这与各因子对植被的影响效应相符合（刘世梁等，2003）。对于黏粒含量和土壤容重，采用降型分布函数，而对于土壤孔隙度、含水量及大部分化学因子，则采用升型分布函数进行标准化处理（刘世梁等，2003；周玮，2007），升型分布函数和降型分布函数的计算公式如下。

$$\text{升型分布函数：}Q(x_i)=\frac{x_{ij}-x_{i\min}}{x_{i\max}-x_{i\min}} \tag{5-2}$$

$$\text{降型分布函数：}Q(x_i)=\frac{x_{i\max}-x_{ij}}{x_{i\max}-x_{i\min}} \tag{5-3}$$

式中，$Q(x_i)$ 为土壤指标因子的隶属度值；$x_{i\max}$ 和 $x_{i\min}$ 分别为第 i 项因子中的最大值和最小值；x_{ij} 为各评价指标测定值。

对土壤 pH 的处理，采用式（5-4）进行处理（张昌顺等，2009）：

$$Q(x_i)=\frac{|x_i-7|}{7} \tag{5-4}$$

式中，$Q(x_i)$ 为林地土壤 pH 的隶属度值；x_i 为各林分样地土壤 pH 测定值的均值；7 为中性 pH。

根据研究区森林土壤特点、土壤性质指标的变异范围、评价指标筛选原则和前人研究成果（高志勤，2004；耿玉清，2006；邱莉萍，2007），选取毛管孔隙度、非毛管孔隙度、I 层土壤厚度、有机质、全氮、全磷、全钾、速效氮、速效磷、速效钾、阳离子交换量指标采用升型分布函数进行标准化处理，黏粒含量、粉黏粒比、容重指标采用降型分布函数进行标准化处理。根据研究区林地土壤因子指标的描述统计值和隶属度函数方程式（5-2）和式（5-3），计算出各评价指标的隶属度值（表 5-14）。

由于各个土壤因子状况与重要性通常不同，所以各个因子的重要性程度通常用权重系数来表示。目前，确定权重系数的方法有：德尔菲法（专家打分法）、频数统计分析法、

等效益替代法、指标值法、因子分析法和层次分析法等（王建国等，2001；高志勤，2004）。为避免人为因素干扰的影响，本节研究运用SPSS软件对各林分主要涵养水源功能指标体系进行因子分析，以计算公因子方差来确定权重系数。相关分析表明（表5-15），部分土壤因子间存在一定的关联，本节研究采用因子分析法提取主成分，主成分个数提取原则为主成分对应的特征值大于1的前 n 个主成分，这里提取前5个主成分。计算各因子方差占总方差的比例，并将其作为权重值来确定各个评价指标的权重。计算出评价指标的权重值，见表5-16。

表5-14　土壤评价指标隶属度值

	A_1	A_2	A_3	A_4	A_5	A_6	A_7	A_8	A_9	A_{10}	A_{11}	A_{12}	A_{13}	A_{14}	A_{15}
马尾松阔叶林	0.774	0.748	0.578	0.405	0.695	0.171	0.219	0.400	0.491	0.265	0.246	0.198	0.182	0.265	0.640
杉木阔叶林	0.683	0.594	0.456	0.161	0.714	0.554	0.182	0.527	0.355	0.107	0.369	0.226	0.097	0.361	0.505
马尾松杉木阔叶林	0.827	0.371	0.498	0.855	0.338	0.216	0.293	0.152	0.041	0.101	0.556	0.366	0.025	0.358	0.626
四川大头茶林	0.424	0.857	0.323	0.482	0.665	0.095	0.300	0.017	0.437	0.635	0.561	0.303	0.385	0.192	0.130
栲树林	0.588	0.438	0.564	0.284	0.505	0.081	0.261	0.331	0.438	0.503	0.516	0.413	0.534	0.254	0.328
毛竹马尾松林	0.639	0.777	0.170	0.821	0.372	0.405	0.321	0.054	0.007	0.028	0.473	0.790	0.006	0.179	0.083
毛竹杉木林	0.377	0.455	0.333	0.402	0.383	0.189	0.449	0.194	0.312	0.053	0.563	0.035	0.415	0.358	0.524
毛竹阔叶林	0.565	0.592	0.349	0.262	0.610	0.351	0.350	0.228	0.420	0.129	0.489	0.272	0.202	0.062	0.272
毛竹纯林	0.397	0.879	0.265	0.209	0.722	0.189	0.002	0.008	0.161	0.331	0.082	0.063	0.388	0.077	0.006

表5-15　土壤评价指标间的相关关系（r）矩阵

评价指标	厚度	容重	毛管孔隙度	非毛管孔隙度	黏粒含量	粉黏粒比	pH	有机质	全氮	全磷	全钾	速效氮	速效磷	速效钾
容重	0.47													
毛管孔隙度	−0.43	−0.56												
非毛管孔隙度	−0.12	−0.52	−0.24											
黏粒含量	0.40	0.26	−0.12	−0.06										
粉黏粒比	0.13	0.11	−0.26	0.18	−0.41									
pH	0.30	0.55	−0.02	−0.55	0.28	−0.24								
有机质	−0.56	−0.75	0.29	0.45	−0.20	−0.07	−0.45							
全氮	−0.54	−0.62	0.43	0.31	−0.12	−0.08	−0.33	0.57						
全磷	−0.32	−0.40	0.36	0.12	−0.02	−0.11	−0.11	0.24	0.53					
全钾	−0.24	−0.30	0.14	0.20	−0.30	0.22	−0.41	0.22	0.25	0.24				
速效氮	−0.59	−0.54	0.21	0.36	−0.34	0.16	−0.30	0.42	0.53	0.45	0.32			
速效磷	−0.45	−0.38	0.22	0.14	−0.11	−0.07	−0.13	0.47	0.45	0.49	0.10	0.43		
速效钾	−0.33	−0.46	0.37	0.35	−0.32	−0.02	−0.42	0.62	0.58	0.29	0.21	0.50	0.59	
CEC	−0.22	−0.52	−0.02	0.48	−0.06	0.12	−0.47	0.54	0.43	−0.11	0.24	0.27	0.13	0.61

表 5-16　土壤评价指标权重

指标		A_1	A_2	A_3	A_4	A_5	A_6	A_7	A_8	A_9	A_{10}	A_{11}	A_{12}	A_{13}	A_{14}	A_{15}	特征值	方差贡献	累计贡献
公因子	1	0.042	−0.619	−0.903	0.830	−0.197	0.449	−0.890	0.615	−0.136	−0.369	0.396	0.275	−0.578	0.694	0.805	5.150	0.343	0.343
	2	−0.166	−0.711	0.113	0.277	0.930	−0.728	0.088	0.582	0.772	0.269	−0.180	−0.723	0.570	0.220	0.399	4.118	0.275	0.618
	3	−0.543	−0.182	0.173	0.019	−0.256	0.364	−0.253	−0.301	0.359	0.699	0.664	0.260	0.506	0.157	−0.060	2.121	0.141	0.759
	4	0.656	−0.043	−0.187	0.268	0.176	−0.051	−0.209	0.183	0.410	0.327	0.104	0.421	−0.098	−0.563	−0.414	1.612	0.107	0.866
	5	0.461	0.246	0.324	−0.310	−0.016	0.013	−0.119	0.134	0.272	−0.345	0.591	−0.196	0.032	0.234	0.089	1.151	0.077	0.943
权重		0.0682	0.0697	0.0707	0.0661	0.0708	0.0614	0.0653	0.0609	0.0698	0.0654	0.0702	0.0625	0.0656	0.0657	0.0702			

依据各典型林分各项评价指标的测定值计算出的隶属度值和权重，得到各林分下土壤的综合得分（图 5-9），其表示 9 种林分对土壤的综合影响情况，从林地土壤物理和化学质量整体可以看出，各林分的保育土壤功能存在一定的差异，大小顺序依次为：马尾松阔叶林（0.422）＞桤树林（0.404）＞杉木阔叶林（0.394）＞四川大头茶林（0.388）＞马尾松杉木阔叶林（0.383）＞毛竹阔叶林（0.346）＞毛竹马尾松林（0.344）＞毛竹杉木林（0.340）＞毛竹纯林（0.316）。仅从林分类型来看，马尾松阔叶林的保育土壤功能最好，毛竹纯林最差；从群落类型来看，以针阔混交林的保育土壤功能最好，常绿阔叶型林次之，总体以竹林较差。

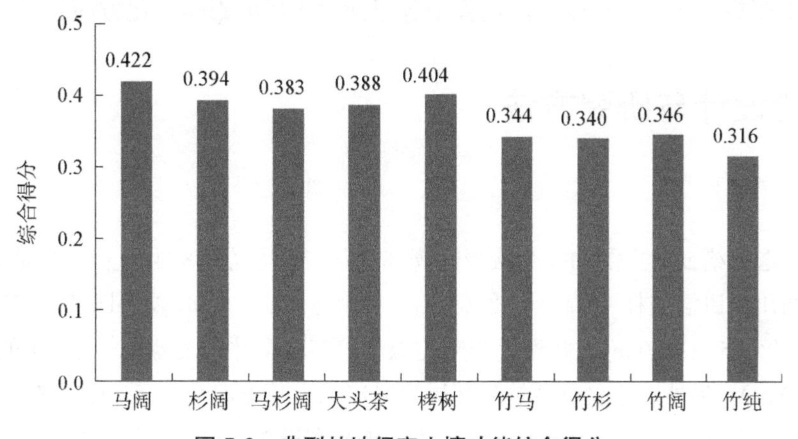

图 5-9　典型林地保育土壤功能综合得分

第 6 章　典型林分的净化水质功能

森林的生态功能除蓄水保土外，改善水质是其另一个极其重要的功能。缙云山水系属嘉陵江水系，它作为重庆市的一个重要水源区，对重庆市饮用水的作用突出。因此，缙云山森林对水质的影响显得格外重要，探究不同林分对水质的改善作用具有十分重要的意义。目前，森林对水质的研究分析主要集中在降水形成径流过程中各层次对水质的影响变化。因为森林对水质的净化机理是通过林冠层、灌草层、枯枝落叶层和土壤层各层次的过滤截留作用后，最终主要是以径流的形式输出（王云琦和王玉杰，2003）。因此，本章关于林分对水质的净化作用分析主要集中在降水形成径流过程中各层次对水质的影响变化方面。

6.1　实验设计与研究方法

6.1.1　样地布设

本章研究选取缙云山主要的 4 个代表性森林群落，即马尾松×四川大头茶混交林（I_1）、四川大头茶×四川山矾混交林（I_2）、毛竹林（I_3）和灌丛（I_4），同时以裸地（I_5）作为对照，设置 5 个径流小区（5 m×20 m），并设置相应的森林群落典型林分及裸地（对照）的 5 个标准样地（20 m×20 m）。另外，选取典型林分马尾松×广东山胡椒混交林（I_6）、广东山胡椒×杉木混交林（I_7）、毛竹×四川山矾×马尾松混交林（I_8）布设 3 个标准样地（20 m×20 m）。各个样地信息如表 6-1 所示。

6.1.2　空气质量检测

2010 年 3～8 月，使用 CPR-KA 型便携式空气质量检测仪对缙云山研究区域的空气质量进行监测，根据《环境空气质量自动监测技术规范》和《环境空气质量标准》的要求执行。检测时段为 2010 年 3～8 月，监测指标为 SO_2、NO_2、PM_{10}。

6.1.3　水样采集与水质测定方法

2007～2010 年每年的 4～8 月对缙云山典型林分大气降水、林内雨、地表径流和壤中流的水质进行了测定，主要实验方法如下。

表 6-1　样地基本信息

林地	主要树种	主要下木种	主要地被物
马尾松×四川大头茶混交林（I_1）	马尾松（*Pinus massoniana*）、四川大头茶（*Gordonia acuminata*）	白毛新木姜子（*Neolitsea velutina*）、川杨桐（*Adinandra bockiana*）、四川山矾（*Symplocos setchuensis*）	里白（*Diplopterygium glaucum*）、狗脊蕨（*Woodwardia japonica*）
四川大头茶×四川山矾混交林（I_2）	四川大头茶（*Gordonia acuminata*）、四川山矾（*Symplocos setchuensis*）	白毛新木姜子（*Neolitsea velutina*）、细齿叶柃（*Eurya nitida*）	里白（*Diplopterygium glaucum*）、淡竹叶（*Lophatherum gracile* ）
毛竹林（I_3）	毛竹（*Phyllostachys pubescens*）	杜茎山（*Maesa japonica*）、地瓜藤（*Ficus tikoua*）	蕨（*Pteridium aquilinum*）、竹叶草（*Oplismenus compositus*）、鸭跖草（*Commelina communis*`
灌丛（I_4）	白毛新木姜子（*Neolitsea aurata*）、杉木（*Cunninghamia lanceolata*）、赤杨叶（*Alniphyllum fortunei*）、光叶山矾（*Symplocos lancifolia*）	广东山胡椒（*Lindera kwangtungensis*）、川柃（*Eurya fangii*）、日本杜英（*Elaeocarpus japonicus*）、润楠（*Machilus pingii*）、尖连蕊茶（*Camellia cuspidata*）	蕨（*Pteridium aquilinum*）、萱草（*Hemerocallis fulva*）、野筒蒿（*Crassocephalum crepidioides*）、小白酒草（*Conyza canadensis*）
裸地（I_5）		—	—
马尾松×广东山胡椒混交林（I_6）	马尾松（*Pinus massoniana*）、广东山胡椒（*Lindera kwangtungensis*）、四川山矾（*Symplocos setchuensis*）	川杨桐（*Adinandra bockiana*）、细齿叶柃（*Eurya nitida*）、楠木（*Machilus nanmu*）	狗脊蕨（*Woodwardia japonica*）、鳞毛蕨（*Pteridium revolutum*）
广东山胡椒×杉木混交林（I_7）	广东山胡椒（*Lindera kwangtungensis*）、杉木（*Cunninghamia lanceolata*）、四川山矾（*Symplocos setchuensis*）	—	—
毛竹×四川山矾×马尾松混交林（I_8）	毛竹（*Phyllostachys pubescens*）、四川山矾（*Symplocos setchuensis*）、马尾松（*Pinus massoniana*）、杉木（*Cunninghamia lanceolata*）	—	菝葜（*Smilax* china）

云雾水的采集：使用自制的云雾水采集器采集，仪器置于气象站内空旷处。

大气降水的采集：在气象站内空旷处放置塑料盆进行采集，取样量为500 mL。

地表径流与壤中流的采集：5个径流小区的样品在观测房内出水口处采集。其他样地，在坡面下部间隔一定距离布设5个导流板（水平插入坡面），使用塑料管引流至塑料瓶内，回到实验室后将5个瓶子内的水样充分混合，此为地表径流；在坡面下部挖掘3个剖面，在20 cm、40 cm、60 cm、80 cm、100 cm处各放置一个导流板（上下错开），使用塑料管引流，采集壤中流（图6-1），回到实验室后将同一个样地的样品充分混合。地表径流和壤中流取样量分别为500 mL。

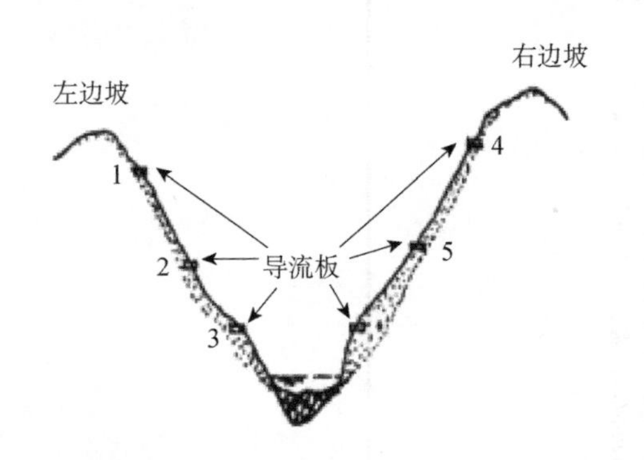

图6-1　集水区径流集流设施布设图

林内雨的采集：在样地内呈“S”形布设10个采样器，采样器样式见图6-2，在瓶口包有纱网，以防杂物进入采样瓶内（图6-2），采样量500 mL。

图6-2　林内雨采集示意图

采样时间与频率：考虑到样品量与径流的发生，样品采集时间主要分布在降水较多的季节。大气降水逢雨必采。地表径流、壤中流、树干茎流、林内雨的各次采集之间的时间间隔不少于 10 天。

检测指标：浊度、电导率（EC）、pH、总溶解固体（TDS）、NO_3^-、SO_4^{2-}、NH_4^+、K^+、Na^+、Ca^{2+}、Mg^{2+}、Al^{3+}、Fe、Mn。根据《地表水环境质量标准》（GB3838—2002）和《森林生态系统定位观测指标体系》（LY/T1606—2003）选择指标。

样品保存与检测方法：样品保存按照《水和废水监测分析方法（第四版）》（王心芳，2002）进行。样品检测参照《水和废水监测分析方法（第四版）》（王心芳，2002）与《中国环境保护标准汇编. 水质分析方法》（中国标准出版社第二编辑室，2001），使用德国 ET7919C 水质仪进行测定（图 6-3）。

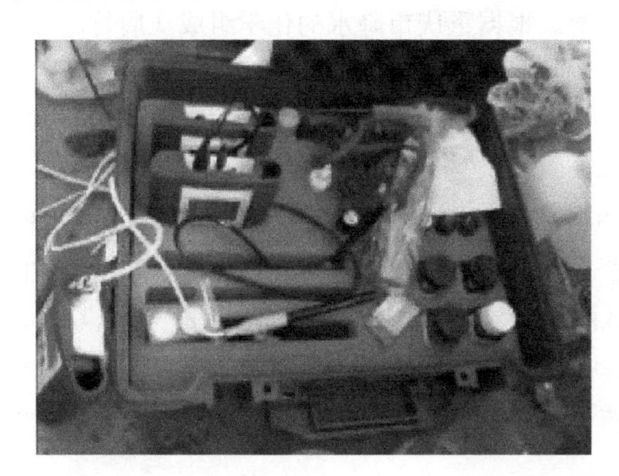

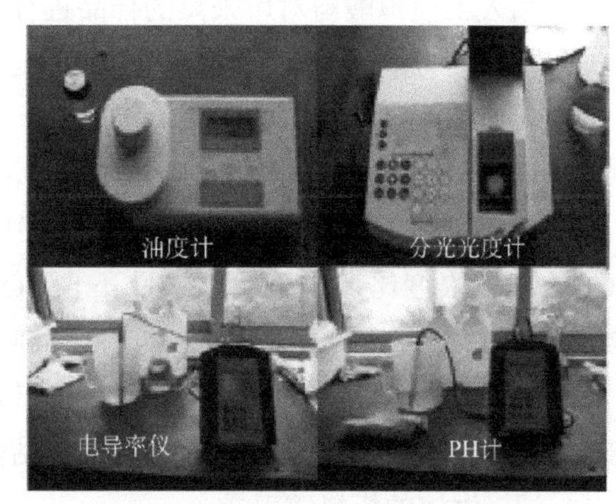

图 6-3　ET7919C 水质仪

6.1.4　土壤、植物叶片及枯落物样品采集与测定方法

土壤样品的采集与测定（在 2008～2010 年进行）：在 20 m×20 m 的样方中，①检验土样的化学性质，挖掘剖面，分层采样，即 0～20 cm、20～40 cm、40～60 cm、>60 cm（土壤深度达到 100 cm 的取到 100 cm 深度，达不到的取到基岩为止并记录深度），每层采集 1 kg，于背阴处风干。检测 pH、阳离子交换量（CEC）、盐基饱和度（BS）、有机质、全氮、全磷、速效磷、速效氮、全钾、速效钾、交换性钾、交换性钠、交换性镁、交换性钙、交换性铁、交换性锰、交换性铝。测定方法按照《土壤农化分析》（史瑞和，1983 ）的要求进行。②土壤容重、总孔隙度、毛管孔隙度、非毛管孔隙度的测定按照《土壤农化分析》（史瑞和，1983）的要求进行，容重测完后，将土从环刀之中倒出，测其砾石（直径>2 mm）体积百分比。③土壤抗冲指数使用原状土块冲刷槽法测定，土壤抗蚀指数使用土壤崩解实验测定。

植物叶片样品的采集与测定（在 2008 年进行）：选择实验区内的主要优势乔木采集其树叶，样品的采集、保存和测定方法按照《土壤理化分析》（中国科学院南京土壤研究所，1978）的要求进行，检测指标包括：C、N、P、Fe、Mn、Ca、Mg、K、Na、Al。

枯落物样品的采集与测定（在 2009～2010 年进行）：采集每个样地的枯落物并进行测定，每块样地按照“S”形布点采集，采集点数为 10 个，同时测量样地枯落物层厚度，样品一部分按照《土壤理化分析》（中国科学院南京土壤研究所，1978）的要求处理、保存，检测 C、N、P、Fe、Mn、Ca、Mg、K、Na、Al 的含量；一部分用于计算样地枯落物储量。

6.1.5 枯落物层模拟酸雨淋溶试验

实验于 2010 年开展，具体方法为：在每个林分设置 20 m×20 m 的标准样地，使用“S”形布点采样方法，每个样地取 9 块 20 cm×20 cm 的枯落物（包括半分解层和未分解层并保持其原状），并带回实验室。

利用人工模拟酸雨对所采集的样品进行淋溶。根据重庆市降水的化学组成（周竹渝等，2003）配制模拟酸雨。使用去离子水进行配制，所用试剂均为分析纯。

酸母液的配制：重庆市实测降水的 SO_4^{2-} 和 NO_3^- 的摩尔浓度比平均值为 5∶1，据此制备 0.25 mol/L 的 H_2SO_4 和 0.05 mol/L 的 HNO_3 溶液，按照等体积混合后即得到酸母液。

电解质母液的配制：依据重庆市降水中电解质的平均浓度进行制备，为避免对 SO_4^{2-} 和 NO_3^- 的摩尔浓度比造成干扰，选取不含 SO_4^{2-} 和 NO_3^- 的强电解质，每升母液中包含 $CaCl_2$ 12.00 g、NH_4Cl 5.52 g、$MgCl_2$ 2.64 g、NaCl 0.85 g、KCl 0.94 g。

模拟酸雨的配制：根据 2002～2008 年缙云山森林生态系统林内穿透雨量的年平均值（800 mm）与枯落物样品面积，确定每块枯落物淋溶的模拟酸雨 1 年雨量的体积，按照式（6-1）计算淋溶的模拟酸雨量：

$$V = (P \times S) \div 10^4 \tag{6-1}$$

式中，V 为 1 年时间模拟酸雨的体积，L；P 为年均林内穿透雨量，mm；S 为枯落物样品的面积，cm^2。

依据重庆市和缙云山降水及林内穿透雨 pH 和主要离子的监测数据，使用去离子水与酸母液和电解质母液混合配制 pH 为 2.7、3.5、4.5 的模拟酸雨。模拟酸雨中主要阳离子的浓度见表 6-2。

表 6-2　模拟酸雨中主要阳离子的浓度　　（单位：mg/L）

项目	NH_4^+	Ca^{2+}	Mg^{2+}	K^+	Na^+
浓度	9.58	20.83	4.58	1.63	1.49

根据降水的年平均强度，淋溶时调节淋溶速率为 57.2 mL/min，模拟 3 年的降水，不间断淋溶，每个样地所取的 9 块枯落物 3 个一组，对应不同 pH，分别淋溶。淋溶期间对 pH 进行分时段持续检测：0 h、0.5 h、1 h、2 h、3 h、4 h、5 h、6 h、7 h、8 h、10 h、12 h、淋溶结束时刻（28 h）。淋溶完毕，按照不同 pH 不同样地分别混合淋滤液，各取 1L，共计 18 个样品，24 h 内检测完毕，检测前使用 0.45μm 滤膜过滤。

检测项目包括：pH、K^+、Na^+、Ca^{2+}、Mg^{2+}、Al^{3+}、Mn、Fe。

检测方法为：pH 使用电极法，K^+、Na^+使用火焰原子吸收分光光度法，Al^{3+}、Ca^{2+}、Mg^{2+} 使用原子吸收分光光度法，Zn、Mn、Fe 使用 Prodigy XP 型等离子体发射光谱仪检测。

6.2　典型林分不同层次的水质效应

6.2.1　降雨化学性质

1. 环境空气质量

空气质量对降雨的化学成分组成具有重要作用，空气中悬浮着大量不同粒径的颗粒物，而且随着人类工业文明的发展，化石燃料消费量的激增，一些污染气体，如二氧化硫、氮氧化物等大量排放，空气中污染物质浓度不断增加，雨水在降落过程中会接触这些污染物质，它们之间发生了一系列的溶解、吸附等反应，使得雨水的化学组分改变。因此，有必要对研究区域的空气质量进行监测，了解其基本情况。

根据监测数据计算 SO_2、NO_2、PM_{10} 的日均值，分别为 0.020 mg/m^3、0.017 mg/m^3、0.022 mg/m^3，可以看出，三个指标均达到空气质量一级标准，这主要是因为保护区内没有工业污染源，生活污染源和移动污染源少，其浓度也远小于重庆市区 2009 年的监测值。此外，SO_2 浓度大于 NO_2 浓度，表明该区域气体污染物是以 SO_2 为主，与重庆市多年来的监测结果相同。

2. 云雾水与降雨化学性质

重庆是我国的“雾都”，年均雾日为 68 天，多发生在秋末春初，且会连续几天出现浓雾天气。重庆的雾多为辐射雾，发生的天气背景是巨大的大陆高压匀质气团，出现浓雾的大气边界层的主要特征是在近地面层有逆温层，大气边界层趋于稳定（江玉华等，2004）。在这种状态下，污染物质不易扩散，容易发生环境污染事件。有研究表明，虽然云雾含水量低，但其污染物浓度却往往是降水的几倍甚至几十倍。云雾较高的污染程度对人体健康、生态环境以及名胜古迹可造成较为严重的破坏，而云雾过程最终也会对地面降水（雪）中的污染物浓度产生重要影响（郭佳，2009）。因此，对缙云山云雾水的化学性质的监测，有助于加深对缙云山降雨性质及其与空气质量关系的理解。

2010 年 3～5 月，对缙云山云雾水 pH、EC、TDS 和 SO_4^{2-} 进行了监测，同时期也对降雨的这些指标进行了监测，这些指标平均值均以算数平均值表示。云雾水 pH 平均值为 3.45，小于 4.00，属强酸性，且小于同时期降雨的 pH 均值（4.04）（图 6-4）。在福建的研究表明，2003 年监测的云雾水 pH 小于降雨 pH，而 1989 年的监测结果正相反，说明不同时期云雾水的 pH 发生了变化，另外沈志来、黄美元等使用飞机在高空取样，本章研究采样点在地面，这也可能是 pH 大小发生变化的原因。降雨的 pH 高于云雾水的原因可能是重庆属于多雾的地区，且是典型的辐射雾，在大雾发生时，近地面层形成逆温层，大气颗粒物不易扩散，雾滴以颗粒物为凝结核凝结形成降雨，同时溶解于雾滴的大气悬浮颗粒物中的碱性物质与酸中和，降低了雨滴酸度，使得监测到的云雾水的 pH 均小于降雨的 pH。

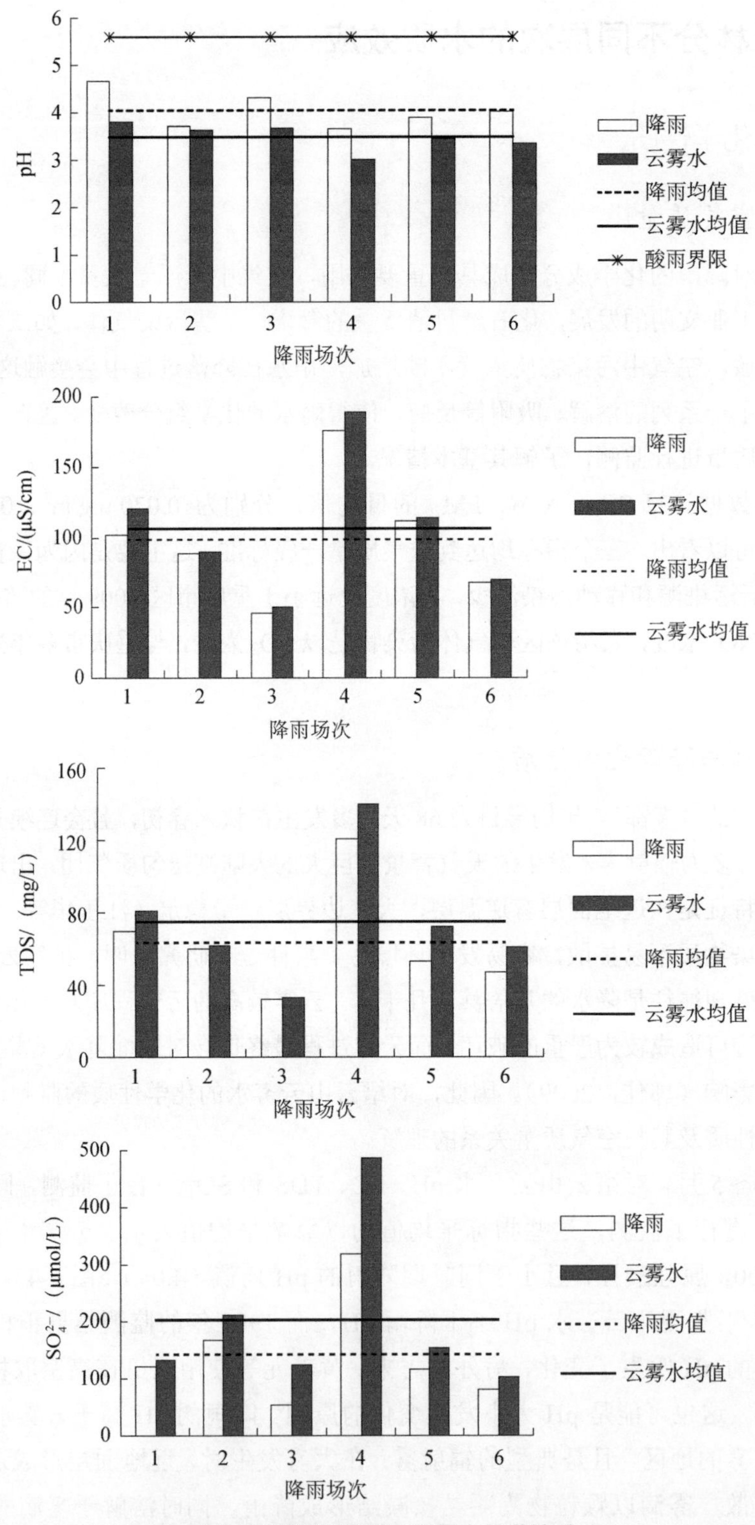

图 6-4 缙云山降雨和云雾水化学性质

从图 6-4 中可以看出，云雾水 EC、TDS 数值都比雨水要高，表明其中所含的离子浓度要高于雨水，由于酸性的 SO_4^{2-} 含量比雨水高，也使得其 pH 低于雨水。这也与上文的分析一致，说明凝结核与云雾水在形成雨滴的过程中发生了溶解交换。此外，云雾水具有较高的分散性、较大的表面积的特点，在大气中 SO_4^{2-} 有对应的气态污染物（SO_2），这对于该离子的富集可能更有优势。从图 6-4 中还可以看出，EC 和 TDS 具有一定的正相关关系，TDS 大，溶液中溶解的物质多，离子浓度大，EC 就大。

对缙云山降雨的观测在 2007～2010 年开展。根据监测数据计算降雨 pH 的加权平均值并作图（图 6-5）。从图 6-5 中可以看出，在监测到的降雨中，降雨平均 pH 为 5.43，小于酸雨的标准 5.60，样品中 pH 最小值为 3.62、最大值为 7.39，pH 变化幅度达到 3.77 个 pH 单位，变异系数为 0.22；可以看出，pH 变幅虽然大，但是其变异系数却较小，表明其极端值仅占很小一部分。经过统计，酸雨所占比例达到 70.97%，pH 小于 4.0 的强酸雨数量占监测到的所有降雨的 16.13%，pH 为 4.0～5.0 的酸雨占到 45.16%，pH 为 5.0～5.6 所占比例为 9.68%，说明缙云山降雨酸化严重，酸雨 pH 大多在 5.0 以下。魏虹等（2005）在 1998～1999 年也在缙云山进行降雨化学性质的研究，当时所采集的雨样中 pH 最小值为 3.80、最大值为 7.30，变幅达 3.5 个 pH 单位。经统计，pH 小于 5.6 的雨样占全部样点数的 61.1%，pH 小于 4.0 的强酸性降雨仅出现 1 次，出现频率为 0.8%；pH 在 4.0～5.0 的降雨出现频率为 44.4%。与之

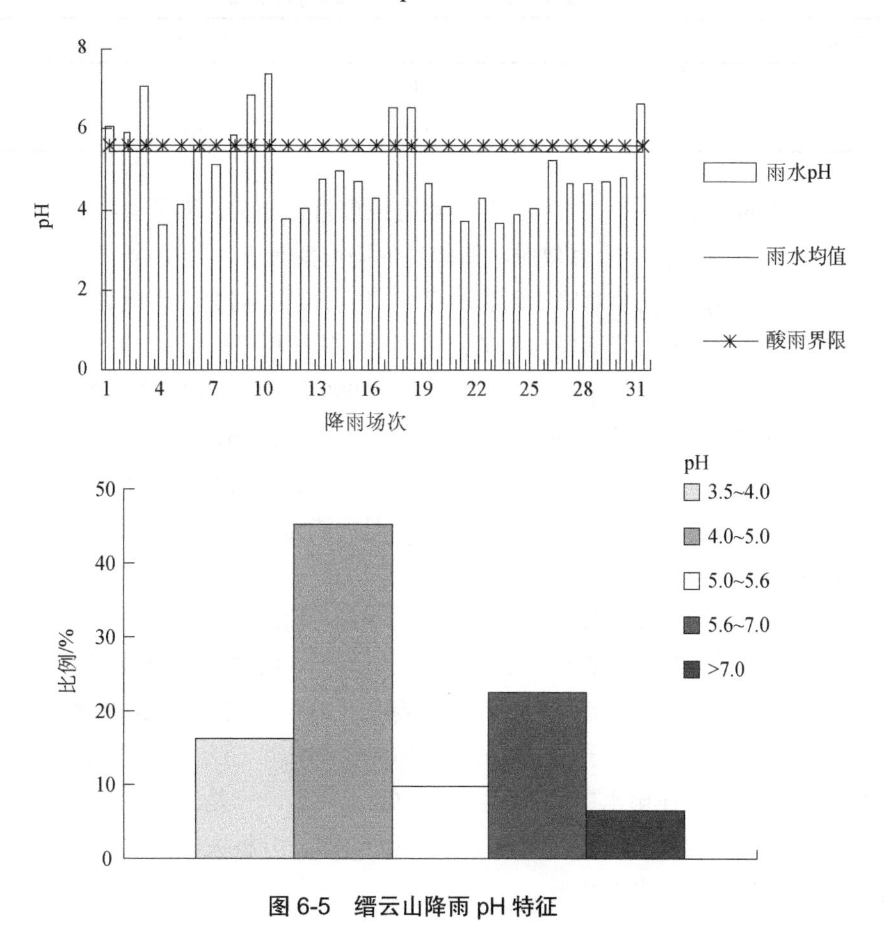

图 6-5　缙云山降雨 pH 特征

相比，本章研究监测到的pH最小值（3.62）小于魏虹等（2005）的监测结果（3.80），pH小于4.0的强酸性降雨出现频率达到了19.23%，远高于魏虹等（2005）监测到的0.8%，pH在4.0～5.0的降雨出现频率有所增加，为45.16%，pH在5.0～5.6的降雨出现频率降低了，但是酸雨比例比魏虹等（2005）的研究高出9.87%。这说明缙云山降雨pH有降低的趋势，尤其是pH小于4.0的强酸雨，与1998～1999年比数量和酸度都增加了，酸雨污染越来越严重；而且，根据缙云山降雨和产流特征（第4章），本章研究把采样时间定在春、夏两季，降雨pH最小值（3.62）出现在2008年4月16日，而魏虹等（2005）监测到的春季pH最小值为4.0。监测数据统计（表6-3），缙云山春季降雨pH平均值为4.37，夏季降雨pH平均值为5.85，两季节酸雨率分别为70.59%和71.43%，比1998～1999年酸雨率增加了，主要是春季酸雨污染加剧，无论是pH平均值还是最低pH都降低了，而夏季虽然酸雨率提高了，但是pH平均值却升高了，且pH最小值也升高到4.15，这与缙云山夏季降水量大且暴雨多有关，大量的降雨稀释了雨中H^+的浓度，使得pH升高。对缙云山降雨pH的分析说明，与1998～1999年相比，缙云山酸雨率增加，降雨pH呈现降低的趋势，降雨酸度有向强酸雨转化的趋势，酸雨污染加重。

表6-3　缙云山春、夏季降雨pH特征

季节	平均值	最小值	最大值	酸雨率/%
春季	4.37	3.62	7.39	70.59
夏季	5.85	4.15	7.07	71.43

由于降雨的pH高低并不与降雨的离子组分浓度直接相关，而是取决于降雨中酸性阴离子和碱性阳离子酸碱中和后的总效应，即单纯的降雨酸度并不能完全反映降雨污染的程度（魏虹等，2005）。因此，需要对降雨所含离子状况进行监测研究，而电导率可以表示水体中离子的浓度状况，对缙云山降雨电导率的监测表明，其加权平均值为52.14 μS/cm（最大值为196.70 μS/cm，最小值为27.00 μS/cm），与1998～1999年相比（魏虹等，2005），均有较大幅度的提高，而当时重庆市区降雨的电导率平均值为73.5 μS/cm，缙云山降雨平均电导率仅为33.90 μS/cm，说明缙云山的污染程度加剧了，然而在缙云山国家级自然保护区内没有工业污染源，流动污染源与生活污染源也很少，这种情况可能与大气环流有关，即重庆市上空或其他地区的污染物随气流迁移到缙云山。

计算监测到的降雨离子浓度的平均值列于表6-4，除缙云山2007～2010年监测数据外，其余数据参考魏虹等（2005）的研究结果。一般情况下，雨水中离子组成的主要来源可分为三种（李华，2008）：一是陆地源，包括被风刮起的土壤、尘埃和沙粒，以及动植物代谢过程释放的物质，反映这类源的离子主要是Ca^{2+}、HCO_3^-、NH_4^+、SO_4^{2-}、Mg^{2+}、K^+；二是海洋源，主要是海盐成分，反映在雨水中的离子主要是Cl^-和Na^+；三是工业、农业等人为污染源，雨水中反映这种污染的离子主要是NO_3^-、SO_4^{2-}和NH_4^+。分析大气降水离子成分有助于了解研究地区的主要污染物及自然状况。

表 6-4　重庆市不同区域降雨离子浓度平均值　（单位：μmol/L）

离子	市区	南山	缙云山（1998～1999 年）	缙云山（2007～2010 年）
K^+	17.00	82.60	18.15	24.35
Na^+	17.00	23.90	28.34	47.43
Ca^{2+}	62.50	209.00	40.39	87.43
Mg^{2+}	15.50	20.15	9.41	17.04
NH_4^+	123.00	106.00	142.37	44.00
SO_4^{2-}	149.50	234.50	106.43	94.25
NO_3^-	23.00	45.00	14.02	25.65
Cl^-	30.00	27.60	24.70	59.17
Σ阳离子	235.00	441.65	238.66	220.25
Σ阴离子	202.50	307.10	145.15	179.07
Σ阴离子/阳离子	0.86	0.70	0.61	0.81

从表 6-4 中可以看出，2007～2010 年缙云山降雨中全部阴离子浓度之和为 179.07 μmol/L；阴离子中 SO_4^{2-} 的浓度最高，达到了 94.25 μmol/L，占全部阴离子的 52.63%，其次为 Cl^-，浓度为 59.17 μmol/L，占全部阴离子的 33.04%，阴离子中，NO_3^-浓度最小，为 25.65 μmol/L，仅占全部阴离子的 14.32%。与 1998～1999 年在缙云山的监测结果相比，SO_4^{2-} 的浓度有所降低，而 Cl^-、NO_3^-浓度却增加了，NO_3^-浓度甚至高于市区的浓度，这可能是因为工业、交通等的发展导致氮的排放增加，大气污染加剧。缙云山降雨中 SO_4^{2-} 浓度与 NO_3^-浓度加权平均值的比值为 3.67，表明缙云山降雨仍以硫酸型降雨为主，这与大气质量监测的结果一致。而在 1998～1999 年，该比值为 7.59，市区的比值为 6.50。从监测数据的时间变化可以看出，空气污染在逐渐加剧，而且降雨中 NO_3^-浓度存在增加的趋势，SO_4^{2-}/NO_3^- 逐渐减小，降雨有从硫酸型向综合污染型转化的趋势。

从表 6-4 可知，2007～2010 年缙云山降雨阳离子浓度之和为 220.25 μmol/L，阳离子中浓度最高的是 Ca^{2+}，浓度达到了 87.43 μmol/L，占全部阳离子的 39.70%。与魏虹等（2005）的研究结果相比有大幅度上升。而降雨中 NH_4^+的浓度却减少了很多，仅为 44.00 μmol/L，远低于魏虹等（2005）监测到的 142.37 μmol/L。其余阳离子的浓度都有所增加。Ca^{2+}、Mg^{2+}、K^+的浓度增加说明在大气中存在的尘埃物质增加，NH_4^+的减少是由于缙云山国家级自然保护区内的农田多数退耕，减少了化肥的使用。

2007～2010 年，在缙云山监测到的降雨中阴阳离子的比值为 0.81，在 100%±20%的范围内，表明雨水的阴阳离子基本平衡。一般认为，降雨中主要的致酸因子包括 SO_4^{2-} 和 NO_3^-，在雨水中它们是以 H_2SO_4 和 HNO_3 的形式出现的，而 Ca^{2+}和 NH_4^+被视为重要的中和因子（李华，2008），（Ca^{2+}+NH_4^+）/（SO_4^{2-}+NO_3^-）的当量浓度比值在一定程度上可反映大气降水中影响酸度的主要阴阳离子的比例关系，如果该比值小于 1，表示降水中的酸没有完全被碱性物质中和，反之，则说明被完全中和（李华，2008），根据表 6-4 计算缙云山降雨中 Ca^{2+}、NH_4^+、SO_4^{2-}、NO_3^-的当量浓度，缙云山降雨（Ca^{2+}+NH_4^+）/（SO_4^{2-}+NO_3^-）的当量浓度比值为 1.02，说明雨水中的SO_4^{2-}和NO_3^-已经被完全中和。

对表6-4各个离子进行主成分分析（PCA），结果在表6-5中列出。由表6-5可知，提取出3个主成分，累计贡献率达到79.656%。第一主成分包含所有阳离子，贡献率为37.935%，基本反映出大气中悬浮颗粒物的影响，以及人类农业开发的影响，属于陆地源和农业源物质；第二主成分包括SO_4^{2-}和NO_3^-，贡献率为23.559%，主要体现出工业污染和尾气排放的影响；第三主成分包括Cl^-，贡献率为18.162%，体现出海洋源物质的影响。根据主成分分析的结果，可以得知，缙云山降雨离子组成主要受陆地源和农业源的影响，如大气悬浮的尘埃物质、农业施用化肥等；其次是燃煤、汽车尾气等化石燃料消费引起的污染；最后是来自海洋物质的影响。

表6-5　主成分分析计算结果

项目	第一主成分	第二主成分	第三主成分
特征值	3.035	1.885	1.453
贡献率/%	37.935	23.559	18.162
累计贡献率/%	37.935	61.494	79.656
K^+	0.777	0.049	0.452
Na^+	0.807	−0.173	0.285
Ca^{2+}	0.645	−0.408	−0.378
Mg^{2+}	0.736	−0.260	−0.216
NH_4^+	0.637	−0.267	−0.424
SO_4^{2-}	0.413	0.861	−0.242
NO_3^-	0.357	0.882	−0.253
Cl^-	0.343	0.164	0.822

在实验期间，对雨水中Fe、Mn、Al等元素也进行了监测。Fe、Mn既是植物生长所必需的微量元素（Fe是植物合成叶绿素的主要元素，Mn是酶的催化剂），但是如果水体中Fe、Mn浓度过高也会产生污染，《地表水环境质量标准》（GB3838—2002）中对Fe、Mn的限值分别为0.3 mg/L（5.36 μmol/L）和0.1 mg/L（1.82 μmol/L）。本章研究监测到的降雨中Fe、Mn浓度的加权平均值分别为0.71 μmol/L和0，两种元素的浓度都很低，没有达到污染程度。近年来，对森林生态系统中Al的研究表明，Al对植物具有毒害作用。酸雨加速了土壤的酸化，并且使其中的Al释放出来，随着土壤酸化程度的增加，其活性Al的含量显著升高，土壤中活性Al的增加能严重抑制林木的生长，铝毒是酸性土壤中作物生长最重要的限制因素和森林大面积退化的重要原因；Al对森林的危害决定于Ca与Al的摩尔浓度比，当土壤溶液中Ca/Al的摩尔浓度比接近1以及Al的浓度达到1 mg/L（37.04 μmol/L）时，植物将产生受害反应，普遍认为，Ca/Al的摩尔浓度比小于1时，植物就有危险（周国逸和小仓纪雄，1996；Cronan et al.，1989； Ulrich et al.，1980），在监测期间，降雨中监测到Al的加权平均值为3.14 μmol/L。

6.2.2 典型林分不同层次对水质的影响

降雨在经过森林林冠层、枯落物层、土壤层等各个层次时，与之发生溶解、交换、吸附等一系列的物理化学反应，从而改变其化学元素组成，使得水质在这一过程中不断变化，最终以径流形式从森林生态系统输出时，其化学性质已经发生了巨大的变化。研究森林生态系统各个层次的水质效应，可以更加深入地了解森林的生态环境效应，为森林生态功能研究与物质的水循环过程研究提供基础数据。

在采集水样时，林分 I_1～I_5 由于建立了径流小区，可以比较顺利地取得壤中流样品，其余林分 I_6～I_8 仅能通过挖剖面设置导流板的方法采集，所以林分 I_6～I_8 在监测期间没有采集到样品。

1. pH 在典型林分各层次间的变化

根据监测数据计算降雨和各个典型林分林内雨、地表径流和壤中流的 pH 平均值并作图 6-6。从图 6-6 中可以看出，大气降雨 pH 平均值为 5.43，属于酸雨范围。降雨 pH 在经过林冠层，形成地表径流和壤中流的过程中，先减小后增大。林内雨的 pH 均小于降雨 pH，在 4.1～5.4，这是因为林冠层的枝叶吸附了一些大气尘埃物质，在雨水停留的一段时间内，尘埃中所含的化学物质进入雨水中，与雨中的物质进行了溶解、交换等反应，最终没有中和雨水中的酸性物质，从而使林内雨的 pH 下降。在雨水降落到地表形成径流时，又与枯落物和表层土壤进行了接触，通过和其中化学元素的反应，其 pH 升高，各个林分地表径流 pH 在 6.32～7.37，pH 加权平均值为 6.32～7.37，呈弱酸性或弱碱性，高于降雨 pH 的加权平均值 5.43。在壤中流形成的过程中，对水体化学组分产生的影响主要是土壤性质影响了壤中流，雨水渗入土壤与土壤化学物质进行交换反应，同时也溶解了其中一部分物质，使壤中流的化学组成改变，pH 在 6.05～8.05，加权平均值在 6.20～7.43，呈弱酸性或弱碱性，均大于降雨 pH。地表径流和壤中流的 pH 均达到《地表水环境质量标准》(GB3838—2002) 限值的要求。

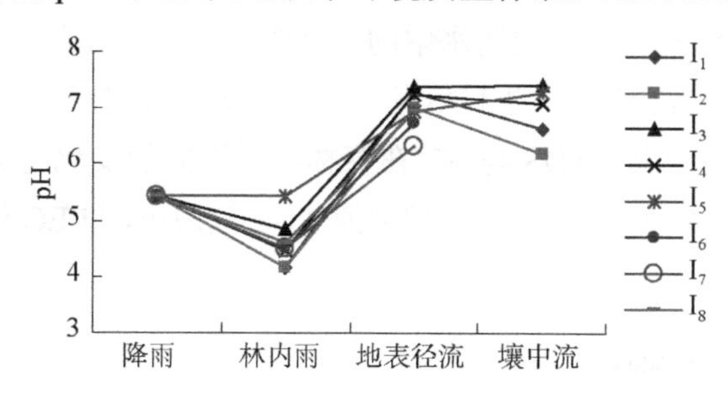

图 6-6　pH 在典型林分不同层次间的变化

2. EC 在典型林分各层次间的变化

从图 6-7 可以看出，各典型林分林内雨 EC 大多数都高于降雨，说明降雨在与林冠层接触的过程中，林冠层吸附的尘埃受到冲刷进入雨水中，经溶解后使雨水中离子浓度增加；这期间也可能是酸度较高的降雨淋溶了叶片中的交换性阳离子，从而改变了水中离子浓度。在雨水降落到地表之后，水中离子浓度进一步升高，地表径流中由于溶入了枯落物和表土的元素，其离子浓度要高于林内雨，但是也有特殊，林分 I_1 和 I_2 地表径流的 EC 值要小于林内雨，具体原因有待进一步研究。在形成壤中流之后，水中的 EC 达到最高，这是由于在产生壤中流的过程中，水与土的接触时间较长，它们之间进行的反应也更加充分，因此壤中流中的离子浓度也最高。

由图 6-7 可知，地表径流 EC 最低的是 I_5（裸地），表明林地径流淋溶了枯落物本身或者是附着在其表面的尘埃等物质，使溶液中离子浓度增加，而枯落物的分解使得林地土壤具有较丰富的腐殖质，向流经的径流释放了更多的可溶性成分。壤中流 EC 最低的是 I_4，其 EC 甚至小于 I_5（裸地），这可能是因为 I_5（裸地）长期直接暴露在降雨冲击之下，表层土壤的交换性离子随雨水渗入下层土壤，造成其下层土壤聚集了较多的交换性离子，并随壤中流输出，造成 I_5（裸地）壤中流浓度较 I_4 高。然而，从径流小区的监测数据可知，裸地壤中流流量小于林地，也可能提高了裸地壤中流的离子浓度，从而使得其 EC 值较高。整体来看，各个样地的 EC 变化规律基本一致，从降雨到形成径流呈现逐渐增加的趋势。

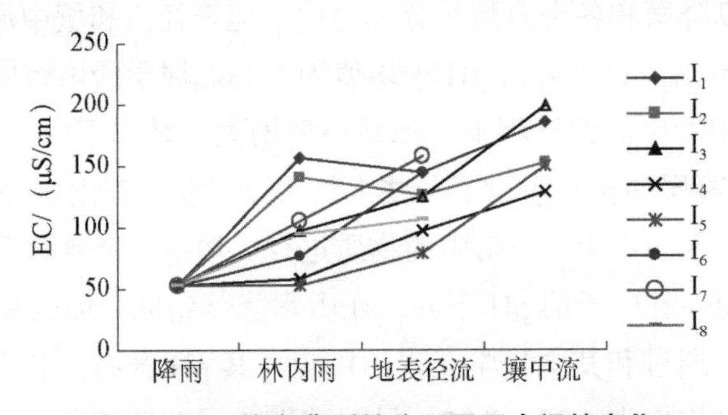

图 6-7　EC 值在典型林分不同层次间的变化

3. TDS 在典型林分各层次间的变化

图 6-8 表示水中 TDS 经过林冠层、土壤层直到形成径流过程中的变化，可以看出，在这一过程中，降雨 TDS 是最小的，经过森林各层次后呈现逐渐增加的趋势。TDS 值代表了水中溶解物杂质含量，TDS 值越大，说明水中的杂质含量越大，反之，杂质含量越小。从物理意义上来说，水中溶解物越多，水的 TDS 值就越大，水的导电性也越好，其电导率值也越大。从图 6-7 和 6-8 可以看出，TDS 与 EC 在森林各层次间的变化趋势是一致的。而且林地地表径流的 TDS 均大于 I_5（裸地），灌木林壤中流 TDS 值最小，与 EC 值表现出来的规律一致。

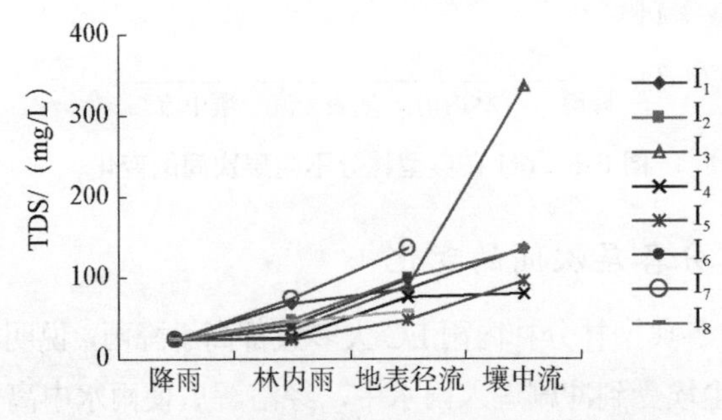

图 6-8　TDS 值在典型林分不同层次间的变化

4. NO_3^-和 SO_4^{2-} 在典型林分各层次间的变化

从图 6-9 可以看出，各个林分林内雨的NO_3^-浓度均大于降雨，说明降雨从林冠层吸附的尘埃或者叶子中淋溶了 NO_3^-。林内雨中 NO_3^- 浓度的大小顺序为：I_1（166.55μmol/L）＞I_2（141.36μmol/L）＞I_3（86.65μmol/L）＞I_6（71.77μmol/L）＞I_8（45.19μmol/L）＞I_7（34.16μmol/L）＞I_4（27.60μmol/L）。NO_3^- 是造成水体酸度增加的主要离子之一，其浓度增加可能会导致林内雨 pH 的降低（图 6-6）。经过相关分析可知，林内雨 NO_3^-浓度与其 pH 呈显著负相关（$P<0.1$，$R=-0.5907$）。由图 6-6 和图 6-9 可知，林内雨的 pH 虽然降低了，但是并不是随着其中 NO_3^-浓度的增加而酸度增加，如林分 I_3 的 pH 明显高于其他林分，其林内雨 NO_3^-浓度却并不是最低的，说明还存在其他因子影响了林内雨的酸碱中和反应。

地表径流中 NO_3^-浓度呈现出不同的变化趋势，林分 I_2、I_4、I_5、I_6、I_7、I_8 地表径流 NO_3^-浓度大于林内雨中该离子的浓度，林分 I_1、I_3 的地表径流 NO_3^-浓度小于林内雨中该离子的浓度。说明林分 I_1、I_3 的枯落物层和表层土壤吸附了林内雨中 NO_3^-，在地表汇流阶段对径流中的 NO_3^-具有削减作用，而这两种林分地表径流的 pH 也随之增加了。裸地在地表汇流阶段对 NO_3^-没有削减作用。虽然其他林分（地表径流中 NO_3^-浓度增加了）地表径流 pH 也大于林内雨，却小于林分 I_1、I_3 地表径流的 pH，这可能是这两种林分地表径流中 NO_3^-浓度的减小造成的，也说明水体 pH 是由水中所有酸碱物质的中和反应结果决定的，而不是其中的若干种酸性或碱性物质浓度变化的结果。从图 6-9 可以看出，有林地地表径流中 NO_3^-浓度要大于裸地，这是由于林地植被覆盖较好以及枯落物的存在，使土壤与枯落物中含有较高的氮（图 6-9），其水热条件使得枯落物层和土壤中微生物较活跃，其硝化作用释放出较多的 NO_3^-，虽然 NO_3^-的大量释放可能引起水体富营养化等环境问题，但是 NO_3^-一般来源于有机质的分解，也说明林地保存养分的能力要好于裸地。林分 I_2、I_6 土壤与枯落物中含有较高的氮，因此在其地表径流中 NO_3^-浓度要明显高于其余林分。但是从图 6-9 也可以看出，不同林分地表径流中 NO_3^-浓度的大小顺序与枯落物的氮含量顺序并不一致，说明影响地表径流 NO_3^-浓度的可能是枯落物和土壤综合作用的结果，而林分 I_2、I_6 地表径流具有较高的 NO_3^-浓度也正是因为这两个样地枯落物和土壤中的氮含量较高。

壤中流 NO_3^-浓度的变化为：林分 I_1、I_2、I_4 的壤中流中 NO_3^-浓度小于地表径流，林分 I_3、I_5 壤中流中 NO_3^-浓度大于地表径流。这可能是因为林分 I_1、I_2、I_4 的土壤对径流中的 NO_3^-具有一定的吸附作用。从图 6-9 可以看出，林分 I_2 的土壤氮储量明显高于 I_1、I_3、I_4 和 I_5，而且壤中流的 NO_3^-浓度与地表径流相比大幅减少（减少幅度大于林分 I_1、I_4），小于 I_1、I_3 和 I_5 壤中流的 NO_3^-浓度，仅仅大于 I_4，I_2 土壤截留了径流的氮，使得其径流中的 NO_3^-减少，这也可能是其土壤中氮储量较高的原因，表明该林分土壤对 NO_3^-的截留效果最好。林分 I_4 的壤中流中 NO_3^-浓度在几个样地中是最低的，这可能与其地表径流中 NO_3^-的低浓度有关，壤中流 NO_3^-浓度减小的比例较 I_2 小，其土壤对 NO_3^-的削减能力劣于林分 I_2。从图 6-9 可以看出，除 I_2 和 I_6 地表径流以外，其余样地的径流均达到《地表水环境质量标准》（GB3838—2002）的要求。

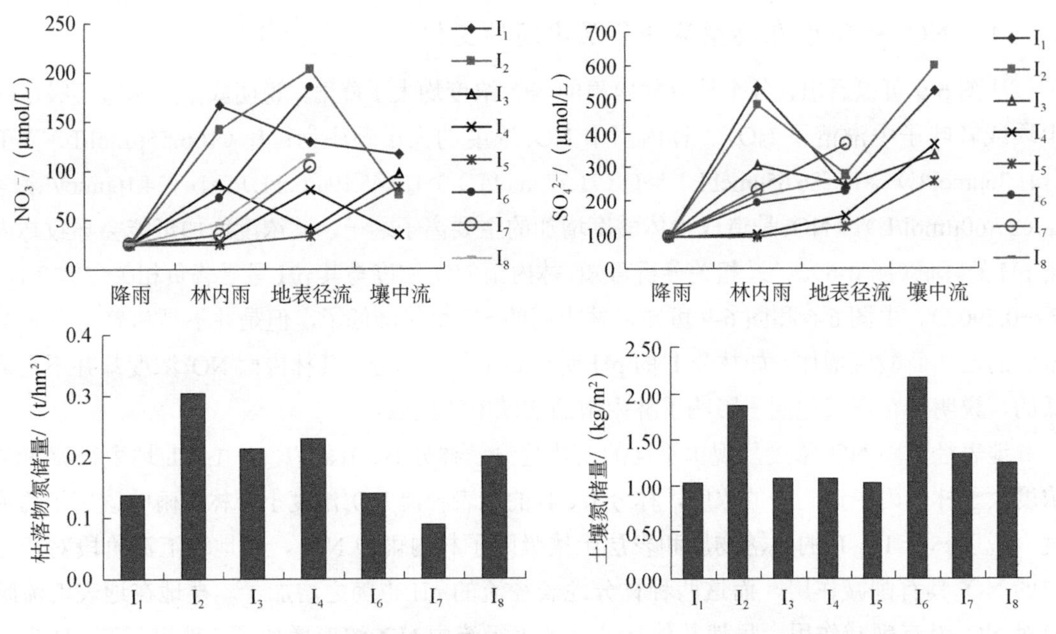

图 6-9　NO_3^-、SO_4^{2-} 浓度在典型林分不同层次间的变化与土壤、枯落物氮储量

SO_4^{2-} 也是影响水体酸度变化的一个重要离子，所有样地地表径流和壤中流中 SO_4^{2-} 浓度均小于《地表水环境质量标准》（GB3838—2002）规定的限值。从图 6-9 可以看出，林地林内雨的 SO_4^{2-} 浓度均高于其在降雨中的浓度，表明降雨淋溶了林冠层的尘埃物质，导致其中的 SO_4^{2-} 浓度升高，这也在一定程度上引起了林内雨 pH 的下降（图 6-6）。林内雨中 SO_4^{2-} 浓度的大小顺序为：I_1（536.96μmol/L）＞I_2（485.12μmol/L）＞I_3（305.21μmol/L）＞I_7（231.88μmol/L）＞I_8（217.00μmol/L）＞I_6（194.76μmol/L）＞I_4（101.96μmol/L），可以看出，SO_4^{2-} 浓度的增加虽然会引起林内雨 pH 的下降，但是不会影响其大小排序，pH 的大小是水中酸碱物质综合作用的结果。通过相关分析可知，林内雨（$P<0.5$，$R=-0.4396$）和壤中流（$P<0.005$，$R=-0.9335$）SO_4^{2-} 浓度与其 pH 呈显著负相关，但是与地表径流 pH 不相关，在林内雨和地表径流中该离子是主要的致酸离子。

林分 I_4～I_8 地表径流中 SO_4^{2-} 浓度较林内雨（或降雨）增加了，这可能是枯落物分解和表层土壤风化释放了 SO_4^{2-}，并被径流淋溶造成的。而林分 I_1～I_3 地表径流的 SO_4^{2-} 浓度小于林内雨，这可能是因为 SO_4^{2-} 与枯落物、土壤中的碱性成分反应生成沉淀物质（王代长，2009），而这种作用又大于径流对枯落物与土壤矿物质风化产物的溶解，使得这些林分地表径流中的 SO_4^{2-} 浓度低于林内雨。林地地表径流中 SO_4^{2-} 浓度也大于裸地，这可能也是林地丰富的枯落物分解释放造成的，但是裸地在地表汇流阶段并没有削减 SO_4^{2-}。

从图 6-9 可以看出，林分 I_1～I_5 壤中流的 SO_4^{2-} 浓度都大于其地表径流的 SO_4^{2-} 浓度，且 I_2（599.50μmol/L）＞I_1（524.80μmol/L）＞I_4（368.77μmol/L）＞I_3（334.87μmol/L）＞I_5（260.30μmol/L）。这表明在壤中流的形成过程中，径流溶解了更多的土壤矿物质风化产物。而林地壤中流的 SO_4^{2-} 浓度均大于裸地，可能是因为在森林覆盖下，土壤保持了适当的温度和湿度，微生物数量和活跃程度均高于裸地，使其土壤风化速率较高，释放的 SO_4^{2-} 也较多，造

成林地壤中流的 SO_4^{2-} 浓度均大于裸地。虽然林地地表径流、壤中流中 NO_3^- 和 SO_4^{2-} 浓度普遍高于裸地，可能降低水质，但是林地的土壤质量和微生物状况要优于裸地。

5. 盐基离子在典型林分各层次间的变化

盐基溶解于水接收（或去除）溶液中的水合氢离子，或释放氢氧根离子到溶液中，降低了水合氢离子在水中的浓度，从而提升 pH。一般来说，盐基离子指 Ca^{2+}、Mg^{2+}、K^+、Na^+、NH_4^+等碱性阳离子，溶液中盐基离子的浓度一方面影响水体的硬度，另一方面会与其中的酸性物质发生中和反应，从而改变其 pH。从图 6-10 和图 6-6 可以看出，部分样地林内雨中盐基离子浓度虽然增加了，但是酸碱中和的结果却是 pH 下降，说明进入林内雨的酸性物质占优；而地表径流中 NH_4^+浓度的降低，虽然减少了碱性物质的浓度，但是也降低了 NH_4^+硝化为 NO_3^-而使水体 pH 降低的可能，同时 Ca^{2+}、Mg^{2+}、K^+、Na^+的增加，使得径流 pH 升高。通过相关分析可知，盐基离子中，仅有地表径流 Ca^{2+}（$P<0.1$，$R=0.6070$）和 Na^+（$P<0.05$，$R=0.6439$）浓度与水体 pH 具有较高的相关性，表明盐基离子在地表径流 pH 的调控中起主要作用。

Ca 含量的高低对水的硬度具有重要影响，Ca 也是植物生长所必需的元素。从图 6-10 中可以看出，除了 I_4 之外，林内雨中 Ca^{2+}浓度都大于降雨。林内雨 Ca^{2+}浓度大小顺序为：I_1（225.37 μmol/L）>I_6（167.28 μmol/L）>I_2（163.68 μmol/L）>I_8（132.26 μmol/L）>I_7（125.77 μmol/L）>I_3（119.10 μmol/L）>I_4（32.54 μmol/L），说明林分 I_4 的林冠层截留了降雨中的 Ca^{2+}，另外由于 Ca 在植物体内不易移动，因此林内雨内增加的 Ca^{2+} 应该来源于枝叶表面所吸附的尘埃颗粒，也有可能是林分 I_4 的林冠层附着的尘埃颗粒少于其他林分，而且 Ca^{2+}容易形成沉淀物质，在降雨和林冠层接触的过程中，雨水中 Ca^{2+}的沉淀大于林冠层对 Ca 的溶解，最终造成林分 I_4 的林内雨中 Ca^{2+}浓度降低。而其他林分林冠层可能附着了较多的尘埃颗粒，林内雨中 Ca^{2+}浓度增加，但增加幅度都不大。在林内雨—地表径流—壤中流这一过程中，水体中 Ca^{2+}浓度呈现出增加的趋势，各个样地的地表径流中 Ca^{2+}浓度均大于降雨和林内雨，表明在地表汇流阶段和土壤层中径流淋溶了 Ca。林地地表径流中 Ca^{2+}的浓度均大于裸地，而裸地地表径流泥沙含量又比林地高，说明林地由于地表枯落物的存在，其中所含的 Ca 受到淋溶进入地表径流，此外由于含有较多的泥沙，裸地地表径流中的 Ca^{2+}可能受到影响，形成沉淀物质，使得林地的地表径流 Ca^{2+}浓度高于裸地。从图 6-10 可以看出，林分 I_1、I_2、I_4 和 I_8 枯落物与林分 I_3、I_6、I_7 和 I_8 土壤中含有较高的 Ca，因此，在土壤与枯落物的综合作用下，这几种林分地表径流中 Ca^{2+}浓度相差不大，但是林分 I_1、I_2 地表径流 Ca^{2+}浓度较其余林分高，表明枯落物对地表径流中 Ca^{2+}浓度的影响较土壤大。壤中流的 Ca^{2+}浓度与土壤中的 Ca 含量有较大的关系，相关系数达到 0.9074，其浓度为：I_3（536.51 μmol/L）>I_1（366.68 μmol/L）>I_2（309.43 μmol/L）>I_5（295.49 μmol/L）>I_4（271.88 μmol/L），而 I_5 土壤中的 Ca 含量大于 I_1 和 I_2，壤中流 Ca^{2+}浓度却小于这两个林分，可能是因为裸地土壤中的 Ca 更加稳定，形成了不易溶解的沉淀物质，减少了径流中离子态的 Ca。壤中流 Ca^{2+}浓度情况也表现出林地土壤养分比裸地好（林地普遍高于裸地）。

Mg 含量的高低也对水的硬度具有影响，而且也是植物生长所必需的元素。降雨经过林冠层后的 Mg^{2+}浓度变化与 Ca^{2+}浓度的变化相近，除了林分 I_4 之外，林内雨中 Mg^{2+}浓度都大于降雨。而在林内雨—地表径流—壤中流这一过程中，Mg^{2+} 的变化却有不同。样地 I_1、I_3 和 I_5 在地表汇流阶段削减了 Mg^{2+}，I_2 和 I_4 土壤层具有截留 Mg^{2+} 的作用，I_6、I_7 和 I_8 释放了 Mg^{2+}。林地地表径流和壤中流中 Mg^{2+} 浓度均大于裸地，这是由于林地土壤含有较高的 Mg（图 6-10），且林地具有较丰富的枯落物，同样说明林地具有较好的养分状况。然而，从图 6-10 可知，林地地表径流中的 Mg^{2+} 浓度与枯落物或土壤中的 Mg 含量关系却不大，说明枯落物与土壤的综合作用过程是复杂的，林地的枯落物和土壤的 Mg 含量并不能完全决定其地表径流中 Mg^{2+} 浓度的大小顺序。但是由于裸地不存在枯落物层，因此也使得其地表径流中 Mg 的来源仅仅是土壤，浓度低于林地。壤中流 Mg^{2+} 浓度与土壤的 Mg 含量相关性不大（R=0.2461），可见 Mg^{2+} 浓度有多方面的影响。林地壤中流中 Mg^{2+} 的浓度高于裸地。

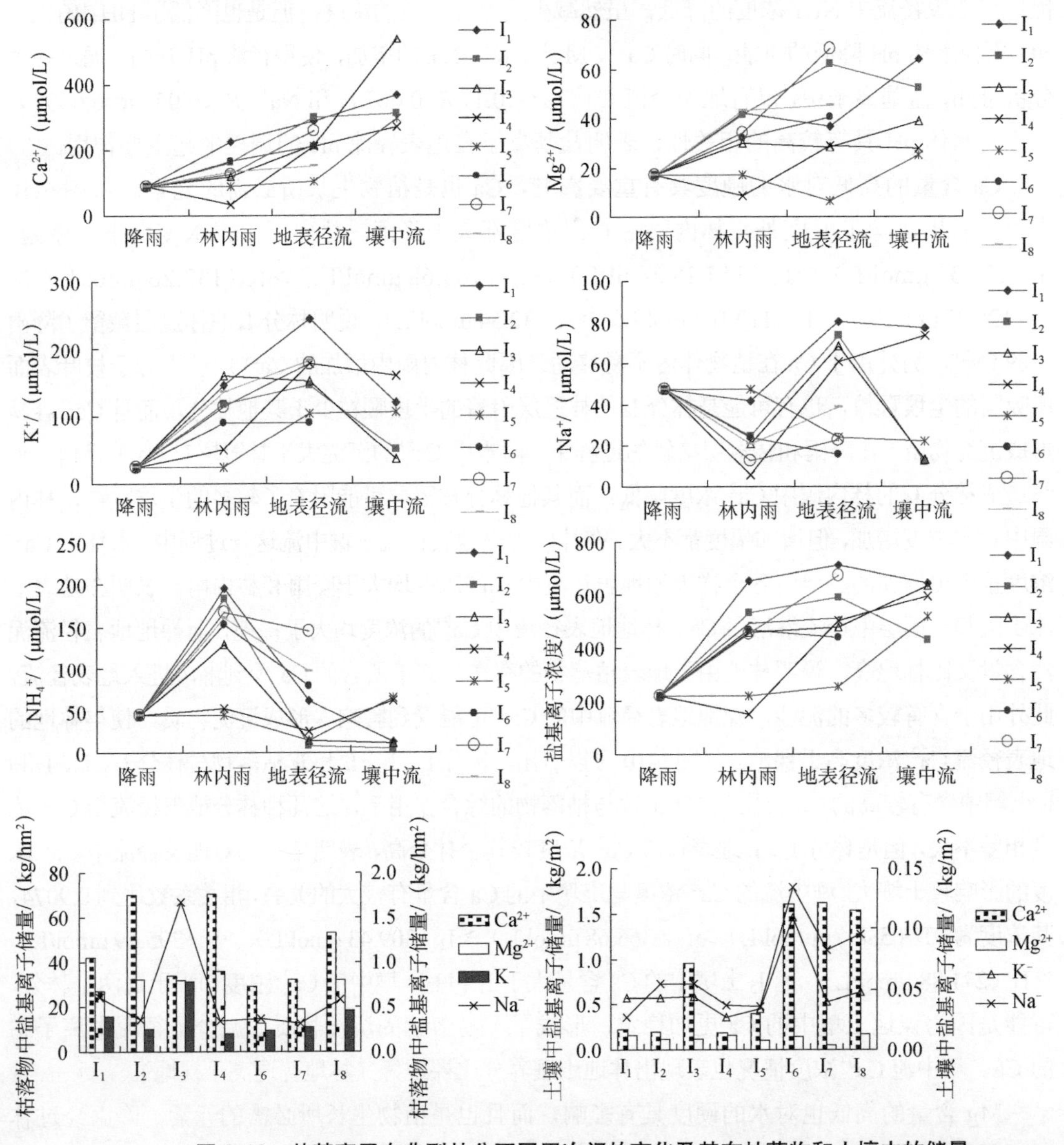

图 6-10　盐基离子在典型林分不同层次间的变化及其在枯落物和土壤中的储量

K 是植物生长必需的重要营养元素，且具有较高的活性。从图 6-10 可知，降雨在形成林内雨的过程中，K^+的浓度均有所增加，林内雨中 K^+的浓度是降雨中浓度的 2.07～6.58 倍，说明降雨淋溶了叶片和尘埃中所含的 K。地表径流中 K^+的浓度继续增加，主要是枯落物分解和表层土壤淋溶释放的 K 进入地表径流中；但是也存在不同情况，如林分 I_3 和 I_6 地表径流 K^+的浓度就降低了，表明这两个林分在地表汇流阶段截留了径流中的 K^+；然而，I_3 枯落物和 I_6 土壤中的 K 含量却是最高的（图 6-10），因此单是枯落物或者土壤的 K 含量对样地地表径流 K^+浓度的影响并不大，这是它们共同作用的结果。虽然林地地表径流中 K^+的浓度有下降的现象，但是其 K^+的浓度普遍高于裸地，这可能是因为林地有枯落物层的覆盖，且土壤的 K 含量普遍高于裸地，径流在经过枯落物和土壤的综合作用之后，其中的 K^+的浓度升高了，此外林冠层也向水体中释放了 K，使得其地表径流中的 K^+的浓度高于裸地。这也表明林地可以分解释放出较多的养分 K，对植物生长有利，但是裸地在地表汇流阶段并没有削减地表径流中的 K^+。壤中流的 K^+浓度在林地呈现下降的趋势，在裸地表现为增加趋势，表明林地土壤对径流中的 K^+有吸附的作用，这一现象与张胜利（2005）的研究结果一致，林地土壤保持养分 K 的能力要优于裸地，这也可能是其土壤中含有较高的 K 含量的原因（图 6-10）。而壤中流的 K^+浓度与土壤中 K 储量具有负相关的关系，相关系数达到−0.7803。

Na^+与 K^+相同，均以离子形态存在于植物体中，转移速度快。但是与前文所述的盐基离子不同，林内雨中 Na^+浓度均小于降雨，说明林冠层对降雨中的 Na^+有一定的吸附作用，这与张胜利（2005）在秦岭南坡森林的实验结果一致。除了样地 I_5 和 I_6 之外，其余样地地表径流 Na^+的浓度均增加了，且林分 I_1、I_2、I_3、I_4 地表径流中 Na^+的浓度要高于降雨，说明森林枯落物和土壤向径流释放 Na^+。但是 I_6 削减效果要优于裸地，其地表径流 Na^+浓度为 16.0μmol/L，小于裸地地表径流（23.8 μmol/L）。从图 6-10 中壤中流 Na^+的浓度变化可以看出，I_1、I_2、I_3 和 I_5 土壤对地表径流中的 Na^+具有截留作用，但是 I_2、I_3 削减效果要优于裸地，其壤中流 Na^+浓度分别为 12.0 μmol/L 和 13.4 μmol/L，小于裸地壤中流（22.0 μmol/L）。与上述 3 个离子一样，林地地表径流中 Na^+的浓度也普遍高于裸地，且地表径流 Na^+的浓度与枯落物或者土壤中的 Na 含量关系也很小（图 6-10），是土壤、枯落物等多种因素综合作用的结果。壤中流 Na^+浓度与土壤中 Na 储量具有较高的负相关，相关系数高达−0.8017。

NH_4^+是硝化作用的重要因子，对森林氮循环具有重要作用，经过硝化作用，NH_4^+转化为 NO_3^-，供植物生长所需，但是也有可能使径流中 NO_3^-浓度增加，发生水体富营养化。图 6-10 表明，降雨对林地林冠层的 NH_4^+具有淋溶作用，林内雨中 NH_4^+浓度呈现增加的趋势。各样地地表径流中 NH_4^+浓度均下降了，说明 8 个样地在地表汇流阶段对 NH_4^+具有截留作用，从图 6-10 可以看出，I_5（裸地）地表径流 NH_4^+浓度减小比例小于林地，表明林地截留和保持养分 NH_4^+的能力高于裸地，在良好的植被与枯落物的覆盖下，优良的水热条件有利于硝化作用。但是林地地表径流 NH_4^+浓度却普遍高于裸地，说明林地养分状况较优越。壤中流中，林分 I_1、I_2、I_3 的 NH_4^+浓度继续降低，I_4、I_5 的 NH_4^+浓度略有升高，且 I_1、I_2、I_3 的 NH_4^+浓度低于降雨，证明这三个林分土壤对 NH_4^+具有较好的截留作用，I_4、I_5 土壤流失了 NH_4^+。由图 6-10 可知，地表径流中 NH_4^+浓度与枯落物或者土壤中的氮储量关系不大，其也是多种因素影响的结果。壤中流的NH_4^+浓度与土壤氮呈一定的负相关（R=−0.5026）。

6. Fe、Mn 在典型林分各层次间的变化

Fe 和 Mn 是植物体内一些酶的组成成分，在氧化还原过程中起着极其重要的作用，是植物生长所必需的元素。但是生态环境部发布的各种水质标准中，对水中 Fe、Mn 的浓度做了限制，如果其浓度过高会造成环境污染、危害人类。

从图 6-11 可以看出，降雨在经过林冠层之后，其中的 Fe 的浓度表现出增加和减小两种趋势，林分 I_1、I_2、I_3、I_4、I_8 的林内雨 Fe 的浓度增加了，林分 I_6、I_7 的林内雨 Fe 的浓度减小了。林内雨中 Fe 的浓度一方面与枝叶中的 Fe 含量有关，另一方面也与其表面附着的尘埃量有关。由于实验地位于自然保护区内，没有工业污染源，大气颗粒物中的 Fe 含量较小，对林内雨的影响很小，林内雨中 Fe 浓度的增加可能主要来源于对植物的淋溶。林内雨 Fe 浓度增加幅度最大的是林分 I_1，可能是该林分植物富集了较多的铁。地表径流中 Fe 浓度同样有两种趋势：I_2、I_3、I_4、I_5 地表径流的 Fe 浓度增加了，I_1、I_6、I_7、I_8 地表径流的 Fe 浓度减少了。Fe 在植物体内不易移动，因此在枝叶脱落时不会损失太多，地表径流对枯落物有淋溶的作用，而 Fe 又比较容易形成沉淀物质，这两种作用同时发生，其强弱影响了地表径流中 Fe 的浓度。由图 6-11 可知，地表径流与枯落物或者土壤中的 Fe 含量没有相关关系，在其流经枯落物和土壤时受到它们的共同影响，改变了 Fe 的浓度。林地地表径流中 Fe 的浓度普遍小于裸地。壤中流中 Fe 的浓度都降低了，且与土壤 Fe 含量有一定的负相关（R=−0.4210），表明几个样地土壤都截留了壤中流中的 Fe，而林地土壤对 Fe 的截留普遍优于裸地，壤中流的 Fe 浓度小于裸地。从图 6-11 中可知，地表径流和壤中流的 Fe 浓度均小于《地表水环境质量标准》（GB3838—2002）的限值。林分 I_1、I_6、I_7、I_8 对地表径流 Fe 的削减效果优于裸地，其地表径流和壤中流的 Fe 浓度小于裸地，其中林分 I_1 对径流 Fe 的截留效果最优，在地表汇流阶段和土壤层都截留了径流中的 Fe。

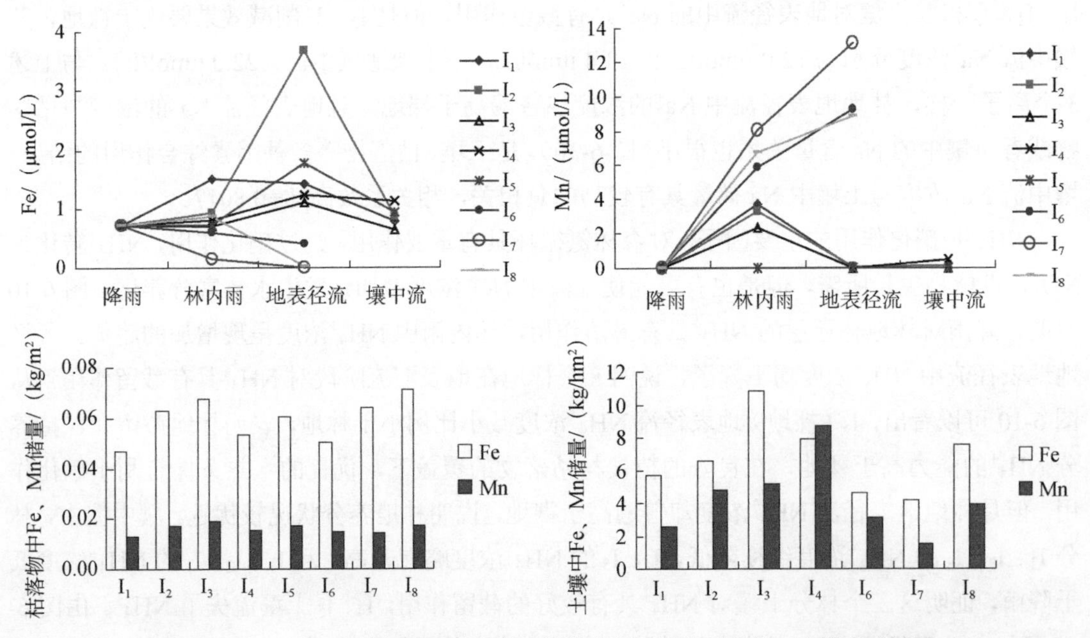

图 6-11 Fe、Mn 在典型林分不同层次间的变化及其在枯落物、土壤中的储量

林内雨中 Mn 的浓度全部增加，表明降雨淋溶了林冠层的 Mn，但是几种林分表现出较明显的区别，I_6、I_7、I_8 林内雨 Mn 浓度较高，地表径流中继续增加；I_1、I_2、I_3 林内雨的 Mn 浓度仅有少量增加，I_4 的 Mn 浓度最低，仅有 0.03 μmol/L，这几个样地的地表径流中 Mn 浓度则降低了，这可能是因为 Mn 在植物体内是不容易移动的元素，其随脱落的枝叶进入地表，影响了地表径流的 Mn 浓度，可能使径流中的 Mn 浓度增加，但其中也可能有枯落物和土壤的吸附作用，在这些因素的综合作用下，地表径流中的 Mn 可能被截留，这两种作用的结果影响了地表径流中 Mn 的浓度。样地 I_1～I_5 在地表汇流阶段截留了 Mn。从图 6-11 中可以看出，林地地表径流中 Mn 浓度与土壤中的 Mn 含量相关性较小，而与枯落物中的 Mn 呈负相关关系，相关系数为−0.6126，说明含 Mn 较多的枯落物反而具有较好地截留 Mn 的作用，而不是释放 Mn；另外，林地地表径流中 Mn 浓度高于裸地，表明林地的养分状况更优越。壤中流 Mn 的浓度很小，I_1、I_3 和 I_5 壤中流中未检出 Mn，仅在 I_2、I_4 壤中流中检出，而这两种林分壤中流 Mn 浓度又大于其地表径流 Mn 浓度，表明 I_1、I_3 和 I_5 土壤具有保持 Mn 的作用，没有释放出 Mn。除了 I_6、I_7 和 I_8 之外，其与样地的径流中的 Mn 浓度均低于《地表水环境质量标准》（GB3838—2002）的限值。林分 I_1、I_2 和 I_3 对地表径流 Mn 的截留效果优于裸地，虽然裸地地表径流与壤中流均未检测出 Mn，但是林分 I_1 林内雨输入了 Mn，林内雨 Mn 浓度达到了 3.7 μmol/L，在地表径流中却为 0，而裸地输入的 Mn 为 0，说明 I_1 对 Mn 的截留效果最好。

7. Al^{3+}在典型林分各层次间的变化

Al 是有毒的元素，在酸性环境下容易释放，造成毒害。从图 6-12 中可以看出，除林分 I_4 之外，降雨淋溶了林冠层的 Al，使得林内雨中 Al^{3+}浓度增加，而 I_3 林内雨 Al^{3+}浓度增加幅度明显小于其余林分。从地表径流中 Al^{3+}浓度可以看出，林分 I_4、I_6、I_7、I_8 受当地酸雨影响较大，枯落物和土壤向地表径流释放了 Al。经过相关分析可知，地表径流中 Al^{3+}浓度与土壤 Al 储量无相关性，与枯落物的 Al 储量相关性也较低（相关系数为−0.3935），可以看出，地表径流 Al^{3+}浓度的影响因素是复杂的。壤中流中 Al^{3+}的浓度较低，且仅有林分 I_1 的壤中流 Al^{3+}浓度高于地表径流，说明在酸性环境下，针叶林或其混交林较易受到 Al 的毒害，其土壤释放了较多的活性 Al，这与李志勇等（2007）在重庆的研究结果一致。壤中流与土壤的 Al 储量具有较高的负相关性，相关系数为−0.7253，可以看出，林分 I_2、I_6 土壤截留 Al 的能力较强，

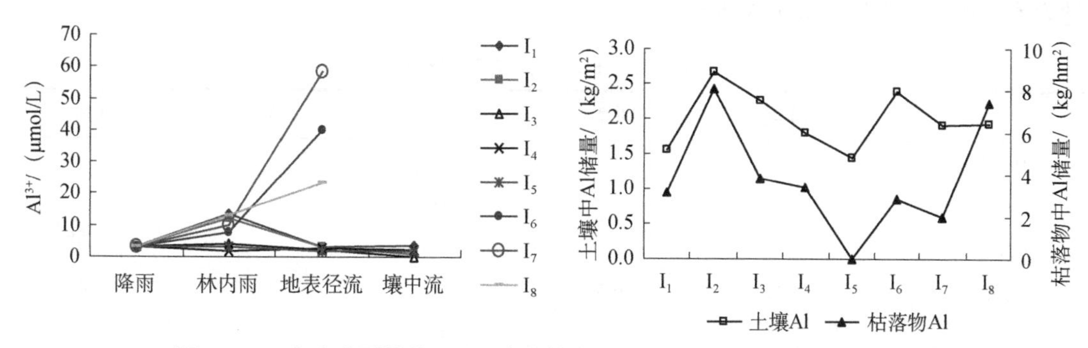

图 6-12　Al^{3+}在典型林分不同层次间的变化及其在土壤、枯落物中的储量

这可能也是其中含有较多的Al的原因。从图6-12还可看出，I_2对径流的Al^{3+}的削减效果最好，优于其余林分和裸地，对地表径流Al^{3+}的削减倍数最高，且壤中流的Al^{3+}浓度小于裸地。I_3的土壤的截留效果也较好，其壤中流Al^{3+}浓度为0。

6.3 典型林分径流水质综合评价

6.3.1 水域功能和标准分类

参照《地表水环境质量标准》(GB3838—2002)，依据地表水水域环境功能和保护目标，按照功能高低，将地表水依次划分为五类：

Ⅰ类　主要适用于源头水、国家自然保护区；

Ⅱ类　主要适用于集中式生活饮用水地表水源地一级保护区、珍稀水生生物栖息地、鱼虾类产卵场、仔稚幼鱼的索饵场等；

Ⅲ类　主要适用于集中式生活饮用水地表水源地二级保护区、鱼虾类越冬场、洄游通道、水产养殖区等渔业水域及游泳区；

Ⅳ类　主要适用于一般工业用水区及人体非直接接触的娱乐用水区；

Ⅴ类　主要适用于农业用水区及一般景观要求水域。

对应地表水上述五类水域功能，将地表水环境质量标准基本项目标准值分为五类，不同功能类别分别执行相应类别的标准值。水域功能类别高的标准值严于水域功能类别低的标准值。同一水域兼有多类使用功能的，执行最高功能类别对应的标准值。

本书研究参照Ⅱ类水质量标准进行评价，研究出水径流水质是否达到该标准要求。

6.3.2 水质评价

使用单因子评价法、综合指数法、主成分分析与聚类分析、灰色关联法、BP神经网络法，对径流水质进行评价。选取指标包括：pH、硝酸盐、硫酸盐、氨氮、铁、锰等。对应的地表水环境质量标准如表6-6所示。

表6-6　地表水环境质量标准

参数	Ⅰ类	Ⅱ类	Ⅲ类	Ⅳ类	Ⅴ类
pH（无量纲）			6～9		
硝酸盐（≤）			10		
硫酸盐（≤）			250		
氨氮（≤）	0.15	0.5	1.0	1.5	2.0
铁（≤）			0.3		
锰（≤）			0.1		

1. 单因子评价法

曾永等（2007）及陆卫军和张涛（2009）等的研究指出，单因子评价法就是用水质最差的单项指标所属类别来确定水体综合水质类别，即用水体各监测项目的监测结果对照该项目的分类标准，确定其水质类别；在所有项目的水质类别中选取水质最差的类别作为水体的水质类别。水质指数的计算公式为

$$I_i = \frac{C_i}{L_{ij}} \tag{6-2}$$

式中，C_i为第 i 类污染物测定值；L_{ij}为第 i 类污染物评价标准。

当 $I_i \leqslant 1$ 时，表示水体未污染；当 $I_i > 1$ 时，表示水体污染。具体数值直接反映污染物超标程度。评价结果见表 6-7。

表 6-7　单因子评价法水质评价结果

样品名称	水质等级
I_1地表径流	Ⅳ
I_1壤中流	Ⅱ
I_2地表径流	Ⅴ
I_2壤中流	Ⅰ
I_3地表径流	Ⅱ
I_3壤中流	Ⅱ
I_4地表径流	Ⅱ
I_4壤中流	Ⅳ
I_5地表径流	Ⅱ
I_5壤中流	Ⅳ
I_6地表径流	Ⅴ
I_7地表径流	劣Ⅴ
I_8地表径流	Ⅴ

从表 6-7 中可以看出，I_2壤中流达到Ⅰ类水标准，I_1壤中流、I_3地表径流和壤中流、I_4地表径流、I_5地表径流均为Ⅱ类水。未达标样地径流中主要是 NO_3^-和 Mn 超标，可能是该地区酸沉降输入氮并造成一些金属元素活化。部分林分，如 I_1、I_2、I_6、I_7、I_8的地表径流的水质劣于裸地，这也是 NO_3^-和 Mn 超标的结果，而 NO_3^-和 Mn 又可以作为植物的营养物质，林地养分状况优于裸地，因此在林地径流中出现个别营养元素超标属于正常结果，表明了其养分含量的优越性。

2. 综合指数法

综合指数法的公式如下：

$$P = \frac{1}{n}\sum p_i = \frac{1}{n}\sum_{i=1}^{n}\frac{c_i}{s_i} \tag{6-3}$$

式中，P 为水质综合评价指数；p_i为单项质量评价指数；c_i为某污染物的实测浓度，mg/L；

s_i 为某污染物地表水环境标准浓度（第Ⅲ类水质标准），mg/L；n 为水质指标个数。

但是 pH 与其他水质参数的性质不同，需采用不同的指数计算方法，它们的单项质量评价指数的计算公式如下：

$$p_i=\begin{cases}\dfrac{7.0-\mathrm{pH}_i}{7.0-\mathrm{pH}_{\mathrm{sd1}}},\mathrm{pH}\leqslant 7.0\text{时}\\ \dfrac{\mathrm{pH}_i-7.0}{\mathrm{pH}_{\mathrm{sd2}}-7.0},\mathrm{pH}>7.0\text{时}\end{cases} \tag{6-4}$$

式中，p_i 为 pH 单项质量评价指数；pH_i 为 pH 的实测值；$\mathrm{pH}_{\mathrm{sd1}}$ 为 pH 标准限值下限，6；$\mathrm{pH}_{\mathrm{sd2}}$ 为 pH 标准限值上限，9。

对应的地表水水质分级标准为表 6-8。

表 6-8　地表水水质分类标准

P	水质类别	P	水质类别
≤0.20	Ⅰ清洁	1.01～2.00	Ⅳ重度污染
0.21～0.40	Ⅱ尚清洁	≥2.01	Ⅴ严重污染
0.41～1.00	Ⅲ轻度污染		

综合指数法的评价结果列于表 6-9 中，从表 6-9 中可以看出，I_5 的地表径流综合指数最小，属于清洁等级；林分 I_1、I_3 地表径流和壤中流，I_7、I_8 地表径流，I_5 壤中流的综合指数较小，属于尚清洁等级；其余受到轻度或较重的污染。可以看出，针阔混交林、毛竹林的径流水质效果较好，裸地径流水质甚至优于常绿阔叶林和灌丛。造成一些林分径流污染的主要指标包括 NO_3^- 和 Mn。

表 6-9　综合指数法评价结果

样品名称	P	级别
I_1 地表径流	0.40	Ⅱ
I_1 壤中流	0.28	Ⅱ
I_2 地表径流	1.53	Ⅳ
I_2 壤中流	1.66	Ⅳ
I_3 地表径流	0.37	Ⅱ
I_3 壤中流	0.31	Ⅱ
I_4 地表径流	1.09	Ⅳ
I_4 壤中流	1.18	Ⅳ
I_5 地表径流	0.17	Ⅰ
I_5 壤中流	0.21	Ⅱ
I_6 地表径流	0.64	Ⅲ
I_7 地表径流	0.23	Ⅱ
I_8 地表径流	0.33	Ⅱ

3. 主成分分析与聚类分析

使用主成分分析和聚类分析评价 8 个样地径流水质的优劣，选取的指标包括：pH、SO_4^{2-}、NO_3^-、NH_4^+、Fe、Mn 等。主成分分析的主要结果如表 6-10。从表 6-10 中可以看出，总共提取出三个主成分，累计贡献率达到了 81.216%。第一主成分中，NH_4^+、Fe、Mn 占有较高的载荷，体现出重金属和氨氮的污染情况。第二主成分中 pH 和 NO_3^- 占有较高的载荷，且代表径流酸碱性与致酸因子，体现出径流中酸性物质的情况。第三主成分中 SO_4^{2-} 占有较高的载荷，这一离子是主要的致酸离子，体现出径流中酸性物质的情况。

表 6-10 主成分分析主要结果

项目	第一主成分	第二主成分	第三主成分
特征值	2.377	1.425	1.071
贡献率/%	39.623	23.744	17.849
累计贡献率/%	39.623	63.367	81.216
pH	−0.275	0.611	0.011
SO_4^{2-}	0.062	0.265	0.939
NO_3^-	0.131	0.894	−0.117
NH_4^+	0.918	0.046	−0.220
Fe	−0.766	0.331	−0.340
Mn	0.922	0.267	−0.106

根据主成分分析的结果，以所选取的三个主成分的特征值所占特征值之和的比例为权重，计算每个样地的综合得分（P），计算结果列于表 6-11。综合得分越高，所含的污染物质越多，水质越差。可以看出，裸地地表径流的得分最小，仅为 3.22，I_2 壤中流的得分最大，污染程度最高。各个样地壤中流的得分均高于地表径流，灌丛和毛竹林径流水质优于常绿阔叶林和针阔混交林。

表 6-11 径流水质综合得分

样品名称	P
I_1 地表径流	8.12
I_1 壤中流	14.94
I_2 地表径流	9.81
I_2 壤中流	16.26
I_3 地表径流	7.16
I_3 壤中流	10.02
I_4 地表径流	5.40
I_4 壤中流	10.27
I_5 地表径流	3.22
I_5 壤中流	8.15
I_6 地表径流	8.68
I_7 地表径流	11.35
I_8 地表径流	8.83

对各样地水质数据进行聚类分析（图 6-13），以类间距不大于 15 作为研究对象的标准，可以看出，林分 I_1 和 I_2 壤中流聚为一类，其余聚为一类，结合主成分分析的结果，可以得知 I_1 和 I_2 壤中流水质综合得分较高，质量较差，因此表现出水质较差的聚为一类。其余径流水质较好，聚为一类。

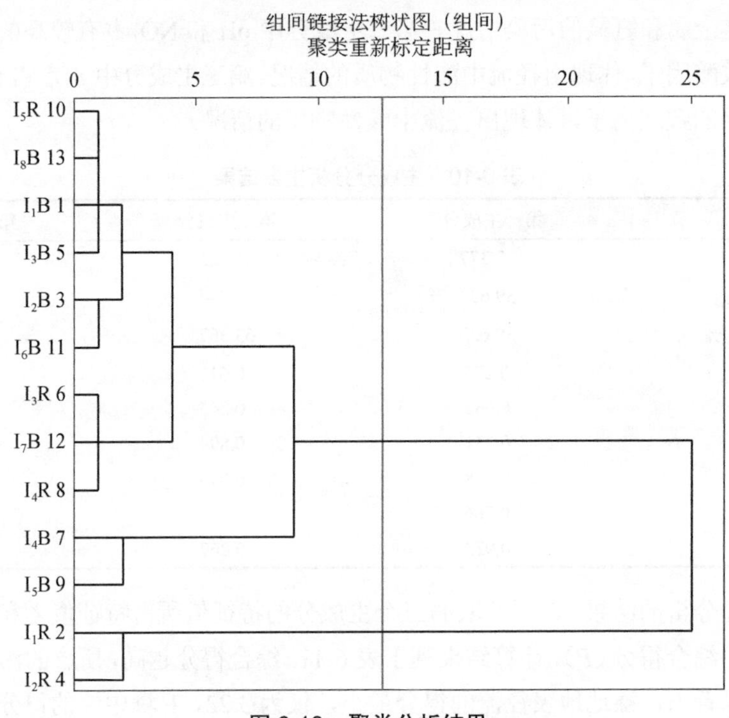

图 6-13 聚类分析结果

R 代表壤中流；B 代表地表径流

4. 灰色关联法

灰色系统是指信息不完全的系统。灰色系统理论是我国学者邓聚龙于 1982 年提出的（陈晓宏等，2009）。邹晓雯（1994）首次提出了应用灰色关联法评价水环境质量，在众多的灰色系统理论方法中，灰色关联法的应用较为广泛。灰色关联法评价水质主要是建立样本数据矩阵和标准分级矩阵，对样本矩阵和标准矩阵进行无量纲化处理，计算指标权重和灰色关联系数，最后得到关联度，并由此判断水质分类。

对于各个样地地表径流和壤中流的水质评价而言，各个水质指标的量级可能不完全相同，如 Mn 和 SO_4^{2-} 等。另外，指标间的单位也不尽一样，如 Mn、Fe 等浓度与 pH 等。因此，有必要在灰色关联度计算之前，一是将所监测的水质指标的数值与水质标准中所对应的该指标的浓度限值做归一化处理，即将元素化为无量纲；二是使元素值转变为［0，1］的数（陈晓宏等，2009）。

对于 Fe、Mn、SO_4^{2-}、NO_3^-、NH_4^+等指标，它们有数值越大污染越重的特点，可以采用下列变换的方法：

$$b_i(k)=\frac{S_P(k)-S_i(k)}{S_P(k)-S_{\mathrm{I}}(k)} \tag{6-5}$$

式中，i=1,2,3,…；P 为水环境质量等级的级数；k=1,2,3,…,n，代表指标数目；b_i（k）为水环境质量标准中第 k 个指标第 i 级归一化之后的数值；$S_{\mathrm{I}}(k)$ 为第 k 个指标Ⅰ类水的限值；$S_P(k)$ 为第 k 个指标Ⅴ类水的限值；S_i（k）为第 k 个指标 i 类水的限值。

$$a_j(k)=\begin{cases}1, X_j(k)\leqslant S_{\mathrm{I}}(k)\\ \dfrac{S_P(k)-X_j(k)}{S_P(k)-S_{\mathrm{I}}(k)}, S_P(k)>X_j>S_{\mathrm{I}}(k)\\ 0, X_j(k)\geqslant S_P(k)\end{cases} \tag{6-6}$$

式中，j=1,2,3,…,m，为水环境质量监测的断面数；k=1,2,3,…,n，代表指标数目；a_j（k）为实测数值中第 j 个样地的第 k 个指标归一化之后的数值；S_{I}（k）为第 k 个指标Ⅰ类水的限值；S_P（k）为第 k 个指标Ⅴ类水的限值；S_i（k）为第 k 个指标 i 类水的限值。

对于 pH，可以按照两个状态变换，即

$$b_i(k)=\begin{cases}1, 6.5\leqslant S_i(k)\leqslant 8.5\\ 0, \text{其他}\end{cases} \tag{6-7}$$

$$a_j(k)=\begin{cases}1, 6.5\leqslant S_j(k)\leqslant 8.5\\ 0, \text{其他}\end{cases} \tag{6-8}$$

对数值的归一化完成之后，取第 j 个样地径流的水质样本向量 $\vec{a}_j=\left[a_j(1), a_j(2), \cdots, a_j(n)\right]$ $(j=1,2,\cdots,m)$ 为母序列。对于固定的 j（如先令 j=1），令 i=1, 2, …, P 的向量为子序列，即 $\vec{b}_i(k)=\left[b_i(1), b_i(2), \cdots, b_i(n)\right]$，分别计算对应每个 k 指标的绝对差 $\varDelta_{ji}(k)$ 和关联离散函数 $\zeta_{ji}(k)$。关联离散函数的计算公式如下：

$$\zeta_{ji}(k)=\frac{1-\varDelta_{ji}(k)}{1+\varDelta_{ji}(k)} \tag{6-9}$$

式中，$\varDelta_{ji}(k)=\left|b_i(k)-a_j(k)\right|$。可以看出，$\varDelta_{ji}(k)$ 反映了第 j 个样地径流的第 k 个水质指标与第 i 类水质标准的差别。不难得出，当 $\varDelta_{ji}(k)$=0 时，表明第 k 个水质指标与第 i 类水质同类，此时 $\zeta_{ji}(k)$=1，关联性最大。相反，当 $\varDelta_{ji}(k)$=1 时，表明第 k 个水质指标与第 i 类水质异类，这时 $\zeta_{ji}(k)$=0，关联性最小。当 $\zeta_{ji}(k)$ 介于 0～1 时，则表现出某种程度的关联性。

为了综合径流的 n 项指标，需要求出所有的 $\zeta_{ji}(k)$ 的数值，称为关联离散函数：

$$\zeta_{ji}=\left\{\zeta_{ji}(1), \zeta_{ji}(2), \cdots, \zeta_{ji}(n)\right\} \tag{6-10}$$

母序列 a_j 和子序列 b_i 的关联性定义为 $\left\{\zeta_{ji}(k)\right\}$ 的面积测度，即关联度。其计算公式为

$$r_{ji}=\frac{1}{m}\sum_{k=1}^{m}\zeta_{ji}(k) \tag{6-11}$$

式中，m 为所监测的指标数目。

根据上述方法，将所测指标及对应的水环境质量标准数值归一化（表 6-12 和表 6-13）。

表 6-12 监测数据归一化结果

样品名称	pH	SO_4^{2-}	NO_3^-	NH_4^+	Fe	Mn
I_1地表径流	1.0000	0.9084	0.1972	0.4843	0.7340	1.0000
I_1壤中流	1.0000	0.7985	0.2734	0.9510	0.8519	1.0000
I_2地表径流	1.0000	0.8924	0.0000	1.0000	0.3116	0.9674
I_2壤中流	0.0000	0.7698	0.5393	1.0000	0.8399	0.9059
I_3地表径流	1.0000	0.9056	0.7478	0.9383	0.7937	1.0000
I_3壤中流	1.0000	0.8714	0.4011	0.9730	0.8805	1.0000
I_4地表径流	1.0000	0.9402	0.4984	0.8366	0.7703	0.9923
I_4壤中流	1.0000	0.8584	0.7826	0.4834	0.7923	0.7402
I_5地表径流	1.0000	0.9644	0.7917	0.9380	0.6675	1.0000
I_5壤中流	1.0000	0.9000	0.4823	0.4393	0.8249	1.0000
I_6地表径流	1.0000	0.9117	0.0000	0.3052	0.9248	0.0000
I_7地表径流	0.0000	0.8591	0.3577	0.0000	1.0000	0.0000
I_8地表径流	1.0000	0.8979	0.2847	0.1331	0.9941	0.0000

表 6-13 水环境质量标准数值归一化结果

水质等级	pH	SO_4^{2-}	NO_3^-	NH_4^+	Fe	Mn
Ⅰ	0.0000	1.0000	1.0000	1.0000	1.0000	1.0000
Ⅱ	1.0000	1.0000	1.0000	0.8108	1.0000	1.0000
Ⅲ	1.0000	0.0000	0.0000	0.5405	0.0000	0.0000
Ⅳ	1.0000	0.0000	0.0000	0.2703	0.0000	0.0000
Ⅴ	0.0000	0.0000	0.0000	0.0000	0.0000	0.0000

以表 6-12 中的第一行为母序列，表 6-13 中的每行为子序列，分别计算 5 个子序列与母序列的关联度（表 6-14），取关联度最大值所在级别为 I_1 地表径流水质类别，以此类推，最终计算得到各个样地地表径流和壤中流的水质类别（表 6-15）。从表 6-15 中可以看出，I_2 壤中流水质最好，达到Ⅰ类水标准，I_6、I_7、I_8 地表径流水质较差，仅为Ⅳ类水或者Ⅴ类水，其余样地径流均为Ⅱ类水。

表 6-14 径流水质关联系数

样品名称	类别	ζ（pH）	ζ（SO_4^{2-}）	ζ（NO_3^-）	ζ（NH_4^+）	ζ（Fe）	ζ（Mn）
I_1地表径流	Ⅰ	0.0000	0.8321	0.1094	0.3195	0.5798	1.0000
	Ⅱ	1.0000	0.8321	0.1094	0.5077	0.5798	1.0000
	Ⅲ	1.0000	0.0480	0.6705	0.8934	0.1534	0.0000
	Ⅳ	0.0000	0.0480	0.6705	0.6475	0.1534	0.0000
	Ⅴ	0.0000	0.0480	0.6705	0.3475	0.1534	0.0000
I_1壤中流	Ⅰ	0.0000	0.6646	0.1583	0.9065	0.7420	1.0000
	Ⅱ	1.0000	0.6646	0.1583	0.7541	0.7420	1.0000
	Ⅲ	1.0000	0.1121	0.5706	0.4180	0.0800	0.0000
	Ⅳ	1.0000	0.1121	0.5706	0.1900	0.0800	0.0000
	Ⅴ	0.0000	0.1121	0.5706	0.0251	0.0800	0.0000

续表

样品名称	类别	ζ（pH）	ζ（SO_4^{2-}）	ζ（NO_3^-）	ζ（NH_4^+）	ζ（Fe）	ζ（Mn）
I_2地表径流	Ⅰ	0.0000	0.8056	0.0000	1.0000	0.1846	0.9369
	Ⅱ	1.0000	0.8056	0.0000	0.6818	0.1846	0.9369
	Ⅲ	1.0000	0.0569	1.0000	0.3704	0.5248	0.0165
	Ⅳ	1.0000	0.0569	1.0000	0.1563	0.5248	0.0165
	Ⅴ	0.0000	0.0569	1.0000	0.0000	0.5248	0.0165
I_2壤中流	Ⅰ	1.0000	0.6257	0.3692	1.0000	0.7241	0.8280
	Ⅱ	0.0000	0.6257	0.3692	0.6818	0.7241	0.8280
	Ⅲ	0.0000	0.1301	0.2993	0.3704	0.0870	0.0494
	Ⅳ	0.0000	0.1301	0.2993	0.1563	0.0870	0.0494
	Ⅴ	1.0000	0.1301	0.2993	0.0000	0.0870	0.0494
I_3地表径流	Ⅰ	0.0000	0.8274	0.5972	0.8838	0.6579	1.0000
	Ⅱ	1.0000	0.8274	0.5972	0.7739	0.6579	1.0000
	Ⅲ	1.0000	0.0496	0.1443	0.4309	0.1150	0.0000
	Ⅳ	1.0000	0.0496	0.1443	0.1990	0.1150	0.0000
	Ⅴ	0.0000	0.0496	0.1443	0.0318	0.1150	0.0000
I_3壤中流	Ⅰ	0.0000	0.7721	0.2509	0.9474	0.7865	1.0000
	Ⅱ	1.0000	0.7721	0.2509	0.7209	0.7865	1.0000
	Ⅲ	1.0000	0.0687	0.4274	0.3962	0.0636	0.0000
	Ⅳ	1.0000	0.0687	0.4274	0.1746	0.0636	0.0000
	Ⅴ	0.0000	0.0687	0.4274	0.0137	0.0636	0.0000
I_4地表径流	Ⅰ	0.0000	0.8871	0.3319	0.7191	0.6264	0.9848
	Ⅱ	1.0000	0.8871	0.3319	0.9498	0.6264	0.9848
	Ⅲ	1.0000	0.0308	0.3348	0.5432	0.1297	0.0038
	Ⅳ	1.0000	0.0308	0.3348	0.2769	0.1297	0.0038
	Ⅴ	0.0000	0.0308	0.3348	0.0890	0.1297	0.0038
I_4壤中流	Ⅰ	0.0000	0.7519	0.6428	0.3187	0.6560	0.5876
	Ⅱ	1.0000	0.7519	0.6428	0.5066	0.6560	0.5876
	Ⅲ	1.0000	0.0762	0.1220	0.8918	0.1159	0.1493
	Ⅳ	1.0000	0.0762	0.1220	0.6487	0.1159	0.1493
	Ⅴ	0.0000	0.0762	0.1220	0.3483	0.1159	0.1493
I_5地表径流	Ⅰ	0.0000	0.9313	0.6552	0.8832	0.5009	1.0000
	Ⅱ	1.0000	0.9313	0.6552	0.7744	0.5009	1.0000
	Ⅲ	1.0000	0.0181	0.1163	0.4312	0.1994	0.0000
	Ⅳ	1.0000	0.0181	0.1163	0.1993	0.1994	0.0000
	Ⅴ	0.0000	0.0181	0.1163	0.0320	0.1994	0.0000
I_5壤中流	Ⅰ	0.0000	0.8183	0.3178	0.2815	0.7020	1.0000
	Ⅱ	1.0000	0.8183	0.3178	0.4583	0.7020	1.0000
	Ⅲ	1.0000	0.0526	0.3493	0.8162	0.0960	0.0000
	Ⅳ	1.0000	0.0526	0.3493	0.7108	0.0960	0.0000
	Ⅴ	0.0000	0.0526	0.3493	0.3895	0.0960	0.0000

续表

	类别	ζ（pH）	ζ（SO_4^{2-}）	ζ（NO_3^-）	ζ（NH_4^+）	ζ（Fe）	ζ（Mn）
I₆地表径流	Ⅰ	0.0000	0.8378	0.0000	0.1801	0.8602	0.0000
	Ⅱ	1.0000	0.8378	0.0000	0.3283	0.8602	0.0000
	Ⅲ	1.0000	0.0462	1.0000	0.6190	0.0391	1.0000
	Ⅳ	1.0000	0.0462	1.0000	0.9325	0.0391	1.0000
	Ⅴ	0.0000	0.0462	1.0000	0.5324	0.0391	1.0000
I₇地表径流	Ⅰ	1.0000	0.7530	0.2178	0.0000	1.0000	0.0000
	Ⅱ	0.0000	0.7530	0.2178	0.1045	1.0000	0.0000
	Ⅲ	0.0000	0.0758	0.4730	0.2982	0.0000	1.0000
	Ⅳ	0.0000	0.0758	0.4730	0.5745	0.0000	1.0000
	Ⅴ	1.0000	1.0000	1.0000	1.0000	1.0000	1.0000
I₈地表径流	Ⅰ	0.0000	0.8148	0.1660	0.0713	0.9883	0.0000
	Ⅱ	1.0000	0.8148	0.1660	0.1921	0.9883	0.0000
	Ⅲ	1.0000	0.0538	0.5568	0.4210	0.0030	1.0000
	Ⅳ	1.0000	0.0538	0.5568	0.7588	0.0030	1.0000
	Ⅴ	0.0000	0.0538	0.5568	0.7650	0.0030	1.0000

表 6-15　径流水质灰色关联度

样品名称	灰色关联度					
	Ⅰ	Ⅱ	Ⅲ	Ⅳ	Ⅴ	类别
I₁地表径流	0.4735	0.6715	0.4609	0.2532	0.2032	Ⅱ
I₁壤中流	0.5786	0.7198	0.3634	0.3254	0.1313	Ⅱ
I₂地表径流	0.4879	0.6015	0.4948	0.4591	0.2664	Ⅱ
I₂壤中流	0.7578	0.5381	0.1560	0.1203	0.2610	Ⅰ
I₃地表径流	0.6611	0.8094	0.2900	0.2513	0.0568	Ⅱ
I₃壤中流	0.6261	0.7551	0.3260	0.2891	0.0956	Ⅱ
I₄地表径流	0.5916	0.7967	0.3404	0.2960	0.0980	Ⅱ
I₄壤中流	0.4928	0.6908	0.3925	0.3520	0.1353	Ⅱ
I₅地表径流	0.6618	0.8103	0.2942	0.2555	0.0610	Ⅱ
I₅壤中流	0.5199	0.7160	0.3857	0.3681	0.1479	Ⅱ
I₆地表径流	0.3130	0.5044	0.6174	0.6696	0.4363	Ⅳ
I₇地表径流	0.4951	0.3459	0.3078	0.3539	1.0000	Ⅴ
I₈地表径流	0.3400	0.5269	0.5058	0.5621	0.3964	Ⅳ

5. BP神经网络法

用BP神经网络法进行水质评价，其训练样本为水质分级标准。模型一旦经训练学习完成后，则可以用于各类环境的水质评价，具有泛化性。神经网络因其所需参数均是训练学习所得，故其较传统的水质评价更具有客观性、合理性、精确性（刘登峰等，2009）。

BP 神经网络法实现的基本过程包括初始化权值和阈值、对样本信息进行训练和经仿真并预测输出值三个步骤（王波，2009），具体如图 6-14 所示。

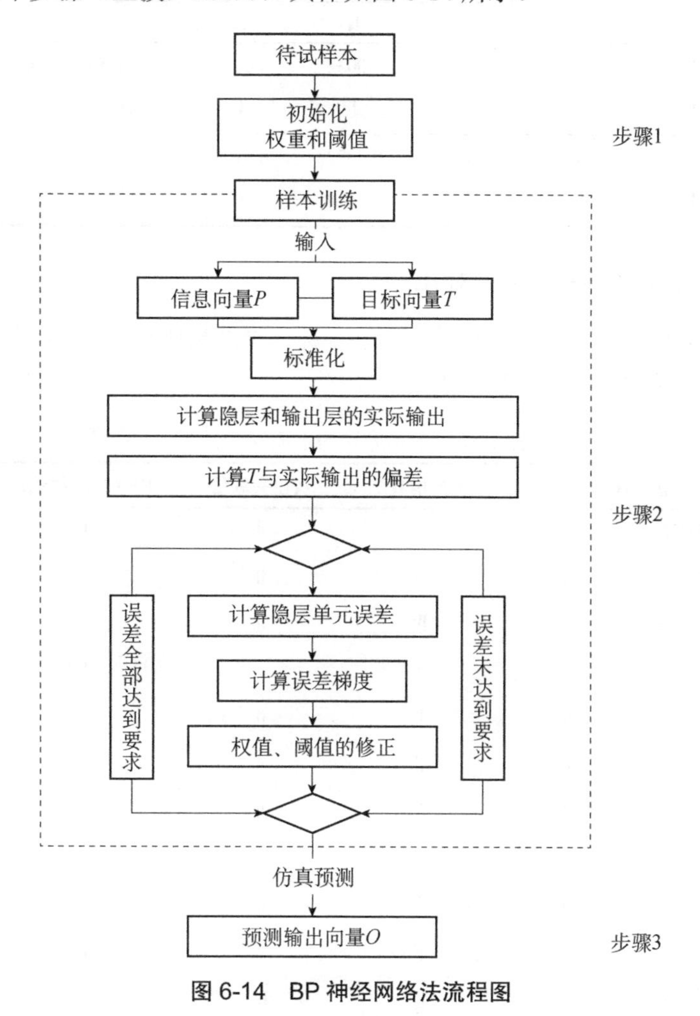

图 6-14　BP 神经网络法流程图

本节研究采用 DPS9.5 的 BP 神经网络模型来评价径流水质，构建的水质评价 BP 神经网络模型，由于评价因子一共有 6 个，可以确定网络的输入节点为 6 个，并且每个水质评价结果只有 1 个，因此网络的输出节点数也为 1 个。本节研究选择中间层为 1 个，中间层节点数经过反复训练、比较，参照网络训练的误差情况，最后确定为 4 个。与 BP 神经网络模型计算对应的水质分级标准见表 6-16。

表 6-16　BP 神经网络模型的水质分级标准

级别	Ⅰ	Ⅱ	Ⅲ	Ⅳ	Ⅴ
数据区间	0～0.2	0.2～0.4	0.4～0.6	0.6～0.8	0.8～1.0

最终计算结果见表 6-17，从表 6-17 可以看出，样地 I_1～I_5 的地表径流和壤中流的水质为Ⅰ类水，I_6、I_8 地表径流为Ⅲ类水，I_7 地表径流为Ⅳ类水。对地表径流净化效果最好的是 I_2，对壤中流净化效果最好的是 I_3。

表 6-17　不同林分径流水质 BP 神经网络法评价结果

径流类型	林分类型							
	I_1	I_2	I_3	I_4	I_5	I_6	I_7	I_8
地表径流	0.0067	0.0005	0.0031	0.0031	0.0016	0.5055	0.7716	0.5341
水质类别	Ⅰ	Ⅰ	Ⅰ	Ⅰ	Ⅰ	Ⅲ	Ⅳ	Ⅲ
壤中流	0.0038	0.0114	0.0023	0.0072	0.0129			
水质类别	Ⅰ	Ⅰ	Ⅰ	Ⅰ	Ⅰ			

6. 不同径流水质评价方法对比

将缙云山典型林分与对照裸地径流水质的各种评价结果比较后，对各方法结果进行综合比较来确定综合水质评价结果，见表 6-18。

表 6-18　多种方法的水质评价结果

林分类型	径流类型	单因子评价法	综合指数法	灰色关联法	BP 神经网络法	综合评价结果
I_1	地表径流	Ⅳ	Ⅱ	Ⅱ	Ⅰ	Ⅱ
	壤中流	Ⅱ	Ⅱ	Ⅱ	Ⅰ	Ⅱ
I_2	地表径流	Ⅴ	Ⅳ	Ⅱ	Ⅰ	Ⅴ
	壤中流	Ⅰ	Ⅳ	Ⅰ	Ⅰ	Ⅰ
I_3	地表径流	Ⅱ	Ⅱ	Ⅱ	Ⅰ	Ⅱ
	壤中流	Ⅱ	Ⅱ	Ⅱ	Ⅰ	Ⅱ
I_4	地表径流	Ⅱ	Ⅳ	Ⅱ	Ⅰ	Ⅱ
	壤中流	Ⅳ	Ⅳ	Ⅱ	Ⅰ	Ⅳ
I_5	地表径流	Ⅱ	Ⅰ	Ⅱ	Ⅰ	Ⅱ
	壤中流	Ⅳ	Ⅱ	Ⅱ	Ⅰ	Ⅱ
I_6	地表径流	Ⅴ	Ⅲ	Ⅳ	Ⅲ	Ⅲ
	壤中流	—	—	—	—	—
I_7	地表径流	劣Ⅴ	Ⅱ	Ⅴ	Ⅳ	劣Ⅴ
	壤中流	—	—	—	—	—
I_8	地表径流	Ⅴ	Ⅱ	Ⅳ	Ⅲ	Ⅴ
	壤中流	—	—	—	—	—

选择单因子评价法、综合指数法、灰色关联法和 BP 神经网络法的评价结果进行综合评价。在评价时，以评价类别重现次数占优的作为最终的水质类别，对于 4 种方法结果均不一致的取最差的评价结果作为最终的水质类别。从表 6-18 中可以看出，I_2、I_6、I_7、I_8 地表径流和 I_4 壤中流超过了Ⅱ类水的标准，其余水质均达到Ⅱ类或Ⅰ类水的标准。I_5 的地表径流水质甚至要优于一些林地，这与主成分分析结果基本一致。从所选的评价指标来看，虽然都会造

成环境污染，但是其中一些也是植物所需的营养元素，如 NO_3^-、NH_4^+、Mn 等，从对典型林分枯落物与土壤养分的评价来看，林地均优于裸地，在径流冲刷下可能造成这些物质含量高于裸地径流，导致水质评价效果较差，另外也说明林地的养分要优于裸地，其释放有效养分供植物生长的能力优于裸地。另外，几种方法中，单因子评价法的评价结果总体较差，这是因为其监测的所有指标中，如果有一个超标即导致单因子评价法的评价结果较差。从表 6-18 可以看出，几种典型林分中 I_1 径流水质总体较优，说明该地区马尾松×四川大头茶混交林具有较好的水质效应。

第7章 典型林分阻滞吸附 $PM_{2.5}$ 功能

$PM_{2.5}$ 已成为国际社会和人民群众关注的焦点，有效地调控和减缓 $PM_{2.5}$ 危害是现阶段亟须解决的重大问题。国家高度重视 $PM_{2.5}$ 的治理工作，修订了《环境空气质量标准》和 $PM_{2.5}$ 的监测指标，各地也都启动了相应的措施。从西方发达国家治理 $PM_{2.5}$ 的历程来看，单纯地以控制排放、牺牲经济发展来实现治理的目标在我国是不现实的。森林生态系统以其独有的优势，成为应用生物措施来治标治本的重要途径。四大直辖市之一的重庆，是长江中上游的经济中心和金融中心，也是西南地区重要的交通枢纽。重庆市人口密集，交通和工业发达，大气污染较为严重。众所周知，森林有除尘和净化空气的功能，然而森林植被调控 $PM_{2.5}$ 的相关机理和技术研究是一个世界性的重大课题。研究重庆市典型林地大气颗粒物分布规律和具体树种对颗粒物阻滞吸附能力的差异等，对提高大气环境质量，探究森林植被对 $PM_{2.5}$ 调控作用和实际应用方面均有一定意义，也可为国家提高森林和城市绿地生态服务功能及改善区域环境质量提供技术支持和理论依据。

7.1 实验设计与研究方法

7.1.1 缙云山典型林地监测

到 2012 年，重庆市森林覆盖率 38.43%（国家林业局，2014），共有自然保护区 58 个，总面积 85.07 万 hm^2，自然保护区面积占土地总面积的 10.33%（操梦帆，2015）。重庆市处于湿润的亚热带，主要植被类型有常绿阔叶林、暖性针叶林、竹林和灌丛等，分布最广的植被类型是亚热带常绿阔叶林。据不完全统计，重庆市共有植物 6000 多种，主城区园林植物较为丰富，共 1985 种（刘明春，2010）。重庆市主城区常见树种分类见表 7-1。

缙云山区森林覆盖率 96.6 %，是较为典型的亚热带森林生态系统。缙云山区共有植物近 2000 种。缙云山有保护完整的森林资源和自然资源，植物种类丰富，植被类型多样，有大面积常绿阔叶林、针叶林和竹林，能够从一定程度上代表亚热带植物基因种库。本章研究选取缙云山有代表性的典型林分进行试验，典型样地基本情况如表 7-2。

表 7-1 重庆主城区常见树种分类

树种		叶表面特征						
		革质	粗糙	绒毛	光滑	蜡质	纸质	膜质
乔木	常绿	榕树、香樟、天竺桂、冬青、大叶桉、石楠、四川山矾	侧柏、圆柏、南方红豆杉、楠木、雪松、水杉	银桦、广玉兰、柘树、白毛新木姜子、广东山胡椒、山杜英		马尾松		
	落叶	黄葛树	蜡梅	复羽叶栾树、白蜡树、三球悬铃木、白玉兰、枫杨、碧桃、紫薇	银杏、鹅掌楸、元宝枫、垂柳、木棉、石榴、紫荆、红豆树		皂荚	刺桐
灌木		冬青卫矛、小叶黄杨、海桐、小叶女贞	月季花、铺地柏、夹竹桃	木槿、毛丁香	日本小檗、绣线菊			

注：榕树（*Ficus microcarpa*）、冬青（*Ilex chinensis*）、大叶桉（*Eucalyptus robusta*）、石楠（*Photinia serrulata*）、四川山矾（*Symplocos setchuensis*）、侧柏（*Platycladus orientalis*）、圆柏（*Sabina chinensis*）、南方红豆杉（*Taxus chinensis* var. *mairei*）、楠木（*Phoebe zhennan*）、雪松（*Cedrus deodara*）、水杉（*Metasequoia glyptostroboides*）、银桦（*Grevillea robusta*）、广玉兰（*magnolia grandiflora*）、柘树（*Cudrania tricuspidata*）、白毛新木姜子（*Neolitsea aurata* var. *glauca*）、广东山胡椒（*Lindera kwangtungensis*）、山杜英（*Elaeocarpus sylvestris*）、马尾松（*Pinus massoniana*）、蜡梅（*Chimonanthus praecox*）、白蜡树（*Fraxinus chinensis*）、白玉兰（*Magnolia denudata*）、枫杨（*Pterocarya stenoptera*）、碧桃（*Amygdalus persica*）、紫薇（*Lagerstroemia indica*）、银杏（*Ginkgo biloba*）、鹅掌楸（*Liriodendron chinensis*）、元宝枫（*Acer truncatum*）、垂柳（*Salix babylonica*）、木棉（*Bombax malabaricum*）、石榴（*Punica granatum*）、紫荆（*Cercis chinensis*）、红豆树（*Ormosia hosiei*）、皂荚（*Gleditsia sinensis*）、刺桐（*Erythrina variegata*）、冬青卫矛（*Euonymus japonicus*）、小叶黄杨（*Buxus sinica* subsp. *sinica* var. *parvifolia*）、海桐（*Pittosporum tobira*）、小叶女贞（*Ligustrum quihoui*）、月季花（*Rosa chinensis*）、铺地柏（*Sabina procumbens*）、夹竹桃（*Nerium indicum*）、木槿（*Hibiscus syriacus*）、日本小檗（*Berberis thunbergii*）、绣线菊（*Spiraea salicifolia*）、复羽叶栾树（*Koelreuteria bipinnata* Franch.）、香樟（*Cinnamomum camphora*）、天竺桂（*Cinnamomum japonicum*）、黄葛树（*Ficus virens* var. *sublanceolata*）、三球悬铃木（*Platanus orientalis*）、毛丁香（*Syringa tomentella*）。

表 7-2 典型样地基本情况

林分类型	郁闭度	海拔/m	下木植被覆盖度/%	林分密度/（株/hm^2）	主要树种	主要下木种	主要地被植物
阔叶林	0.9	825	40	2200	四川大头茶、香樟、白毛新木姜子、川杨桐	四川山矾、贵州鼠李、川柃、枫香树	蕨、里白、狗脊、淡竹叶
针叶林	0.9	820	40	1700	马尾松、杉木	菝葜、钝叶黑面神、苏铁	蕨、里白
毛竹林	0.85	826	10	2200	毛竹	杜茎山、菝葜、钝叶黑面神	蕨、竹叶草、鸭跖草、蝴蝶花
苦竹林	0.8	825	10	4000	苦竹	菝葜、钝叶黑面神	蕨

注：四川大头茶（*Gordonia acuminata*）、川杨桐（*Adinandra bockiana*）、贵州鼠李（*Rhamnus esquirolii*）、川柃（*Eurya fangii*）、枫香树（*Liquidambar formosana*）、蕨（*Pteridium aquilinum*）、里白（*Hicriopteris glauca*）、狗脊（*Woodwardia japonica*）、淡竹叶（*Lophatherum gracile*）、马尾松（*Pinus massoniana*）、杉木（*Cunninghamia lanceolata*）、菝葜（*Smilax china*）、钝叶黑面神（*Breynia retusa*）、苏铁（*Cycas revoluta*）、杜茎山（*Maesa japonica*）、竹叶草（*Oplismenus compositus*）、鸭跖草（*Commelina communis*）、蝴蝶花（*Iris japonica*）、毛竹（*Phyllostachys heterocycla* cv. *Pubescens*）、苦竹（*Pleioblastus amarus*）、白毛新木姜子（*Neolitsea aurata* var. *glauca*）、香樟（*Cinnamomum camphora*）、四川山矾（*Symplocos setchuensis*）。

使用 DUSTMATE 颗粒物采样系统（英国，Turnkey 仪器有限公司）对 $PM_{2.5}$ 等大气颗粒物进行采样，系统放置高度为距地面 1.5 m；同时用 Kestrel 4500 手持气象仪对大气温度、相对湿度、风速等气象条件进行测量并对天气状况进行记录。DUSTMATE 颗粒物采样系统每 1 min 显示一次数据，每 10 min 系统自动保存一次数据。此外，采集的颗粒物不仅有两个粒级的细颗粒物（PM_1 和 $PM_{2.5}$），还包括 $PM_{2.5\text{-}10}$ 和 PM_{10}-TSP（粗颗粒物）。实验持续 6 个月，为 2013 年 6～11 月。

DUSTMATE 颗粒物采样系统采用光散射技术来测定空气中颗粒物和粉尘浓度，可测量的粒径范围为 0.4～20 μm，该采样系统内置采样气泵以 10 mL/s（600 mL/min）的速度将空气样品连续抽入仪器。粉尘先通过光度计的激光束，然后在到达采样泵前通过过滤器去除颗粒物。当颗粒物彻底经过激光束时，仪器按照粒径将颗粒物进行区分。仪器每秒可以区分超过 20000 个颗粒物，相当于超过 6000 $\mu g/m^3$ 的颗粒物浓度。DUSTMATE 颗粒物采样系统采用小角度散射测量原理，每个颗粒物散射的光能被转换成与颗粒物大小成正比的电脉冲，由于小角度散射仅仅与颗粒物粒径大小有关，与颗粒物黑白色度无关，因此也与颗粒物的物质成分无关。与简单的直角散射测量方法相比，DUSTMATE 颗粒物采样系统测定的结果不易受颗粒物组成成分干扰。DUSTMATE 颗粒物采样系统校准用滤膜为 25 mm 的圆形纤维玻璃纸（Whatman GF/A），每 1 个月更换 1 次。

选取晴天或阴天（共 30 天）上午、中午和晚上三个时段进行 $PM_{2.5}$ 质量浓度的测定，每天的颗粒物浓度取三个时段的平均值，测量高度距地面 1.5 m 左右。由于采样周期持续时间长，所以采集的数据既包括浓度较高的日期，也包括浓度较低的日期，这可能是大气颗粒物质量浓度和气象参数的标准偏差较高的原因（Dallarosa et al.，2008）。在采样的过程中，主要污染物为细颗粒物的采样天数占总采样天数的 96.7%，其中 $PM_{2.5}/PM_{10}$ 的比率为 0.51～0.63。在已有的文献中，由于监测站点类型的不同，$PM_{2.5}/PM_{10}$ 的比率在 0.40～0.80 变化（Gilli et al.，2007）。

表 7-3 统计了采样期间大气颗粒物和气象参数。气象条件的变化能够影响大气颗粒物的分布规律。通过对比分析重庆市的气象资料，总结大气颗粒物所占比例较高的天气，从中挑选对大气颗粒物的聚集、稀释、扩散和沉降有较为明显的影响的天气，在所有采集的数据中，通过跟踪记录天气情况，筛选出与预期天气类型相符的观测数据作为典型天气条件的代表。选取的 4 种典型天气分别为："连续降雨后阴天"（简称"雨后阴天"）（6 月 24 日）、"降雨后晴天"简称"雨后晴天"（6 月 27 日）、"连续晴天"（7 月 11 日）、"伏旱天"（8 月 25 日）。

表 7-3　采样期间大气颗粒物及气象参数统计

	$PM_{2.5}$ /（$\mu g/m^3$）	PM_{10} /（$\mu g/m^3$）	温度 /℃	相对湿度 /%	气压 /hPa	风速/（m/s）
最大值	174.0	283.8	33.0	95	997.3	0
最小值	22.1	24.8	4.8	21	960.0	0.6
平均值	83.12	122.06	16.09	66.3	978.46	0.16
标准差	34.82	57.53	5.32	16.4	6.87	0.08

7.1.2　植物叶片滞尘能力实测

1. 叶片采集与处理

一般情况下，叶片滞尘量会随时间增加而累积，到下一次降雨之前达到最大值。在降水量达到 5 mm 之后的第 3 个连续晴天，对实验用叶片样品进行采集，用实验袋进行保存。采集中，为了尽可能真实地反映不同植物对$PM_{2.5}$和PM_{10}吸附作用的差异，分别选取面向路面一侧的树种树冠上、中、下三个高度的叶片若干。在叶片样品采集和保存过程中，尽量避免植物叶片表面颗粒物掉落。

将采集好的植物叶片带回实验室后在60℃烘箱中进行烘干处理，直至叶片水分完全蒸发。取出叶片，用刀片从叶片上取下4 mm×3 mm的小块。各取每片叶片表面离叶脉较近和离叶脉较远、背面离叶脉较近和离叶脉较远的部分，共4份样本。将样本用导电双面胶黏到电镜观载台上，采用金属镀膜法将样品进行导电处理，放到扫描电镜中进行观察。设置扫描电镜参数，调整照片明暗度和对比度，直至满足实验需求，并将照片放大500倍、2000倍和5000倍得到粒径等级为10 μm、2 μm、1 μm的照片。将这些照片保存，然后用ImageJ软件做后期处理，改变照片的阈值便得到所需的分析照片。

本章研究的目的是比较不同植株的叶面滞尘差异，在采集过程中，人为因素易造成系统误差。因此，在采集样品过程中要注意动作幅度不要过大，尽量避免叶表面的摩擦。尤其是叶表面为蜡质的植物，很容易因为采集过程中的疏忽使颗粒物脱落，从而减少了颗粒物的数量而影响实验效果，对于叶表面有分泌物的叶片也要避免分泌物黏附其他颗粒物。

2. 图像处理

ImageJ是一款专业图像处理与分析软件，能对图像表面进行分析，尤其是对选定区域指定像素点密度分析有很好的效果，该软件常用来对生物体、晶体、颗粒物等相关实验素材进行解析。

电子扫描显微镜，即扫描电镜（日本，日立公司SEM-3400）是对样品表面形态进行测试的一种大型仪器。运用扫描电镜对研究树种的叶片或树皮表面颗粒物附着情况进行扫描拍照，通过调整照片灰度和对比度获得原始黑白电镜扫描照片素材。对扫描电镜照片用ImagJ做后期图像分析处理，通过软件对照片素材的像素处理，得到以叶片或树皮为黑色背景，以颗粒物为白色检验对象的效果图像。做进一步处理后，便得到一定叶片或树皮面积上，不同粒径颗粒物所占的比例情况。扫描电镜通过分析植物表面颗粒物情况，来分析比较不同树种、不同叶面结构、不同环境条件下颗粒物附着的微观形态，同时也可以对颗粒物组分进行定量分析。

对植物叶片照片中不同粒径颗粒物数量进行统计，通过公式计算单位叶面积不同颗粒物的吸附量。其公式如下：

$$P_n = \frac{S_n}{S} \times 100\% \tag{7-1}$$

式中，P_n为一定叶面积上n粒径大小粒子所占份额，%；S_n为n粒径粒子所占的面积，μm；S为叶表面积，μm；n为粒径的级别（包括<2.5 μm、<10 μm）。

通过统计计算，每个叶片样本得到一组P_n值，每种植物叶片得到4组P_n值，在计算叶片单位面积吸附颗粒物的数量时，将4组值进行平均，最终得到单位叶面积吸附量。

用扫描电镜的方法处理植物叶片，对植物叶表面颗粒物进行拍照还处于比较粗糙的阶段，照片的清晰度与照片的色差完全是由人为调控扫描电镜获得的，因而具有一定的人为主观性和随机性。对于不同的叶面结构，由于叶表面的起伏带来的阴影过渡，不同的结构位置会呈现不同的明暗效果，从而对统一控制电镜照片的像素带来一定干扰。对于实验对象的照片，通过控制实物的放大倍数（500倍、2000倍和5000倍），使像素水平大体达到一致，对于照片亮度的处理，应尽量保证颗粒物与叶面背景的过渡阴影不影响软件的识别。

对植物叶表面和不同粒径大小粒子进行面积分析时注意照片尺寸问题，根据照片的比例尺有判别地进行面积计算，并且注意单位问题，一般照片尺寸单位都是μm级。

7.1.3 植物叶片滞尘能力室内模拟

1. 试验装置与实验原理

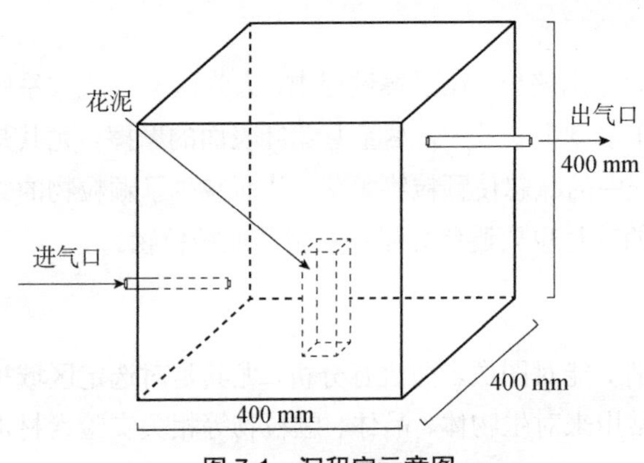

图 7-1 沉积室示意图

图7-1为室内模拟试验的沉降室示意图，其可用来模拟植物周围气体全方位的流动状况，气室壁由透明有机玻璃制成。沉降室的大小为400 mm×400 mm×400 mm。沉降室中间为长方形花泥基座，用于布置不同的植物枝叶。花泥基座的大小约为50 mm×50 mm×200 mm。沉降室的气溶胶入口和出口由透明有机玻璃制成，考虑到通常树木高度高于排放污染物的车辆高度，气溶胶的入口被放置在沉降室的下部，出口被放置在上部，分别距沉降室下部和上部50 mm。入口和出口的管子位于沉降室的对角线，这种安装方式使得立方体空间内两管子直线距离最长，从而使沉降室内气体流动模式更复杂。

模拟实验装置如图7-2所示，由气溶胶发生器（美国，美国TSI集团）、沉降室和空气压缩机3个部分组成。气溶胶发生器通过雾化溶液产生多分散气溶胶，粒子浓度可以通过气溶胶发生器的气压来改变。在条件相同的情况下，产生的气溶胶浓度是稳定的，粒径范围为0.01～2 μm。气溶胶发生器的喷头是链式的，这样更易与沉降室的进气口连接。喷头和装溶液的有机玻璃容器由易开启的铰链盖保护。雾化过程所需的压缩空气通过外部空气压缩机提供，通过不锈钢进行连接。

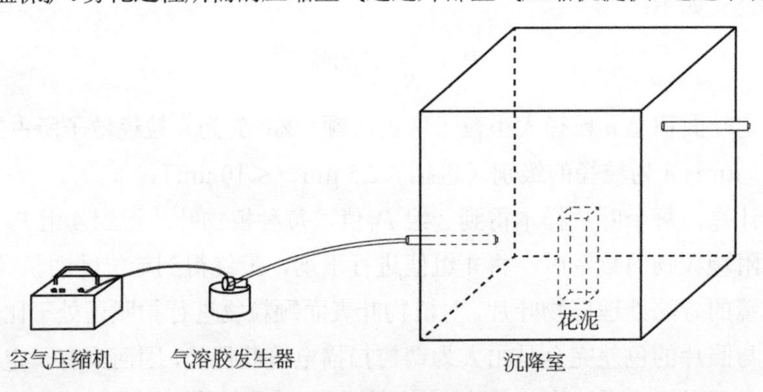

图 7-2 模拟实验装置图

本章研究通过控制相同的溶液浓度和气压，产生相同浓度的气溶胶。发生器中的溶液为 0.1 mol/L 的 NaCl 溶液，压力为 25 psi（约为 172 kPa），气溶胶发生速率为 6.6 L/min。

将采集的供试样本用蒸馏水反复冲洗（约 50 次），直至叶片表面污染物被清除，然后将供试样本置于室温阴凉处静置 24 h 至植物表面干燥，最后将供试样本插于沉降室内的花泥上。为了保证试验前沉降室内空气条件均匀一致，试验在相同的环境（温度 20～25℃，相对湿度 60%～70%）下进行。每次试验前向沉降室中连续通入 5 min 雾化的气溶胶，静置 20 min。之后放入供试样本，再次向沉降室通入 5 min 雾化的气溶胶后，静置 30 min。部分气溶胶被供试样本阻滞和吸附，剩余部分附着在沉降室壁或通过出气口排出。将植物从沉降室中取出，用超声波振荡法将供试样品的 Cl^-充分溶于 500 mL 去离子水中。用离子色谱法测定溶液中 Cl^-浓度，通过计算可得叶片吸附量（C）。结合供试植物总叶表面积（S），单位叶面积吸附量：$C_n=C/S$。取针叶植物和阔叶植物各一种，采取不同的空间布置方式，计算其单位叶表面积吸附量，从而探讨不同空间配置方式对植物滞尘能力是否有明显的影响。

2. 叶面积的测定

树种共 14 种，分别为三球悬铃木、天竺桂、构树（*Broussonetia papyrifera*）、香樟、银杏、马尾松、榕树（*Ficus microcarpa*）、刺桐、银桦、四川山矾、近轮叶木姜子（*Litsea elongate* var. *subverticillata*）、二乔玉兰（*Magnolia soulangeana*）、复羽叶栾树和黄葛树。由于针叶的形状，将每个松针假定为一个截锥体，通过式（7-2）算出其表面积。

$$A_p = \frac{\pi}{2}(d_1 + d_2)\left[\frac{1}{4}(d_2 - d_1)^2 + l^2\right]^{1/2} \tag{7-2}$$

式中，A_p为松针的平均表面积，μm；d_1为松针顶部的平均直径，mm；d_2为松针底部的平均直径，mm；l为松针的平均长度，mm。松针的直径和长度用游标卡尺进行测量。实验中针叶树种松针的总表面积通过计算松针的数量和平均表面积的乘积得到。

对于其他树种，用叶面积测量仪（YMJ-B，浙江托普仪器有限公司）进行测量。每片叶片反复测量 3 次，计算其平均值后乘以 2 作为单片树叶的表面积。每种供试植物的总表面积通过所有单片树叶的表面积相加得到。

柏军华等（2005）和杨劲峰等（2002）对目前比较常用的叶面积测定方法进行比较研究，得出测定结果的准确性和精确性最高的是方格法，但是该方法费时费工，其他手工测定的方法得出的结果准确性和精确性较低；激光叶面积仪法和图像处理法得出的结果误差小于 5%，准确性较高；由于图像处理法不适合大量的叶面积测量工作，因此本章研究选取激光叶面积仪法对叶片表面积进行测量。

7.1.4　叶表面特性研究

运用扫描电镜研究叶表面特性的步骤与上述方法基本一致。值得注意的是，需挑选生长状态良好的成熟叶片，用生理盐水反复清洗后再烘干。这样做的目的是更清晰地观察植物叶表面微观结构。

叶表面特性包括叶片材质、气孔密度、毛的密度和数量、叶表面突起和沟槽等。气孔密度（每平方毫米气孔）是扫描电镜将植物叶片放大到2000倍时视野内的气孔数量。

7.2 缙云山典型林地大气颗粒物浓度分布特征及其影响因素

7.2.1 典型林地大气颗粒物浓度季节分布特征

图 7-3（a）为夏秋两季缙云山典型林地 $PM_{2.5}$ 浓度变化。夏季 $PM_{2.5}$ 浓度的范围为 6.9～150.13 μg/m^3，典型林地 $PM_{2.5}$ 平均浓度分别为毛竹林 43.8±32.3 μg/m^3、针叶林 45.2±35.9 μg/m^3、阔叶林 44.3±32.3 μg/m^3 和苦竹林 45.6±35.528 μg/m^3；秋季为 40.1～312.8 μg/m^3，典型林地 $PM_{2.5}$ 平均浓度分别为毛竹林 140.0±66.0 μg/m^3、针叶林 139.9±103.0 μg/m^3、阔叶林 142.2±90.8μg/m^3 和苦竹林 120.6±63.1 μg/m^3。

图 7-3（b）所示，PM_{10} 也有类似的规律。夏季 PM_{10} 浓度范围为 23.2～238.4 μg/m^3，秋季为 93.4～490.5 μg/m^3。典型林地夏季颗粒物标准误差小，离差值小，且均小于秋季，说明夏季颗粒物浓度较为稳定。

结果表明，缙云山典型林地 $PM_{2.5}$ 和 PM_{10} 浓度变化有明显的季节性，典型林分颗粒物浓度秋季明显高于夏季。这可能是由于重庆市夏季天气高温多雨、辐射较强，紊流随之增强，有利于 $PM_{2.5}$ 和 PM_{10} 扩散。大气边界层是与地面有直接作用的对流层（杨辉等，2006），大气气溶胶在大气边界层内富集。夏季大气不稳定层结状况较多，出现逆温现象的频率较低，逆温厚度较小，大气上升运动强，有利于颗粒物的扩散。秋季云层增厚，太阳辐射较弱，稳定层结状况增加，混合层厚度较薄，不利于颗粒物的扩散。另外，有研究表明（王耀庭等，2012），稳定大气边界层不易被有效突破，可阻断上下层流动和维持下层平稳，易出现雾霾天气，这种天气对大气颗粒物的垂直扩散也有一定的阻碍作用。

其他学者也有相似的研究结果，张智胜等（2013）对成都城区的研究表明，成都 $PM_{2.5}$ 季节变化明显，秋季显著高于夏季。李曼（2013）对上海市 $PM_{2.5}$ 浓度研究发现，市区和工业区采样点秋季 $PM_{2.5}$ 质量浓度分别约是夏季的 3 倍和 2.8 倍，这与世界其他城市的测定结果相类似（Trivedi et al.，2014）。盛涛（2014）对昆明、长沙、上海、北京、武汉、广州等国内 8 个城市 PM_{10} 和 $PM_{2.5}$ 研究发现，夏季颗粒物浓度最低，一般出现在 7 月，秋季颗粒物浓度明显高于夏季。

不同典型林地之间 PM_{10} 和 $PM_{2.5}$ 浓度的差异也随季节变化而不同。夏季 4 种典型林地大气颗粒物浓度差异不大（图 7-3），用 SPSS 中两因素随机区组方差分析后发现，林地类型对颗粒物浓度的影响并不显著。

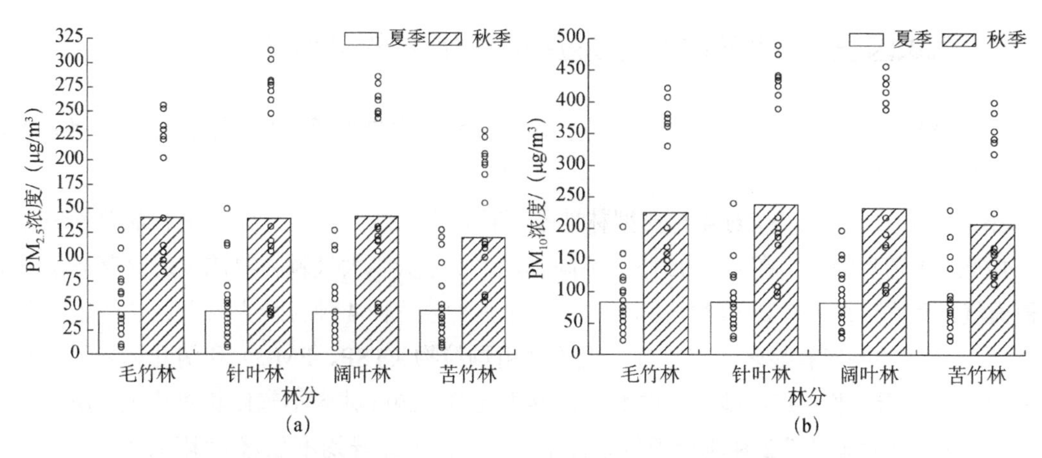

图 7-3　夏秋两季典型林地 $PM_{2.5}$ 浓度（a）和 PM_{10} 浓度（b）

秋季苦竹林大气颗粒物与其他 3 种林地差异显著，毛竹林、针叶林和阔叶林之间差异并不显著。苦竹林内 $PM_{2.5}$ 和 PM_{10} 浓度是所有典型林地中最低的，$PM_{2.5}$ 浓度在阔叶林中略高，PM_{10} 浓度在针叶林中略高。这说明随着夏秋季节的更替，苦竹林 PM_{10} 和 $PM_{2.5}$ 浓度较其他 3 种林地低的趋势越来越明显。究其原因，可能是夏季重庆缙云山空气质量相对较好，颗粒物浓度整体较低，颗粒物污染受整个城市大环境影响较大，而受植被类型影响较小。秋季颗粒物浓度较高，颗粒物受微环境（林地类型不同）的影响显现出来了。阔叶林和针叶林郁闭度相对较大，针叶林所处地势较低，大气颗粒物不容易扩散，其颗粒物浓度高于林分相对开阔的其他林分。再加上秋季阴雾天气多，湿度较高的天气条件利于 $PM_{2.5}$ 的形成（校建民等，2009），郁闭度较高的林分内颗粒物更易聚集，所以秋季阔叶林和针叶林颗粒物浓度高于其他两种林型。苦竹林秋季干枯较早，郁闭度相对较小，有利于空气流动，在多雾多云的天气更有利于大气颗粒物的扩散。

从表 7-4 可以看出，4 种典型林地 $PM_{2.5}$ 在 PM_{10} 中所占比例秋季均略高于夏季，这与吴国平等（1999）对广州、武汉、兰州、重庆 4 个城市的研究结果一致。对于秋季而言，由于气温下降较早，逆温现象严重，从 9 月开始多数天气为阴、轻雾或少云轻雾，特别是 10 月以来，几乎每天都为阴霾天，个别时候能见度小于 100 m，这种雾霾天气可能对细颗粒物的贡献更加显著，所以使得秋季 $PM_{2.5}$ 在 PM_{10} 中所占比例比夏季略高。对于同一季节来说，4 种典型林地 $PM_{2.5}/PM_{10}$ 之间几乎没有任何差异，夏季比值略低的林地为毛竹林，秋季比值略低的林地为苦竹林。对照夏秋两季 4 种典型林地颗粒物日均值和 $PM_{2.5}$ 在 PM_{10} 中所占比例可以看出，在相对郁闭的林地，颗粒物粒径越小越不易扩散。另外，秋季 $PM_{2.5}$ 总体浓度高于夏季，这可能与 $PM_{2.5}$ 形成的季节性有关：秋季雾霾天气多以及逆温现象对细颗粒物的贡献大。

表 7-4　典型林地 $PM_{2.5}/PM_{10}$ 季节变化　　（单位：%）

	毛竹林	针叶林	阔叶林	苦竹林
夏季	51.63	53.44	53.61	53.56
秋季	62.79	59.19	61.27	58.41

7.2.2 气象因子对典型林地大气颗粒物污染水平的作用分析

影响林地大气颗粒物浓度高低的因素，除了颗粒物本身性质和林地的滞尘能力外，还有小气候等环境因素。

不同典型天气条件下，对 4 种典型林地不同粒径大气颗粒物质量浓度进行显著性方差分析。由表 7-5 可以看出，在 α=0.05 下，不同林地“伏旱天”大气颗粒物浓度均显著高于其他 3 种天气。毛竹林细颗粒物（$PM_{2.5}$、PM_1）、针叶林和苦竹林 4 种粒径大气颗粒物浓度对不同典型天气条件的响应有显著的差异性。毛竹林粗颗粒物（TSP、PM_{10}）和阔叶林细颗粒物浓度对“雨后晴天”和“连续晴天”的响应差异不显著。阔叶林内小气候相对稳定，所以“雨后晴天”和“连续晴天”2 种典型天气条件下颗粒物浓度差异均不显著。“雨后阴天”典型天气条件下，粗颗粒物浓度差异不显著。对于 4 种林地，“雨后晴天”大气颗粒物浓度最低，尤其是细颗粒物。

表 7-5 典型林分不同天气条件下大气颗粒物方差分析结果

	毛竹林				针叶林				阔叶林				苦竹林			
	TSP	PM_{10}	$PM_{2.5}$	PM_1	TSP	PM_{10}	$PM_{2.5}$	PM_1	TSP	PM_{10}	$PM_{2.5}$	PM_1	TSP	PM_{10}	$PM_{2.5}$	PM_1
雨后阴天	B	B	B	B	B	B	B	B	B	B	B	B	B	B	B	B
雨后晴天	C	C	D	D	D	D	D	D	B	B	C	C	D	D	D	D
连续晴天	C	C	C	C	C	C	C	C	B	B	C	C	C	C	C	C
伏旱天	A	A	A	A	A	A	A	A	A	A	A	A	A	A	A	A

注：字母相同代表不显著，α=0.05。

出现上述情况的原因如下：“伏旱天”为重庆地区频发的灾害性天气，主要表现为长时间降水量少、晴天多、高温天气（气温达到或高于 35℃）频发。研究表明（李坤，2010），重庆市主城区处于伏旱灾害发生频率较高的区域。1961 年以来，伏旱日数有增加的趋势（刘晓冉等，2012）。由于受西太平洋副热带高压和特殊的地理位置影响，重庆盛夏气温高、降雨少、风速小、湿度大。“伏旱天”地面气压升高、高温、闷热、风速小、相对湿度大，这种天气条件往往导致大气颗粒物的持续累积（徐祥德等，2009）。一方面，由于重庆是被青藏高原、云贵高原、大巴山和秦岭包围的盆地地形，地形闭塞，气流交换不畅（韩世刚，2010），大气对气溶胶的输送很弱，不利于颗粒物的扩散；另一方面，降水减少、蒸发增多，土壤水分缺乏，导致植物活性下降，滞尘能力下降，不利于颗粒物的植物沉降。2013 年我国南方地区遭遇 1951 以来最强高温热浪，西南地区伏旱程度严重且持续时间长。测定日（8 月 25 日）处于伏旱接近结束期，颗粒物经过近 2 个月的累积，浓度达到较高水平。

“雨后晴天”之前为连续数日的多雾、阴天天气，测定日为降雨后的第二个晴天，几乎全天晴朗无云。降雨对颗粒物有明显的冲刷效果（王耀庭等，2012）。降雨过程发生时，雨滴下落与颗粒物碰撞，雨滴被颗粒物附着或溶解颗粒物，从而将颗粒物沉降到地面。降雨过后，由于没有云和雾的影响，太阳辐射增强，边界层湍流增加，稳定层结被突破，产生对流，有利于颗粒物的扩散运输（周国兵，2010）。由于降雨的清洁作用，以及晴天的利于扩散，

“雨后晴天”颗粒物质量浓度最低。

“雨后阴天”颗粒物质量浓度虽经过降雨的冲刷作用有所降低，但阴天云层较厚，太阳辐射不足，空气相对湿度仍处于较高水平，水溶性离子可与空气中水汽结合形成细颗粒物（谢意，2013）。另外，细颗粒物在湿度较高的情况下易吸湿长大和再积累。因此，虽然降雨降低了大气颗粒物质量浓度，但“雨后阴天”并没有延续降雨对颗粒物的冲刷效果，污染物浓度渐渐回升到较高水平。

7.3　重庆市典型树种阻滞吸附 $PM_{2.5}$ 能力研究

7.3.1　重庆市典型树种的选择依据

树木对灰尘和粉尘有明显的阻滞、吸附等削减作用，可以减少大气污染。一方面，茂盛的树冠部分可以降低风速，使大气中的尘粒停留悬浮在树冠层，部分颗粒物由于重力沉降到地面；另一方面，树木叶片和枝干可以起到过滤空气的作用，尤其是一些特殊结构，如凹陷、绒毛以及分泌黏性物质或油脂等的腺体，空气经过树木时，其中的颗粒物便会被叶片或枝干吸附，减少大气中颗粒物。灌木和草本植物也有降尘的作用，不仅枝叶部分可以吸附灰尘，而且根茎可以起到固土效果，使地面不易产生扬尘。

树木对颗粒物的阻滞吸附能力大小与叶表面结构、形态、粗糙度大小以及冠幅大小、疏密度等因素有关。通常叶面平展宽广，风经过时不易抖动，叶表面结构复杂，粗糙度较大的植物滞尘量较大。叶片表面的绒毛、腺体和凹凸起伏较大的结构是滞尘较为有效的结构。凹凸不平的树皮也是植物滞尘的重要形态特征，一般情况下，树皮的滞尘效果远不及叶片。树木的滞尘能力与季节也有一定的关系，冬季树木生理活性下降，叶片少，甚至掉落，滞尘能力比夏季小。滞尘能力与绿化树种有关，不同的植物滞尘能力可达几倍甚至十几倍。

本章研究搜集重庆地区常见植物种建立重庆地区的植物种库，并作为具有高效阻滞吸附颗粒物能力的备选树种。将常见的植物按照不同园林用途、植物生长型以及相关形态学特性等进行分类。首先，按照主要的园林用途分为行道树和庭院树两大类（戴斯迪等，2012）。行道树主要分布于人流量和车流量较大的交通发达地区，如城市主干道两侧等，周边污染水平相对较高；而庭院树则更多地分布于公园、庭院及城市绿地等，周边污染水平相对较低。每类中，按照植物自身的生长型主要分为常绿乔木、落叶乔木及灌木（王蕾等，2006；薛建华和卓丽环，2006）。由于重庆地区绿化树种中灌木种类相对较少，故不将其细分为常绿和落叶两种。植物对颗粒物的阻滞吸收作用受其自身形态学特性，尤其是叶表面特性影响显著（薛建华和卓丽环，2006；柴一新等，2002；高金晖等，2007）。例如，叶面积较小并具有蜡质结构的叶更有助于增加颗粒在叶表面沉积（Beckett et al.，2000；Burkhardt et al.,1995）。叶毛类似于纤维过滤器，能更有效地阻截颗粒物（Little，1977；Wedding et al.，1975）。此外，叶的粗糙表面也比平坦表面更有效地沉降颗粒物（Räsänen et al.，2013）。因此，本章研究根据植物叶表面不同的微形态结构，将植物细分为革质、绒毛、粗糙、光滑、蜡质、膜质、纸质等类型（高金晖等，2007）。其中，革质类为叶表面有蜡质、较光滑，主要分为薄革质和厚革质；绒毛类为叶单面或双面、局部或整体具有绒毛或绢状毛；粗糙类为叶表面一般具有特殊结构，如腺槽、气孔带等；光滑类主要为叶表面无毛无特殊结构，但叶片一般为非革质；蜡质为叶表面具有一层蜡质结构，一般属于针叶树种；膜质类叶片较薄，呈膜状；纸质类为叶片呈纸质或厚纸质。重庆市主要树种叶表面特性分类统计见表 7-6。

表 7-6　重庆主要树种叶表面特性分类统计

树种		叶表面特性						
		革质	绒毛	粗糙	光滑	蜡质	膜质	纸质
行道树（22 种）	乔木（常绿）	5 种	1 种	2 种				
	乔木（落叶）	1 种	4 种		5 种			
	灌木	4 种						
庭院树（28 种）	乔木（落叶）	2 种	5 种	4 种		1 种		
	乔木（常绿）		3 种	1 种	3 种		1 种	1 种
	灌木		2 种	3 种	2 种			

7.3.2　实测重庆市典型树种叶片对 $PM_{2.5}$ 的阻滞能力

1. 不同典型树种叶片滞尘能力比较

将扫描电镜下植物叶片放大 2000 倍，统计视野内（约 2858.5 μm²）的颗粒物（$PM_{2.5}$ 和 PM_{10}）数量，不同典型树种统计结果如图 7-4 所示。从滞留颗粒物总数来看，不同典型树种对不同粒径颗粒物的滞留能力存在差异。在观测叶面积相同的情况下，13 种供试树种叶表面

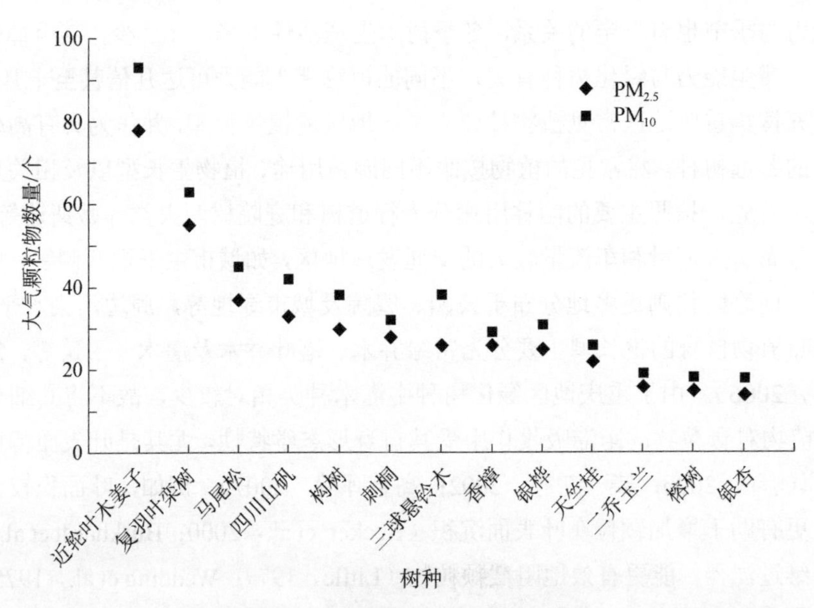

图 7-4　不同树种叶表面颗粒物数量

滞留 $PM_{2.5}$ 的数量由大到小排序为：近轮叶木姜子、复羽叶栾树、马尾松、四川山矾、构树、刺桐、三球悬铃木、香樟、银桦、天竺桂、二乔玉兰、榕树、银杏。滞留 PM_{10} 数量由大到小排序为：近轮叶木姜子、复羽叶栾树、马尾松、四川山矾、构树=三球悬铃木刺桐、银桦、香樟、天竺桂、二乔玉兰、银杏=榕树。从阻滞颗粒物的总数上看，近轮叶木姜子是滞留颗粒物最多的树种；三球悬铃木对于细颗粒物的滞留能力处于中等水平，对粗颗粒物的滞留能力较为突出；一些树种对细颗粒物有较高的滞留能力，但对粗颗粒物的滞留能力较差，如复羽叶栾树、马尾松、刺桐和香樟。

图 7-5 为不同树种叶表面颗粒物个数所占比例图，该图可以更好地研究树种对不同粒径颗粒物的滞留能力。从图 7-5 可以看出，13 种供试树种叶表面滞留的主要颗粒物为 $PM_{2.5}$，平均占比 82%。总体而言，13 种供试树种叶表面滞留粗颗粒物数量贡献不大；三球悬铃木滞留的粗颗粒物最多，为 32%；其他树种滞留的粗颗粒物均在 23%以下。

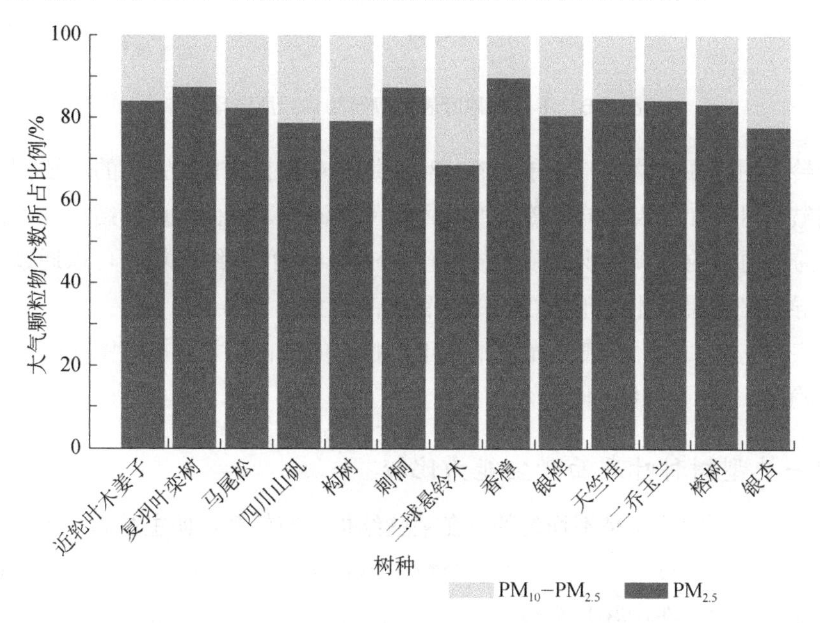

图 7-5　不同树种叶表面颗粒物个数所占比例

不同树种叶表面颗粒物体积所占比例图（图 7-6）可以从不同角度反映不同典型树种滞尘能力的差异。虽然叶片滞留粗颗粒物数量对整体贡献不大，但相比细颗粒物，粗颗粒物拥有更大的体积。叶表面颗粒物体积所占比例图更强调在相同视野范围内，滞留的粗颗粒物的体积对整体的贡献。由图 7-6 可以看出，典型树种滞留的粗颗粒物体积百分比均在 46%以上，其中四川山矾滞留粗颗粒物体积百分比最大，为 63%；其次为构树和三球悬铃木，滞留体积百分比分别为 62.5%和 61.9%。复羽叶栾树、马尾松和刺桐对粗颗粒物的滞留作用不明显。从颗粒物体积所占比例来看，13 种供试植物对粗颗粒物的滞留平均占比约为 55%。

近轮叶木姜子能有效滞留大量颗粒物，这与其叶片密被绒毛有关。表面有绒毛的叶片比无绒毛的叶片更易滞留颗粒物，空气中的颗粒物经过叶片时，绒毛可增加颗粒物与叶片间的摩擦力，颗粒物更易被滞留，且不易从叶片上脱落。

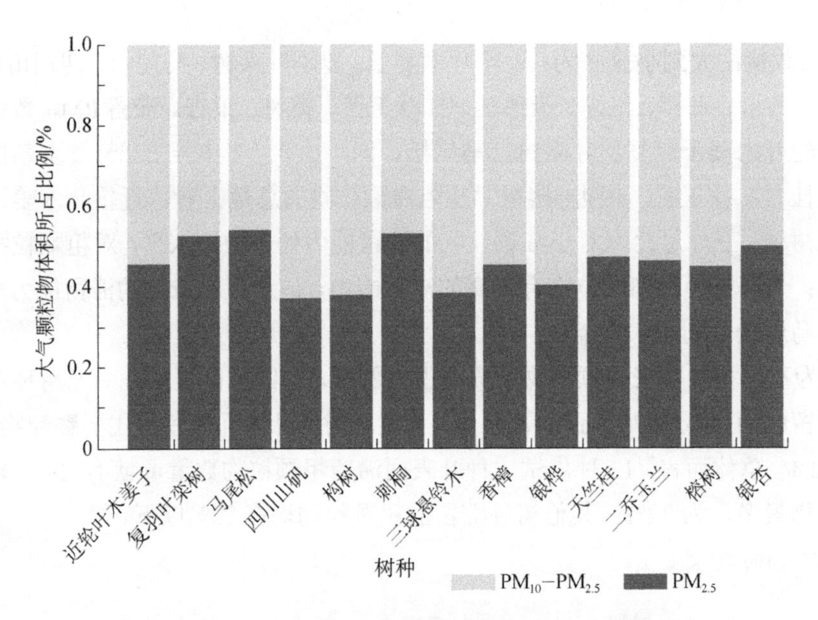

图 7-6　不同树种叶表面颗粒物体积所占比例

三球悬铃木对粗颗粒物的滞留能力在 13 种供试树种中是非常突出的。法桐叶片表面有非常多的褶皱，可增加叶表面的粗糙程度，使颗粒物滞留。然而，这种结构并不像绒毛那样细密，可以滞留更多的细颗粒物；而是结构较为松散，一部分细颗粒物可以通过褶皱结构而不被滞留，导致三球悬铃木对粗颗粒物的滞留贡献更大。

榕树叶表面有蜡质层，叶表面光滑不利于颗粒物的滞留，并且被滞留在叶表面的颗粒物状态相对不稳定，容易从叶表面脱落。

2. 同一典型树种叶表面滞尘能力比较

颗粒物在叶表面的分布是不均匀的，在某些结构分布较多，如主脉和绒毛周围。叶表面颗粒物的存在形式分为以下几种：①以单个粒子形式存在；②一些大小相似的颗粒物集合在一起以聚集体的形式存在；③几个较小的颗粒物附着在一个较大的颗粒物周围。

图 7-7 为三球悬铃木的叶脉、气孔、叶肉等叶表面结构图。从图 7-7 中可以看出，不同叶表面结构的滞尘数量有所不同。由于不同植物叶片可能有不同的生物特性，如有绒毛、有褶皱、有突起、有分泌物、有蜡质层，以及普通叶肉细胞表面，不同生物特性的植物表面吸附颗粒物的量会因此存在很大的差异。实验结果表明，在有绒毛、有蜡质层和普通叶肉细胞表面的植物比较中，有绒毛的叶表面滞尘水平最高，普通叶肉细胞表面滞尘水平次之，而有蜡质层的叶表面滞尘水平最差。有研究表明，从叶表面微观结构分析，绒毛滞尘能力高于沟槽，沟槽高于条状突起；并且结构越密集、深浅差别越大，越有利于颗粒物的滞留。

同一植物叶片不同的生理结构部位，对颗粒物的滞留能力也存在很大的差异，单纯考虑叶表面结构对滞尘能力影响，叶表面生理结构粗糙度越大往往滞尘能力越强，吸附的颗粒物数量越多。对比分析叶脉、气孔、叶肉这三种结构，滞尘能力由大到小的生理结构为：叶脉＞气孔＞叶肉。叶脉因为属于沟壑起伏的结构，颗粒物极易附着，气孔结构因为有的气孔处于张开状态，在气孔周围也容易聚集一定量的颗粒物。叶面结构中，一般叶正面为叶肉细胞，叶背面为叶脉和气孔。在实际条件下，叶正面向上叶背面向下，大部分颗粒物落在叶正面；同时，由于重力作用，叶背面颗粒物也容易掉落，从而使得叶正面颗粒物数量的捕获效率要高于叶背面。然而，对试验结果进行分析发现，叶背面滞留的颗粒物并没有想象中的少，从整体来看，叶面结构对颗粒物滞尘能力的影响似乎高于颗粒物沉降和重力掉落的影响。

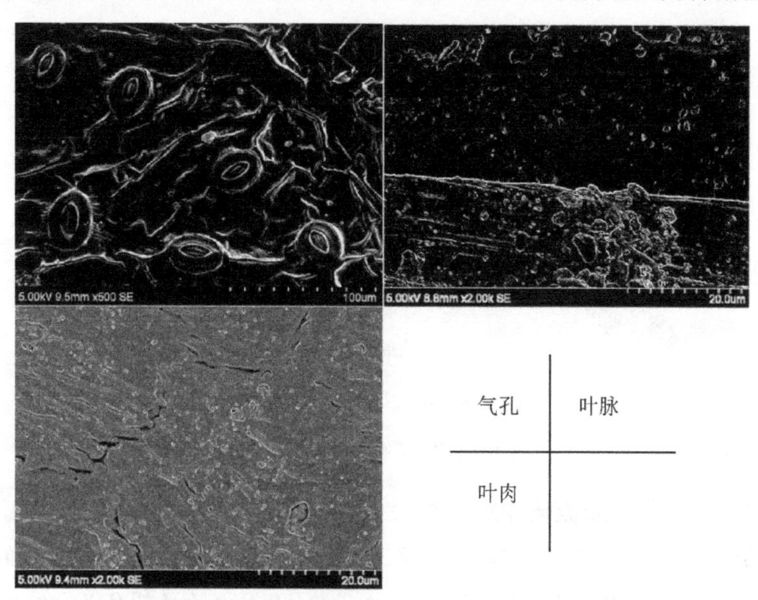

图 7-7　扫描电镜下三球悬铃木叶表面结构图

利用扫描电镜对叶片表面做颗粒物含量分析，是有效评价植物滞尘量水平的方法之一。通过解决技术上的操作问题，增加不同树种滞尘量研究的手段，与其他研究方法相互结合校正，从而更加全面、具体地得到不同树种类型滞尘量的差异。扫面电镜的使用可以拓展到对植物表面颗粒物做能量分析，进而展开对颗粒物的物质类别与性质的研究。这样，对颗粒物的数量、粒径大小、颗粒物类别进行多重综合研究，定性并定量地去实现区别树种滞尘量差异的研究目标。扫描电镜研究植物对颗粒物吸附能力的实验方法可发展成为这项研究的主要手段。

7.3.3　室内模拟实验量化典型树种对 $PM_{2.5}$ 的阻滞吸附能力

共选取 13 种植物进行室内模拟实验，得到叶片吸附 $PM_{2.5}$ 的总量，结合植物叶片的总叶面积，计算出单位叶面积阻滞吸附 $PM_{2.5}$ 的量（图 7-8）。本章研究中针叶树种单位叶面积阻滞吸附 $PM_{2.5}$ 的能力高于阔叶树种，是阔叶树种的 4～50 倍，这与之前对针叶树种的研究结果相符。阔叶树种的单位叶面积是针叶树种的 20～40 倍，而针叶树种捕获颗粒物的数量却是阔叶树种的 2～5 倍（Räsänen et al.，2013）。较小的叶片拥有较大的颗粒物捕获效率，这与树的结构有关（Beckett et al.，2000）。已有研究表明，针叶树种的叶面积指数为 3～10，阔叶树种的叶面积指数为4～7，进一步强调了常绿针叶树种对颗粒物的阻滞吸附的重要性（Gower and Norman，1991；Bréda，2003），常绿针叶树种广泛用作林木、城市行道树和园林树种。

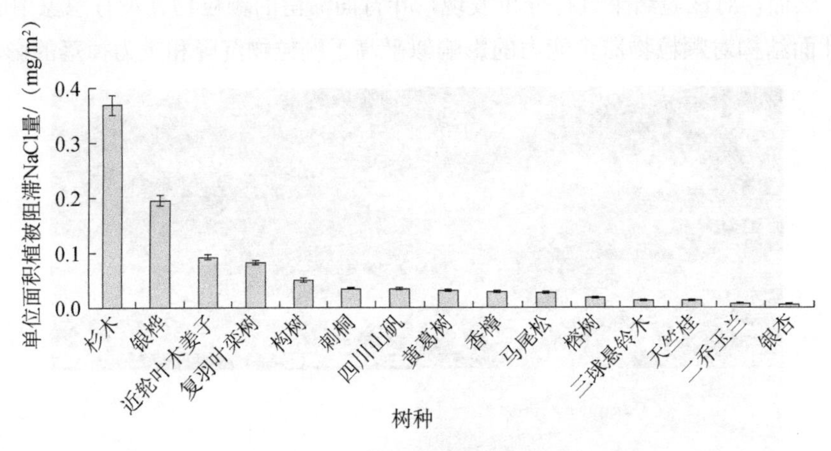

图7-8　单位叶面积滞尘量

将NaCl溶液雾化来模拟颗粒物

银桦是阔叶树种中阻滞吸附$PM_{2.5}$能力最强的，单位叶面积阻滞吸附$PM_{2.5}$的量为0.196 mg/m^2，是能力最弱的银杏的28倍；第二是近轮叶木姜子，为0.094 mg/m^2。二乔玉兰和银杏单位叶面积阻滞吸附$PM_{2.5}$的量最少，分别为0.009 mg/m^{2}和0.007 mg/m^2。

已经有研究提出，绒毛是某些树种颗粒物沉积效率较高的原因（Beckett et al.，2000）。Hwang等（2011）假设阔叶树种间$PM_{2.5}$的沉积速率差异是由叶表面粗糙度引起的，用胶带分别将三球悬铃木叶片正面相对黏合和背面相对黏合，分别测定其$PM_{2.5}$的沉积速率，结果表明，表面粗糙有绒毛（及正面相对）的叶片更有利于$PM_{2.5}$的沉积。另外，有研究对绒毛密度对捕获$PM_{2.5}$效率的贡献进行了定量分析（Räsänen et al.，2013）。不同植物叶片阻滞吸附$PM_{2.5}$能力差异的原因是叶表面结构存在差异。银桦叶片近披针形，叶被绒毛和绢毛（翁启杰和刘启成，2006）的生理结构可以增加叶表面摩擦力，也可能影响接触角，从而增强对$PM_{2.5}$的阻滞吸收能力。二乔玉兰拥有较大的单位叶面积，气孔明显，数量少，叶表面无毛；而银杏叶表面较为光滑，气孔数量甚至比二乔玉兰的还少，二乔玉兰和银杏的这些叶表面结构特征使得叶片表面较为光滑，叶片与$PM_{2.5}$摩擦力较小，气流经过时，叶片无法有效地阻滞吸附$PM_{2.5}$。在现实情况中，由于大风和大气中颗粒物布朗运动碰撞等，$PM_{2.5}$更易从光滑的叶表面脱落再悬浮，此类植物叶片阻滞吸附的$PM_{2.5}$数量更少，不同树种对$PM_{2.5}$的滞留能力产生更大的差异。

气室模拟试验与实测叶片试验供试植物种类相同，将试验结果进行对比分析，植物对$PM_{2.5}$的滞留能力大小在两种试验中排序基本一致，即对颗粒物滞留能力较强的树种有：马尾松、近轮叶木姜子、复羽叶栾树和构树；对颗粒物滞留能力较弱的树种有：天竺桂、榕树、二乔玉兰和银杏；其余树种对颗粒物滞留能力介于两者之间。

颗粒物通过气孔进入叶片在物理上是可行的，目前还不清楚这种情况是否会发生或在什么条件下会发生。据报道，细颗粒物和粗颗粒物能够增加叶片温度，降低光的吸收，从而影响光合作用；颗粒物堵塞气孔可能导致植物某些生理紊乱（即使是在有化学惰性的颗粒物存在的情况下），如降低气孔导度可能进一步影响水分平衡和光合作用（Farmer，1993）。此外，气孔空腔营养元素超标会影响气孔的开合，并且这些元素并不能被植物所利用（Maňkovská et al.，2004）。所以，在进行植物配置时，除了考虑植物对颗粒物阻滞吸附能力大小外，也应考虑植物对颗粒物污染的抗逆能力。

第8章 缙云山林分生态水文功能综合评价

对缙云山林分的保育土壤、涵养水源、净化水质功能分析后发现，各典型林分功能高低顺序存在一定差异。因此，对9种林分的综合生态水文功能（保育土壤功能、涵养水源功能、净化水质功能）进行综合定量评价，旨在构建缙云山林分生态水文功能模型，进一步选出生态水文功能最佳的林分类型，为区域林分营建提供理论依据。

8.1 评价指标体系及评价方法

根据林分的特点，将森林主要生态水文功能评价分为3个层次：目标层、支持层和指标层。以生态水文功能最佳的林分类型为总目标，以保育土壤功能、涵养水源功能、净化水质功能为准则，在此基础上选择多个指标对各林分主要生态水文功能进行评价。

8.1.1 评价指标体系建立原则

1. 综合性原则

用于评价的指标及标准既要保证指标对功能的反映作用，同时又要反映出各林分生态水文功能的综合规律，尽可能客观、全面、准确地反映水源涵养林的生态水文功能特征。

2. 主导性原则

水源林生态水文功能因子众多且复杂，若全部应用，既不现实也不必要。尽可能地选取能反映水源林生态水文功能的主导性因子作为评价指标来建立评价指标体系，根据指标体系进行评价。

3. 实用性原则

所选取的评价指标既有代表性又有可操作性，且量化操作简便、评价方法容易掌握等。

4. 真实性原则

要能够反映事物的本质特征的评价指标。

5. 独立性原则

能够反映某一方面的特征及具有相对独立性的对应标准。

8.1.2 评价指标体系

基于上述原则，不同准则层选择不同的评价指标，建立典型林分的保育土壤、涵养水源、净化水质等生态水文功能的评价指标体系（图 8-1）。

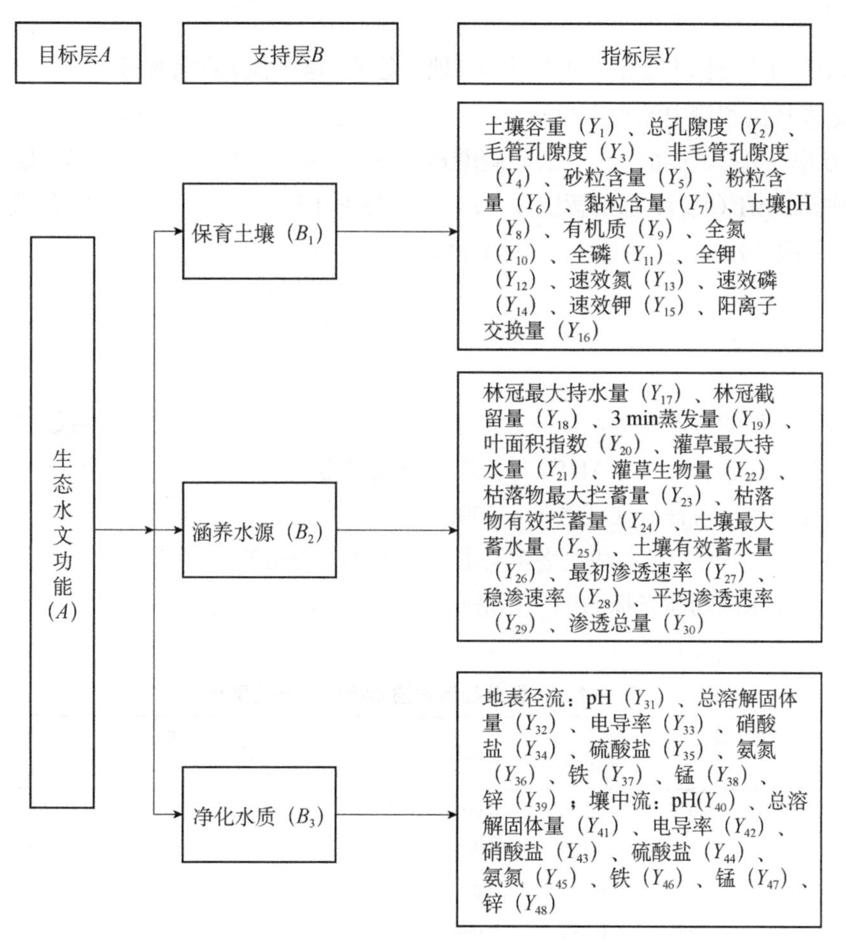

图 8-1 主要生态水文功能评价指标体系

1. 保育土壤功能指标

保育土壤功能主要包括土壤物理和化学性状特征指标，共计 16 个，分别是土壤容重（Y_1）、总孔隙度（Y_2）、毛管孔隙度（Y_3）、非毛管孔隙度（Y_4）、砂粒含量（Y_5）、粉粒含量（Y_6）、黏粒含量（Y_7）、土壤 pH（Y_8）、有机质（Y_9）、全氮（Y_{10}）、全磷（Y_{11}）、全钾（Y_{12}）、速效氮（Y_{13}）、速效磷（Y_{14}）、速效钾（Y_{15}）、阳离子交换量（Y_{16}）。

2. 涵养水源功能指标

分别从林冠层、灌草层、枯枝落叶层、土壤层 4 个层次共计选取 14 个涵养水源功能指标，分别是：林冠最大持水量（Y_{17}）、林冠截留量（Y_{18}）、3 min 蒸发量（Y_{19}）、叶面积指数（Y_{20}）、灌草最大持水量（Y_{21}）、灌草生物量（Y_{22}）、枯落物最大拦蓄量（Y_{23}）、枯落物有效拦蓄量（Y_{24}）、土壤最大蓄水量（Y_{25}）、土壤有效蓄水量（Y_{26}）、初渗速率（Y_{27}）、稳渗速率（Y_{28}）、平均渗透速率（Y_{29}）、渗透总量（Y_{30}）。

3. 净化水质功能指标

净化水质功能指标主要是林地输出水（地表径流、壤中流）的水质指标，根据实测数据，这里选取地表径流和壤中流水质指标，共计 18 个，分别是地表径流：pH（Y_{31}）、总溶解固体（Y_{32}）、电导率（Y_{33}）、硝酸盐（Y_{34}）、硫酸盐（Y_{35}）、氨氮（Y_{36}）、铁（Y_{37}）、锰（Y_{38}）、锌（Y_{39}）；壤中流：pH（Y_{40}）、总溶解固体（Y_{41}）、电导率（Y_{42}）、硝酸盐（Y_{43}）、硫酸盐（Y_{44}）、氨氮（Y_{45}）、铁（Y_{46}）、锰（Y_{47}）、锌（Y_{48}）。

8.1.3 评价方法

有关综合评价的方法较多，目前大多用如加权综合指数法、加乘综合指数法、层次分析法（analytic hierarchy process，AHP）等。本章研究采用层次分析法构建水源林生态水文功能结构模型，并进行综合评价（钱颂迪，2000）。

在评价计算过程中，应首先把各具体指标进行归一化处理。因各指标原始数据以及土壤理化指标和涵养水源功能指标的归一化值在前文中已有介绍，这里不再重复列出。水质指标的归一化数据详见表 8-1。

表 8-1　各林分径流水质指标的归一化数据

水质指标	马尾松阔叶林	杉木阔叶林	马尾松杉木阔叶林	栲树林	四川大头茶林	毛竹马尾松林	毛竹杉木林	毛竹阔叶林	毛竹纯林
Y_{31}	0.006	0.037	0.120	0.008	0.117	0.013	0.054	0.060	0.047
Y_{32}	0.969	0.403	0.194	0.488	0.000	1.000	0.798	0.682	0.566
Y_{33}	1.000	0.660	0.411	0.000	0.595	0.938	0.695	0.226	0.395
Y_{34}	1.000	0.995	0.440	0.000	0.762	0.929	0.818	0.564	0.076
Y_{35}	1.000	0.615	0.900	0.000	0.853	0.784	0.576	0.660	0.842
Y_{36}	0.140	0.480	0.913	1.000	0.000	0.758	0.797	0.414	0.921
Y_{37}	0.503	0.828	0.961	0.000	0.970	1.000	0.771	0.698	0.769
Y_{38}	1.000	0.611	0.000	0.844	0.451	0.554	0.947	1.000	1.000
Y_{39}	0.814	0.907	0.907	0.000	0.722	1.000	0.757	0.862	0.828
Y_{40}	0.070	0.101	0.097	0.066	0.127	0.121	0.059	0.043	0.086

续表

水质指标	马尾松阔叶林	杉木阔叶林	马尾松杉木阔叶林	栲树林	四川大头茶林	毛竹马尾松林	毛竹杉木林	毛竹阔叶林	毛竹纯林
Y_{41}	1.000	0.525	0.131	0.049	0.230	0.361	0.738	0.000	0.074
Y_{42}	1.000	0.596	0.300	0.355	0.518	0.134	0.556	0.000	0.139
Y_{43}	0.670	1.000	0.452	0.000	0.592	0.344	0.656	0.032	0.335
Y_{44}	1.000	0.687	0.853	0.482	0.801	0.000	0.754	0.380	0.355
Y_{45}	0.961	0.948	0.638	1.000	0.601	0.951	0.000	0.747	0.893
Y_{46}	0.201	1.000	0.522	0.624	0.000	0.996	0.766	0.633	0.161
Y_{47}	0.700	0.890	0.900	1.000	0.870	0.460	0.800	1.000	0.000
Y_{48}	0.500	0.250	0.750	0.375	0.250	1.000	0.000	0.875	0.125

8.2　典型林分生态水文功能的层次结构

本节采用层次分析法来构建层次结构模型。目标层为水源林的生态水文功能，以评价指标体系综合目标来确定；评价指标体系的支持层主要考虑水源涵养林的三大生态水文功能效应，即保育土壤、涵养水源和净化水质；评价指标体系的指标层的指标选取主要是能反映支持层各项功能的相关指标，各指标根据指标选取的原则，从各个方面反映了三大生态水文功能的特点。20 世纪 70 年代，美国运筹学家 Saaty 等首次提出了层次分析法，对复杂的问题决策利用定量分析和定性描述相结合的方法来进行决策。以下是层次分析法的原理和步骤。

1. 建立层次结构模型

系统分析研究对象要按既定目标的属性把所考虑的因素层次化和条理化，以此来构建层次结构模型。

层次决策分析模型通常分为最上层、中间层和最下层三层，决策目标层为最上层，代表本层要解决问题所要达到的一个预期目标；支持层为中间层，用来评价下层的各种备选方案的优劣，具体化和度量上层目标；方案层为最下层，用来完成目标的方法、方案和途径。

此处把水源林生态水文功能定为目标层（图 8-1），支持层的各指标要保证水源林生态水文功能的体现，由于水源林主要的生态水文功能为保育土壤功能、涵养水源功能和净化水质功能，所以其可以作为支持层。因此，所构建的层次结构模型是系统的、合理的。

2. 构造判断矩阵

各元素在上下层次之间的隶属关系在构建完成层次结构模型后就会明确。在层次分析法中，引入了 1～9 的标度方法来对决策判断进行定量化，具体含义见表 8-2。

表 8-2 标度的方法及其含义

标度	含义
1	同等重要
3	稍微重要
5	比较重要
7	十分重要
9	绝对重要
2、4、6、8	上述相邻标度之间的中值
倒数	若前一个因素对后一个因素比较得 a_{ij}，则后一个因素对前一个因素的重要性比较为 $1/a_{ij}$

注：表中因素比较均为 2 个因素比较。

对各指标按上述标准和标度方法进行标度，即可得到各准则下的判断矩阵，$A=\left(a_{ij}\right)_{n\times n}$，它具有以下性质：

$$a_{ji}>0;\ a_{ji}=1/a_{ij};\ a_{ii}=1 \tag{8-1}$$

3. 层次单排序

此处主要是计算判断矩阵的最大特征根 $\lambda_{\max}$、特征根 n 和对应的特征向量 W，公式如下：

$$AW=nW \tag{8-2}$$

式中，A 为判断矩阵。

根据矩阵理论，式（8-2）可改为如下的公式：

$$AW=\lambda_{\max}W \tag{8-3}$$

归一化处理式（8-3）所求的解后，得到排序权重 $W=\left[W_1,W_2,\cdots,W_n\right]^{\mathrm{T}}$，即同一层次各个元素对应于上一层的某一准则的相对重要性。

1）计算权重

设正规化初始向量 W^0 为与判断矩阵同阶的向量，$W^0=[1/n,1/n,\cdots,1/n]^{\mathrm{T}}$；

则

$$K=0,1,2,3,\cdots,n,\text{计算}W^{k+1}=AW^k$$

此处设：

$$\beta=\sum_{i=1}^{n}W_n^{k+1},\text{计算}W^{k+1}=W^{k+1}/\beta$$

当满足 $\lambda_{\max}\left|W_i^{k+1}+1\right|<\varepsilon$ 时，则计算停止，其中 ε 为预先设定的精度，所求的特征向量则为 $W=W^{k+1}$，否则继续进行下一步的运算，然后得到：

$$\lambda_{\max}=\sum_{i=1}^{n}W_i^{k+1}/nW_i^k \tag{8-4}$$

2）依据一致性指标 CI 来检验判断矩阵是否具有满意的一致性

若为 1 或 2 阶的矩阵时，则认为判断矩阵总是一致的。

若为大于 2 阶的矩阵时，此时则需进一步算出 CI，公式如下：

$$\mathrm{CI}=(\lambda_{\max}-n)/(n-1) \tag{8-5}$$

CI 是判断可靠性或一致性的度量，引入判断矩阵的平均随机一致性指标 RI 值来度量不同阶的判断矩阵是否具有较好的一致性，表 8-3 是 1～18 阶判断矩阵的 RI 值。

表 8-3　平均随机一致性指标 RI 值（多阶判断矩阵）

阶数	1	2	3	4	5	6	7	8	9
RI	0	0	0.58	0.90	1.12	1.24	1.32	1.41	1.45
阶数	10	11	12	13	14	15	16	17	18
RI	1.49	1.51	1.54	1.56	1.57	1.59	1.61	1.62	1.63

注：多阶判断矩阵的平均随机一致性指标 RI 值引自焦树锋（2006）。

计算一致性比例：

$$CR = CI / RI \tag{8-6}$$

当 CR＜0.1 时，则具有较好的一致性。

判断矩阵 *A*-判断矩阵 *B*（目标层矩阵-支持层矩阵）：

对 *A* 层和 *B* 层各因素之间的相对影响程度进行比较（表 8-4），计算可得特征值 $\lambda_{max} = 3.000$，根据表 8-4 的 CI 值则可进一步计算出 CR=0.000，其小于 0.10，说明矩阵具有较好的一致性。

表 8-4　目标层-支持层矩阵及计算结果

A-B	B_1	B_2	B_3	权重（*W*）
B_1	1	1/4	1/3	0.2318
B_2	4	1	2	0.4224
B_3	3	1/2	1	0.3458
$\lambda_{max} = 3.000$	CI = 0.000	RI = 0.58	CR = 0.000	

依据相同方法就可得出保育土壤功能指标矩阵、涵养水源功能指标矩阵、净化水质功能指标矩阵，见表 8-5～表 8-7。

B-*Y* 矩阵（支持层和指标矩阵）：

B_1-*Y* 矩阵（保育土壤功能评价指标判断矩阵）及计算结果见表 8-5。

表 8-5　保育土壤功能评价指标判断矩阵（B_1-*Y*）及计算结果

B_1-*Y*	Y_1	Y_2	Y_3	Y_4	Y_5	Y_6	Y_7	Y_8	Y_9	Y_{10}	Y_{11}	Y_{12}	Y_{13}	Y_{14}	Y_{15}	Y_{16}	权重（*W*）
Y_1	1	5	3	1	8	1/2	5	3	3	1/4	1/3	3	1/3	1/3	1/3	1/5	0.0636
Y_2	1/5	1	3	1/5	1/3	1/3	1/4	1/3	1/2	1/6	1/5	1/3	1/6	1/5	1/3	1/7	0.0336
Y_3	1/3	1/3	1	1/5	1/5	1/5	1/3	1/4	1/2	1/5	1/6	1/5	1/5	1/3	1/3	1/7	0.0316
Y_4	1	5	5	1	6	5	5	1	3	1/5	1/3	3	1/5	1/3	1/3	1/3	0.0652
Y_5	1/8	3	5	1/6	1	1/3	1/3	1/4	1/6	1/3	1/6	1/3	1/4	1/3	1/3	1/7	0.0353
Y_6	2	3	5	1/5	3	1	2	1/3	1/4	1/3	1/3	3	1/5	1/3	1	1/5	0.0508
Y_7	1/5	4	3	1/5	3	1/2	1	1	1/6	1/6	1/6	1	1/6	1/2	1/3	1/7	0.0395
Y_8	1/3	3	4	1	4	3	1	1	1/7	1/6	1/4	1/2	1/4	1/2	1/3	1/6	0.0465
Y_9	1/3	2	2	1/3	6	4	6	7	1	5	5	5	1/3	2	1/5	1	0.0786
Y_{10}	4	6	5	5	3	3	6	6	1/5	1	1/4	3	1/3	3	3	1/3	0.0796
Y_{11}	3	5	6	3	6	3	6	4	1/5	4	1	3	1/4	1/3	1/3	1/5	0.0729
Y_{12}	1/3	3	5	1/3	3	1/3	1	2	1/5	1/3	1/3	1	1/4	1/3	1/3	1/5	0.0477
Y_{13}	3	6	5	5	4	5	6	4	3	3	4	4	1	5	4	1/3	0.1022

续表

B_1-Y	Y_1	Y_2	Y_3	Y_4	Y_5	Y_6	Y_7	Y_8	Y_9	Y_{10}	Y_{11}	Y_{12}	Y_{13}	Y_{14}	Y_{15}	Y_{16}	权重（W）
Y_{14}	3	5	3	3	3	3	2	2	1/2	1/3	3	3	1/5	1	3	1/7	0.0703
Y_{15}	3	3	3	3	3	1	3	3	5	1/3	3	3	1/4	1/3	1	1/5	0.0668
Y_{16}	5	7	7	3	7	5	7	6	1	3	5	5	3	7	5	1	0.1158
λ_{max} =16.877								CI=0.0591；RI =1.61；CR =0.0367									

B_2-Y矩阵（涵养水源功能评价指标判断矩阵）及计算结果见表 8-6。

表 8-6　涵养水源功能评价指标判断矩阵（B_2-Y）及计算结果

B_2-Y	Y_{17}	Y_{18}	Y_{19}	Y_{20}	Y_{21}	Y_{22}	Y_{23}	Y_{24}	Y_{25}	Y_{26}	Y_{27}	Y_{28}	Y_{29}	Y_{30}	权重（W）
Y_{17}	1	1/3	5	3	3	1	5	4	1/5	1/6	1/7	1/7	1/5	1/7	0.0490
Y_{18}	3	1	3	1/3	3	5	1/2	1/3	1/4	1/5	1/7	1/5	1/5	1/5	0.0476
Y_{19}	1/5	1/3	1	1	3	5	1/5	1/3	1/3	1/5	1/5	1/5	1/5	1/7	0.0413
Y_{20}	1/3	3	1	1	6	7	5	5	1	1/3	1/3	1/5	1/4	1/5	0.0671
Y_{21}	1/3	1/3	1/3	1/6	1	5	1/3	1/4	1/7	1/9	1/9	1/7	1/7	1/7	0.0302
Y_{22}	2	1/5	1/5	1/7	1/5	1	1/9	1/9	1/9	1/9	1/9	1/5	1/5	1/5	0.0233
Y_{23}	1/5	2	5	1/5	3	9	1	1/3	1/5	1/7	1/5	1/2	1	1/3	0.0534
Y_{24}	1/4	3	3	1/5	4	9	3	1	1/5	1/4	1/4	1/5	1/3	1	0.0582
Y_{25}	5	4	3	1	7	9	5	5	1	1/2	1/3	1	1	1	0.0946
Y_{26}	6	5	5	3	9	9	7	4	2	1	1	2	3	4	0.1240
Y_{27}	7	7	5	3	9	9	5	4	3	1	1	5	5	6	0.1411
Y_{28}	7	5	5	5	7	5	2	5	1	1/2	1/5	1	1	1/5	0.0893
Y_{29}	5	5	5	4	7	5	1	3	1	1/3	1/5	1	1	1/5	0.0808
Y_{30}	7	5	7	5	7	5	3	1	1	1/4	1/6	5	5	1	0.1001
λ_{max} =14.907							CI=0.0692；RI =1.57；CR =0.0441								

B_3-Y矩阵（改善水质功能评价指标判断矩阵）及计算结果见表 8-7。

表 8-7　改善水质功能评价指标判断矩阵（B_3-Y）及计算结果

B_3-Y	Y_{31}	Y_{32}	Y_{33}	Y_{34}	Y_{35}	Y_{36}	Y_{37}	Y_{38}	Y_{39}	Y_{40}	Y_{41}	Y_{42}	Y_{43}	Y_{44}	Y_{45}	Y_{46}	Y_{47}	Y_{48}	权重（W）
Y_{31}	1	7	4	3	3	5	1/3	4	4	1/3	5	4	4	4	4	5	5	7	0.0923
Y_{32}	1/7	1	1/5	2	1	1/4	1/5	1/5	1/2	1/3	5	1/3	1/4	1/3	1/4	1/3	1/3	1/3	0.0363
Y_{33}	1/4	5	1	5	5	3	1/4	1/2	1/2	1/2	3	1	3	2	3	1/3	3	3	0.0626
Y_{34}	1/3	1/2	1/5	1	5	1/3	2	1/2	4	1/2	4	1/3	3	2	1/3	4	1/2	3	0.0554
Y_{35}	1/3	1	1/5	1/5	1	1/3	1/4	1/2	4	1/5	6	1/3	1/3	1	1/2	1/3	1/2	1/2	0.0424
Y_{36}	1/5	4	1/3	3	3	1	1/2	2	2	1/4	3	1/3	3	3	1	1/2	3	2	0.0566
Y_{37}	3	5	4	1/2	4	2	1	4	5	1/7	2	3	1/4	1/3	1/3	1	1/3	2	0.0605
Y_{38}	1/4	5	2	2	2	1/2	1/4	1	1/6	1/3	2	2	1/3	1/4	1/3	1/3	1	1	0.0458
Y_{39}	1/4	2	2	1/4	1/4	1/2	1/5	6	1	1/3	3	1/2	1/2	3	1/3	1/3	1/4	1	0.0458
Y_{40}	3	3	2	2	5	4	7	3	3	1	7	5	4	3	5	5	6	6	0.0998
Y_{41}	1/5	1/5	1/3	1/4	1/6	1/3	1/2	1/2	1/3	1/7	1	1/4	1/3	1/3	1/4	1/3	3	4	0.0355
Y_{42}	1/4	3	1	3	3	3	1/3	1/2	2	1/5	4	1	3	3	2	3	1/2	1/2	0.0579
Y_{43}	1/4	4	1/3	1/3	3	1/3	4	3	2	1/4	3	1/3	1	1/3	1/3	1/2	3	3	0.0524
Y_{44}	1/4	3	1/2	1/2	1	1/3	3	4	1/3	1/3	3	1/3	3	1	1/2	1/2	4	4	0.0547
Y_{45}	1/4	4	1/3	3	2	1	3	3	3	1/5	4	1/2	3	2	1	1/3	2	2	0.0566
Y_{46}	1/5	3	3	1/4	3	2	1	3	3	1/5	3	1/3	2	2	3	1	2	2	0.0572
Y_{47}	1/5	3	1/3	2	2	1/3	3	1	4	1/6	1/3	2	1/3	1/4	1/2	1/2	1	1/2	0.0463
Y_{48}	1/7	3	1/3	1/3	2	1/2	1/2	1	1	1/6	1/4	2	1/3	1/4	1/2	1/2	2	1	0.0419
λ_{max} =18.017								CI=0.0605；RI =1.63；CR =0.0371											

由层次分析可知，A-B 层，CR=0.000＜0.10；B_1-Y 层，CR=0.0367＜0.10；B_2-Y 层，CR=0.0441＜0.10；B_3-Y 层，CR=0.0371＜0.10，以上检验可判断出判断矩阵均具有满意的一致性。

4. 层次总排序

在递阶层次的结果中，为获得相对权重，判断整个递阶层次模型的一致性和决策方案优先顺序的相对权重。

5. 合成权重

A 层 m 个因素 $A_1, A_2, \cdots, A_m$，对总目标 Z 的排序为：$a_1, a_2, \cdots, a_m$；B 层 n 个因素对上层 A 中因素为 A_j，其层次单排序为：$W_{1j}, W_{2j}, \cdots, W_{nj}$ $(j=1, 2, \cdots, m)$，经由一致性检验 CR 计算后，B 层的层次总排序为：

$$
\begin{aligned}
&B_1 : a_1W_{11} + a_2W_{12} + \cdots a_mW_{1m} \\
&B_2 : a_1W_{21} + a_2W_{22} + \cdots a_mW_{2m} \\
&\vdots \\
&B_n : a_1W_{n1} + a_2W_{n2} + \cdots a_mW_{nm}
\end{aligned}
$$

即可以得到 B 层第 i 个因素对总排序的权重值为：$\sum_{j=1}^{m} a_j W_{ij}$

表 8-8　总排序权重值

层次 A ╲ 层次 B	A_1	A_2	…	A_m	B 层次总排序权值
	a_1	a_2	…	a_m	
B_1	W_{11}	W_{12}	…	W_{1m}	$\sum a_jW_{1j}$
B_2	W_{21}	W_{22}	…	W_{2m}	$\sum a_jW_{2j}$
⋮	⋮	⋮		⋮	⋮
B_n	W_{n1}	W_{n2}	…	W_{nm}	$\sum a_jW_{nj}$

组合判断的一致性检验：

设第 k 层一致性检验的结果分别为 CI_k、RI_k 和 CR_k，则第 $k+1$ 层的相应指标为

$$\mathrm{CI}_{k+1} = \sum_{j=1}^{m} \mathrm{CI}_k^j a_j^k \tag{8-7}$$

$$\mathrm{RI}_{k+1} \sum_{j=1}^{m} \mathrm{RI}_k^j a_j^k \tag{8-8}$$

在式（8-7）和式（8-8）中，以求得的 CI_k^i、RI_k^i 值来求平均一致性指标 CR_{k+1}，其中，$\mathrm{CR}_{k+1} = \mathrm{CI}_{k+1} / \mathrm{RI}_{k+1}$，仅当 CR_{k+1}＜0.01 时，认为判断递阶层次结构在第 k+1 层水平上具有较好的一致性。

根据式（8-7）和式（8-8），由表 8-9 可以计算得出，支持层 B 层和指标层 Y 层判断矩阵的一致性检验指标 CR=0.0393＜0.1，因此可以判断层次总排序结果具有较好的一致性，合成权重值可以接受（表 8-10）。

表 8-9　*B-Y* 层判断矩阵及权重

B-Y	B_1	B_2	B_3
Y_1	0.0636	0	0
Y_2	0.0336	0	0
Y_3	0.0316	0	0
Y_4	0.0652	0	0
Y_5	0.0353	0	0
Y_6	0.0508	0	0
Y_7	0.0395	0	0
Y_8	0.0465	0	0
Y_{10}	0.0796	0	0
Y_{11}	0.0729	0	0
Y_{12}	0.0477	0	0
Y_{13}	0.1022	0	0
Y_{14}	0.0703	0	0
Y_{15}	0.0668	0	0
Y_{16}	0.1158	0	0
Y_{17}	0	0.049	0
Y_{18}	0	0.0476	0
Y_{19}	0	0.0413	0
Y_{20}	0	0.0671	0
Y_{21}	0	0.0302	0
Y_{22}	0	0.0233	0
Y_{23}	0	0.0534	0
Y_{24}	0	0.0582	0
Y_{25}	0	0.0946	0
Y_{26}	0	0.124	0
Y_{27}	0	0.1411	0
Y_{28}	0	0.0893	0
Y_{29}	0	0.0808	0
Y_{30}	0	0.1001	0
Y_{31}	0	0	0.0923
Y_{32}	0	0	0.0363
Y_{33}	0	0	0.0626
Y_{34}	0	0	0.0554
Y_{35}	0	0	0.0424
Y_{36}	0	0	0.0566
Y_{37}	0	0	0.0605
Y_{38}	0	0	0.0458
Y_{39}	0	0	0.0458
Y_{40}	0	0	0.0998
Y_{41}	0	0	0.0355
Y_{42}	0	0	0.0579
Y_{43}	0	0	0.0524
Y_{44}	0	0	0.0547
Y_{45}	0	0	0.0566
Y_{46}	0	0	0.0572
Y_{47}	0	0	0.0463
Y_{48}	0	0	0.0419
CR=0.0393			

表 8-10 各评价指标的合成权重

支持层	B_1																	
单权重	0.2318																	
指标层	Y_1	Y_2	Y_3	Y_4	Y_5	Y_6	Y_7	Y_8	Y_9	Y_{10}	Y_{11}	Y_{12}	Y_{13}	Y_{14}	Y_{15}	Y_{16}		
单权重	0.0636	0.0336	0.0316	0.0652	0.0353	0.0508	0.0395	0.0465	0.0786	0.0796	0.0729	0.0477	0.1022	0.0703	0.0668	0.1158		
合成权重	0.0147	0.0078	0.0073	0.0151	0.0082	0.0118	0.0092	0.0108	0.0182	0.0185	0.0169	0.0111	0.0237	0.0163	0.0155	0.0268		
支持层	B_2																	
单权重	0.4224																	
指标层	Y_{17}	Y_{18}	Y_{19}	Y_{20}	Y_{21}	Y_{22}	Y_{23}	Y_{24}	Y_{25}	Y_{26}	Y_{27}	Y_{28}	Y_{29}	Y_{30}				
单权重	0.049	0.0476	0.0413	0.0671	0.0302	0.0233	0.0534	0.0582	0.0946	0.124	0.1411	0.0893	0.0808	0.1001				
合成权重	0.0207	0.0201	0.0174	0.0283	0.0127	0.0098	0.0226	0.0246	0.0399	0.0524	0.0596	0.0377	0.0341	0.0423				
支持层	B_3																	
单权重	0.3458																	
指标层	Y_{31}	Y_{32}	Y_{33}	Y_{34}	Y_{35}	Y_{36}	Y_{37}	Y_{38}	Y_{39}	Y_{40}	Y_{41}	Y_{42}	Y_{43}	Y_{44}	Y_{45}	Y_{46}	Y_{47}	Y_{48}
单权重	0.0923	0.0363	0.0626	0.0554	0.0424	0.0566	0.0605	0.0458	0.0458	0.0998	0.0355	0.0579	0.0524	0.0547	0.0566	0.0572	0.0463	0.0419
合成权重	0.0319	0.0126	0.0216	0.0191	0.0147	0.0196	0.0209	0.0158	0.0158	0.0345	0.0123	0.0200	0.0181	0.0189	0.0196	0.0198	0.0160	0.0148

8.3 典型林分生态水文功能模型及生态水文功能综合得分

综合得分的评价方法采用综合评分法，该方法是能够对多个目标的技术方案进行综合评价的一种数量化方法（钱颂迪，2000）。将不同的指标（量纲不同）用求出的指标评分值统一起来，用总分值来分析各项技术决策方案的优劣，各个方案中总分最高的便是最佳方案。

其计算公式如下：

$$Z_i = \sum_{j=1}^{n} W_j P_j \tag{8-9}$$

式中，W_j为第j项评价指标的权重，j=1，2，…，n；Z_i为方案的加权总分，i=1，2，…，m，m为方案的数量；n 为评价指标的数量； P_j为第j项评价指标的得分值，j=1，2，…，n。

各指标与指标权重合成，经式（8-9）得到缙云山林分生态水文功能模型式（8-10），代入归一化指标和权重值，得到各典型林分生态水文功能综合得分（图 8-2）。

$$\begin{aligned} Z= & 0.0147Y_1+0.0078Y_2+0.0073Y_3+0.0151Y_4+0.0082Y_5+0.0118Y_6+0.0092Y_7+0.0108Y_8 \\ & +0.0182Y_9+0.0185Y_{10}+0.0169Y_{11}+0.0111Y_{12}+0.0237Y_{13}+0.0163Y_{14}+0.0155Y_{15}+0.0268Y_{16} \\ & +0.0207Y_{17}+0.0201Y_{18}+0.0174Y_{19}+0.0283Y_{20}+0.0127Y_{21}+0.0098Y_{22}+0.0226Y_{23}+0.0246Y_{24} \\ & +0.0399Y_{25}+0.0524Y_{26}+0.0596Y_{27}+0.0377Y_{28}+0.0341Y_{29}+0.0423Y_{30}+0.0319Y_{31}+0.0126Y_{32} \\ & +0.0216Y_{33}+0.0191Y_{34}+0.0147Y_{35}+0.0196Y_{36}+0.0209Y_{37}+0.0158Y_{38}+0.0158Y_{39}+0.0345Y_{40} \\ & +0.0123Y_{41}+0.200Y_{42}+0.0181Y_{43}+0.0189Y_{44}+0.0196Y_{45}+0.0198Y_{46}+0.0160Y_{47}+0.0148Y_{48} \end{aligned} \tag{8-10}$$

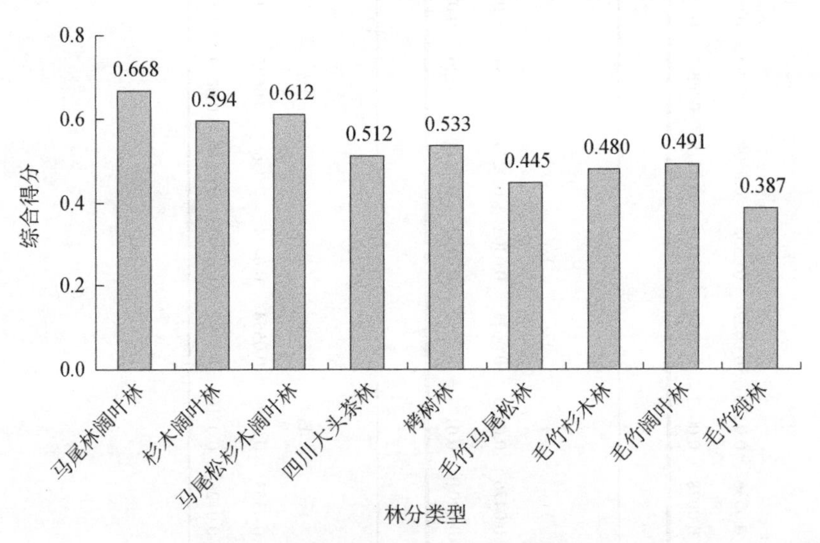

图 8-2 缙云山林分生态水文功能综合得分

由图 8-2 可以看出，缙云山水源林的生态水文功能量化指标介于 0.387～0.668，其排列顺序为：马尾松阔叶林（0.668）＞马尾松杉木阔叶林（0.612）＞杉木阔叶林（0.594）＞栲树林（0.533）＞四川大头茶林（0.512）＞毛竹阔叶林（0.491）＞毛竹杉木林（0.480）＞毛竹马尾松林（0.445）＞毛竹纯林（0.387）。以马尾松阔叶林的生态水文功能最大，以毛竹纯林的最小。从水源林群落总体的生态水文功能来看，以针阔混交型水源林的生态水文功能最大，常绿阔叶型水源林次之，竹林群落的最差。其中，竹林群落中，毛竹混交林的生态水文功能要好于竹林纯林。可以看出，不同结构特征的水源林的生态水文功能大小差异较大，针阔混交的林分类型的功能是比较好的。因此，在缙云山营造水源涵养林适宜以针阔混交林为主，其对提高林分生态水文功能效果显著，针对竹林的营造应以毛竹混交林为主，其生态水文功能效果较好。

第9章 典型林分结构对生态水文功能的影响作用机制

结构是功能的基础，森林功能的大小受制于林分结构的好坏。合理的林分结构能够保证功能的发挥。前文对缙云山典型林分的结构和生态功能进行详细的量化研究分析后发现，不同林分的结构和生态功能存在一定的关系，结构较好的林分其生态功能则相对较优，各林分的结构的差异性对其生态功能具有显著的影响，然而具体是哪些林分结构指标对生态功能有影响以及产生多大影响还未可知。因此，本章根据9种典型林分的36个标准林分样地进一步探讨林分结构对生态功能的影响机制。

目前关于林分结构和生态功能量化及关系的研究还比较少，关于缙云山林分结构对生态功能的作用机制方面的研究更是没有，本章针对这种情况，根据缙云山地区水源林分布特点，对各林分结构因子对保育土壤、涵养水源和净化水质功能的影响进行量化分析和定性讨论，进而揭示林分结构因子对各生态功能的影响作用大小等。对林分结构因子的筛选，本书依据整理前人的研究成果、缙云山地区林分的特点以及第三章的分析结果，选取平均树高、平均胸径、林分郁闭度、林分密度、林层密度（上层、中层、下层）、乔木层物种多样性（选取Shannon-Wiener多样性指数，下同）、灌木层物种多样性（选取Shannon-Wiener多样性指数，下同）、草本层物种多样性（选取Shannon-Wiener多样性指数，下同）、群落总体物种多样性（选取Shannon-Wiener多样性指数，下同）、下木植被覆盖度、土壤厚度、枯落物储量、树种大小比数、混交度、林木空间分布格局指数（选取方差均值比率的显著性检验t的绝对值）共计17个林分结构指标，来共同表征林分的非空间和空间结构的量化因子。

9.1 林分结构对保育土壤功能的作用

本书选择土壤的物理性状特征和化学性状特征两方面的指标对保育土壤功能效应展开研究，表征土壤物理性状特征的因子选取土壤容重、总孔隙度、毛管孔隙度、非毛管孔隙度、砂粒含量、粉粒含量、黏粒含量；表征土壤化学性状特征的因子选取pH、有机质、全氮、全磷、全钾、速效氮、速效磷、速效钾、阳离子交换量（CEC）。

对于各功能因子与结构因子的关系，由于两个变量之间简单的相关分析往往不能正确地说明这两个变量之间的真正关系，在多个变量的反应系统中，任意两个变量的线性相关关系都会受到其他变量的影响，因此，要想探究两个变量之间的线性相关关系，除做多元回归分析外，还必须对其做通径分析。

本书以功能因子为因变量，设为 Y_i，$i=1, 2, 3, \cdots, n$；结构因子为自变量，设为 X_j，$j=1, 2, 3, \cdots, m$，建立多元线性回归模型，模型公式表达如下：

$$Y = \beta_0 + \beta_x \tag{9-1}$$

将模型用矩阵形式表示为

$$Y_1=\alpha_{10}+\alpha_{11}X_1+\alpha_{12}X_2+\alpha_{13}X_3+\cdots+\alpha_{1m}X_j$$
$$Y_2=\alpha_{20}+\alpha_{21}X_1+\alpha_{22}X_{2j}+\alpha_{23}X_3+\cdots+\alpha_{2m}X_j$$
$$Y_3=\alpha_{30}+\alpha_{31}X_1+\alpha_{32}X_2+\alpha_{33}X_3+\cdots+\alpha_{3m}X_j$$
$$\cdots\cdots$$
$$Y_i=\alpha_{k0}+\alpha_{k1}X_1+\alpha_{k2}X_2+\alpha_{k3}X_3+\cdots+\alpha_{km}X_j$$

在研究多元线性回归问题时，自变量是一组不同的变量或某些组合的变量。这些自变量对因变量的影响不尽相同，其中有些自变量的作用可以忽略，而与因变量有显著关系的适度“好”的那部分自变量必须保留，这就属于多元回归分析中变量筛选问题。逐步回归法在变量筛选中是行之有效的数学方法（余建英和何旭宏，2003）。

逐步回归法由于剔除了不重要的变量，因此无须求解一个很大阶数的回归方程，显著提高了计算效率；又由于忽略了不重要的变量，避免了回归方程中出现系数很小的变量而导致回归方程计算时出现病态，得不到正确的解。在解决实际问题时，逐步回归法是常用的行之有效的数学方法，即依次用功能指标和所有符合回归条件的结构指标分别建立回归模型。

建立回归模型后，即可找到影响生态功能因子最显著的部分结构因子，但由于各因子中量纲和指标值的差异，根据多元回归分析中各系数并不能直接判定各因子对单项功能因子的影响。因此，需要进一步做通径分析，以确定影响显著的结构因子对功能因子的作用程度。

9.1.1　林分结构对土壤物理性状的影响

设结构因子（自变量）平均树高为 X_1、平均胸径为 X_2、林分郁闭度为 X_3、林分密度为 X_4、上层林分密度为 X_5、中层林分密度为 X_6、下层林分密度为 X_7、乔木层物种多样性为 X_8、灌木层物种多样性为 X_9、草本层物种多样性为 X_{10}、群落总体物种多样性为 X_{11}、下木植被覆盖度为 X_{12}、土壤厚度为 X_{13}、枯落物储量为 X_{14}、树种大小比数为 X_{15}、混交度为 X_{16}、林木空间分布格局指数为 X_{17}；因变量的土壤容重为 Y_1、总孔隙度为 Y_2、毛管孔隙度为 Y_3、非毛管孔隙度为 Y_4、砂粒含量为 Y_5、粉粒含量为 Y_6、黏粒含量为 Y_7。采用显著性水平 α=0.05，进行多元逐步回归，得到土壤物理性状功能因子与结构因子的关系模型。

$$Y_1=-10.36+0.02X_6-0.05X_8-0.07X_{11}-4.92X_{12}-2.94X_{16}+1.56X_{17} \tag{9-2}$$

（r=0.8134，显著性检验 P =0.0029，Durbin-Watson 统计量 d=2.2133，下同）

从式（9-2）可知，土壤容重受中层林分密度、乔木层物种多样性、群落总体物种多样性、下木植被覆盖度、混交度、林木空间分布格局指数等结构因子的影响较显著。通径分析的结果进一步表明（表9-1）各显著影响因子对土壤容重的作用方向及大小（Durbin-Watson统计量接近于2，为2.2133）。相关结构因子对土壤容重的直接影响作用（按绝对值，下同）由大到小依次为：林木空间分布格局指数＞中层林分密度＞下木植被覆盖度＞混交度＞乔木层物种多样性＞群落总体物种多样性。可以看出，林分的空间结构中，林木空间分布格局指数对土壤容重影响最大，中层林分密度大、林木聚集程度高则土壤容重大，不利于林地整体土壤的改良，而乔木层和群落总体物种多样性丰富、下木植被覆盖度大、混交度高则土壤容重小，有利于土壤的改良。群落总体物种多样性的直接影响虽然相对较小，但其通过影响其他结构因子来间接影响土壤容重的作用却较大，间接通径系数均大于直接通径系数，可知其影响也是较大的。

表9-1　结构因子对土壤容重的直接和间接通径系数

因子	直接通径系数	间接通径系数					
		→X_6	→X_8	→X_{11}	→X_{12}	→X_{16}	→X_{17}
X_6	1.2394		0.0654	−0.0105	−0.2461	0.0472	1.3864
X_8	−0.1241	0.6532		0.0182	0.0582	0.0758	−0.6091
X_{11}	−0.0255	0.5130	0.0887		0.0775	0.0296	−0.5828
X_{12}	−0.3067	−0.9943	0.0236	0.0064		0.0272	−1.0707
X_{16}	−0.1661	−0.3521	0.0567	0.0037	0.0503		−0.3260
X_{17}	1.5728	1.0925	−0.0481	−0.0094	−0.2088	−0.0344	

从式（9-3）可知，土壤总孔隙度受中层林分密度、土壤厚度、混交度、林木空间分布格局指数等结构因子的影响较显著。通径分析表明（表9-2），相关结构因子对土壤总孔隙度的直接影响作用由大到小依次为：林木空间分布格局指数＞混交度＞土壤厚度＞中层林分密度。林木空间分布格局指数对土壤总孔隙度的影响较大，林木分布聚集程度低、土壤厚度小以及混交度低则土壤总孔隙度大，而中层林分密度大则有利于土壤总孔隙度的增加。混交度、土壤厚度和中层林分密度的直接影响作用虽然较小，但其通过影响林木空间分布格局指数，而对土壤总孔隙度的间接影响较大，间接通径系数分别达−0.9192、−1.0483和0.3574，均大于其直接影响作用。

$$Y_2=12.02+0.21X_6-0.94X_{13}-0.68X_{16}-1.36X_{17}\ (r=0.8435,\ P=0.0002,\ d=1.8717) \quad (9\text{-}3)$$

表9-2　结构因子对土壤总孔隙度的直接和间接通径系数

因子	直接通径系数	间接通径系数			
		→X_6	→X_{13}	→X_{16}	→X_{17}
X_6	0.2392		0.1972	0.0591	0.3574
X_{13}	−0.2458	0.7534		0.0341	−1.0483
X_{16}	−0.7079	0.2668	0.0403		−0.9192
X_{17}	−1.5399	−0.8279	0.1673	−0.0431	

从式（9-4）可知，毛管孔隙度受平均树高、群落总体物种多样性、树种大小比数、林木

空间分布格局指数等结构因子的影响较显著。通径分析表明（表 9-3），4 个结构因子对毛管孔隙度的直接影响作用由大到小依次为：林木空间分布格局指数＞群落总体物种多样性＞平均树高＞树种大小比数，作用方向以树种大小比数为正方向，以平均树高、群落总体物种多样性和林木空间分布格局指数为反方向。林木空间分布格局指数的直接影响作用最大，直接通径系数达 -2.0053，其他 3 个结构因子的间接作用显著，它们通过影响林木空间分布格局指数，来对毛管孔隙度产生显著的间接影响，树种大小比数、群落总体物种多样性和平均树高的间接通径系数分别达−1.0025、−1.3652 和 1.4517。

$$Y_3=44.19-0.08X_1-4.14X_{11}+0.06X_{15}-7.19X_{17}\ (r=0.8328,\ P=0.0006,\ d=2.1359) \quad (9\text{-}4)$$

表 9-3　结构因子对毛管孔隙度的直接和间接通径系数

因子	直接通径系数	间接通径系数			
		→X_1	→X_{11}	→X_{15}	→X_{17}
X_1	−0.2568		0.1243	0.0085	1.4517
X_{11}	−0.2580	0.1237		−0.0087	−1.3652
X_{15}	0.1081	0.0203	−0.0208		−1.0025
X_{17}	−2.0053	0.1859	−0.1756	0.0541	

从式（9-5）可知，非毛管孔隙度受林分郁闭度、草本层物种多样性、群落总体物种多样性、枯落物储量、林木空间分布格局指数等结构因子的影响较显著。通径分析表明（表 9-4），对非毛管孔隙度的直接影响作用由大到小依次为：林木空间分布格局指数＞林分郁闭度＞枯落物储量＞草本层物种多样性＞群落总体物种多样性。林分郁闭度大、聚集程度高则非毛管孔隙度小，枯落物储量大、草本层物种多样性和群落总体物种多样性高则非毛管孔隙度大，林木空间分布格局指数对非毛管孔隙的影响最大，其次林分郁闭度对其影响也较大。草本层物种多样性、群落总体物种多样性和枯落物储量对林分郁闭度和林木空间分布格局指数的间接通径系数均大于其直接通径系数，可见草本层物种多样性、群落总体物种多样性和枯落物储量对非毛管孔隙度的间接影响作用比直接影响作用大。

$$Y_4=3.78-3.43X_3+0.15X_{10}+0.02X_{11}+1.15X_{14}-3.63X_{17}\ (r=0.8568,\ P=0.0021,\ d=2.2131) \quad (9\text{-}5)$$

表 9-4　结构因子对非毛管孔隙度的直接和间接通径系数

因子	直接通径系数	间接通径系数				
		→X_3	→X_{10}	→X_{11}	→X_{14}	→X_{17}
X_3	−1.0154		−0.1794	−0.0203	−0.2216	0.8318
X_{10}	0.2161	−1.0288		0.0011	0.2091	−1.1669
X_{11}	0.0223	−0.4849	0.0096		0.0775	−0.5124
X_{14}	0.4131	−0.8135	−0.1473	0.0064		−0.6173
X_{17}	−1.2735	0.7826	−0.1603	−0.0094	−0.2088	

从式（9-6）可知，土壤颗粒组成中的砂粒含量受平均胸径、中层林分密度、下层林分密度、灌木层物种多样性等指标的影响较大，对砂粒含量的直接作用大小依次为：中层林分密度＞平均胸径＞灌木层物种多样性＞下层林分密度（表 9-5），从直接和间接通径系数可知，影响程度不明显。

$$Y_5=2.40+0.06X_2-0.001X_6+0.006X_7-0.27X_9 \quad (r=0.8568, P=0.0005, d=2.1703) \tag{9-6}$$

表 9-5 结构因子对砂粒含量的直接和间接通径系数

因子	直接通径系数	间接通径系数			
		→X_2	→X_6	→X_7	→X_9
X_2	0.2568		0.0665	−0.0088	−0.0167
X_6	−0.6849	0.0249		−0.0365	−0.1245
X_7	0.1295	−0.0174	−0.1929		−0.0403
X_9	−0.1362	−0.0316	−0.1264	−0.0384	

从式（9-7）可知，土壤颗粒组成中的粉粒含量受乔木层物种多样性和草本层物种多样性等指标的影响较大，通径分析表明，对粉粒含量的直接作用大小为：乔木层物种多样性＞草本层物种多样性（表 9-6），然而直接和间接通径系数均较小，影响程度不明显。

$$Y_6=13.38-0.005X_8-0.71X_{10} \quad (r=0.8117, P=0.0005, d=2.1190) \tag{9-7}$$

表 9-6 结构因子对粉粒含量的直接和间接通径系数

因子	直接通径系数	间接通径系数	
		→X_8	→X_{10}
X_8	−0.2124		−0.0390
X_{10}	−0.1377	−0.0184	

从式（9-8）可知，土壤颗粒组成中的黏粒含量受中层林分密度和林木空间分布格局指数等指标的影响较大。通径分析表明，对黏粒含量的直接作用大小为：林木空间分布格局指数＞中层林分密度（表 9-7），但结构因子对黏粒含量的影响同样不明显，直接和间接通径系数较小。

$$Y_7=29.18-0.008X_6-0.94X_{17} \quad (r=0.8681, P=0.0002, d=2.2467) \tag{9-8}$$

表 9-7 结构因子对黏粒含量的直接和间接通径系数

因子	直接通径系数	间接通径系数	
		→X_6	→X_{17}
X_6	−0.1218		0.1263
X_{17}	−0.2706	0.1482	

以上分析可以看出，林木的非空间结构和空间结构对土壤的物理性状特征的影响均较显著，营建合理密度的林分、乔、灌、草合理搭配可以改善林木结构，而且对改良土壤物理性状具有突出作用，但土壤质地因受成土母质的影响较大，林分结构对其影响作用不明显。

9.1.2 林分结构对土壤化学性状的影响

设因变量 pH 为 Y_8、有机质为 Y_9、全氮为 Y_{10}、全磷为 Y_{11}、全钾为 Y_{12}、速效氮为 Y_{13}、速效磷为 Y_{14}、速效钾为 Y_{15}、土壤阳离子交换量（CEC）为 Y_{16}。采用显著性水平 $\alpha=0.05$，结构因子不变，进行多元逐步回归。

从式（9-9）可知，土壤 pH 受平均树高、平均胸径、林分郁闭度、下木植被覆盖度、土壤厚度、林木空间分布格局指数等结构因子的影响较显著。通径分析表明（表 9-8），对土壤 pH 的直接影响作用由大到小依次为：林木空间分布格局指数＞林分郁闭度＞平均树高＞土壤厚度＞下木植被覆盖度＞平均胸径。林分中树种粗壮、下木植被覆盖度大、土壤厚度大对提高土壤 pH 有利，相反，若林分郁闭度大、聚集程度高则土壤 pH 小，不利于土壤酸化改良。林木空间分布格局指数和林分郁闭度对林地土壤酸碱性的影响最大。其他结构因子通过影响其他结构因子而对土壤酸碱性的间接影响较大。

$$Y_8=-35.37+1.59X_1+0.05X_2-0.01X_3+0.83X_{12}+0.47X_{13}-11.05X_{17}$$
$$(r=0.8681,\ P=0.0071,\ d=2.3333) \tag{9-9}$$

表 9-8　结构因子对土壤 pH 的直接和间接通径系数

因子	直接通径系数	间接通径系数					
		→X_1	→X_2	→X_3	→X_{12}	→X_{13}	→X_{17}
X_1	0.2451		0.0413	0.9128	−0.0758	0.1281	1.7179
X_2	0.0662	0.1529		0.8827	−0.0709	0.1349	0.9826
X_3	−1.1073	0.2021	0.0528		−0.0967	0.1734	1.6029
X_{12}	0.1165	−0.1595	−0.0403	−0.9192		0.1473	−1.3491
X_{13}	0.2162	0.1452	0.0413	0.8883	0.0794		−1.2379
X_{17}	−1.8184	−0.2316	−0.0358	−0.9761	−0.0864	−0.1472	

$$Y_9=13.16-0.12X_5+0.05X_8+1.55X_{10}+0.07X_{11}+4.92X_{14}+2.94X_{16}$$
$$(r=0.8337,\ P=0.0019,\ d=2.2132) \tag{9-10}$$

从式（9-10）可知，土壤有机质受上层林分密度、乔木层物种多样性、草本层物种多样性、群落总体物种多样性、枯落物储量、混交度等结构因子的影响较显著。通径分析表明（表 9-9），对有机质的直接影响作用由大到小依次为：上层林分密度＞枯落物储量＞草本层物种多样性＞混交度＞乔木层物种多样性＞群落总体物种多样性。除上层林分密度对有机质作用呈反作用外，其余因子均对其有正向的直接影响，这可能是由于上层林分密度大，则透光性差，会对灌草的生长产生影响，不利于物种多样性的增加，进而不利于有机质的积累。而林分物种多样性高、树种混交程度高，对林分整体生长有促进作用，则会增加枯落物的储量，枯落物分解增加土壤腐殖质，从而对提高有机质含量具有重要作用。

表 9-9　结构因子对土壤有机质的直接和间接通径系数

因子	直接通径系数	间接通径系数					
		→X_5	→X_8	→X_{10}	→X_{11}	→X_{14}	→X_{16}
X_5	−1.2394		0.0654	−0.1794	−0.0105	−0.2461	−0.0472
X_8	0.1241	0.6532		−0.0355	0.0182	0.0582	0.0758
X_{10}	0.2161	−1.0288	0.0204		0.0011	0.2091	0.0441
X_{11}	0.0255	−0.5130	−0.0887	0.0096		0.0775	−0.0243
X_{14}	0.3067	−0.9943	0.0236	0.1473	0.0064		0.0272
X_{16}	0.1661	−0.3521	0.0567	0.0573	0.0037	0.0503	

从式（9-11）可知，土壤全氮受平均胸径、乔木层物种多样性、群落总体物种多样性、下木植被覆盖度、枯落物储量、树种大小比数等结构因子的影响较显著。通径分析表明（表 9-10），对全氮的直接影响作用由大到小依次为：平均胸径＞枯落物储量＞树种大小比数＞下木植被覆盖度＞群落总体物种多样性＞乔木层物种多样性。平均胸径通过影响树种大小比数对土壤全氮的间接影响以及直接影响均较大，乔木层物种多样性、群落总体物种多样性、

下木植被覆盖度、树种大小比数通过影响平均胸径而间接影响全氮。

$$Y_{10}=-50.08+3.02X_2+0.05X_8+1.87X_{11}+2.98X_{12}+3.11X_{14}-1.53X_{15}$$
$$(r=0.8324，P=0.0043，d=2.2236) \quad (9\text{-}11)$$

表 9-10　结构因子对土壤全氮的直接和间接通径系数

因子	直接通径系数	间接通径系数					
		$\rightarrow X_2$	$\rightarrow X_8$	$\rightarrow X_{11}$	$\rightarrow X_{12}$	$\rightarrow X_{14}$	$\rightarrow X_{15}$
X_2	1.2549		0.0593	0.1973	−0.2436	0.0477	1.3814
X_8	0.1124	0.6614		0.0390	0.0576	0.0767	−0.6069
X_{11}	0.2377	1.0417	0.0184		0.2070	0.0446	−1.1627
X_{12}	0.3037	−1.0067	0.0213	0.1620		0.0276	−1.0669
X_{14}	1.1681	−0.3565	0.0513	0.0631	0.0498		−0.3249
X_{15}	−0.5671	1.1062	−0.0435	−0.1764	−0.2068	−0.0348	

$$Y_{11}=10.02-0.001X_6+3.68X_{11}-3.94X_{13}-9.36X_{15} \ (r=0.8674，P=0.0002，d=1.7617) \quad (9\text{-}12)$$

从式（9-12）可知，土壤全磷受中层林分密度、群落总体物种多样性、土壤厚度、树种大小比数等结构因子的影响较显著。通径分析表明（表 9-11），对全磷的直接影响作用由大到小依次为：树种大小比数＞中层林分密度＞土壤厚度＞群落总体物种多样性。中层林分密度和土壤厚度对树种大小比数的影响较大，进而对土壤全磷产生影响。这两个结构因子对土壤全磷的影响主要体现在间接影响作用上。

表 9-11　结构因子对土壤全磷的直接和间接通径系数

因子	直接通径系数	间接通径系数			
		$\rightarrow X_6$	$\rightarrow X_{11}$	$\rightarrow X_{13}$	$\rightarrow X_{15}$
X_6	−0.9392		−0.0591	0.1972	1.3574
X_{11}	0.2079	−0.2668		0.0403	−0.3192
X_{13}	−0.2458	0.7534	0.0341		−1.0483
X_{15}	−1.5399	0.8279	−0.1673	−0.0431	

从式（9-13）可知，土壤全钾受林分密度、草本层物种多样性、下木植被覆盖度、林木空间分布格局指数等结构因子的影响显著。通径分析表明（表 9-12），对全钾的直接影响作用由大到小依次为：林木空间分布格局指数＞林分密度＞下木植被覆盖度＞草本层物种多样性。草本层物种多样性和下木植被覆盖度受林分密度和林分空间分布格局指数的影响较大，间接通径系数分别为−0.8635 和−1.1363、−0.8346 和−1.0426，对土壤全钾的间接影响作用大于其直接影响作用。

$$Y_{12}=11.18+0.001X_4+1.01X_{10}+3.82X_{12}-9.31X_{17} \ (r=0.8185，P=0.0006，d=2.3113) \quad (9\text{-}13)$$

表 9-12　结构因子对土壤全钾的直接和间接通径系数

因子	直接通径系数	间接通径系数			
		$\rightarrow X_4$	$\rightarrow X_{10}$	$\rightarrow X_{12}$	$\rightarrow X_{17}$
X_4	1.0403		−0.1163	−0.1910	1.3500
X_{10}	0.1401	−0.8635		0.1623	−1.1363
X_{12}	0.2380	−0.8346	0.0955		−1.0426
X_{17}	−1.5315	0.9170	−0.1039	−0.1621	

从式（9-14）可知，土壤速效氮受平均树高、林分密度、下层林分密度、土壤厚度、树种大小比数、混交度等结构因子的影响显著。通径分析表明（表 9-13），对速效氮的直接影响作用由大到小依次为：下层林分密度＞混交度＞平均树高＞土壤厚度＞树种大小比数＞林分密度。以下层林分密度的直接影响程度最大，直接通径系数为−0.9025，其他因子的直接通径系数则相对较小，另外间接通径系数也较小。

$$Y_{13}=259.64-0.20X_1-0.06X_4-0.001X_7-2.01X_{13}+0.05X_{15}+4.40X_{16}$$
$$(r=0.7896,\ P=0.0024,\ d=2.2991) \qquad (9\text{-}14)$$

表 9-13　结构因子对土壤速效氮的直接和间接通径系数

因子	直接通径系数	间接通径系数					
		→X_1	→X_4	→X_7	→X_{13}	→X_{15}	→X_{16}
X_1	−0.1742		−0.0417	−0.2256	0.0146	0.0059	0.0075
X_4	−0.0485	0.1499		−0.1716	0.0121	−0.0001	0.0086
X_7	−0.9025	−0.0436	−0.0092		0.1005	−0.0365	0.0705
X_{13}	−0.1253	0.0204	0.0047	0.7240		−0.0080	0.0407
X_{15}	0.0991	0.0104	0.0002	0.3320	0.0101		−0.0195
X_{16}	0.2481	−0.0495	−0.0017	−0.2564	0.0205	−0.0078	

从式（9-15）可知，土壤速效磷受平均树高、林分郁闭度、土壤厚度、混交度、林木空间分布格局指数等结构因子的影响显著。通径分析表明（表 9-14），对速效磷的直接影响作用由大到小依次为：林木空间分布格局指数＞林分郁闭度＞土壤厚度＞混交度＞平均树高。平均树高和林分郁闭度对林分空间分布格局指数以及土壤厚度对林分郁闭度和林木空间分布格局指数的影响较大，间接通径系数分别为−0.5282 和−1.4007、0.7658 和−1.0187，平均树高、林分郁闭度和土壤厚度 3 个因子对土壤速效磷的间接影响作用同样较大。

$$Y_{14}=65.14-0.11X_1-0.001X_3-0.72X_{13}+4.09X_{16}-3.66X_{17}$$
$$(r=0.8039,\ P=0.0004,\ d=2.1583) \qquad (9\text{-}15)$$

表 9-14　结构因子对土壤速效磷的直接和间接通径系数

因子	直接通径系数	间接通径系数				
		→X_1	→X_3	→X_{13}	→X_{16}	→X_{17}
X_1	−0.0923		0.2387	0.0271	−0.0655	−0.5282
X_3	−0.9547	0.0231		0.1860	−0.0655	−1.4007
X_{13}	−0.2319	0.0108	0.7658		0.0378	−1.0817
X_{16}	0.2306	−0.0262	−0.2712	0.0380		−0.3294
X_{17}	−1.5890	−0.0307	−0.8415	−0.1578	−0.0478	

从式（9-16）可知，土壤速效钾含量受群落总体物种多样性、混交度、林木空间分布格局指数等结构因子的影响显著。通径分析表明（表 9-15），对速效钾的直接影响作用由大到小依次为：林木空间分布格局指数＞群落总体物种多样性＞混交度。群落总体物种多样性除对速效钾直接作用较大外，通过影响林木空间分布格局指数而对其产生的间接作用同样较大，间接通径系数为−1.3286。

$$Y_{15}=17.84+0.09X_{11}+3.35X_{16}-5.16X_{17}\ (r=0.7948,\ P=0.0013,\ d=2.3257) \qquad (9\text{-}16)$$

表 9-15　结构因子对土壤速效钾的直接和间接通径系数

因子	直接通径系数	间接通径系数		
		→X_{11}	→X_{16}	→X_{17}
X_{11}	0.7079		0.0538	−1.3286
X_{16}	0.1893	0.2011		−0.3124
X_{17}	−1.5072	−0.6240	−0.0392	

从式（9-17）可知，土壤阳离子交换量受上层林分密度、草本层物种多样性、土壤厚度、树种大小比数、混交度等结构因子的影响显著。通径分析表明（表 9-16），对土壤阳离子交换量的直接影响作用由大到小依次为：树种大小比数＞上层林分密度＞土壤厚度＞混交度＞草本层物种多样性。上层林分密度、草本层物种多样性和土壤厚度对树种大小比数的作用较大，草本层物种多样性、土壤厚度、树种大小比数对上层林分密度的作用较大，进而间接影响阳离子交换量。

$$Y_{16}=87.18-0.001X_5+3.01X_{10}-1.02X_{13}-2.31X_{15}+3.59X_{16}$$
$$(r=0.8294，P=0.0006，d=2.3194) \quad (9\text{-}17)$$

表 9-16　结构因子对土壤阳离子交换量的直接和间接通径系数

因子	直接通径系数	间接通径系数				
		→X_5	→X_{10}	→X_{13}	→X_{15}	→X_{16}
X_5	−1.0403		0.1163	0.1910	1.3500	0.0575
X_{10}	0.1401	0.8635		−0.1623	−1.1363	−0.0537
X_{13}	−0.2380	0.8346	−0.0955		−1.0426	−0.0332
X_{15}	−1.5315	0.9170	−0.1039	−0.1621		−0.0420
X_{16}	0.2025	−0.2955	0.0372	0.0390	0.3175	

由以上分析可以看出，林木的非空间结构和空间结构对土壤的化学性状的影响作用同样较大。因此，可以通过改善林分结构来提高林地的土壤质量状况，达到保育土壤的目的，进而防治水土流失。

9.2　林分结构对森林涵养水源功能的作用

林分结构对森林涵养水源功能的作用仍从林冠层、林下灌草层、枯枝落叶层和土壤层以及对植被蒸腾耗水方面进行分析。

9.2.1　林分结构特征对林冠截留的影响

1. 单一因素

林冠层涉及的结构参数较多，选取林分乔木平均直径、平均树高、叶面积指数、乔木层多样性指数（包括 Margalef 丰富度指数、Shannon-Wiener 多样性指数、Simpson 优势度指数、Pielou 均匀度指数）、大小比数、混交度、角尺度 10 个参数来分析结构特征对林冠截留的影响（图 9-1）。

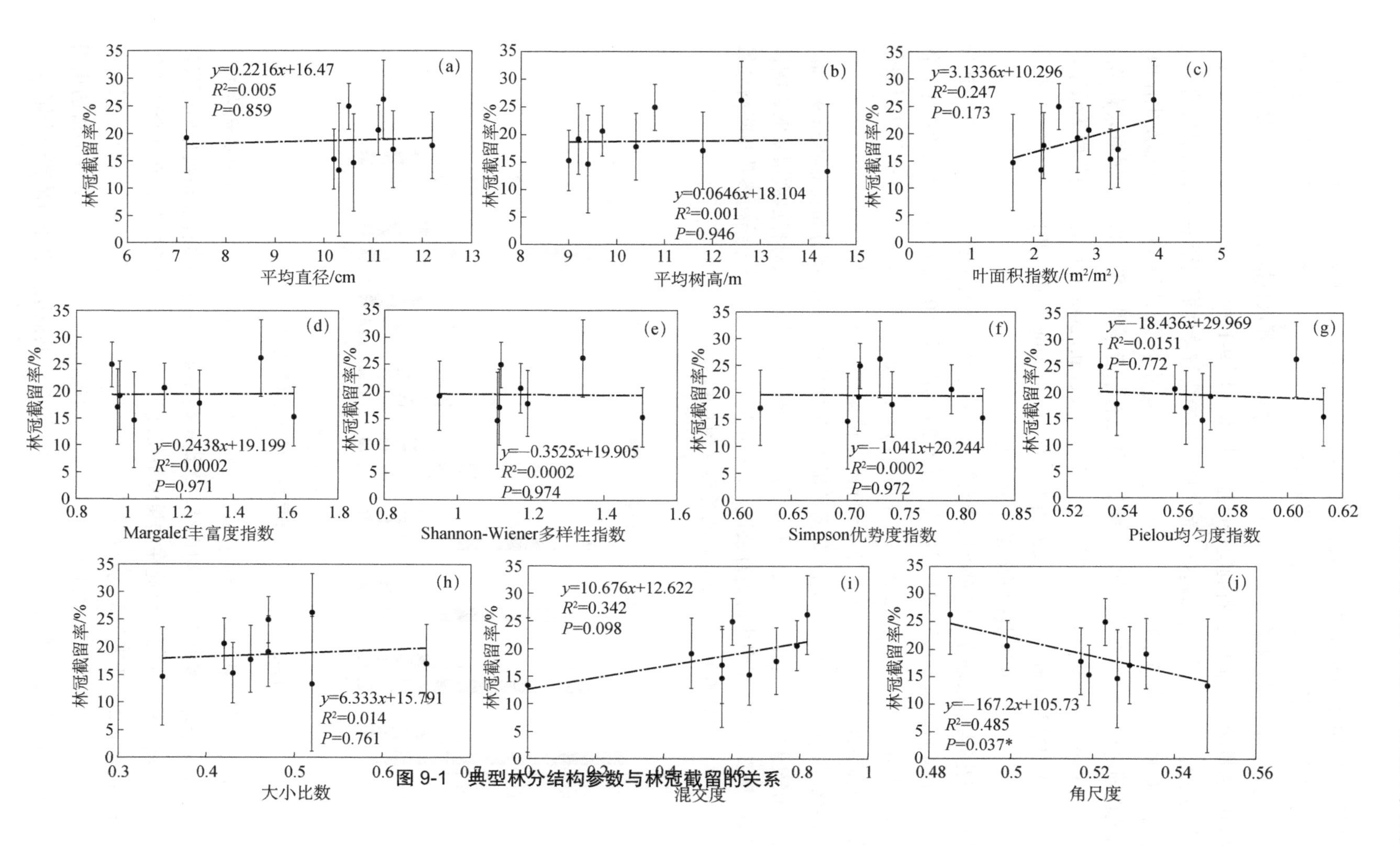

图 9-1　典型林分结构参数与林冠截留的关系

结果显示，在10个结构参数中，只有表征林木空间分布格局的参数——角尺度与总林冠截留率具有显著负相关关系［图9-1（j）］，即林分聚集程度越强，其林冠截留率越小，这主要是因为林木聚集分布，导致冠层分布不均匀。林分空隙较多，雨水直接穿过空隙直达地面，进而导致截留的水量减少。同时也看到随着叶面积指数［图9-1（c）］或混交度［图9-1（i）］的增加，林冠截留率有明显增加的趋势。而其他结构参数与总林冠截留率不存在明显的相关关系，这可能是林冠饱和持水量的存在，使得林分结构并不是对所有降雨场次都发生作用，林冠截留过程同时也受降雨特征的显著影响。之前已有学者证明，平均直径和树冠只有当降雨强度大于10 mm/h时才对降雨分配有显著作用（Dietz et al.，2006）。或者不同降雨等级下，冠层截留量的增加幅度随冠层结构参数的增大存在差异（Peng et al.，2014）。因此，分析不同降雨等级下林分结构对林冠截留的影响十分必要。

按照前文的降雨等级划分方法对不同降雨等级下林冠截留进行分析，发现9种典型林分的林冠截留率在不同降雨等级下的差异很大（图9-2）：在小雨（0～10 mm）降雨等级下，各林分林冠截留率分布在33.9%～52.1%；在中雨（10～25 mm）降雨等级下，各林分林冠截留率分布在19.6%～28.1%；在大雨（25～50 mm）降雨等级下，各林分林冠截留率分布在11.1%～13.8%；在暴雨（＞50 mm以上）降雨等级下，各林分林冠截留率分布在6.4%～9.1%。可见，各种林分随着降雨等级的增大，林冠截留率逐渐减小。降水量对林冠截留率的影响作用极其显著。因此，接下来考虑降雨复杂性，分析不同降雨等级下林分结构参数与降雨分量（穿透雨率、树干茎流率和林冠截留率）的关系（图9-3）。

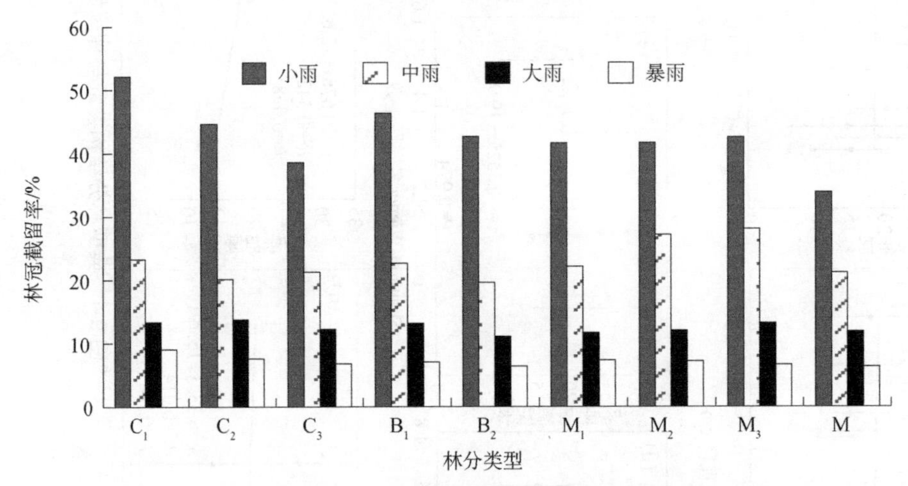

图9-2　典型林分在不同雨量级下的林冠截留率特征

图9-3展示了林分结构参数和不同降雨等级下穿透雨率、树干茎流率和林冠截留率的关系（由于不论在哪个降雨等级下，平均直径、平均树高和4个乔木层多样性指数与林冠截留各分量均不存在显著相关关系，因此在结果中不做展示）。对于叶面积指数，在4个降雨等级下，其与穿透雨率和树干茎流率均不存在显著关系［图9-3（a1）和图9-3（a2）］，但是在降水量达到大雨及暴雨时，即降水量＞25 mm时，叶面积指数与林冠截留率存在显著的正相关关系［图9-3（a3）］。这可能是由于对于特种林分而言，其冠层持水能力是有一个限定值

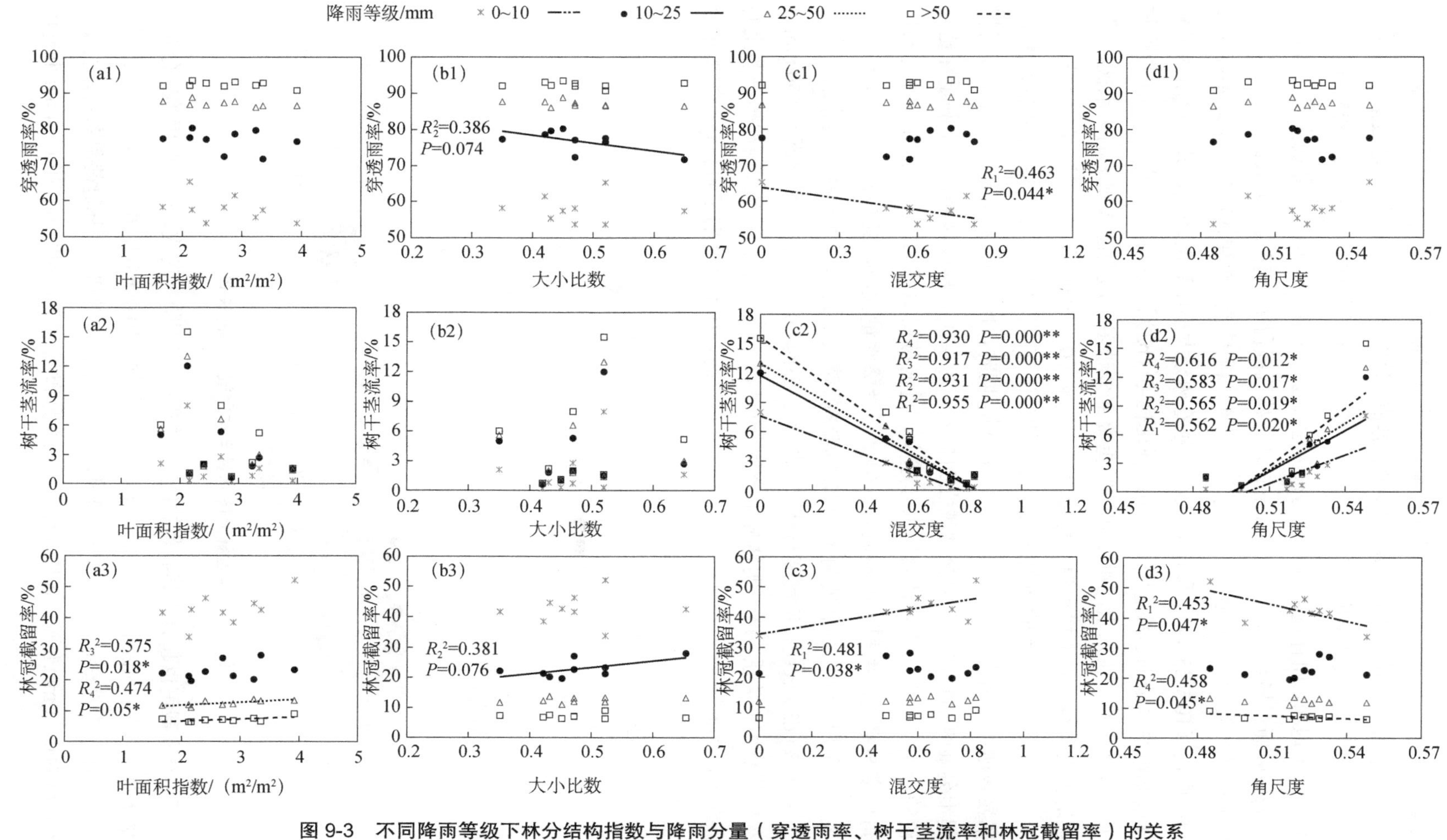

图 9-3 不同降雨等级下林分结构指数与降雨分量（穿透雨率、树干茎流率和林冠截留率）的关系

*在 0.05 水平（双侧）上显著相关；**在 0.01 水平（双侧）上显著相关

的。当降水量较小时，降雨大部分均被林冠层截留，进而导致不同林分之间截留率差异不大，而随着降水量的增大，不同林分相继达到饱和临界值，这时不同林分之间林冠截留量开始产生显著差异。降水量与林冠截留率的关系（图 9-4）正好证实了各林分在降水量＞25 mm 时，各林分林冠才趋于饱和，而林冠层持水能力很大程度上又取决于叶面积指数的大小，因此这也就解释了为何叶面积指数在降水量＞25 mm 时与林冠截留率具有显著关系。

林分空间结构参数中，大小比数虽然与穿透雨率、树干茎流率和林冠截留率均不存在显著关系，但在中雨（10～25 mm）降雨等级下，随着林分大小比数的增大，其穿透雨率呈减少趋势、林冠截留率呈增加趋势［图 9-3（b1）和图 9-3（b3）］。这可能是因为大小比数值较大的林分处于偏优状态，树木空间维度和枝叶重叠部分越多，就会造成越多的雨水被拦截，穿透雨相应地就会减少。对于树种混交程度来说，小雨（0～10 mm）条件下，混交度与穿透雨率和林冠截留率均存在显著的相关关系，随着林分混交度的增强，其穿透雨率显著减少，林冠截留率显著增加［图 9-3（c1）和图 9-3（c3）］。同时，图 9-3（c2）显示，混交度对树干茎流率起十分显著的负作用，混交度越强的林分，冠层重叠程度越强，其不利于穿透雨和树干茎流的产生，从而使达到地面的水分越少，进而截留率增加。对于林分空间分布格局来说，角尺度与穿透雨率相关性不显著，但是不管降水量大小，其与树干茎流率呈显著的正相关关系，角尺度越大，表明树木分布之间空隙越大，其越有利于树干茎流的产生图［9-3（d2）］。图 9-3（d3）表明，角尺度与林冠截留率在小雨（0～10 mm）和暴雨（＞50 mm）等级下存在显著负相关关系。这表明林分中个体分布越均匀，越不利于穿透雨和树干茎流的发生，从而截留越多的降水。反之，林分呈聚集分布状态，林木之间的空隙有利于增加穿透雨和树干茎流，进而减少了林分的截留量。

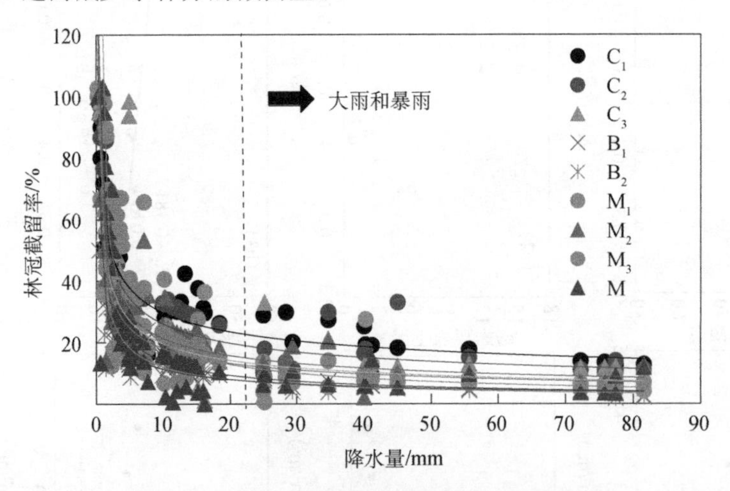

图 9-4　典型林分降水量与林冠截留率的关系

降雨强度对林冠截留也起着极其显著的作用。按照研究期降雨场次、降雨强度等级分布，将降雨强度分为 Ⅰ（0～1 mm/h）、Ⅱ（1～4 mm/h）、Ⅲ（4～10 mm/h）、Ⅳ（＞10 mm/h）。不同降雨强度等级下林冠截留率特征见图 9-5。可见，不同降雨强度等级下，林冠截留率差异也较显著。在降雨强度为 0～1 mm/h 时，各林分林冠截留率分布在 20.7%～48.2%；在 1～4 mm/h 降雨强度等级下，各林分林冠截留率分布在 13.9%～25.2%；在 4～10 mm/h 降雨强度等级下，各林分林冠截留率分布在 5.7%～17.5%；在最大降雨强度等级（>10 mm/h）下，各林分林冠截留率分布在 6.9%～22.7%。可见，随降雨强度等级的增大，冠层截留率减小。但有的林分降雨强度等级>10 mm/h 时，林冠截留率也较大，这可能是由于林分结构和降雨特性的交互作用。

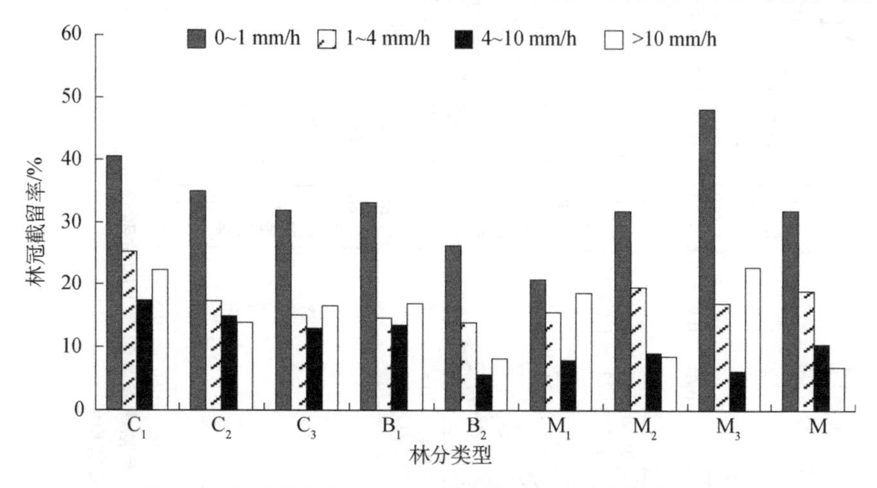

图 9-5　典型林分在不同降雨强度等级下的林冠截留率特征

因此，接下来本章研究将对不同降雨强度等级下林分结构对林冠截留的影响进行探讨。不同降雨强度等级下林分结构参数与降雨分量（穿透雨率、树干茎流率和林冠截留率）的关系见图 9-6。

图 9-6 展示了林分结构参数和不同降雨强度等级下穿透雨率、树干茎流率和林冠截留率的关系。同样地，不论在哪个降雨强度等级下，平均直径、平均树高和 4 个乔木层多样性指数与林冠截留率各分量均不存在显著相关关系，因此在结果中不做展示。

对于叶面积指数，只有在降雨强度<1 mm/h 时，穿透雨率和林冠截留率才与叶面积指数呈显著相关关系［图 9-6（a1）和图 9-6（a3）］，随着叶面积指数的增大，穿透雨率减少，林冠截留率增加，然而叶面积指数大小对树干茎流率没有显著影响；在降雨强度<1 mm/h 时，林分的大小比数与穿透雨率、树干茎流率和林冠截留率均呈显著或极显著的相关性［图 9-6（b）］，随着大小比数的增大，林木胸径大小分布更加均匀，林分处于偏优状态，显著地减少穿透雨量，尽管增加了树干茎流量，但其占比很少，最终林冠截留量显著减少；混交度对各降雨强度等级下的穿透雨率和冠层截留率均不起显著作用，然而与树干茎流率极显著相关［图 9-6（c2）］，树种混交度越强，越不利于树干茎流的产生；角尺度也仅当降雨强度<1 mm/h 时，才与穿透雨率和林冠截留率呈显著或极显著相关性［图 9-6（d1）和图 9-6（d3）］，随着角尺度的增大，林木聚集程度越强，林木空隙越大，使得穿透雨增多，并且从图［图 9-6（d2）］可以看出，不管何种降雨强度等级下，角尺度越大，越有利于树干茎流的产生，因此，在低降雨强度等级下，冠层截留量显著减少。可见，在低降雨强度等级下（<1 mm/h）时，林分结构对林冠截留分配起显著作用。

综上，结果表明，林分结构特征与降雨特征交互作用共同影响着林冠截留过程，研究林分结构对林冠截留的影响必须考虑降雨条件。

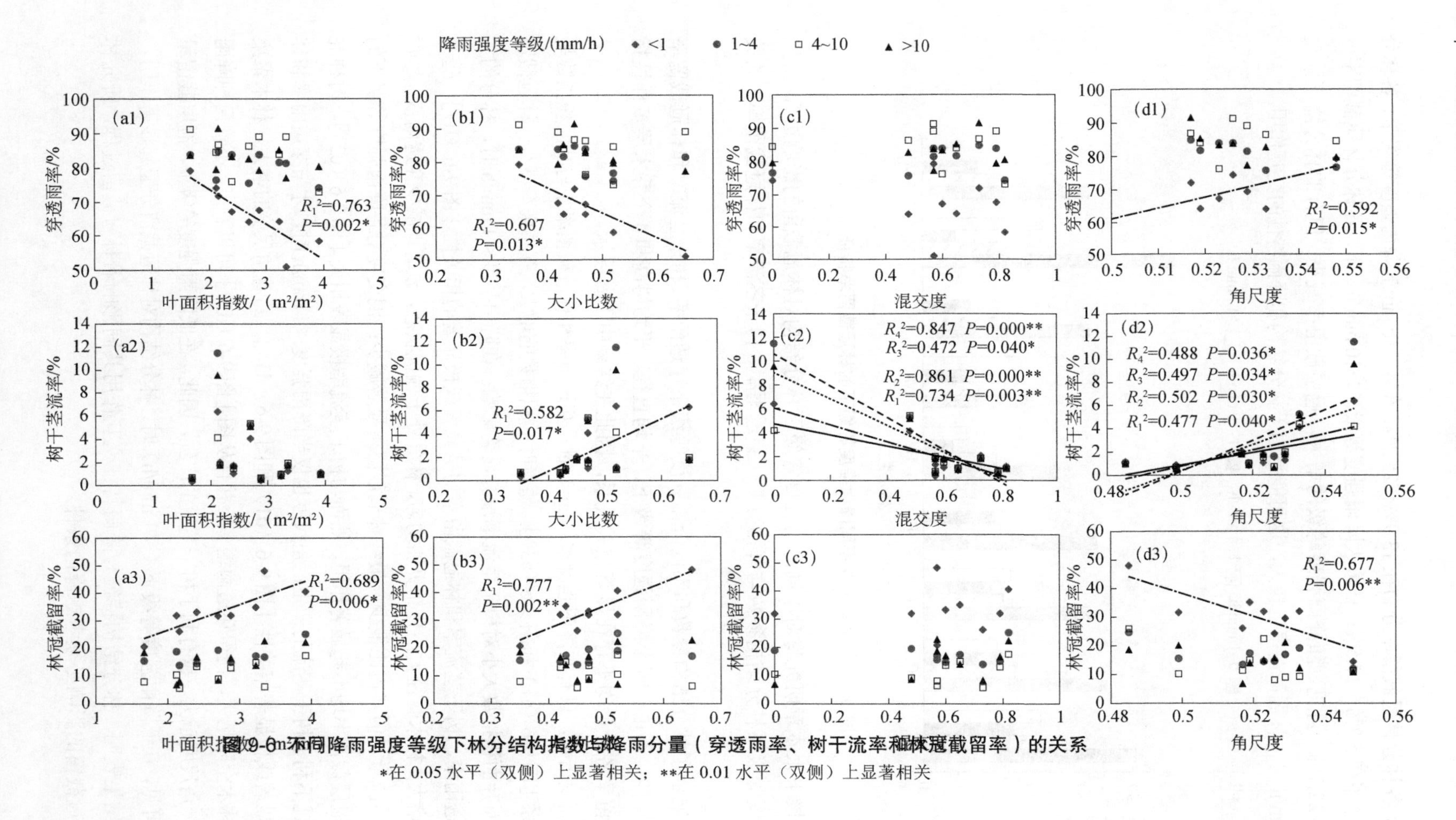

图9-6 不同降雨强度等级下林分结构指数与降雨分量（穿透雨率、树干流率和林冠截留率）的关系

*在 0.05 水平（双侧）上显著相关；**在 0.01 水平（双侧）上显著相关

2. 多因素

林冠层涵养水源功能因子选择林冠最大持水量、林冠截留量，将它们分别设为 Y_{17} 和 Y_{18}，采用显著性水平 α=0.05，分别和各结构因子进行多元逐步回归。

从式（9-18）可知，林冠最大持水量受平均树高、林分郁闭度、林分密度、上层林分密度、乔木层物种多样性、树种大小比数、混交度的影响显著。通径分析表明（表 9-17），对林冠最大持水量的直接影响作用由大到小依次为：混交度＞平均树高＞乔木层物种多样性＞林分密度＞树种大小比数＞林分郁闭度＞上层林分密度。可以看出，树种混交度对林冠最大持水量的直接影响最大。乔木层物种多样性和林分密度通过影响平均树高、混交度来间接影响林冠最大持水量的作用也较大。

$$Y_{17}=-1619.93+1.34X_1+4.27X_3+1.11X_4+0.47X_5+5.90X_8-0.25X_{15}-0.11X_{16}$$
$$(r=0.8736,\ P=0.0017,\ d=2.2132) \qquad (9\text{-}18)$$

表 9-17　结构因子对林冠最大持水量的直接和间接通径系数

因子	直接通径系统	间接通径系统						
		→X_1	→X_3	→X_4	→X_5	→X_8	→X_{15}	→X_{16}
X_1	1.2394		0.0654	0.1794	−0.0105	0.2461	0.0472	1.3864
X_3	0.1241	0.6532		−0.0355	0.0182	−0.0582	−0.0758	−0.6091
X_4	0.2161	1.0288	−0.0204		−0.0011	−0.2091	−0.0441	−1.1669
X_5	0.0255	0.5130	−0.0887	0.0096		−0.0775	−0.0243	−0.5828
X_8	0.3067	0.9943	−0.0236	−0.1473	0.0064		−0.0272	−1.0707
X_{15}	−0.1661	−0.3521	0.0567	0.0573	−0.0037	0.0503		0.3260
X_{16}	−1.5728	1.0925	−0.0481	−0.1603	0.0094	−0.2088	−0.0344	

从式（9-19）可知，林冠截留量受林分郁闭度、林分密度、上层林分密度、中层林分密度、混交度的影响显著。通径分析表明（表 9-18），对林冠截留量的直接影响作用由大到小依次为：混交度＞林分郁闭度＞中层林分密度＞上层林分密度＞林分密度。混交度的直接作用最大，且通过影响林分郁闭度来对林冠截留量的间接作用同样较大，间接通径系数达 0.9170。林分郁闭度直接通径系数达 1.0403，直接作用也较大，且通过对混交度的影响而对其产生间接影响，间接通径系数达−1.3500。林分密度和中层林分密度直接作用虽然较小，但通过对林分郁闭度和混交度的影响而对其产生的间接作用却较大。另外，中层林分密度对林冠截留量作用呈反向，可能原因是中层林分密度大，则会抑制下层林木的生长，对林分整体结构的改善具有不利影响，进而影响到截留的整体作用。

$$Y_{18}=107.42+0.04X_3+0.13X_4+0.81X_5-0.82X_6+0.06X_{16}$$
$$(r=0.9134,\ P=0.0002,\ d=1.9314) \qquad (9\text{-}19)$$

表 9-18　结构因子对林冠截留量的直接和间接通径系数

因子	直接通径系统	间接通径系统				
		→X_3	→X_4	→X_5	→X_6	→X_{16}
X_3	1.0403		0.1163	0.1910	0.0575	−1.3500
X_4	0.1401	0.8635		0.1623	−0.0537	−1.1363
X_5	0.2025	0.2955	0.0372		0.0390	0.3175
X_6	−0.2380	0.8346	−0.0955	−0.0332		−1.0426
X_{16}	1.5315	0.9170	−0.1039	−0.1621	−0.0420	

9.2.2 林分结构对灌草层涵养水源功能的影响

灌草层涵养水源功能因子选择灌草最大持水量和灌草生物量两个指标因子，分别设为Y_{21}和Y_{22}，采用显著性水平α=0.05，分别和各结构因子进行多元逐步回归。

从式（9-20）可知，灌草最大持水量受林分郁闭度、林木空间分布格局指数的影响最显著。通径分析表明（表9-19），对灌草最大持水量的直接影响作用的大小表现为：林分郁闭度＞林木空间分布格局指数。直接通径系数均大于间接通径系数，说明这2个结构因子对灌草最大持水量的影响主要体现为直接影响作用。

$$Y_{21}=7.88-0.46X_3-4.90X_{17}\ (r=0.8302,\ P=0.0003,\ d=1.8727) \qquad (9\text{-}20)$$

表9-19 结构因子对灌草最大持水量的直接和间接通径系数

因子	直接通径系数	间接通径系数	
		→X_3	→X_{17}
X_3	−0.7756		−0.1366
X_{17}	−0.4061	−0.2667	

从式（9-21）可知，灌草生物量受林分郁闭度、林分密度、中层林分密度、灌木层物种多样性、群落总体物种多样性、下木植被覆盖度的影响显著。通径分析表明（表9-20），对灌草生物量的直接影响作用由大到小依次为：下木植被覆盖度＞中层林分密度＞林分密度＞群落总体物种多样性＞灌木层物种多样性＞林分郁闭度。以下木植被覆盖度的直接影响作用最大，通径系数为1.2373。中层林分密度的直接作用和通过影响下木植被覆盖度对灌草生物量的间接作用显著，通径系数分别为0.5223和1.0889，可以看出其间接作用更为显著。而林分郁闭度对灌草生物量的影响同样体现在间接作用上，对下木植被覆盖度的间接通径系数达−0.7171，说明林分郁闭度大则林下灌草生长较差，下木植被较少，植被覆盖度低，生物量则少。

$$Y_{22}=13.45-6.33X_3-0.02X_4+0.03X_6+0.94X_9+0.61X_{11}+3.14X_{12}$$
$$(r=0.7447,\ P=0.0214,\ d=2.4653) \qquad (9\text{-}21)$$

表9-20 结构因子对灌草生物量的直接和间接通径系数

因子	直接通径系数	间接通径系数					
		→X_3	→X_4	→X_6	→X_9	→X_{11}	→X_{12}
X_3	−0.2067		−0.1139	−0.3186	0.1436	0.1390	−0.7171
X_4	−0.3811	0.0643		0.2182	−0.0231	0.0274	−0.3794
X_6	0.5223	0.1173	0.1487		0.1803	0.0336	1.0889
X_9	0.2264	0.1261	−0.0393	0.4053		0.0290	0.8379
X_{11}	0.2297	−0.1189	−0.0424	−0.0719	0.0272		0.2054
X_{12}	1.2373	0.1188	−0.1148	0.4749	0.1531	0.0398	

9.2.3 林分结构对枯枝落叶层涵养水源功能的影响

枯枝落叶层涵养水源功能因子选择最大拦蓄量和有效拦蓄量两个指标因子，分别设为Y_{23}和Y_{24}，采用显著性水平α=0.05，分别和各结构因子进行多元逐步回归。

从式（9-22）可知，枯落物最大拦蓄量受林分密度、乔木层物种多样性、群落总体物种多样性、枯落物储量、树种大小比数的影响最显著。通径分析表明（表 9-21），对枯落物最大拦蓄量的直接影响作用由大到小依次为：群落总体物种多样性＞枯落物储量＞乔木层物种多样性＞树种大小比数＞林分密度。群落总体物种多样性的直接作用最显著，直接通径系数达 1.3127，另外乔木层物种多样性、枯落物储量因子均表现为直接作用大于间接作用；林分密度直接作用最小，通径系数为 0.1336，但其通过对枯落物储量的作用而间接影响枯落物最大拦蓄量，间接通径系数为 0.2474。

$$Y_{23}=-193.94+0.003X_4+3.79X_8+7.33X_{11}+23.39X_{14}-8.32X_{15}$$

$$(r=0.8632,\ P=0.0004,\ d=2.2171) \quad (9\text{-}22)$$

表 9-21　结构因子对枯落物最大拦蓄量的直接和间接通径系数

因子	直接通径系数	间接通径系数				
		$\to X_4$	$\to X_8$	$\to X_{11}$	$\to X_{14}$	$\to X_{15}$
X_4	0.1336		0.0220	0.0938	0.2474	−0.1010
X_8	0.3682	0.0276		−0.1516	0.0657	0.0758
X_{11}	1.3127	−0.0355	0.0426		0.5664	−0.1194
X_{14}	0.4599	0.0108	−0.3165	0.0531		0.0726
X_{15}	−0.3192	0.0408	−0.3004	−0.1086	0.0603	

从式（9-23）可知，枯落物有效拦蓄量受中层林分密度、群落总体物种多样性、枯落物储量、树种大小比数的影响最显著。通径分析表明（表 9-22），对枯落物有效拦蓄量的直接影响作用由大到小依次为：树种大小比数＞群落总体物种多样性＞枯落物储量＞中层林分密度，该 4 个因子对枯落物有效拦蓄量的直接作用和间接作用均较显著，各个因子通过影响其他部分因子对枯落物有效拦蓄量造成的间接影响也较大。

$$Y_{24}=-18.02+0.02X_6+4.58X_{11}+1.05X_{14}-9.50X_{15}$$

$$(r=0.8712,\ P=0.0033,\ d=2.3288) \quad (9\text{-}23)$$

表 9-22　结构因子对枯落物有效拦蓄量的直接和间接通径系数

因子	直接通径系数	间接通径系数			
		$\to X_6$	$\to X_{11}$	$\to X_{14}$	$\to X_{15}$
X_6	0.4542		0.8583	−0.5596	−1.2839
X_{11}	1.4155	−0.2958		0.7997	1.4562
X_{14}	0.8241	0.3208	1.2948		−1.4984
X_{15}	−1.6788	0.3528	1.1520	−0.7996	

9.2.4　林分结构对土壤层涵养水源功能的影响

土壤层涵养水源功能因子选择最大蓄水量、有效蓄水量、初渗速率、稳渗速率、平均渗透速率、渗透总量，分别设为 Y_{25}、Y_{26}、Y_{27}、Y_{28}、Y_{29}、Y_{30}，采用显著性水平 $\alpha=0.05$，分别和各结构因子进行多元逐步回归。

从式（9-24）可知，土壤最大蓄水量受林分郁闭度、土壤厚度、林木空间分布格局指数的影响最显著。通径分析表明（表 9-23），对土壤最大蓄水量的直接影响作用由大到小依次为：林木空间分布格局指数＞林分郁闭度＞土壤厚度，可以看出土壤的最大蓄水量受林分结构的直接影响大于土壤厚度，林分对土壤改良，继而影响土壤的涵养水源功能。土壤厚度虽对土壤蓄水能力产生影响，但主要通过影响林分结构而间接作用于土壤最大蓄水量；另外还可以看出，林分郁闭度的作用方向相反，说明林分郁闭度过大对土壤的涵养水源能力也会产生一定的影响。

$$Y_{25}=84.10-3.78X_3+19.54X_{13}-6.63X_{17}$$
$$(r=0.7315，P=0.0080，d=1.7521) \quad (9\text{-}24)$$

表 9-23 结构因子对土壤最大蓄水量的直接和间接通径系数

因子	直接通径系数	间接通径系数		
		→X_3	→X_{13}	→X_{17}
X_3	−1.2513		0.4355	1.4200
X_{13}	0.5605	0.8928		1.0353
X_{17}	−1.6493	1.1401	−0.3686	

从式（9-25）可知，土壤有效蓄水量受下层林分密度、土壤厚度、林木空间分布格局指数的影响最显著。通径分析表明（表 9-24），对土壤有效蓄水量的直接影响作用由大到小依次为：下层林分密度＞土壤厚度＞林木空间分布格局指数，3 个因子对有效蓄水量的影响主要体现在直接作用上，对其他结构因子的间接通径系数均小于其直接通径系数。

$$Y_{26}= 433.60-0.52X_7+0.33X_{13}-12.26X_{17}$$
$$(r=0.8002，P=0.0062，d=2.0272) \quad (9\text{-}25)$$

表 9-24 结构因子对土壤有效蓄水量的直接和间接通径系数

因子	直接通径系数	间接通径系数		
		→X_7	→X_{13}	→X_{17}
X_7	−0.6733		−0.1420	−0.0676
X_{13}	0.3884	−0.2530		−0.0433
X_{17}	−0.2315	−0.1928	−0.0766	

从式（9-26）可知，土壤初渗速率受林分郁闭度、群落总体物种多样性、混交度、林木空间分布格局指数的影响最显著。通径分析表明（表 9-25），对初渗速率的直接影响作用由大到小依次为：林木空间分布格局指数＞林分郁闭度＞群落总体物种多样性＞混交度。其中，以林木空间分布格局指数和混交度的直接作用要大于其间接作用；林分郁闭度和群落总体物种多样性通过对林木空间分布格局指数的作用而产生的间接影响要大于其直接影响作用。

$$Y_{27}= 13.90-0.92X_3+1.48X_{11}+5.65X_{16}-10.93X_{17}$$
$$(r=0.8233，P=0.0021，d=2.4463) \quad (9\text{-}26)$$

表 9-25　结构因子对土壤初渗速率的直接和间接通径系数

因子	直接通径系数	间接通径系数			
		→X_3	→X_{11}	→X_{16}	→X_{17}
X_3	−0.7898		−0.1755	0.0832	1.6096
X_{11}	0.5217	0.2902		−0.0617	−0.9402
X_{16}	0.4460	−0.1447	−0.0667		−0.0454
X_{17}	−1.9050	0.7018	0.2430	0.0113	

从式(9-27)可知，土壤稳渗速率受枯落物储量和林木空间分布格局指数的影响最显著，2 个因子对稳渗速率的直接影响作用大小为：枯落物储量＞林木空间分布格局指数（表 9-26），但二者的影响作用程度差异不大，直接通径系数分别为 0.5023 和−0.5019，间接通径系数分别为−0.3107 和−0.3181，但直接作用方向相反，林木分布聚集程度越高，林分结构则差，不利于提高土壤的渗透性。

$$Y_{28}=-1.60+0.31X_{14}-0.37X_{17}$$
$$(r=0.7346,\ P=0.0211,\ d=2.2379) \tag{9-27}$$

表 9-26　结构因子对土壤稳渗速率的直接和间接通径系数

因子	直接通径系数	间接通径系数	
		→X_{14}	→X_{17}
X_{14}	0.5023		−0.3107
X_{17}	−0.5019	−0.3181	

从式（9-28）可知，土壤平均渗透速率下层林分密度、下木植被覆盖度和林木空间分布格局指数的影响最显著，通径分析表明（表 9-27），对平均渗透速率的直接影响作用大小依次为：下层林分密度＞林木空间分布格局指数＞下木植被覆盖度，以下层林分密度和林木空间分布格局指数的直接作用大于间接作用。

$$Y_{29}=4.69-0.36X_7+0.32X_{12}-0.71X_{17}$$
$$(r=0.7736,\ P=0.0284,\ d=2.0186) \tag{9-28}$$

表 9-27　结构因子对土壤平均渗透速率的直接和间接通径系数

因子	直接通径系数	间接通径系数		
		→X_7	→X_{12}	→X_{17}
X_7	−0.5689		0.0819	−0.3595
X_{12}	0.2209	0.2106		0.3140
X_{17}	−0.5556	−0.3385	0.1207	

从式（9-29）可知，土壤渗透总量受平均胸径、群落总体物种多样性、林木空间分布格局指数的影响最显著。通径分析表明（表 9-28），对渗透总量的直接影响作用由大到小依次为：林木空间分布格局指数＞平均胸径＞群落总体物种多样性。平均胸径和林木空间分布格局指数的影响主要是体现为直接作用，直接通径系数均大于间接通径系数；群落总体物种多样性通过影响林木空间分布格局指数而主要起间接作用，间接通径系数为 0.7190＞直接通径系数 0.3920。

$$Y_{30}=217.42+0.45X_2+0.31X_{11}-6.01X_{17}$$
$$(r=0.7283，P=0.0224，d=1.7256) \tag{9-29}$$

表 9-28 结构因子对土壤渗透总量的直接和间接通径系数

因子	直接通径系数	间接通径系数		
		→X_2	→X_{11}	→X_{17}
X_2	0.6343		0.1685	−0.5123
X_{11}	0.3920	0.2004		0.7190
X_{17}	−0.9321	−0.2805	0.3171	

综上分析可以看出，林分通过各种结构，尤其以物种多样性特征、林分密度、林层密度、林木空间分布格局指数影响最大，包括空间结构和非空间结构，对林冠层、灌草层、枯枝落叶层和土壤层的涵养水源功能产生较大的影响，林分结构对森林的涵养水源功能的发挥具有极其重要的作用。

9.2.5 林分结构特征对植被蒸腾耗水的影响

在森林生态系统中，树木是以群体的形式存在的。树木个体之间存在竞争及共生关系。树木个体的大小差异可以反映其获得光、热等生存资源的情况。个体之间的相对位置，可以反映竞争发生的主要方位以及生存资源的来源方位。有研究者提出，树木所处地位（social position）、树冠形态、遮挡作用（Jiménez et al.，2000；Simonin et al.，2006；Ford et al.，2007；Gebauer et al.，2008）会影响树木个体水分传输，然而目前的研究只处于定性阶段，缺乏有效的参数表征这些影响因子。因此，量化树木个体的空间位置及其对光、热资源的竞争，从生态学的角度探索植物水分传输对个体竞争的响应机制，是目前植物体水分传输研究中亟待解决的问题和需要填补的空白。本书研究通过引入森林经理学中描述树木相对大小及空间位置的空间结构参数（大小比数 *U*、角尺度 *W*、混交度 *M*）和生态学中描述竞争力大小的竞争力指数（UACI 和 HCI），共同反映树木在林分中所处的地位以及和相邻个体间的竞争，探索树木个体间竞争对植被蒸腾耗水的影响。

1. 树干液流通量密度林分结构的响应机制

1）树干液流通量密度对个体空间结构的响应机制

选取 17 株样木的液流通量密度径向最大值（F_{dmax}），分析不同个体 F_{dmax} 与其空间结构指数的关系，结果如图 9-7 所示，马尾松 5 个样木中 F_{dmax} 大小排序为：$P_4>P_5>P_3>P_1>P_2$，杉木 F_{dmax} 大小排序为：$C_1>C_6>C_5>C_3>C_4>C_2$，四川山矾 F_{dmax} 大小排序为：$S_3>S_5>S_6>S_2>S_1>S_4$。P_1 和 P_2 大小比数 *U* 为 0.75，代表这两个个体处于劣势，其 F_{dmax} 相对较小；而处于优势地位的 P_3 和 P_4（$U=0$）的 F_{dmax} 高于其他个体。与马尾松情况相似，杉木和四川山矾中处于优势地位（$U=0$）的个体（C_1、C_6 和 S_3），其 F_{dmax} 明显高于处于中庸和劣势地位（$U=0.5$ 和 $U=0.75$）的个体（C_2、S_1、S_2、S_4 和 S_6）。此外，样木的角尺度大小排序如下：$P_3=P_4=P_5>P_1>P_2$，$C_1>C_6>C_4=C_5>C_2=C_3$，$S_3>S_5>S_2=S_4>S_1=S_6$。通过对比样木的 F_{dmax} 排序可知，角尺度越大，其 F_{dmax} 越大。

当样木大小比数相同、角尺度不同时，角尺度越大的个体，其 F_{dmax} 也越大，如 $F_{dmax\text{-}P_1}$（U=0.75，W=0.25）＞$F_{dmax\text{-}P_2}$（U=0.75，W=0）、$F_{dmax\text{-}C_1}$（U=0，W=1）＞$F_{dmax\text{-}C_6}$（U=0，W=0.75）。当样木角尺度相同、大小比数不同时，大小比数越小的个体，其 F_{dmax} 越大，如 $F_{dmax\text{-}P_4}$（W=0.5，U=0）＞$F_{dmax\text{-}P_5}$（W=0.5，U=0.25）、$F_{dmax\text{-}C_3}$（W=0.25，U=0.25）＞$F_{dmax\text{-}C_2}$（W=0.25，U=0.5）、$F_{dmax\text{-}S_2}$（W=0.25，U=0.5）＞$F_{dmax\text{-}S_4}$（W=0.25，U=0.75）。因此，个体大小比数越小，其个体优势度越高，液流通量密度越大；个体角尺度越大，其空间分布越聚集，液流通量密度越大。

然而，混交度 M 与 F_{dmax} 没有显著关系。这主要是因为混交度只考虑了相邻树种是否相同，但没有考虑树种的树冠形态差异。例如，相邻两树种分别为针叶树和阔叶树，其混交度 M 值相同，但由于两树种树冠形态差异很大，针叶树对阔叶树的遮挡程度与阔叶树对针叶树的遮挡程度完全不同，而 M 值无法体现树冠形态差异对树木蒸腾造成的影响。

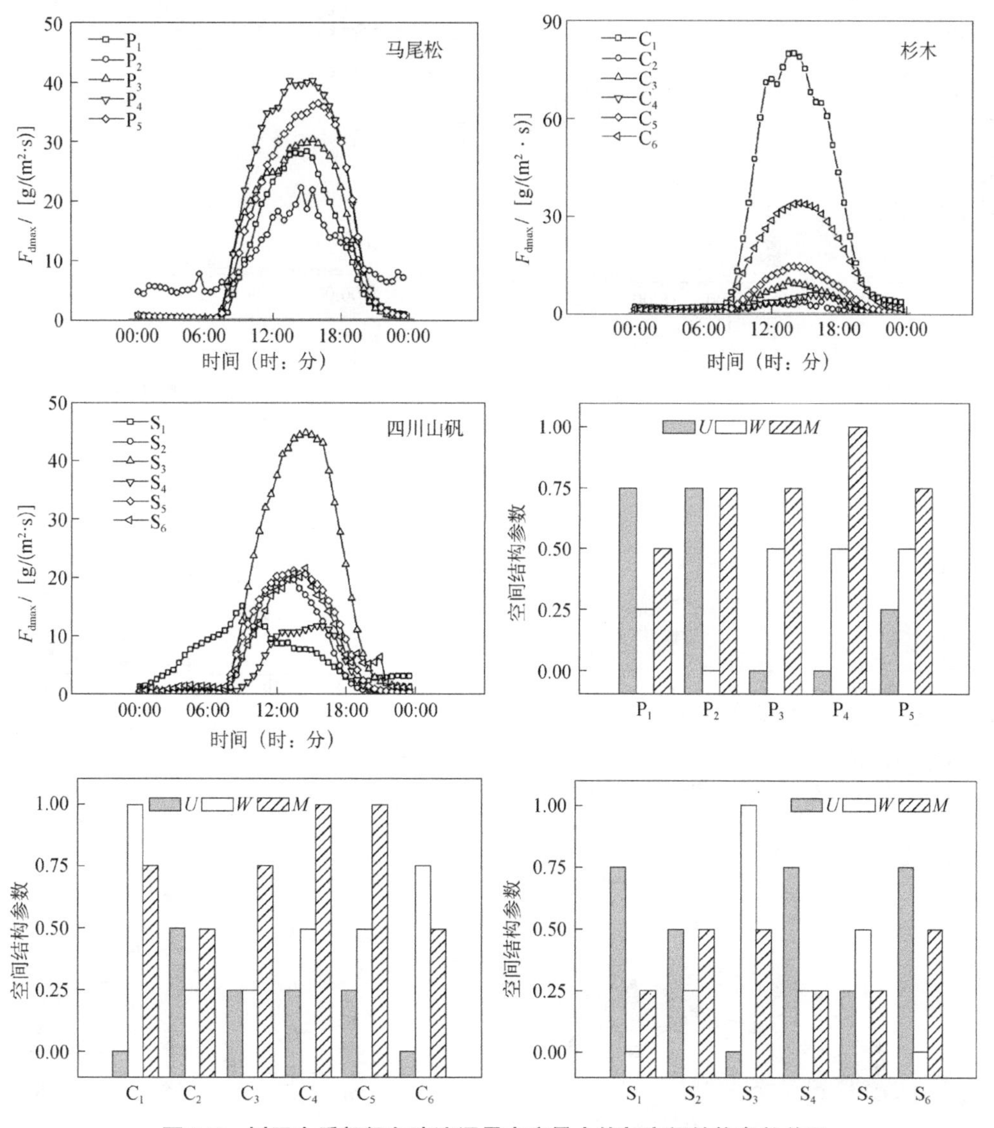

图 9-7　树干木质部径向液流通量密度最大值与空间结构参数关系

2）树干液流通量密度对个体竞争力的响应机制

三个树种树干液流通量密度最大值与个体竞争力的关系如图 9-8 所示。两个竞争力指数与 F_{dmax} 的关系一致，即竞争力指数大的个体其 F_{dmax} 小。马尾松样木 F_{dmax} 排序为 $P_4>P_5>P_3>P_1>P_2$，HCI 值排序为 $P_2>P_1>P_3>P_5>P_4$，UACI 值排序为 $P_2>P_1>P_5>P_4=P_3$；杉木 F_{dmax} 排序为 $C_1>C_6>C_5>C_3>C_4>C_2$，HCI 值排序为 $C_2>C_3>C_4>C_5>C_6>C_1$，UACI 值排序为 $C_2>C_4>C_3>C_5>C_6=C_1$；四川山矾 F_{dmax} 大小排序为 $S_3>S_5>S_6>S_2>S_1>S_4$，HCI 值排序为 $S_1>S_6>S_4>S_2>S_5>S_3$，UACI 值排序为 $S_1>S_6>S_2>S_4>S_5>S_3$。尽管两个竞争力指数大小排序不完全一样，与 F_{dmax} 的排序也并不是完全相反，但整体趋势是竞争力指数小的个体 F_{dmax} 相对较大。

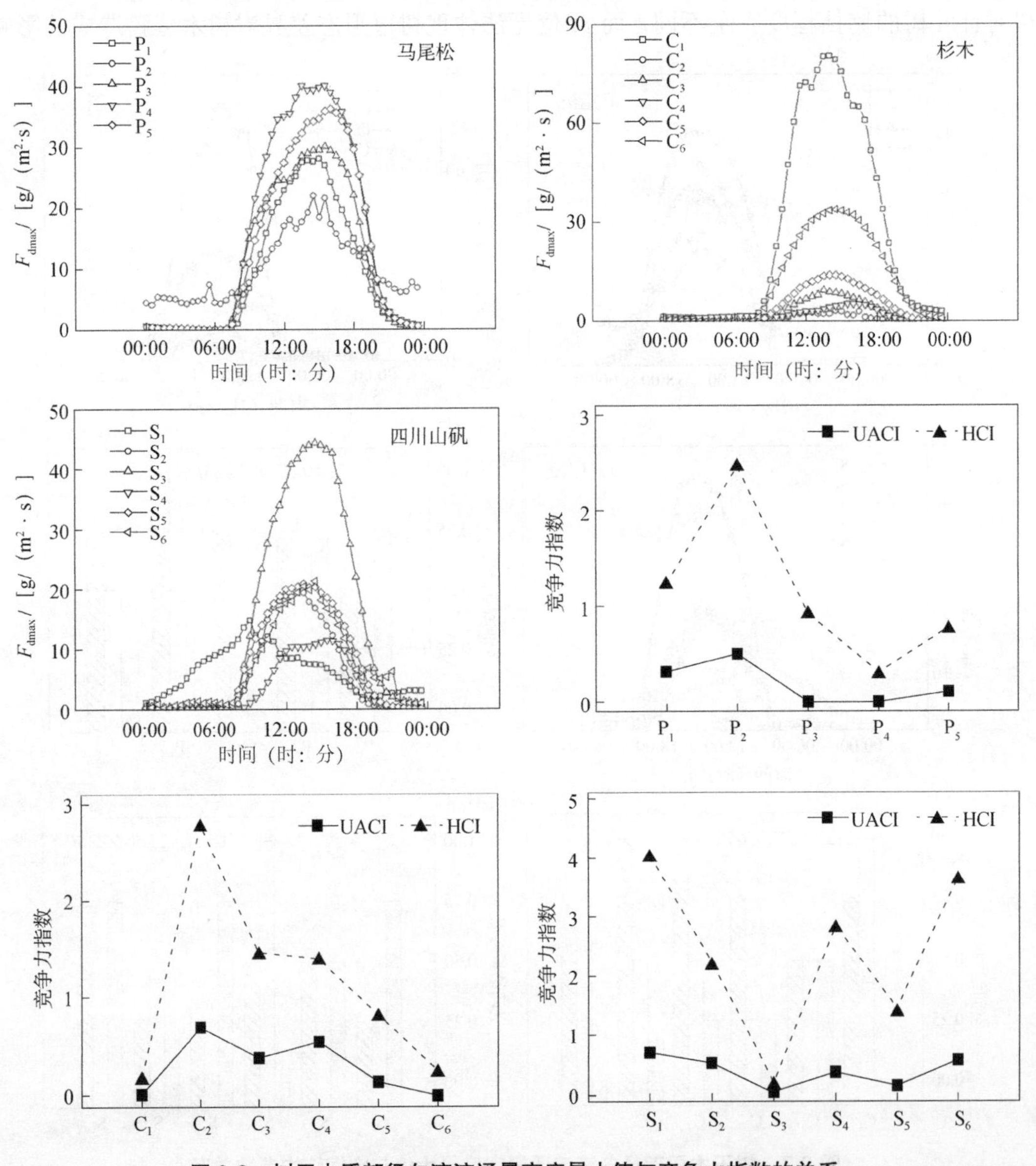

图 9-8　树干木质部径向液流通量密度最大值与竞争力指数的关系

当树木大小比数和角尺度都相等时，竞争力指数小的个体，F_{dmax} 相对较大，如 P_3 和 P_4（U=0，W=0.5）、C_4 和 C_5（U=0.25，W=0.5）、S_1 和 S_6（U=0.75，W=0），竞争力指数 $P_3>P_4$、$C_4>C_5$、$S_1>S_6$，对应 F_{dmax} 值 $P_3<P_4$、$C_4<C_5$、$S_1<S_6$。这也进一步证明了竞争力会影响树木的水分传输能力，竞争力指数越大，代表树木遭受的竞争压力越大，其液流通量密度越小。

有学者分析了树干液流通量密度径向分布的影响因素，提出树木冠层受遮挡的程度会影响液流通量密度径向分布格局（Jiménez et al.，2000；Ford et al.，2007）。本章研究也进行了相关分析。将树干木质部径向液流通量密度最大值和其他深度处液流通量密度的差值标准化 [（$F_{dmax}-F_{di}$）/ F_{dmax}]，代表液流通量密度径向分布曲线的平缓程度，分析液流通量密度径向分布与竞争力的关系。由于 UACI 会出现等于零的情况，因此本节选取 HCI 作为研究对象。由于马尾松在木质部内侧（即靠近心材的方向）7.0 cm 处液流通量密度仍较明显，因此选取马尾松 7.0 cm 处和 1.5 cm 处液流通量密度进行计算，而杉木和四川山矾在 7.0 cm 处液流通量密度几乎为零，则选择 0.5 cm 和 2.5 cm 处液流通量密度进行计算。结果如图 9-9 所示，竞争力指数变化趋势与液流通量密度径向差值变化趋势相反，竞争力指数大的个体，其液流通量密度径向差值较小。这说明树木个体遭遇的竞争压力越大，其液流通量密度在木质部径向上的分布越平缓，若树木个体没有竞争压力，能获取充足的光能、水、热资源，其液流通量密度在木质部径向上的分布越陡，即在木质部某一深度处液流通量密度会有大幅度的增加。

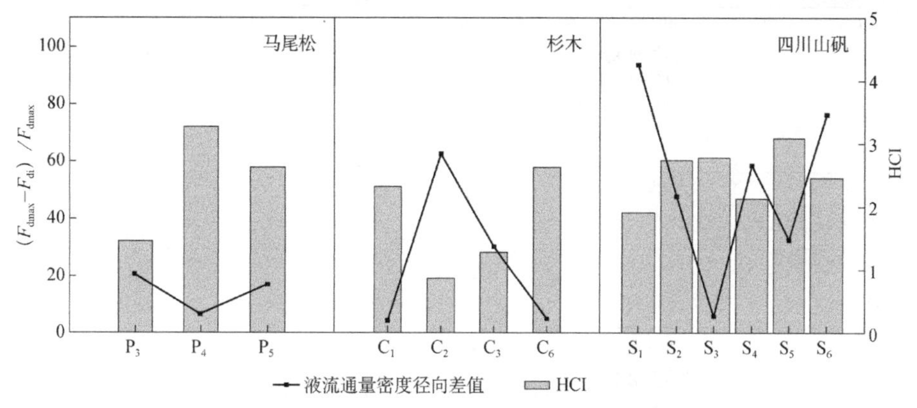

图 9-9　液流通量密度径向差值与 HCI 间关系

2. 单株蒸腾量对林分结构的响应机制

1）单株蒸腾量对个体空间结构的响应机制

马尾松单株蒸腾量表现为：$P_4>P_3>P_5>P_1>P_6>P_2$；杉木单株蒸腾量表现为：$C_1>C_6>C_9>C_5>C_8>C_3>C_4>C_2>C_7$；四川山矾单株蒸腾量表现为：$S_3>S_7>S_5>S_8>S_2>S_4>S_1>S_6$。将单株蒸腾量与空间结构参数进行相关性分析，结果如表 9-29 所示，三个树种大小比数 U 与单株蒸腾量 Q 均呈显著负相关关系，相关系数 $R^2\geq0.70$（$P<0.05$）。U 值小代表样木的胸径大于其相邻木的胸径，处于优势地位，因此其单株蒸腾耗水量大。由于之前的研究表明，胸径大小可以代表树木导水面积的大小，树木胸径与边材厚度呈现显著线性关系，因此胸径大的树木蒸腾耗水量大主要是因为其导水面积大。

表 9-29　单株蒸腾量与空间结构参数（大小比数 U、角尺度 W、混交度 M）间的相关性分析

树种	N	U	P	W	P	M	P
马尾松	6	-0.943^{**}	0.005	0.914^{**}	0.011	n.s.	0.531
杉木	9	-0.700^{*}	0.036	0.770^{*}	0.0015	n.s.	0.321
四川山矾	8	-0.909^{**}	0.002	0.970^{**}	0	n.s.	0.599

注：N 代表样木数量；P 代表显著性；*代表 $P<0.05$；**代表 $P<0.01$；n.s. 代表没有相关性（$P>0.05$）。

三个树种角尺度 W 与 Q 均呈显著正相关关系，相关系数 $R^2 \geqslant 0.77$（$P<0.05$）。单株蒸腾量随角尺度增大而增多（图 9-10）。角尺度大代表树木在空间上呈聚集分布，即样木最邻近 4 株相邻木聚集在一个方位，此时样木被遮挡的部分仅聚集在这个小的方位上，而除此方位外的其他方向上光能、水、热资源充足，没有竞争者，因此样木蒸腾量较大。相反，如果样木最邻近 4 株相邻木均匀分布在样木四周，样木需要竞争光能、水、热资源的范围就更大，导致样木蒸腾量受限。混交度 M 与单株蒸腾量 Q 同样没有相关性。

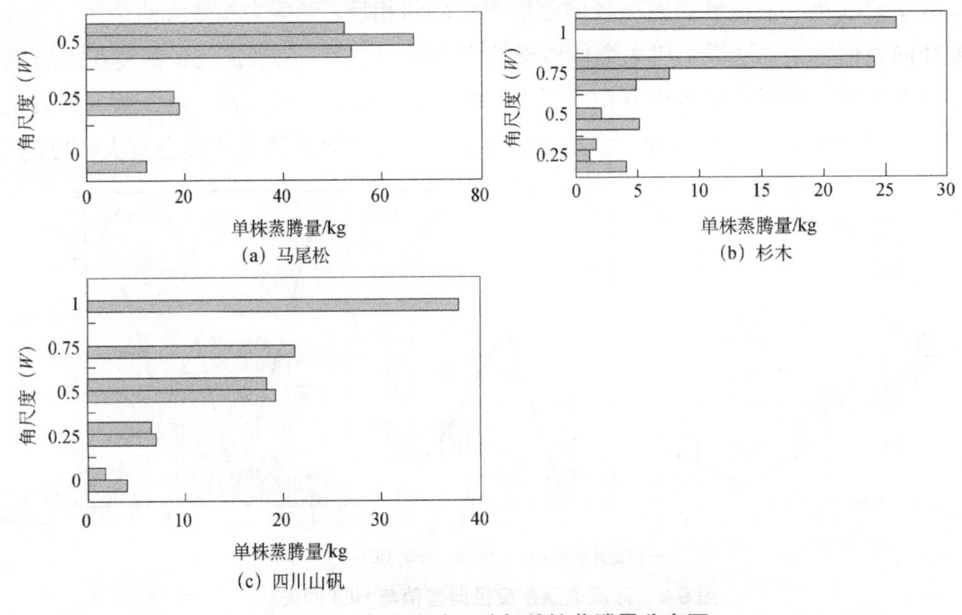

图 9-10　角尺度（W）与单株蒸腾量分布图

诸多研究证明了胸径与单株蒸腾量的相关性，并建立了线性关系，通过胸径大小来推算其单株蒸腾量（Wullschleger and King，2000；Komatsu et al.，2014；Cristiano et al.，2015）。由于样木自身胸径大小会影响其蒸腾量，本章研究为了进一步证实单株蒸腾量受空间结构因子影响，将胸径作为协变量，对 Q 与角尺度（W）进行了偏相关分析，结果如表 9-30 所示。Q 与 W 仍然呈显著正相关关系，偏相关系数 $R^2 \geqslant 0.753$（$P<0.05$）。这说明排除个体大小因素的干扰，角尺度确实会影响单株蒸腾量。由于大小比数（U）是由胸径计算得到的，其本身代表着树木的胸径大小，因此无法将胸径作为协变量进行偏相关分析，但 U 是样木胸径与其 4 株最近相邻木胸径的比较，相比于单独建立胸径与 Q 的关系，U 更能体现样木与其他个体间的关系，从生态学的角度体现个体在生态系统中的优势程度。

表 9-30　单株蒸腾量与角尺度的偏相关分析

树种	N	角尺度（W）	P
马尾松	6	0.972**	0.006
杉木	9	0.753*	0.031
四川山矾	8	0.946**	0.001

注：N 代表样木数量；P 代表显著性；*代表 $P<0.05$；**代表 $P<0.01$。

2）单株蒸腾量对个体竞争力的响应机制

将胸径作为协变量，对单株蒸腾量 Q 与竞争力指数进行偏相关分析，结果如表 9-31 所示，三个树种 Q 与两个竞争力指数均呈显著负相关关系，偏相关系数 $R^2>0.715$（$P<0.05$）。将三个树种 Q 与两个竞争力指数分别进行曲线拟合，结果如图 9-11 和图 9-12 所示，三个树种的单株蒸腾量 Q 都随 UACI 和 HCI 的增大呈指数减小。当树木遭受的竞争压力较大时，其可获取的光能、水、热资源受限，导致单株蒸腾量较低。

表 9-31　单株蒸腾量与竞争力指数的偏相关分析

树种	N	UACI	P	HCI	P
马尾松	6	−0.898*	0.039	−0.934*	0.020
杉木	9	−0.740*	0.036	−0.715*	0.046
四川山矾	8	−0.758*	0.048	−0.764*	0.045

注：N 代表样木数量；P 代表显著性；*代表 $P<0.05$。

由图 9-11 和图 9-12 可知，Q 与 UACI 的曲线拟合趋势和 Q 与 HCI 的曲线拟合趋势相似，这说明竞争力指数 UACI 可以很有效地描述树木个体的竞争力。UACI 包括样木与相邻木间的水平距离、树高差，以及样木的大小比数，因此 UACI 可以同时描述树木在树冠上方及水平方向上的竞争压力，而 HCI 只考虑了树木间的水平距离及胸径差异，不过 UACI 也存在不足之处。由表 9-31 可知，马尾松和四川山矾两个树种，其 UACI 与 Q 的相关系数小于 HCI 与 Q 的相关系数，这主要是 UACI 值为零导致的误差。当树木大小比数都为零时，UACI 不能区别其竞争力差异，因此会出现误差。

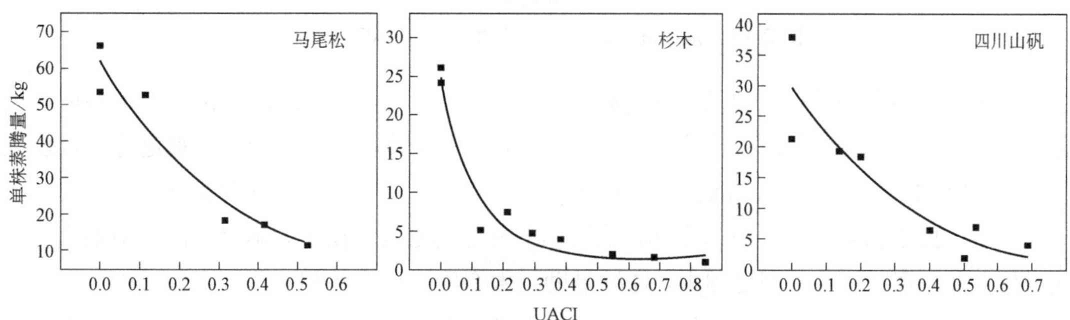

图 9-11　单株蒸腾量与 UACI 曲线拟合

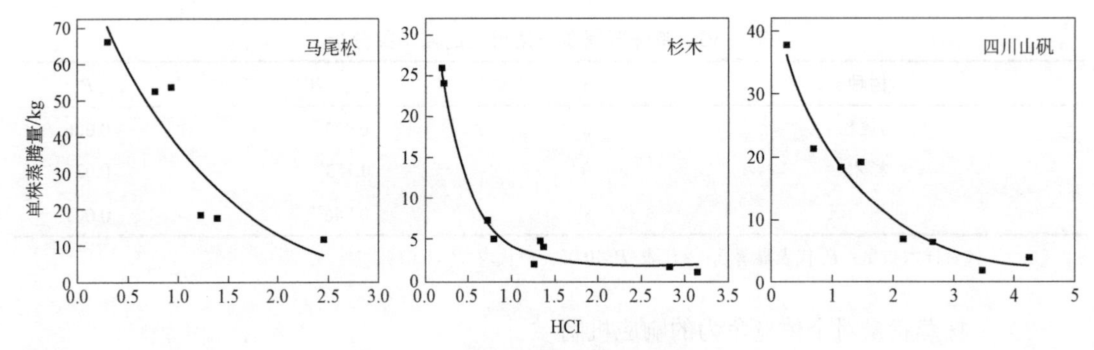

图 9-12　单株蒸腾量与 HCI 曲线拟合

根据竞争力指数表达式，可知两个竞争力指数都包含样木和相邻木的水平距离及胸径大小信息。因此，竞争力指数在一定程度上也代表了树木所处的空间位置，与空间结构参数（U 和 W）有共同之处。同时，图 9-13 展示了角尺度 W 与竞争力指数 UACI 间的关系，也证实了树木个体的竞争力大小与所处位置有关。角尺度越大，相邻木分布越聚集，样木受相邻木的遮挡范围越小，因此遭受的光资源竞争压力越小，此时对应的竞争力指数也越小。这说明，树木个体的蒸腾耗水机制与生态因素密不可分，空间位置及个体间竞争是个体间产生生长状态差异的根本因素。

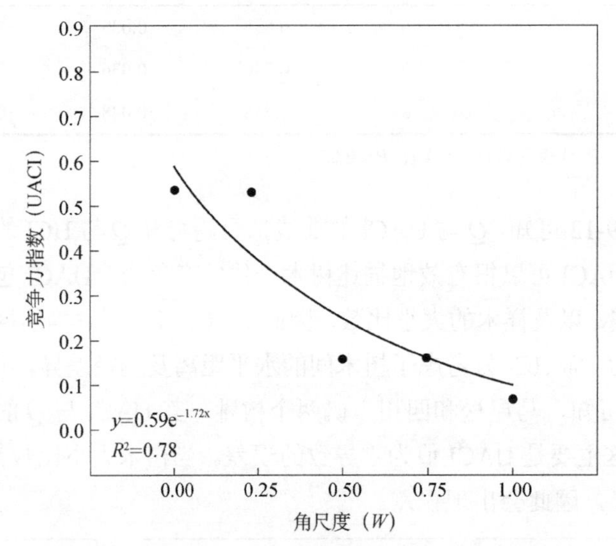

图 9-13　角尺度（W）与竞争力指数（UACI）关系

将树木个体空间结构参数及竞争力指数相结合，可以更好地帮助理解树木耗水特征的生态学机制。同时，这些参数展示了个体的空间位置及竞争来源，从而能帮助制定林分管理策略等。例如，Lagergren 和 Lindroth（2004）研究指出，对于人工林的抚育管理，通常会选择砍伐掉一些处于劣势地位的树木个体，从而调控林分的密度和质量，确保经济效益最大。因此，在未来的森林资源管理过程中，通过借助树木空间结构参数和竞争力指数，探索树木个体的耗水特征或其他生长特征，可以有效指导森林经营管理。本章研究对 2 个空间结构参数和 2 个竞争力指数进行了综合分析，以热图的方式（图 9-14）展示各参数间的相关性大小，为其他学者选取参数提供依据。

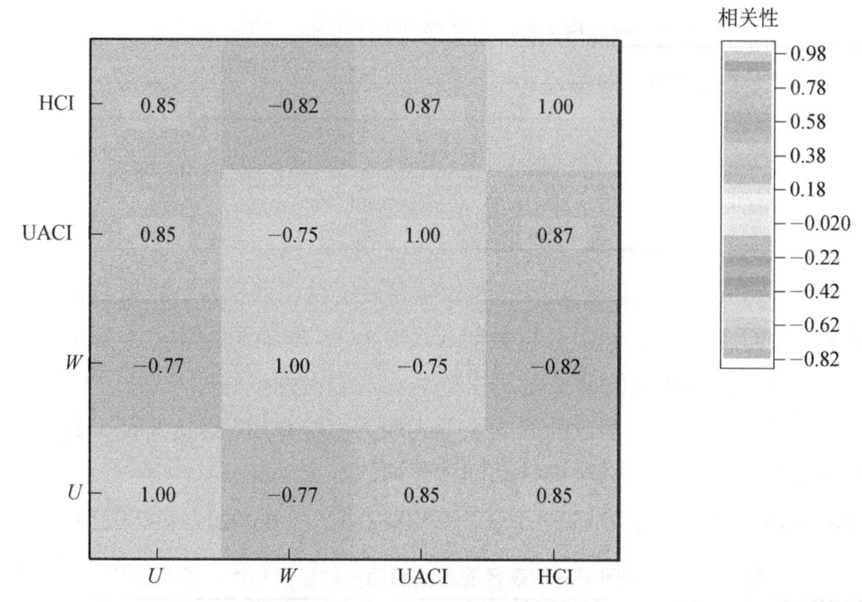

图 9-14　大小比数（U）、角尺度（W）、竞争力指数（UACI 和 HCI）间的相关性矩阵热图

9.3　林分结构对林地径流水质的作用

本章研究中森林对水质改善功能主要从对径流水质的影响进行分析。因此，林分结构对林地产流水质的作用分别从对地表径流和壤中流水质指标因子的影响进行研究。根据已测水质指标，选择 pH、总溶解固体、电导率、硫酸盐、硝酸盐、氨氮、重金属离子（铁、锰、锌）9 个水质指标因子。

9.3.1　林分结构对地表径流水质的影响

地表径流水质指标因子分别设 pH 为 Y_{31}、总溶解固体量为 Y_{32}、电导率为 Y_{33}、硝酸盐为 Y_{34}、硫酸盐为 Y_{35}、氨氮为 Y_{36}、铁为 Y_{37}、锰为 Y_{38}、锌为 Y_{39}，采用显著性水平 α=0.05，分别对各结构因子进行多元逐步回归。

从式（9-30）可知，地表径流 pH 受平均树高、下层林分密度、下木植被覆盖度、混交度的影响最显著。通径分析表明（表 9-32），对地表径流 pH 的直接影响作用由大到小依次为：平均树高＞混交度＞下木植被覆盖度＞下层林分密度。平均树高、下木植被覆盖度和混交度的直接作用较大，直接通径系数分别为 1.4240、1.3330 和 1.4055。4 个结构因子的间接作用同样比较显著，影响其他结构因子的间接通径系数大多较大。

$$Y_{31}=3.77+0.23X_1+0.003X_7+2.94X_{12}+0.01X_{16}$$
$$(r=0.7458，P=0.0309，d=2.4113) \tag{9-30}$$

表 9-32　结构因子对地表径流 pH 的直接和间接通径系数

因子	直接通径系数	间接通径系数			
		→X_1	→X_7	→X_{12}	→X_{16}
X_1	1.4240		−0.3873	−0.9911	0.4912
X_7	0.5027	−0.9817		0.4909	−0.3193
X_{12}	1.3330	−1.0320	0.1960		−1.0508
X_{16}	1.4055	−0.4582	0.1142	0.9479	

从式（9-31）可知，地表径流总溶解固体受乔木层物种多样性、枯落物储量、林木空间分布格局指数的影响最显著。通径分析表明（表 9-33），对地表径流总溶解固体的直接影响作用由大到小依次为：林木空间分布格局指数＞乔木层物种多样性＞枯落物储量。其中，枯落物储量和林木空间分布格局指数的影响主要表现为直接作用，直接通径系数均大于间接通径系数；乔木层物种多样性的影响直接和间接作用均显著。

$$Y_{32}=3.73+0.003X_8+1.49X_{14}-5.76X_{17}\ (r=0.8283,\ P=0.0021,\ d=2.0234) \quad (9\text{-}31)$$

表 9-33　结构因子对地表径流总溶解固体的直接和间接通径系数

因子	直接通径系数	间接通径系数		
		→X_8	→X_{14}	→X_{17}
X_8	0.4299		−0.0784	−0.5827
X_{14}	0.2760	−0.1244		0.1467
X_{17}	−1.0660	0.2294	−0.0345	

从式（9-32）可知，地表径流电导率受平均树高、上层林分密度、乔木层物种多样性、灌木层物种多样性、下木植被覆盖度、混交度、林木空间分布格局指数的影响最显著。通径分析表明（表 9-34），对地表径流电导率的直接影响作用由大到小依次为：林木空间分布格局指数＞灌木层物种多样性＞乔木层物种多样性＞混交度＞平均树高＞下木植被覆盖度＞上层林分密度。其中，直接和间接作用均比较显著的因子有林木空间分布格局指数、灌木层物种多样性；主要表现为间接影响的因子有平均树高、上层林分密度、乔木层物种多样性、下木植被覆盖度、混交度，可以看出，多数显著性影响因子主要发挥其间接作用对地表径流电导率产生影响。

$$Y_{33}=2.39+0.009X_1-0.001X_5-0.002X_8-4.97X_9-0.43X_{12}-4.37X_{16}+14.40X_{17}$$
$$(r=0.6984,\ P=0.0391,\ d=2.4372) \quad (9\text{-}32)$$

表 9-34　结构因子对地表径流电导率的直接和间接通径系数

因子	直接通径系数	间接通径系数						
		→X_1	→X_5	→X_8	→X_9	→X_{12}	→X_{16}	→X_{17}
X_1	0.2868		−0.0198	−0.1724	−0.5285	0.0163	0.0998	0.6042
X_5	−0.1371	0.0442		−0.0902	−1.4713	0.1606	0.0589	2.2672
X_8	−0.6211	−0.0786	0.0179		0.7789	0.0403	−0.0937	−1.4949
X_9	−1.7252	−0.0898	0.1191	0.2943		−0.1423	−0.0878	−2.7410
X_{12}	−0.2070	−0.0225	0.1104	−0.1275	1.1937		−0.0776	−1.6092
X_{16}	−0.3592	0.0816	−0.0234	−0.1579	−0.4527	0.0484		0.4069
X_{17}	2.7158	−0.0628	0.1065	0.3430	1.6934	−0.1161	−0.0503	

从式（9-33）可知，地表径流硝酸盐含量受上层林分密度、乔木层物种多样性、灌木层物种多样性、草本层物种多样性、林木空间分布格局指数的影响最显著。通径分析表明（表 9-35），对地表径流硝酸盐的直接影响作用由大到小依次为：上层林分密度＞林木空间分布格局指数＞灌木层物种多样性＞草本层物种多样性＞乔木层物种多样性。各因子的直接作用和间接作用均较显著。

$$Y_{34}=15.58-0.002X_5+0.001X_8-2.23X_9-4.06X_{10}-5.66X_{17}$$
$$(r=0.8536,\ P=0.0006,\ d=2.0429) \quad (9\text{-}33)$$

表 9-35　结构因子对地表径流硝酸盐的直接和间接通径系数

因子	直接通径系数	间接通径系数				
		$\to X_5$	$\to X_8$	$\to X_9$	$\to X_{10}$	$\to X_{17}$
X_5	−1.4361		−0.0570	0.6601	0.6609	0.8931
X_8	0.3952	0.2086		−0.3062	0.1329	−0.5409
X_9	−0.7693	1.2971	0.1503		−0.5347	−0.9879
X_{10}	−0.7610	1.3058	−0.0712	−0.5816		−0.6341
X_{17}	−1.0829	1.1330	0.2112	−0.6965	−0.4469	

从式（9-34）可知，地表径流硫酸盐含量受平均胸径、灌木层物种多样性、草本层物种多样性、枯落物储量、林木空间分布格局指数的影响最显著。通径分析表明（表 9-36），对地表径流硫酸盐的直接影响作用由大到小依次为：灌木层物种多样性＞林木空间分布格局指数＞平均胸径＞草本层物种多样性＞枯落物储量。除枯落物储量主要表现为间接影响作用外，其他 4 个因子在直接作用和间接作用上均显著。

$$Y_{35}=41.87+0.88X_2-0.02X_9-7.36X_{10}+1.12X_{14}-0.05X_{17}$$
$$(r=0.8649,\ P=0.0002,\ d=2.2452) \quad (9\text{-}34)$$

表 9-36　结构因子对地表径流硫酸盐的直接和间接通径系数

因子	直接通径系数	间接通径系数				
		$\to X_2$	$\to X_9$	$\to X_{10}$	$\to X_{14}$	$\to X_{17}$
X_2	0.8623		−1.5441	0.3455	0.0444	1.0204
X_9	−1.7598	0.7741		0.4428	0.0930	0.9796
X_{10}	−0.5810	−0.5019	1.2236		−0.0931	−0.5705
X_{14}	0.2840	0.1359	−0.5703	0.1846		0.1862
X_{17}	−1.2250	−0.6842	1.3478	−0.2615	−0.0442	

从式（9-35）可知，地表径流氨氮含量受上层林分密度、乔木层物种多样性、草本层物种多样性的影响最显著。通径分析表明（表 9-37），对地表径流氨氮的直接影响作用大小为：上层林分密度＞草本层物种多样性＞乔木层物种多样性。上层林分密度和草本层物种多样性的直接和间接作用均较大，乔木层物种多样性的影响主要表现为直接作用，其间接通径系数均小于直接通径系数。

$$Y_{36}=5.38-0.001X_5-0.001X_8-4.31X_{10} \quad (r=0.7896, P=0.0015, d=2.3665) \tag{9-35}$$

表 9-37 结构因子对地表径流氨氮的直接和间接通径系数

因子	直接通径系数	间接通径系数		
		$\to X_5$	$\to X_8$	$\to X_{10}$
X_5	−1.2097		−0.0580	0.7213
X_8	−0.3467	0.2210		0.1289
X_{10}	−0.8379	1.1240	−0.0568	

从式（9-36）可知，地表径流铁离子含量受平均胸径、林分郁闭度、灌木层物种多样性、下木植被覆盖度的影响最显著。通径分析表明（表 9-38），直接影响作用大小依次为：灌木层物种多样性＞林分郁闭度＞下木植被覆盖度＞平均胸径。除灌木层物种多样性直接作用影响较大外，平均胸径、林分郁闭度和下木植被覆盖度的影响作用均不大，直接通径系数分别仅为 0.0409、0.1268 和 0.0698，下木植被覆盖度通过影响灌木层物种多样性的间接作用大于其直接作用，间接通径系数为 0.6156。

$$Y_{37}=0.21-0.04X_2+0.06X_3+0.29X_9-0.27X_{12} \quad (r=0.8033, P=0.0044, d=2.1934) \tag{9-36}$$

表 9-38 结构因子对地表径流铁离子的直接和间接通径系数

因子	直接通径系数	间接通径系数			
		$\to X_2$	$\to X_3$	$\to X_9$	$\to X_{12}$
X_2	−0.0409		0.0236	0.1432	−0.0298
X_3	0.1268	−0.0076		0.2435	−0.0053
X_9	1.0187	−0.0061	0.0324		−0.0469
X_{12}	0.0698	−0.0161	0.0104	0.6156	

从式（9-37）可知，地表径流锰离子含量受平均胸径、林分郁闭度、枯落物储量、混交度的影响最显著。通径分析表明（表 9-39），直接影响作用大小依次为：枯落物储量＞混交度＞林分郁闭度＞平均胸径。林分郁闭度、枯落物储量和混交度主要表现为直接作用，其直接通径系数均大于间接通径系数，平均胸径因子直接和间接影响作用程度大致一致。

$$Y_{38}=-1.35-0.14X_2+4.55X_3-0.04X_{14}-6.59X_{16} \quad (r=0.7968, P=0.0098, d=2.3423) \tag{9-37}$$

表 9-39 结构因子对地表径流锰离子的直接和间接通径系数

因子	直接通径系数	间接通径系数			
		$\to X_2$	$\to X_3$	$\to X_{14}$	$\to X_{16}$
X_2	−0.1688		−0.1284	0.2247	−0.1719
X_3	0.2344	−0.0984		0.0838	−0.1662
X_{14}	−0.4298	0.0941	−0.0477		0.0233
X_{16}	−0.3632	0.0808	−0.1114	0.0255	

从式（9-38）可知，地表径流锌离子含量受灌木层物种多样性、下木植被覆盖度、枯落物储量、树种大小比数、林木空间分布格局指数的影响最显著。通径分析表明（表 9-40），

对地表径流锌离子含量直接影响作用大小依次为：林木空间分布格局指数＞灌木层物种多样性＞下木植被覆盖度＞枯落物储量＞树种大小比数。以林木空间分布格局指数和灌木层物种多样性的直接影响作用最大，但灌木层物种多样性通过影响林木空间分布格局指数的间接作用大于其直接作用，下木植被覆盖度、枯落物储量和树种大小比数的直接通径系数不大，但分别通过灌木层物种多样性和林木空间分布格局指数表现的间接作用大于直接作用。

$$Y_{39}=11.18-2.48X_9-0.63X_{12}-0.01X_{14}+0.04X_{15}-7.93X_{17}$$
$$(r=0.8125,\ P=0.0072,\ d=1.8845) \quad (9\text{-}38)$$

表 9-40　结构因子对地表径流锌离子的直接和间接通径系数

因子	直接通径系数	间接通径系数				
		→X_9	→X_{12}	→X_{14}	→X_{15}	→X_{17}
X_9	−0.6935		−0.1800	0.0508	0.0368	−1.0906
X_{12}	−0.1824	0.6530		0.0172	0.0339	−1.0283
X_{14}	−0.1300	0.2802	0.0261		0.0090	0.0946
X_{15}	0.0814	0.3400	−0.0867	−0.0156		−0.8089
X_{17}	−1.2647	−0.6125	−0.1654	0.0106	0.0532	

9.3.2　林分结构对壤中流水质的影响

壤中流水质指标因子分别设 pH 为 Y_{40}、总溶解固体为 Y_{41}、电导率为 Y_{42}、硝酸盐为 Y_{43}、硫酸盐为 Y_{44}、氨氮为 Y_{45}、铁为 Y_{46}、锰为 Y_{47}、锌为 Y_{48}，采用显著性水平 α=0.05，分别对各结构因子进行多元逐步回归。

从式（9-39）可知，壤中流 pH 受平均树高、平均胸径、群落总体物种多样性、枯落物储量、林木空间分布格局指数的影响最显著。通径分析表明（表 9-41），对地表径流 pH 的直接影响作用由大到小依次为：林木空间分布格局指数＞群落总体物种多样性＞枯落物储量＞平均树高＞平均胸径。以林木空间分布格局指数的直接作用最显著，平均树高、平均胸径和群落总体物种多样性的作用主要表现为间接作用，其通过林木空间分布格局指数表现的间接作用较大。

$$Y_{40}=12.31-0.47X_1+0.08X_2+0.21X_{11}+0.03X_{14}-2.08X_{17}$$
$$(r=0.8645,\ P=0.0034,\ d=2.2563) \quad (9\text{-}39)$$

表 9-41　结构因子对壤中流 pH 的直接和间接通径系数

因子	直接通径系数	间接通径系数				
		→X_1	→X_2	→X_{11}	→X_{14}	→X_{17}
X_1	−0.1635		0.0497	−0.1071	0.0333	1.0252
X_2	0.1030	0.0745		−0.1870	0.2314	−0.8547
X_{11}	0.3863	0.0492	−0.0572		0.0416	−0.9405
X_{14}	0.3655	0.0162	0.0695	0.0440		−0.2805
X_{17}	−1.4720	0.1161	−0.0657	0.2577	0.0672	

从式（9-40）可知，壤中流总溶解固体受中层林分密度、群落总体物种多样性、林木空间分布格局指数的影响最显著。通径分析表明（表 9-42），3 个因子的直接影响作用由大到小依次为：林木空间分布格局指数＞中层林分密度＞群落总体物种多样性。林木空间分布格局指数和群落总体物种多样性的直接通径系数均大于其间接通径系数，说明主要表现为直接作用。中层林分密度的间接作用较显著。

$$Y_{41}=10.02-0.001X_6-1.24X_{11}-2.69X_{17}\ (r=0.8396，P=0.0001，d=2.2946) \quad (9\text{-}40)$$

表 9-42 结构因子对壤中流总溶解固体的直接和间接通径系数

因子	直接通径系数	间接通径系数		
		→X_6	→X_{11}	→X_{17}
X_6	−0.5086		−0.0422	−0.9710
X_{11}	−0.2545	−0.0804		−0.0832
X_{17}	−1.2960	0.3370	0.0154	

从式（9-41）可知，壤中流电导率受平均胸径、林分郁闭度、上层林分密度、草本层物种多样性、下木植被覆盖度的影响最显著。通径分析表明（表 9-43），对壤中流流电导率的直接影响作用由大到小依次为：草本层物种多样性＞下木植被覆盖度＞上层林分密度＞林分郁闭度＞平均胸径。草本层物种多样性和下木植被覆盖度的直接作用显著，间接通径系数均小于直接通径系数；林分郁闭度、平均胸径和上层林分密度的间接作用比较显著，直接通径系数较小，部分间接通径系数远大于直接通径系数。

$$Y_{42}=9.11-0.02X_2-0.07X_3+0.001X_5-4.44X_{10}-0.86X_{12}$$
$$(r=0.8129，P=0.0029，d=2.2140) \quad (9\text{-}41)$$

表 9-43 结构因子对壤中流电导率的直接和间接通径系数

因子	直接通径系数	间接通径系数				
		→X_2	→X_3	→X_5	→X_{10}	→X_{12}
X_2	−0.0179		−0.0267	0.0533	−0.3059	−0.1736
X_3	−0.0851	−0.0058		−0.0359	0.1082	0.0269
X_5	0.0874	−0.0115	0.0368		−0.3511	−0.2011
X_{10}	−0.5608	0.0097	−0.0159	−0.0521		0.1081
X_{12}	−0.2817	0.0114	−0.0081	−0.0610	0.2148	

从式（9-42）可知，壤中流硝酸盐含量受乔木层物种多样性、草本层物种多样性、群落总体物种多样性、林木空间分布格局指数的影响最显著。通径分析表明（表 9-44），对壤中流硝酸盐的直接影响作用由大到小依次为：林木空间分布格局指数＞草本层物种多样性＞群落总体物种多样性＞乔木层物种多样性。林木空间分布格局指数的直接作用显著，乔木层物种多样性、草本层物种多样性和群落总体物种多样性主要表现为间接作用显著。

$$Y_{43}=3.08-0.001X_8+3.70X_{10}-0.19X_{11}-4.15X_{17}\ (r=0.7745，P=0.0022，d=2.3551) \quad (9\text{-}42)$$

表 9-44　结构因子对壤中流硝酸盐的直接和间接通径系数

因子	直接通径系数	间接通径系数			
		$\to X_8$	$\to X_{10}$	$\to X_{11}$	$\to X_{17}$
X_8	0.0253		0.2834	−0.0447	−0.5816
X_{10}	0.5327	0.0129		0.0021	−1.0358
X_{11}	−0.0717	0.0160	−0.0155		−0.3559
X_{17}	−1.4964	0.0096	0.3666	−0.0163	

从式（9-43）可知，壤中流硫酸盐含量受林分郁闭度、下层林分密度、草本层物种多样性、下木植被覆盖度的影响最显著。通径分析表明（表 9-45），其直接影响作用由大到小依次为：草本层物种多样性＞下木植被覆盖度＞林分郁闭度＞下层林分密度。草本层物种多样性和下木植被覆盖度对其的影响主要是表现为直接作用，下层林分密度的影响主要表现为间接作用，林分郁闭度的影响在直接和间接影响作用两方面均具有一定的贡献。

$$Y_{44}=32.16+0.14X_3+0.001X_7-4.99X_{10}-0.97X_{12}\ (r=0.7526,\ P=0.0015,\ d=2.3164) \quad (9\text{-}43)$$

表 9-45　结构因子对壤中流硫酸盐的直接和间接通径系数

因子	直接通径系数	间接通径系数			
		$\to X_3$	$\to X_7$	$\to X_{10}$	$\to X_{12}$
X_3	0.1597		0.0183	0.1490	0.0443
X_7	0.0266	0.1093		−0.0941	−0.0803
X_{10}	−0.6217	−0.0409	0.0037		0.1188
X_{12}	−0.3170	−0.0223	0.0066	0.2293	

从式（9-44）可知，壤中流氨氮含量受平均胸径和林分郁闭度的影响最显著。二者的直接影响作用大小为：平均胸径＞林分郁闭度，主要表现在直接作用，其直接通径系数均大于间接通径系数（表 9-46）。

$$Y_{45}=1.31-0.13X_2+0.40X_3\ (r=0.8678,\ P=0.0003,\ d=2.3737) \quad (9\text{-}44)$$

表 9-46　结构因子对壤中流氨氮的直接和间接通径系数

因子	直接通径系数	间接通径系数	
		$\to X_2$	$\to X_3$
X_2	−0.4673		0.0296
X_3	0.2517	−0.0586	

从式（9-45）可知，壤中流铁离子含量受平均树高、平均胸径、林分郁闭度、草本层物种多样性、群落总体物种多样性的影响最显著。通径分析表明（表 9-47），直接影响作用大小依次为：群落总体物种多样性＞平均胸径＞平均树高＞草本层物种多样性＞林分郁闭度。各因子对壤中流铁离子含量的影响均表现为直接作用。

$$Y_{46}=19.46-1.76X_1-0.10X_2+0.05X_3-2.62X_{10}-0.09X_{11}$$
$$(r=0.8357,\ P=0.0082,\ d=1.8494) \quad (9\text{-}45)$$

表 9-47　结构因子对壤中流铁离子的直接和间接通径系数

因子	直接通径系数	间接通径系数				
		→X_1	→X_2	→X_3	→X_{10}	→X_{11}
X_1	−0.1031		−0.0751	−0.0281	−0.0856	0.0117
X_2	−0.1146	−0.0670		−0.0270	−0.1228	0.0123
X_3	0.0692	−0.0433	−0.0456		0.0515	0.0214
X_{10}	−0.0924	0.0214	0.0336	−0.0088		0.0011
X_{11}	−0.3305	0.0385	0.0455	0.0500	−0.0005	

从式（9-46）可知，壤中流锰离子含量受灌木层物种多样性、土壤厚度的影响最显著。其直接影响作用大小依次为：土壤厚度＞灌木层物种多样性（表 9-48）。土壤厚度主要表现为直接作用，灌木层物种多样性主要是受土壤厚度影响而表现为间接作用。

$$Y_{47}=-8.81-0.18X_9+0.11X_{13}\ (r=0.8232,\ P=0.0002,\ d=2.1441) \quad (9\text{-}46)$$

表 9-48　结构因子对壤中流锰离子的直接和间接通径系数

因子	直接通径系数	间接通径系数	
		→X_9	→X_{13}
X_9	−0.3583		0.8351
X_{13}	1.2643	−0.2440	

从式（9-47）可知，壤中流锌离子含量受中层林分密度、灌木层物种多样性、土壤厚度、枯落物储量、林木空间分布格局指数的影响最显著。通径分析表明（表 9-49），对壤中流锌离子含量直接影响作用大小依次为：林木空间分布格局指数＞土壤厚度＞枯落物储量＞中层林分密度＞灌木层物种多样性。主要表现为直接作用的因子为林木空间分布格局指数；主要通过影响其他结构因子而起间接作用的显著因子有中层林分密度、灌木层物种多样性和土壤厚度；直接作用和间接作用影响程度相差不大的因子为枯落物储量。

$$Y_{48}=5.88+0.002X_6-0.25X_9+0.33X_{13}-0.02X_{14}-6.51X_{17}$$
$$(r=0.8655,\ P=0.0062,\ d=1.7974) \quad (9\text{-}47)$$

表 9-49　结构因子对壤中流锌离子的直接和间接通径系数

因子	直接通径系数	间接通径系数				
		→X_6	→X_9	→X_{13}	→X_{14}	→X_{17}
X_6	0.1515		0.0599	0.0124	−0.1428	0.8199
X_9	−0.0658	−0.1319		0.0111	0.1086	−0.9317
X_{13}	0.2706	−0.0897	−0.0410		0.1098	−0.6483
X_{14}	−0.2280	0.1030	0.0302	0.0567		0.2057
X_{17}	−1.0443	−0.1169	−0.0587	0.0236	0.0422	

以上分析可以看出，林分密度分布、林层密度分布、乔灌草的搭配、树种的混交情况及林木的分布格局等各种结构因子均会对其改善水质功能产生一定的影响。林分结构对林地地表径流和壤中流的水质影响也很显著。

综上可知，林分的结构对其生态水文功能的影响是非常显著的，每个结构因子的变化都会引起某个功能因子的变化，进而对水源林保育土壤、涵养水源和净化水质三大生态水文功能造成较大的影响。因此，构建合理结构的林分对提高生态水文功能具有极其重要的作用。

9.4　缙云山林分结构与生态功能耦合模型

生态系统是指在一定空间范围内，各生物成分和非生物成分，通过能量流动和物种循环而相互作用、相互依存所形成的一个功能单位（薛建辉，2010）。水源涵养林是一种森林生态系统，生态系统功能的发挥取决于它的构成要素及结构性，水源涵养林生态系统功能主要是从保育土壤、涵养水源以及净化水质的各个功能指标因子所体现出来的。而于贵瑞（2001）认为，生态系统整体的结构和功能不同于其单元的结构与功能，由于生态系统作为一个独立的整体，所以不能把各个指标从系统中单独割离出来。前文研究得出的结构因子对各单项功能指标的作用所建立的模型不能完全反映结构对生态功能效应的整体影响。因此，建立水源涵养林结构对生态水文功能的影响模型就显得十分必要。

目前，应用耦合这个专业术语的频率较高，且被逐渐引入对生态系统以及生物圈的研究中（王威，2009；余新晓等，2010），它是对系统内存在的许多依存关系、制约关系、作用关系或者线性与非线性的相互作用机理一种的解释。而缙云山林分结构与生态功能间的耦合模型的建立正是为了进一步掌握林分结构对生态水文功能作用机理。

根据第 8 章建立的林分生态水文功能模型式（8-10）以及各单项功能因子和结构因子的多元回归模型，把各单项功能因子模型，即式（9-2）～式（9-47）与式（8-10）联合，得到缙云山林分结构与生态水文功能耦合模型：

$$\begin{aligned}Z=&11.907-0.006X_1+0.084X_2-0.166X_3+0.025X_4+0.024X_5-0.008X_6-0.043X_7+0.226X_8+0.17X_9\\&+1.246X_{10}+0.451X_{11}+0.058X_{12}+0.648X_{13}+0.771X_{14}-0.556X_{15}+0.436X_{16}-2.885X_{17}\end{aligned}\quad(9\text{-}48)$$

式中，Z 表示水源涵养林生态水文功能量化指标；X_1 为平均树高（单位：m）；X_2 为平均胸径（单位：cm）；X_3 为林分郁闭度；X_4 为林分密度（单位：株/hm^2）；X_5 为上层林分密度（单位：株/hm^2）；X_6 为中层林分密度（单位：株/hm^2）；X_7 为下层林分密度（单位：株/hm^2）；X_8 为乔木层物种多样性；X_9 为灌木层物种多样性；X_{10} 为草本层物种多样性；X_{11} 为群落总体物种多样性；X_{12} 为下木植被覆盖度；X_{13} 为土壤厚度（单位：cm）；枯落物储量为 X_{14}（单位：t/hm^2）；X_{15} 为树种大小比数；X_{16} 为混交度；X_{17} 为林木空间分布格局指数。

对于模型可信度的验证，将分别对比缙云山 9 种典型林分功能因子实测值和模型模拟预测值所得到的两组生态功能量化值间的相对标准偏差进行验证。从表 9-50 可以看出，通过分别对 9 种典型林分验证可知，模型模拟预测的生态功能量化值与实测功能因子计算得出的生态水文功能量化值的相对标准偏差变化范围为 0.015～0.04，偏差很小，模型具有较高的可信度。

模型模拟预测也表明，缙云山林分最优群落为针阔混交型群落，最优林分类型为马尾松阔叶树混交林。马尾松阔叶树混交林结构表明，林分结构特征指标对林木生长及提高物种多样性水平有促进作用，从而发挥林分的生态功能。

表 9-50 生态水文功能预测值及与实测值间的相对标准偏差（RSD）

林分类型	Z 实测值	Z 预测值	RSD
马尾松阔叶林	307.114	291.54	0.037
杉木阔叶林	148.114	139.895	0.04
马尾松杉木阔叶林	152.522	155.947	0.016
四川大头茶林	137.212	129.872	0.039
栲树林	138.792	135.017	0.019
毛竹马尾松林	110.606	115.978	0.034
毛竹杉木林	118.32	122.368	0.024
毛竹阔叶林	125.641	123.042	0.015
毛竹纯林	105.559	101.133	0.03

森林生态系统物种的不同组成及其在空间分布的不同格局构成了群落的空间结构，而物种间的不同空间结构相互作用导致了群落的不同功能（钟剑飞等，2009）。种间相互作用的平衡以及环境对种群稳定性的影响使得群落得以稳定，从而使森林的功能得以稳定发挥。林分结构和生态功能耦合模型的建立，较好地阐释了生态系统整体结构对其功能的作用情况，水源涵养林生态功能的发挥受制于其内部各种结构相互协调的作用，系统结构的优劣将直接影响到系统功能是否能够稳定发挥。通过模型式（9-48）可知，可通过林分生态系统结构，包括林分的非空间结构、空间结构、物种组成等各种结构因子来调控林分的生态功能。因此，模型的建立对详细了解掌握其结构和生态水文功能的关系具有重要意义。

9.5 模型参数的敏感性检验

由于根据模型还不能确定结构因子对典型林分整体生态水文功能的作用程度，因此以各结构因子为影响因素，结合缙云山 9 种典型林分的结构量化指标，采用单因素敏感性分析法来检验模型参数对生态功能的影响水平，进而得出各因子对其影响的敏感性程度。各结构因子指标仍以 X_1，X_2，X_3，…，X_{17} 表示（符号意义同上）。

对构建模型中的相关参数对林分生态水文功能的影响进行敏感性分析，如图 9-15 所示，从 9 种典型林分结构量化指标验证结果可知，9 种林分各结构因子对生态水文功能的影响幅度存在一定的差异，但影响的大小顺序具有一致性，17 个结构参数对模型模拟得出的生态功能量化值影响程度从大到小依次为：林分密度＞土壤厚度＞下层林分密度＞上层林分密度＞枯落物储量＞中层林分密度＞林木空间分布格局指数＞草本层物种多样性＞群落总体物种多样性＞平均胸径＞混交度＞乔木层物种多样性＞树种大小比数＞灌木层物种多样性＞林分郁闭度＞平均树高＞下木植被覆盖度。9 种林分均以林分密度和土壤厚度对生态水文功能的影响程度最大，林分密度和土壤厚度每增加 10%，生态水文功能量化总量则增加 15%以上；影响程度较小的为林分郁闭度、平均树高和下木植被覆盖度，然而这 3 个因子每增加 10%，生态水文功能量化总量减少或增加也达 4%以上，可以看出，森林生态系统的各个结构因子对生态水文功能的发挥作用均较显著，且各因子不是单一制约的，每个因子并不是越大或越小就对生态水文功能越有利，而是因子之间相互影响，共同制约着生态水文功能的发挥。因此，只有通过合理地调整林分结构，系统整体达到最优状态，林分才能表现出最佳的生态功能效应，更好地发挥其保育土壤、涵养水源、净化水质的功能，为区域生态环境建设和居民健康生活提供一定的保障。

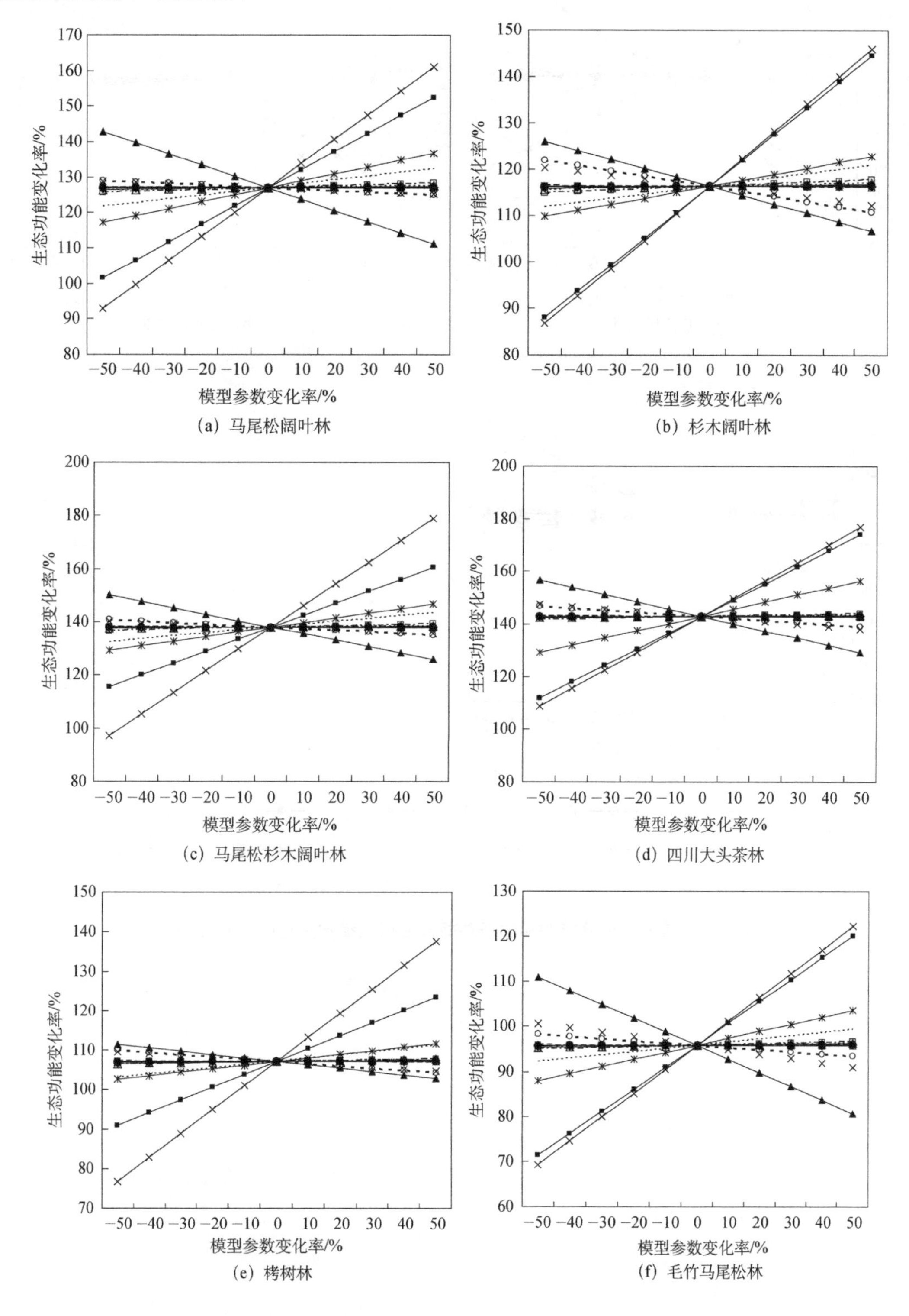

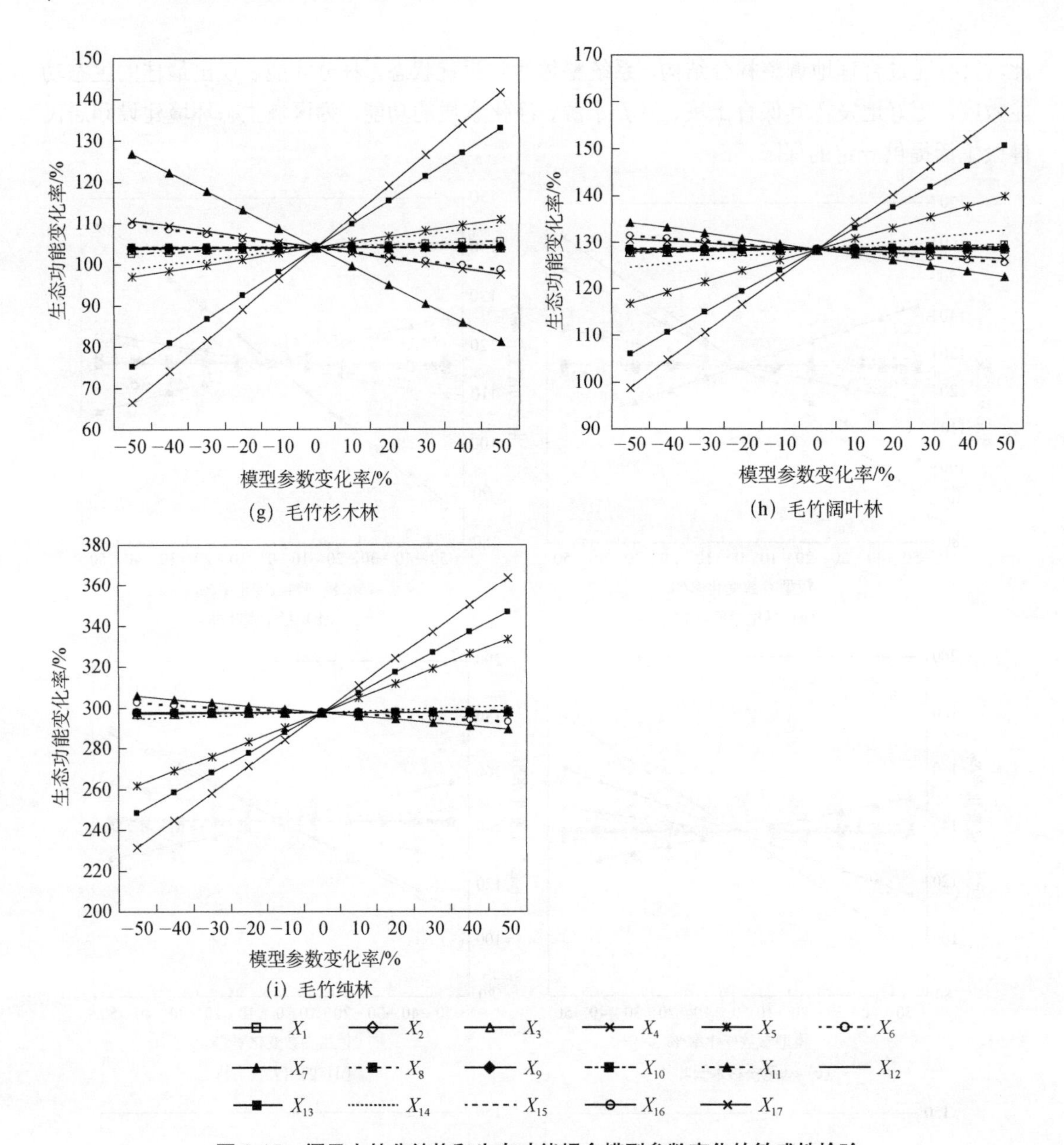

图 9-15 缙云山林分结构和生态功能耦合模型参数变化的敏感性检验

参 考 文 献

安慧君. 2003. 阔叶红松林空间结构的研究[D]. 北京：北京林业大学.

安韶山. 2004. 黄土丘陵区土壤肥力质量对植被恢复的响应及其演变[D]. 咸阳：西北农林科技大学.

柏军华，王克如，初振东，等. 2005. 叶面积测定方法的比较研究[J]. 石河子大学学报，23（2）：216-218.

鲍士旦. 1999. 土壤农化分析[M]. 北京：中国农业出版社.

蔡强国. 1988. 坡面侵蚀产沙模型的研究[J]. 地理研究，7（4）：95-102.

操梦帆. 2015. 重庆市自然保护区现状分析及研究[D]. 重庆：西南大学.

曹承绵，严长生，张志明，等. 1983. 关于土壤肥力数值化综合评价的探讨[J]. 土壤通报，14（4）：13-15.

柴一新，祝宁，韩焕金. 2002. 城市绿化树种的滞尘效应——以哈尔滨市为例[J]. 应用生态学报，13（9）：1121-1126.

车克钧，傅辉恩. 1998. 祁连山水源林生态系统结构与功能的研究[J]. 林业科学，34（5）：29-37.

陈红跃，刘钱，康敏明，等. 2006. 东江水源林不同混交组合林地枯落物和土壤持水能力研究[J]. 生态环境，15（4）：796-801.

陈冀楠. 2009. 马尾松阔叶树混交林空间结构量化分析[D]. 福州：福建农林大学.

陈金林，俞元春. 1998. 杉木、马尾松、甜槠等林分下土壤养分状况研究[J]. 林业科学研究，11（6）：586-591.

陈绍栓. 2002. 杉木细柄阿丁枫混交林涵养水源功能和土壤肥力的研究[J]. 生态学报，22（6）：957-961.

陈晓宏，江涛，陈俊合，等. 2009. 水环境评价与规划[M]. 广州：中山大学出版社.

陈欣，王兆骞，杨武德. 2000. 红壤小流域坡地不同利用方式对土壤磷素流失的影响[J]. 生态学报，20（3）：374-378.

成晨. 2008. 重庆缙云山水源涵养林结构及功能研究[D]. 北京：北京林业大学.

丛振涛，杨大文，倪广恒. 2013. 蒸发原理与应用[M]. 北京：科学出版社.

戴斯迪，马克明，宝乐. 2012. 北京城区行道树国槐叶面尘分布及重金属污染特征[J]. 生态学报，32（16）：5095-5102.

段劼，马履一，张萍，等. 2010. 不同立地侧柏林下植被与水源涵养能力的关系[J]. 湖北农业科学，49（2）：330-333.

凡超，邱燕萍，李志强，等. 2014. 荔枝树干液流速率与气象因子的关系[J]. 生态学报，34（9）：2401-2410.

傅伯杰. 2001. 景观生态学原理及应用[M]. 北京：科学出版社.

高甲荣，肖斌，张东升，等. 2001. 国外森林水文研究进展述评[J]. 水土保持学报，15（5）：60-75.

高金晖，王冬梅，赵亮，等. 2007. 植物叶片滞尘规律研究——以北京市为例[J]. 北京林业大学学报，29(2)：

94-99.
高志勤. 2004. 毛竹林群落特征与生态功能评价[D]. 北京：中国林业科学研究院.
耿玉清. 2006. 北京八达岭地区森林土壤理化特征及健康指数的研究[D]. 北京：北京林业大学.
龚直文，亢新刚，顾丽，等. 2009. 天然林林分结构研究方法综述[J]. 浙江林学院学报，26（3）：434-443.
郭二果，王成，郄光发，等. 2013. 北方地区典型天气对城市森林内大气颗粒物的影响[J]. 中国环境科学，33（7）：1185-1198.
郭汉清，韩有志，白秀梅. 2010. 不同林分枯落物水文效应和地表糙率系数研究[J]. 水土保持学报，24（2）：179-183.
郭佳. 2009. 泰山云雾水化学研究[D]. 济南：山东大学.
国家林业局. 2014. 中国森林资源报告[M]. 北京：中国林业出版社.
郝占庆，于德永，杨晓明. 2002. 长白山北坡植物群落 α 多样性及其随海拔梯度的变化[J]. 应用生态学报，13（7）：785-789.
韩世刚. 2010. 重庆市高温伏旱气候特征及其预报方案研究[D]. 兰州：兰州大学.
韩艺师，魏彦昌，欧阳志云，等. 2008. 连栽措施对桉树人工林结构及持水性能的影响[J]. 生态学报，28（9）：4609-4617.
亢新刚. 2001. 森林资源经营管理[M]. 北京：中国林业出版社.
亢新刚，胡文力，董景林，等. 2003. 过伐林区检查法经营针阔混交林林分结构动态[J]. 北京林业大学学报，25（6）：1-5.
何常清，于澎涛，管伟，等. 2006. 华北落叶松枯落物覆盖对地表径流的拦阻效应[J]. 林业科学研究，19（5）：595-599.
何东宁，王占林，张洪勋. 1991. 青海东都地区森林涵养水源效能研究[J]. 植物生态学报与地植物学学报，15（1）：71-78.
胡海波，张金池. 2001. 平原粉沙淤泥质海岸防护林土壤渗透特性的研究[J]. 水土保持学报，15（1）：39-42.
胡艳波，惠刚盈，戚继忠，等. 2003. 吉林蛟河天然红松阔叶林的空间结构分析[J]. 林业科学研究，16（5）：523-530.
黄昌勇. 2000. 土壤学[M]. 北京：中国农业出版社.
黄鹤，蔡子颖，韩素芹，等. 2011. 天津市 PM10，PM2.5 和 PM1 连续在线观测分析[J]. 环境科学研究，24（8）：897-903.
黄美元，沈志来，刘帅仁，等. 1995. 中国西南典型地区酸雨形成过程研究[J]. 大气科学，19（3）：359-366.
黄新会，王占礼，田风霞. 2005. 黄土区均匀坡面水文模型研究[J]. 水土保持通报，25（6）：45-49.
惠刚盈，盛炜彤. 1995. 林分直径结构模型的研究[J]. 林业科学研究，8（2）：127-131.
惠刚盈，Gadow K V. 1999. 角尺度——一个描述林木个体分布格局的结构参数[J]. 林业科学，35（1）：37-42.
惠刚盈，Gadow K V. 2001. 德国现代森林经营技术[M]. 北京：中国科学技术出版社.
惠刚盈，Gadow K V. 2003. 森林空间结构量化分析方法[M]. 北京：中国科学技术出版社.
惠刚盈，Gadow K V，胡艳波. 2004a. 林木分布格局类型的角尺度均值分析方法[J]. 生态学报，24（6）：1225-1229.
惠刚盈，Gadow K V，胡艳波. 2004b. 林分空间结构参数角尺度的标准角选择[J]. 林业科学研究，17（6）：687-692.

惠刚盈，Gadow K V，Matthias A. 1999. 一个新的林分空间结构参数——大小比数[J]. 林业科学研究，12（1）：1-6.

惠刚盈，胡艳波. 2001. 混交林树种空间隔离程度表达方式的研究[J]. 林业科学研究，14（1）：23-27.

惠刚盈，胡艳波，赵中华，等. 2013. 基于交角的林木竞争指数[J]. 林业科学，49（6）：68-73.

惠刚盈，赵中华，胡艳波. 2010. 结构化森林经营技术指南[M]. 北京：中国林业出版社.

惠淑荣，吕永震. 2003. Weibull 分布函数在林分直径结构预测模型中的应用研究[J]. 北华大学学报，4（2）：101-102.

江玉华，王强，李子华，等. 2004. 重庆城区浓雾的基本特征[J]. 气象科技，32（6）：450-455.

焦树锋. 2006. AHP 法中平均随机一致性指标的算法及 MATLAB 实现[J]. 太原师范学院学报（自然科学版），5（4）：45-47.

赖玫妃，刘健. 2007. 闽江生态公益林类型与森林水源涵养关系[J]. 福建林学院学报，27（2）：157-162.

雷廷武，刘汗，潘英华，等. 2005. 坡地土壤降雨入渗性能的径流-入流-产流测量方法与模型[J]. 中国科学（D 辑：地球科学），35（12）：1180-1186.

雷相东，唐守正. 2002. 林分结构多样性指标研究综述[J]. 林业科学，38（3）：140-146.

李春杰，任东兴，王根绪，等. 2009. 青藏高原两种草甸类型人工降雨截留特征分析[J]. 水科学进展，20（6）：769-774.

李华. 2008. 原始红松林生态系统水化学特征研究[D]. 哈尔滨：东北林业大学.

李金良，郑小贤. 2004. 北京地区水源涵养林健康评价指标体系的探讨[J]. 林业资源管理，（1）：31-34.

李坤. 2010. 基于 RS 和 GIS 的重庆伏旱研究[D]. 重庆：重庆师范大学.

李曼. 2013. 上海市 PM2. 5 中水溶性有机组分的组成特征、季节变化及来源解析[D]. 上海：上海大学.

李文杰，王兴奎，李丹勋，等. 2012. 基于物理过程的分布式流域水沙预报模型[J]. 水力学报，43（3）：264-274.

李文宇. 2004. 北京密云水库水源涵养林对水质的影响研究[D]. 北京：北京林业大学.

李奕. 2016. 大兴安岭北部樟子松林生态水文过程及水量平衡研究[D]. 哈尔滨：东北林业大学.

李易麟，南忠仁. 2008. 开垦对西北干旱区荒漠土壤养分含量及主要性质的影响：以甘肃省临泽县为例[J]. 干旱区资源与环境，22（10）：147-151.

李轶涛. 2014. 北京山区典型森林生态系统土壤-植物-大气连续体水分传输与机制研究[D]. 北京：北京林业大学.

李玉山. 2001. 黄土高原森林植被对陆地水循环影响的研究[J]. 自然资源学报，16（5）：427-432.

李月芬，汤洁，李艳梅. 2004. 用主成分分析和灰色关联度分析评价草原土壤质量[J]. 世界地质，23（2）：169-175.

李新平，陈欣，王兆骞，等. 2003. 高植物篱笆条件下红壤坡耕地水土流失的发生特征[J]. 浙江大学学报（农业与生命科学版），29（4）：368-374.

李志勇，陈建军，王彦辉. 2007. 酸沉降影响下香樟纯林和马尾松纯林的土壤化学性质分析[J]. 华南农业大学学报，28（2）：5-8.

林长城，赵卫红，蔡义勇. 2007. 福建九仙山自然保护区云雾水、雨水的酸度分析[J]. 福建农林大学学报（自然科学版），36（6）：622-626.

林海礼. 2008. 钱塘江源头不同森林林分的水文功能研究[D]. 杭州：浙江林学院.

林文镇. 1982. 强化森林涵养水源功能之做法与制度[J]. 台湾林业，8（9）：1-3.
刘晨峰，张志强，孙阁，等. 2009. 基于涡度相关法和树干液流法评价杨树人工林生态系统蒸散发及其环境响应[J]. 植物生态学报，33（4）：706-718.
刘崇洪. 1996. 几种土壤质量评价方法的比较[J]. 干旱环境监测，10（1）：26-63.
刘创民，李昌哲，陈军华，等. 1994. 北京九龙山主要植被类型水文作用的研究[J]. 林业科技通讯，（7）：10-12.
刘登峰，齐实，韩小杰，等. 2009. 缙云山不同土地利用类型地表径流水质评价[J]. 水土保持研究，16（1）：126-130.
刘明春. 2010. 重庆市主城区园林植物组成特点及其物种丰富度研究[D]. 重庆：西南大学.
刘世梁，傅伯杰，陈利顶，等. 2003. 两种土壤质量变化的定量评价方法比较[J]. 长江流域资源与环境，12（5）：422-426.
刘世梁，傅伯杰，马克明，等. 2004. 岷江上游高原植被类型与景观特征对土壤性质的影响[J]. 应用生态学报，（1）：26-30.
刘世梁，傅伯杰，刘国华，等. 2006. 我国土壤质量及其评价研究的进展[J]. 土壤通报，37（1）：137-143.
刘世荣，孙鹏森，温远光. 2003. 中国主要森林生态系统水文功能的比较研究[J]. 植物生态学报，27（1）：16-22.
刘世荣，温远光，王兵，等. 1996. 中国森林生态系统水文生态功能规律[M]. 北京：中国林业出版社.
刘向东，吴钦孝，赵鸿雁. 1991. 黄土高原油松人工林枯枝落叶层水文生态功能研究[J]. 水土保持学报，5（4）：87-92.
刘晓冉，程炳岩，向波，等. 2012. 全球变暖背景下重庆主要气象灾害变化趋势[J]. 西南大学学报，34（3）：110-117.
鲁如坤，史陶均. 1979. 金华地区降雨中养分含量的初步研究[J]. 土壤学报，（1）：81-84.
陆卫军，张涛. 2009. 几种河流水质评价方法的比较分析[J]. 环境科学与管理，34（6）：174-176.
陆元昌. 2003. 森林健康状态监测技术体系综述[J]. 世界林业研究，（1）：20-25.
陆元昌，雷相东，国红. 2005. 西双版纳热带雨林直径分布模型[J]. 福建林学院院报，25（1）：1-4.
卢俊培. 1982. 海南岛森林水文效应的初步探讨[J]. 热带林业科技，（1）：13-20.
卢琦，李清河. 2002. 美国森林的水文效应[J]. 世界林业研究，15（3）：54-60.
卢志朋. 2018. 降雨变化对辽西北沙地樟子松树干液流的影响[D]. 沈阳：沈阳农业大学.
吕春花. 2000. 黄土高原子午岭地区土壤质量对植被恢复过程的响应[D]. 咸阳：西北农林科技大学.
吕锡芝. 2013. 北京山区森林植被对坡面水文过程的影响研究[D]. 北京：北京林业大学.
马昌坤. 2018. 黄土高原人工刺槐林地生态水文过程研究[D]. 咸阳：西北农林科技大学.
马强，宇万太，赵少华，等. 2004. 黑土农田土壤肥力质量综合评价[J]. 应用生态学报，15（10）：1016-1030.
马雪华. 1987. 四川米亚罗地区高山冷杉林水文作用的研究[J]. 林业科学，23（3）：253-265.
马雪华. 1993. 森林水文学[M]. 北京：中国林业出版社.
孟宪宇. 1985. 使用 Weibull 分布对人工油松林直径分布的研究[J]. 北京林学院学报，（1）：30-40.
孟宪宇. 1988. 使用 Weibull 函数对树高分布和直径分布的研究[J]. 北京林业大学学报，1：40-48.
孟宪宇. 1996. 测树学[M]. 北京：中国林业出版社.
莫菲，于澎涛，王彦辉，等. 2009. 六盘山华北落叶松林和红桦林枯落物持水特征及其截持降雨过程[J]. 生态学报，29（6）：2868-2876.
莫康乐. 2013. 永定河沿河沙地杨树人工林水量平衡研究[D]. 北京：北京林业大学.
牛勇. 2015. 北京山区不同林分水文生态效应特征[D]. 北京：北京林业大学.
蒲维维，赵秀娟，张小玲. 2011. 北京地区夏末秋初气象要素对 PM2. 5 污染的影响[J]. 应用气象学报，22(6)：716-723.
钱颂迪. 2000. 运筹学 [M]. 北京：清华大学出版社.
秦耀东. 2003. 土壤物理学[M]. 北京：高等教育出版社.
秦耀东，任理，王济. 2000. 土壤中大孔隙流研究进展与现状[J]. 水科学进展，(2)：203-207.
邱莉萍. 2007. 黄土高原植被恢复生态系统土壤质量变化及调控措施[D]. 咸阳：西北农林科技大学.
全国土壤普查办公室. 1979. 全国第二次土壤普查暂行技术规程[M]. 北京：中国农业出版社.
戎建涛，雷相东，陆元昌，等. 2010. 北京十三陵林场侧柏人工林林分结构的研究[J]. 安徽农业科学，38(2)：989-994.
茹豪. 2018. 坡面尺度不同雨型条件下地表径流产流过程分析[J]. 山西林业科技，47（4）：1-6.
莎仁图雅. 2009. 内蒙古大青山油松人工林水分特征的研究[D]. 呼和浩特：内蒙古农业大学.
沈慧，姜凤岐，杜晓军，等. 2000. 水土保持林土壤抗蚀性能评价研究[J]. 应用生态学报，11（3)：3345-3348.
沈竞，张弥，肖薇，等. 2016. 基于改进 SW 模型的千烟洲人工林蒸散组分拆分及其特征[J]. 生态学报，36（8)：2164-2174.
沈志来，吴玉霞，肖辉，等. 1993. 我国西南地区云水化学的某些基本特征[J]. 大气科学，17（1)：87-96.
盛涛. 2014. 昆明市大气 PM10 和 PM2.5 比值特征及来源研究[D]. 昆明：昆明理工大学.
时忠杰. 2006. 六盘山香水河小流域森林植被的坡面生态水文影响[D]. 北京：中国林业科学研究院.
时忠杰，王彦辉，徐丽宏，等. 2009. 六盘山华山松林降雨再分配及其空间变异特征[J]. 生态学报，29（1)：76-85.
史瑞和. 1983. 土壤农化分析[M]. 北京：农业出版社.
宋秀瑜. 2006. 密云水库南岸水源涵养林生态功能研究[J]. 北京水务，(3)：52-55.
孙立达，朱金兆. 1995. 水土保持林体系综合效益研究与评价[M]. 北京：科学技术出版社.
孙振伟，赵平，牛俊峰，等. 2014. 外来引种树种大叶相思和柠檬桉树干液流和蒸腾耗水的季节变异[J]. 生态学杂志，33（10)：2588-2595.
覃国荣. 2014. 保定市 PM10 和 PM2.5 污染特征研究[D]. 保定：河北大学.
谭万能，李志安，邹碧，等. 2005. 地统计学方法在土壤学中的应用[J]. 热带地理，25（4)：307-311.
汤孟平. 2003. 森林空间结构分析与优化经营模型研究[D]. 北京：北京林业大学.
汤孟平. 2007. 森林空间经营理论与实践[M]. 北京：中国林业出版社.
唐克丽. 1993. 子午岭林区自然侵蚀与人为加速侵蚀剖析[J]. 中国科学院水利部西北水土保持所集刊，17：17-28.
唐政洪，蔡强国，李忠武，等. 2002. GIS 与小流域侵蚀产沙模型在淤地坝设计中的应用[J]. 水土保持学报，16（1)：55-58.
田凤霞，赵传燕，冯兆东，等. 2012. 祁连山青海云杉林冠生态水文效应及其影响因素[J]. 生态学报，32(4)：11.
童鸿强. 2011. 六盘山叠叠沟华北落叶松林和草地的水分动态及水量平衡研究[D]. 北京：北京林业大学.

万睿. 2007. 兰陵溪小流域不同植被类型对水文过程及水质影响研究[D]. 武汉：华中农业大学.
王波. 2009. 三峡工程对库区生态环境影响的综合评价[D]. 北京：北京林业大学.
王代长. 2009. 酸化土壤表面离子的反应动力学[M]. 郑州：黄河水利出版社.
王德连. 2004. 国内外森林水文研究现状和进展[J]. 西北林学院学报，19（2）：156-160.
王凤友. 1989. 森林凋落量研究综述[J]. 生态学进展，6（2）：82-89.
王华，欧阳志云，郑华，等. 2010. 北京绿化树种油松、雪松和刺槐树干液流的空间变异特征[J]. 植物生态学报，34（8）：924-937.
王建国，杨林章，单艳红. 2001. 模糊数学在土壤质量评价中的应用研究[J]. 土壤学报，38（2）：176-183.
王金叶，王彦辉，李新，等. 2006. 祁连山排露沟流域水分状况与径流形成[J]. 冰川冻土，（1）：62-69.
王开燕，王雪梅，张仁健，等. 2008. 北京市冬季气象要素对气溶胶浓度日变化的影响[J]. 环境科学研究，21（4）：132-135.
王蕾，高尚玉，刘连友，等. 2006. 北京市 11 种园林植物滞留大气颗粒物能力研究[J]. 应用生态学报，17(4)：5972-6011.
王礼先，张志强. 1998. 森林植被变化的水文生态效应研究进展[J]. 世界林业研究，11（6）：14-23.
王瑞辉，马履一，奚如春，等. 2006. 元宝枫生长旺季树干液流动态及影响因素[J]. 生态学杂志，25（3）：231-237.
王威. 2009. 北京山区水源涵养林结构与功能耦合关系研究[D]. 北京：北京林业大学.
王心芳. 2002. 水和废水监测分析方法（第四版）[M]. 北京：中国环境科学出版社.
王彦辉. 2001. 几个树种的林冠降雨特征[J]. 林业科学，37（4）：2-9.
王彦辉，熊伟，于澎涛，等. 2006. 干旱缺水地区森林植被蒸散耗水研究[J]. 中国水土保持科学，4（4）：19-25.
王彦辉，于澎涛，徐德应，等. 1998. 林冠截留降雨模型转化和参数规律的初步研究[J]. 北京林业大学学报，20（6）：25-30.
王耀庭，李威，张小玲，等. 2012. 北京城区夏季静稳天气下大气边界层与大气污染的关系[J]. 环境科学研究，25（10）：1092-1098.
王永安. 1989. 论我国水源涵养林建设中的几个问题[J]. 水土保持学报，3（4）：74-82.
王佑民. 2000. 中国林地枯落物持水保土作用研究概况[J]. 水土保持学报，14（4）：108-113.
王玉杰，王云琦. 2005. 森林对坡面产流的影响研究[J]. 世界林业研究，（3）：12-15.
王园园，周连，吴俊，等. 2014. 南京市某居民区空气 PM2.5 和 PM10 污染分布特征分析[J]. 东南大学学报，33（2）：128-132.
王云琦，王玉杰. 2003. 森林溪流水质的研究进展[J]. 水土保持研究，10（4）：5.
魏虹，王建力，李建龙，等. 2005. 重庆缙云山降水 pH 值和化学组成特征分析[J]. 农业环境科学学报，24(2)：344-349.
魏天兴，朱金兆，张学培. 1999. 林分蒸散耗水量测定方法述评[J]. 北京林业大学学报，21（3）：85-91.
温远光，刘世荣. 1995. 我国主要森林生态类型降水截持规律的数量分析[J]. 林业科学，3（4）：289-298.
翁启杰，刘有成. 2006. 银桦生物学特性及栽培技术[J]. 广东林业科技，22（1）：101-103.
吴国平，胡伟，滕恩江，等. 1999. 我国四城市空气中 PM2.5 和 PM10 的污染水平[J]. 中国环境科学，19(2)：133-137.

吴建平，袁正科，袁通志，等. 2004. 湘西南沟谷森林土壤水文-物理特性与涵养水源功能研究[J]. 水土保持研究，11（1）：74-77.

吴钦孝，韩冰，李秧秧. 2004. 黄土丘陵区小流域土壤水分入渗特征研究[J]. 中国水土保持科学，2（6）：125-129.

吴钦孝，赵鸿雁. 2002. 沙棘林的水土保持功能及其在治理和开发黄土高原中的作用[J]. 沙棘，15（1）：27-30.

校建民，王成，吴志萍，等. 2009. 清华大学校园内不同绿地类型空气 PM10 浓度变化规律[J]. 林业科学，45（5）：153-156.

谢意. 2013. 大气细颗粒物（PM2.5）质量浓度的遥感估算模型研究——以南京仙林为例[D]. 南京：南京师范大学.

熊伟，王彦辉，徐德应. 2003. 宁南山区华北落叶松人工林蒸腾耗水规律及其对环境因子的响应[J]. 林业科学，（2）：1-7.

徐飞，杨风亭，王辉民，等. 2012. 树干液流径向分布格局研究进展[J]. 植物生态学报，36（9）：1004-1014.

徐祥德，周秀骥，丁国安，等. 2009. 城市环境综合观测大气环境动力学研究[M]. 北京：气象出版社.

薛建华，卓丽环. 2006. 黑龙江省主要城市绿化树种选择专家系统[J]. 东北林业大学学报，34（1）：56-59.

薛建辉. 2010. 森林生态学（修订版）[M]. 北京：中国林业科出版社.

薛立，邝立刚，陈红跃，等. 2003. 不同林分土壤养分、微生物与酶活性的研究[J]. 土壤学报，40（2）：280-285.

阎海平，谭笑，孙向阳，等. 2001. 北京西山人工林群落物种多样性的研究[J]. 北京林业大学学报，23（2）：16-19.

杨春时. 1987. 系统论-信息论-控制论浅说[M]. 北京：中国广播电视出版社.

杨辉，刘文清，刘建国，等. 2006. 激光雷达监测北京城区夏季边界层气溶胶[J]. 中国激光，33（9）：1255-1259.

杨吉华，李红云，李焕平，等. 2007. 4 种灌木林地根系分布特征及其固持土壤效应的研究[J]. 水土保持学报，21（3）：48-51.

杨劲峰，陈清，韩晓日，等. 2002. 数字图像处理技术在蔬菜叶面积测量中的应用[J]. 农业工程学报，18（4）：155-158.

杨松. 2007. 流溪河不同水源涵养林对降水化学的影响[D]. 北京：中国林业科学研究院.

杨万勤，钟章成，陶建平. 2001. 缙云山森林土壤速效 P 的分布特征及其与物种多样性的关系[J]. 生态学杂志，20（4）：24-27.

杨文治，邵明安，彭新德，等. 1998. 黄土高原环境的旱化与黄土中水分关系[J]. 中国科学（D 辑：地球科学），（4）：357-365.

杨新华. 2001. 湛江市的干旱状况及水资源的可持续利用[J]. 华中农业大学学报（社科），（4）：19-23.

杨芝歌，史宇，余新晓，等. 2012. 北京山区典型树种树干液流特征及其对环境因子的响应研究[J]. 水土保持研究，19（2）：195-200.

杨志明，王文兴，张婉华. 1997. 酸沉降破坏材料造成的经济损失的估算研究[J]. 重庆环境科学，（1）：13-18.

殷晖. 2009. 基于植被结构参数对林冠截留模型的改进[D]. 北京：北京林业大学.

殷有，周永斌，崔建国，等. 2001. 林冠截留模型[J]. 辽宁林业科技，（2）：10-12.

于贵瑞. 2001. 生态系统管理学的概念框架及其生态学基础[J]. 应用生态学报，12（5）：787-794.

于贵瑞，伏玉玲，孙晓敏，等. 2006. 中国陆地生态系统通量观测研究网络（ChinaFLUX）的研究进展及其发展思路[J]. 中国科学（D 辑：地球科学），（S1）：1-21.

于国强，李占斌，张霞，等. 2009. 野外模拟降雨条件下径流侵蚀产沙试验研究[J]. 水土保持学报，23（4）：10-14.

于政中. 1993. 森林经理学（第 2 版）[M]. 北京：中国林业出版社.

于志民，王礼先. 1999. 水源涵养林效益研究[M]. 北京：中国林业出版社.

余建英，何旭宏. 2003. 数据统计分析与 SPSS 应用[M]. 北京：人民邮电出版社.

余蔚青. 2015. 缙云山典型水源林生态水文功能评价研究[D]. 北京：北京林业大学.

余新晓. 2013. 森林生态水文研究进展与发展趋势[J]. 应用基础与工程科学学报，21（3）：391-402.

余新晓，甘敬. 2007. 水源涵养林研究与示范[M]. 北京：中国林业出版社.

余新晓，张振明，等. 2010. 森林生态系统结构与功能模型[M]. 北京：科学出版社.

余新晓，赵玉涛，张志强，等. 2003. 长江上游亚高山暗针叶林土壤水分入渗特征研究[J]. 应用生态学报，14（1）：15-19.

袁飞. 2006. 考虑植被影响的水文过程模拟研究[D]. 南京：河海大学.

曾永，樊引琴，王丽伟，等. 2007. 水质模糊综合评价法与单因子指数评价法比较[J]. 人民黄河，29（2）：64-65.

章家恩. 2006. 生态学常用实验研究方法与技术[M]. 北京：化学工业出版社.

张保华，何毓蓉，周红艺，等. 2002. 长江上游典型区亚高山不同林型土壤的结构性与水分效应[J]. 水土保持学报，16（4）：127-129.

张宝忠. 2009. 干旱荒漠绿洲葡萄园水热传输机制与蒸发蒸腾估算方法研究[D]. 北京：中国农业大学.

张昌顺，范少辉，管凤英，等. 2009. 闽北毛竹林的土壤渗透性及其影响因子[J]. 林业科学，45（1）：36-42.

张凤荣，昌贻忠. 2005. 北京白花山区自然土壤与耕作土壤的肥力比较以及土壤管理措施[J]. 土壤通报，36（2）：155-159.

张光灿，刘霞，赵玫. 2000. 树冠截留降雨模型研究进展及其述评[J]. 南京林业大学学报，24（1）：64-68.

张华，张甘霖. 2001. 土壤质量指标和评价方法[J]. 土壤，（6）：326-330.

张华，张甘霖. 2003. 热带低丘地区农场尺度土壤质量指标的空间变异[J]. 土壤通报，34（4）：241-245.

张会兰，李丹勋，王兴奎. 2010. 基于气候波动和覆被变化对流域水文影响的定量研究[J]. 清华大学学报（自然科学版），（3）：376-379.

张洪江，北原曜. 1994. 几种林木枯落物对糙率系数 n 值的影响[J]. 水土保持学报，8（4）：4-10.

张建国，段爱国，童书振. 2004. 林分直径结构模拟与预测研究概述[J]. 林业科学研究，6（17）：787-795.

张建国，李吉跃. 1995. 北方主要造林树种耐旱机理及其分类模型的研究：叶保水力及维持膨压[J]. 河北林学院学报，10（3）：187-193.

张金屯. 2004. 数量生态学[M]. 北京：科学出版社.

张玲，王震洪. 2001. 云南牟定三种人工林森林水文效应的研究[J]. 水土保持研究，8（2）：69-73.

张宁南，徐大平，Jim M，等. 2003. 雷州半岛尾叶桉人工林树液茎流特征的研究[J]. 林业科学研究，（6）：661-667.

张胜利. 2005. 秦岭南坡中山地带森林生态系统对径流和水质的影响研究[D]. 咸阳：西北农林科技大学.

张向峰，王玉杰，王云琦，等. 2013. 缙云山水源涵养林保育土壤的功能[J]. 水土保持通报，33（1）：68-73.
张晓艳. 2016. 民勤绿洲荒漠过渡带梭梭人工林蒸散研究[D]. 北京：中国林业科学研究院.
张璇，张会兰，王玉杰，等. 2016. 缙云山典型树种树干液流日际变化特征及与气象因子关系[J]. 北京林业大学学报，38（3）：11-20.
张学龙，车克钧，止金叶，等. 1998. 祁连山寺大隆林区土壤水分动态研究[J]. 西北林学院学报，13（1）：1-9.
张艺. 2013. 北京山区森林植被结构对降雨输入过程的影响[D]. 北京：北京林业大学.
张振明，余新晓，牛健植，等. 2005. 不同林分枯落物层的水文生态功能[J]. 水土保持学报，19（3）：139-143.
张志强，王礼先，余新晓，等. 2001. 森林植被影响径流形成机制研究进展[J]. 自然资源学报，16（1）：79-84.
张智胜，陶俊，谢绍东，等. 2013. 成都城区 $PM_{2.5}$ 季节污染特征及来源解析[J]. 环境科学学报，33（11）：2947-2952.
赵鸿雁，吴钦孝，刘向东. 1994. 山杨枯枝落叶的水文水保作用研究[J]. 林业科学，30（2）：176-182.
赵西宁，吴发启. 2004. 土壤水分入渗的研究进展和评述[J]. 西北林学院学报，19（1）：42-45.
赵洋毅. 2011. 缙云山水源涵养林结构对生态功能调控机制研究[D]. 北京：北京林业大学.
赵洋毅，王玉杰，王云琦，等. 2009. 渝北不同模式水源涵养林植物多样性及其与土壤特征的关系[J]. 生态环境学报，18（6）：2260-2266.
赵洋毅，王玉杰，王云琦，等. 2010. 渝北水源区水源涵养林构建模式对土壤渗透性的影响[J]. 生态学报，30（15）：4162-4072.
郑晓霞，赵文吉，晏星，等. 2014. 降雨过程后北京城区 $PM_{2.5}$ 日时空变化研究[J]. 生态环境学报，23（5）：797-805.
中国标准出版社第二编辑室. 2001. 中国环境保护标准汇编. 水质分析方法[M]. 北京：中国标准出版社.
中国科学院南京土壤研究所. 1978. 土壤理化分析[M]. 上海：上海科学技术出版社.
中野秀章. 1983. 森林水文学[M]. 李云森译. 北京：中国林业出版社.
钟剑飞，刘东兰，郑小贤. 2009. 水源涵养林结构与功能量化研究进展[J]. 干旱区资源与环境，16（3）：110-112.
周春国，佘光辉，吴富桢，等. 1998. 用变型 Weibull 分布对热带雨林结构规律的研究[J]. 南京林业大学学报，22（4）：14-18.
周国兵. 2010. 重庆市主城区气象条件对空气污染影响分析及数值模拟研究[D]. 兰州：兰州大学.
周国逸. 1997. 生态系统水热原理及其应用[M]. 北京：气象出版社.
周国逸，小仓纪雄. 1996. 酸雨对重庆几种土壤中元素释放的影响[J]. 生态学报，16（3）：251-257.
周玮. 2007. 花江峡谷喀斯特土壤酶与可氧化有机碳研究[D]. 贵阳：贵州大学.
周择福，张光灿，林富荣. 2006. 太行山水源涵养林研究[M]. 北京：中国林业出版社.
周竹渝，陈德容，殷捷，等. 2003. 重庆市降水化学特征分析[J]. 重庆环境科学，25（11）：112-114.
朱静华，周艺敏，景海春，等. 1994. 天津地区土坡机械组成鱼土壤养分状况相关性的探讨[J]. 天津农业科学，7（1）：1-3.
朱显谟. 1960. 黄土地区植被因素对水土流失的影响[J]. 土壤学报，8（2）：110-115.
朱显谟，田积莹. 1993. 强化黄土高原土壤渗透性及抗冲性的研究[J]. 水土保持学报，7（3）：1-10.
朱祖祥. 1982. 土壤学[M]. 北京：农业出版社.

邹晓雯. 1994. 水质评价的灰色关联度方法[J]. 水资源保护，(3)：11-16.

Amato F, Schaap M, Pandolfi M, et al.2012.Effect of rain events on the mobility of road dust load in two Dutch and Spanish roads[J]. Atmospheric Environment,62:352-358.

Andreu V, Rubio J L, Cerni R.1998. Effects of Mediterranean shrub cover on water erosion (Valencia, Spain)[J].Journal of Soil and Water Conservation,53(2):112-122.

Arthur M H.1952.Structure, growth, and drain in balanced uneven-aged forests[J]. Journal of Forestry,(2):2.

Arthur M H.1953. Forest Mensuration [M]. Pennsylvania: Pennsylvania Vally Publishers.

Bailey R L,Dell T R.1973.Quantifying diameter distribution with the Weibull function[J]. Forest Science, 19:97-104.

Beckett P K, Freer-Smith P H, Taylor G.2000.Particulate pollution capture by urban trees: effects of species and windspeed[J]. Global Change Biology,6(8):995-1003.

Bérubé-Deschênes A, Franceschini T, Schneider R.2017.Quantifying competition in white spruce (Picea glauca) plantation[J]. Annals of Forest Science,74(2): 26.

Beven K J.1982. Infiltration into a class of vertically non-uniform soils[J].Hydrological Sciences Journal,29:425-434.

Biging G S, Dobbertin M.1995.Evaluation of competition indices in individual tree growth models[J]. Forest Science,41(2):360-377.

Blackman G E.1942. Statistical and ecological studies in the distribution of species in plant communities: I. dispersion as a factor in the study of changes in plant populations[J]. Annals of Botany, (2):351-370.

Bliss C I, Reinker K A.1964. A lognormal approach to diameter distributions in even-aged stands[J]. Forest Science,10 (3):350-360.

Bonell M.1993.Progress in the understanding of runoff generation dynamics in forests[J]. Journal of Hydrology,150(2-4):217-275.

Bormann F H , Likens G E. 1979. Pattern and Process in a Forested Ecosystem: Disturbance, Development and the Steady State Based on the Hubbard Brook Ecosystem Study[M]. New York:Springer.

Bose A K, Brais S , Harvey B D.2014.Trembling aspen (Populus tremuloides Michx.) volume growth in the boreal mixedwood: effect of partial harvesting, tree social status, and neighborhood competition[J]. Forest Ecology & Management,327:209-220.

Branson F A, Owen J B.1970. Plant cover, runoff, and sediment yield relationships on Mancos shale in western Colorado[J]. Water Resources Research,6(3):783-790.

Bréda N J J.2003.Ground-based measurements of leaf area index: a review of methods, instruments and current controversies[J]. Journal of Experimental Botany,54(392):2403-2417.

Buongiorno J, Dahir S, Lu H, et al.1994. Tree size diversity and economic returns in uneven-aged forest stand[J]. Forest Science,40(1):83-103.

Burkhardt J, Peters K, Crossley A.1995. The presence of structural surface waxes on coniferous needles affects the pattern of dry deposition of fine particles[J]. Journal of Experimental Botany, 46(7): 823-831.

Caborn J M.1965. Shelterbelts and Windbreaks[M]. London: Faber and Faber.

Chai Z, Sun C, Wang D, et al.2016.Spatial structure and dynamics of predominant populations in a virgin old-growth oak forest in the Qinling Mountains, China[J]. Scandinavian Journal of Forest Research,32(1):19-29.

Clark P J , Evans F C.1954. Distance to nearest neighbor as a measure of spatial relationships in populations[J]. Ecology,35(4):445-453.

Cristiano P M, Campanello P I, Bucci S J, et al.2015. Evapotranspiration of subtropical forests and tree plantations: a comparative analysis at different temporal and spatial scales[J]. Agricultural and Forest Meteorology, 203: 96-106.

Crockford R H, Richardson D P.1990. Partitioning of rainfall in a eucalypt forest and pine plantation in southeastern Australia: I throughfall measurement in a eucalypt forest: effect of method and species composition[J]. Hydrological Processes,4(2):131-144.

Crockford R H, Richardson D P.2000. Partitioning of rainfall into throughfall, stemflow and interception: effect of forest type, ground cover and climate[J]. Hydrological Processes, 14(1617):2903-2920.

Cronan C S, April R, Bartlett R J, et al.1989. Aluminum toxicity in forests exposed to acidic deposition: the ALBIOS results [J]. Water, Air, and Soil Pollution,48:181-192.

Croxford B, Penn A, Hillier B. 1996. Spatial distribution of urbanpollution: civilizing urban traffic[J]. Science of the Total Environment, 189-190: 3-9.

Dallarosa J, Teixeira E C, Meira L, et al. 2008. Study of the chemical elements and polycyclic aromatic hydrocarbons in atmospheric particles of PM_{10} and $PM_{2.5}$ in theurban and rural areas of South Brazil[J]. Atmospheric Research,89(1-2):76-92.

David F N.1954. Notes on contagious distributions in Plant Populations[J]. Ann. Bot.,18:47-53.

Dietz J, Holscher D, Leuschner C, et al.2006. Rainfall partitioning in relation to forest structure in differently managed montane forest stands in Central Sulawesi, Indonesia[J]. Forest Ecology and Management, 237(1): 170-178.

Doran J W, Parkin T B.1996. Methods for assessing soil quality // Quqntitative Indicators of Soil Quality a Minimum Data Set [J]. Soil Society of America Special,49:25-37.

Dunkerley D. 2000. Measuring interception loss and canopy storage in dryland vegetation: a brief review and evaluation of available research strategies[J]. Hydrological Processes, 14(4):669-678.

Dunne T.1978. Field studies of hill slope flow processes // Kirkby (editor). Hillslope hydrology[J]. John Wiley & Sons,7:227-293.

Dunne T, Zhang W, Aubry B F.1991. Effects of rainfall, vegetation, and microtopography on infiltration and runoff[J]. Water Resources Research,27(9):2271-2285.

Fang G C, Wu Y S, Wen C C, et al.2007. Influence of meteorological parameters on particulates and atmospheric pollutants at Taichung harbor sampling site[J]. Environmental Monitoring and Assessment, 128(1-3): 259-275.

Farmer A M. 1993.The effects of dust on vegetation-a review[J]. Environmental Pollution,79(1): 63-75.

Farmer A M.1995. Reducing the Impact of Air Pollution on the Natural Environment[M]. Peterborough: Joint Nature Conservation Committee.

Fergusson J E, Hayes R W, Yong T S, et al. 1980. Heavy metal pollution by traffic in Christchurch, New Zealand: lead and cadmium content of dust, soil, and plant samples[J]. New Zealand Journal of Science, 23: 293-310.

Fiora A, Cescatti A. 2006. Diurnal and seasonal variability in radial distribution of sap flux density: implications for estimating stand transpiration[J]. Tree Physiology,26(9): 1217-1225.

Fisher R F, Binkley D.2000. Ecology and Management of Forest Soils[M](3rd). New York: John Wiley & Sons.

Foken T, Göockede M, Mauder M, et al. 2004.Post-Field Data Quality Control[M]. Netherlands: Kluwer Academic Publishers.

Ford C R, Hubbard R M, Kloeppel B D, et al.2007. A comparison of sap flux-based evapotranspiration estimates with catchment-scale water balance[J]. Agricultural and Forest Meteorology, 145(3-4): 176-185.

Francioso O, Ciavatta C, Sanchez S, et al.2000. Spectroscopic characterization of soil organic matter in long-term amendment trials[J]. Soil Science,(165):495-504.

Fritschen L J, Edmonds R.1976. Dispersion of fluorescent particles into and within a Douglas fir forest[C]// Atmosphere Surface Exchange of Particulate and Gaseous Pollutants, Proceeding of a Symposium.

Fueldner K. 1995. Strukturbeschreibung von Bucher-Edellaubholz-Mischwäldern Dissertation Universitas Gottingen[M]. Goettingen: Cuvillier Verlag Goettingen.

Gash J H C, Lloyd C R, Lachaud G.1995. Estimating sparse forest rainfall interception with an analytical model[J]. Journal of Hydrology,170(1): 79-86.

Gash J H C, Wright I R , Lloyd C R 1980. Comparative estimates of interceptiong loss from three coniferous forests in Great Britain [J]. Journal of Hydrology, 48:89-105.

Gadow K V.1993. Forsteinrichtung. Skriptvon Instiutder Forsteinrichtung[D].Gottingen: Universita Gottingen.

Gadow K V, Bredenkamp B.1992. Forest Management[M].Pretoria:Academica Publishers.

Gadow K V, Füldner K. 1993. Zur bestandesbeschreibung in der forsteinrichtung. Forst Holz, 48: 602-606.

Gebauer T, Horna V, Leuschner C.2008.Variability in radial sap flux density patterns and sapwood area among seven co-occurring temperate broad-leaved tree species[J].Tree Physiology,28(12): 1821-1830.

Gilli G, Traversi D, Rovere R, et al.2007.Airborne particulate matter: ionic species role in different Italian sites[J]. Environmental Research,103(1): 1-8.

Gower S T, Norman J M.1991. Rapid estimation of leaf-area index in conifer and broad-leaf plantations[J]. Ecology, 72(5): 1896-1900.

Gupta V, Yeates G W.1997.Soil micro-fauna as indicators of soil health[M].Oxon: CAB International.

Hafley W L, Schreuder H T.1977. Statistical distributions for fitting diameter and height data in even aged stands [J]. Canadian Journal of Forest Research, 7:481-487.

Hatton T J, Catchpole E A, Vertessy R A.1990. Integration of sapflow velocity to estimate plant water-use[J]. Tree Physiology, 6(2):201-209.

Hegyi F.1974. A simulation model for managing jack-pine stands // Fries J. Growth Models for Tree and Stand Simulation[C]. Stockholm: Royal Collage of Forestry:74-90.

Helvey J D, Patric J H.1965. Canopy and litter interception of rainfall by hardwoods of eastern United States[J]. Water Resources Research,1:193-205.

Horton R E. 1919. Rainfall interception[J]. Month Weather Rev, 47: 603-623.

Hui G, Von K.1999. The neighbourhood pattern-a new structure parameter for describing distribution of forest tree position[J]. Scientia Silvae Sinicae, 35(1): 37-42.

Hwang H J, Yooka S J, Ahn K H. 2011. Experimental investigation of submicron and ultrafine soot particleremoval by tree leaves[J]. Atmospheric Environment, 45(38): 6987-6994.

Jennifer K R, Christa P H M.2007. Effects of local changes in active layer and soil climate on seasonal foliar nitrogen concentrations of three boreal forest shrubs[J]. Canadian Journal of Forest Research,37(2): 383-395.

Jiménez M S, Nadezhdina N, Čermák J, et al.2000. Radial variation in sap flow in five laurel forest tree species in Tenerife, Canary Islands[J]. Tree Physiology,20(17): 1149-1156.

Kahle H.1993.Response of roots of trees to heavy metals[J]. Environmental and Experimental Botany,33: 99-119.

Kelliher F M.1989.Evaporation and canopy characteristics of coniferous forests and grasslands[J]. Oecologia, 95:153-163.

Kittler J, Hancock E R.1989. Cornbining evidence in probabilistic relaxation[J]. International Journal of Pattern Recognition & Artificial Intelligence,3(1):30-39.

Klaassen W, Bosveld F, Water E D.1998. Water storage and evaporation as constituents of rainfall interception[J]. Journal of Hydrology,212-213(1-4):36-50.

Komatsu H, Shinohara Y, Kumagai T, et al.2014. A model relating transpiration for Japanese cedar and cypress plantations with stand structure[J]. Forest Ecology and Management,334: 301-312.

Kume T, Otsuki K, Du S, et al.2012. Spatial variation in sap flow velocity in semiarid region trees: its impact on stand-scale transpiration estimates[J]. Hydrological Processes,26(8): 1161-1168.

Lagergren F , Lindroth A.2004. Variation in sapflow and stem growth in relation to tree size, competition and thinning in a mixed forest of pine and spruce in Sweden[J]. Forest Ecology & Management,188(1): 51-63.

Lahde E, Laiho O, Norokorpi Y.1999. Diversity-oriented silviculture in the boreal zone of Europe[J]. Forest Ecology and Manage,118:223-243.

Leonard R E.1961. Net precipitation in a northern hardwood forest[J]. Journal of Geophysical Research,66:2417-2421.

Levia D F, Michalzik B, Nathe K, et al.2015. Differential stemflow yield from European beech saplings: the role of individual canopy structure metrics[J]. Hydrological Processes, 29(1): 43-51.

Li X, Niu J, Zhang L, et al. 2015. A study on crown interception with four dominant tree species: a direct measurement[J]. Hydrology Research,47(4): 857-868.

Li X, Xiao Q, Niu J, et al.2016. Process-based rainfall interception by small trees in Northern China: the effect of rainfall traits and crown structure characteristics[J]. Agricultural and Forest Meteorology,218-219:65-73.

Li Y, Cai T, Man X, et al. 2015. Canopy interception loss in a Pinus sylvestris var. mongolica forest of Northeast China[J]. Journal of Arid Land,7(6): 831-840.

Li Y, Ye S, Hui G, et al.2014. Spatial structure of timber harvested according to structure-based forest management[J]. Forest Ecology & Management, 322(3): 106-116.

Lin H S, McLnnes K J.1998. Macro-porosity and initial moisture effects on infiltration rates in Vertisols and vertical intergrades[J]. Soil Science,163 (1): 2-8.

Little P.1977. Deposition of 2.75, 5.0 and 8.5μm particles to plant and soil surfaces[J]. Environmental Pollution,12(4): 293-305.

Liu C M, Zhang S Y, Lei Y C, et al.2004. Evaluation of three methods for predicting diameter distributions of black spruce Picea mariana plantations in central Canada[J].Canadian Journal of Forest Research,12: 2424-2432.

Lloyd M.1967.Mean crowding[J]. Journal of Animal Ecology,36(1):1-30.

Loehle C, Maccracken J G, Runde D, et al.2002.Forest management at landscape scales: solving the problems[J]. Journal of Forestry,100(6):25-33.

Lowrance R, Hubbard R K, Williams R G.2000. Effects of a managed three zone riparian buffer system on shallow groundwater quality in the southeastern coastal plain[J]. Journal of Soil and Water Conservation,55(2): 212-221.

MacKenzie J J, EI-Ashry M T.1989. Air Pollution's Toll on Forests and Crops[M]. New Haven: Yale University Press.

Maňkovská B, Godzik B, Badea O, et al.2004. Chemical and morphological characteristics of key tree species of the Carpathian Mountains[J]. Environmental Pollution,130(1):41-54.

Manning W J, Feder W A.1980.Biomonitoring Air Pollutants with Plants[M]. London: Applied Science Publishers.

Marin C T, Bouten W, Sevink J. 2000. Gross rainfall and its partitioning into throughfall, stemflow and evaporation of intercepted water in four forest cosystems in western Amazonia[J]. Journal of Hydrology,237:40-57.

Mazza G, Amorini E, Cutini A, et al. 2011.The influence of thinning on rainfall interception by Pinus pinea L. in Mediterranean coastal stands (Castel Fusano-Rome)[J]. Annals of Forest Science, 68(8): 1323-1332.

McColl J G, Firestone M K.1991.Soil chemical and microbial effects of simulated acid rain on clover and soft chess[J]. Water Air and Soil Pollution,60(3-4):301-313.

McCulloch J G, Robinson M.1993. History of forest hydrology [J]. Journal of Hydrology, (150): 189-216.

Melinda M.1993. Characterizing spatial patterns of trees using stem-mapped data[J]. Forest Science,39(4): 756-775.

Meyer H A.1952. Structure, growth and drain in balanced uneven-aged forests [J]. Journal of Science & Technology for Forest Products and Processes, 50:85-92.

Mohammad A G, Adam M A.2010. The impact of vegetative cover type on runoff and soil erosion under different land uses[J]. Catena,81(2):97-103.

Molina A, Del Campo A.2012. The effects of experimental thinning on throughfall and stemflow: a contribution towards hydrology-oriented silviculture in Aleppo pine plantations[J]. Forest Ecology and Management,269:206-213.

Morisita M. 1971.Composition of the Is-index[J]. Researches on Population Ecology,13:1-27.

Nadezhdina N, Čermák J, Ceulemans R.2002. Radial patterns of sap flow in woody stems of dominant and understory species: scaling errors associated with positioning of sensors[J]. Tree Physiology,22(13): 907-918.

Nowak D J.1995.Trees Pollute? A 'TREE' Explains It All[C]. Washington, DC: American Forests.

Pamela J E,Karl W J.2006.Declines in soil-water nitrate in nitrogen-saturated watersheds[J]. Canadian Journal of Forest Research,36(8): 1931-1943.

Papale D, Reichstein M, Aubinet M, et al. 2006. Towards a standardized processing of Net Ecosystem Exchange measured with eddy covariance technique: algorithms and uncertainty estimation[J]. Biogeosciences,3(4): 571-583.

Pateraki S, Asimakopoulos D N, Flocas H A, et al.2012. The role of meteorology on different sized aerosol fractions (PM10, PM2.5, PM2.5-10) [J]. Science of the Total Environment, 419: 124-135.

Pedersen R Ø, Næsset E, Gobakken T, et al.2013.On the evaluation of competition indices the problem of overlapping samples[J]. Forest Ecology & Management,310(1): 120-133.

Peng H, Zhao C, Feng Z, et al.2014.Canopy interception by a spruce forest in the upper reach of Heihe River basin, Northwestern China[J]. Hydrological Processes,28(4): 1734-1741.

Pfautsch S, Bleby T M, Rennenberg H, et al.2010. Sap flow measurements reveal influence of temperature and stand structure on water use of Eucalyptus regnans forests[J]. Forest Ecology and Management,259(6):1190-1199.

Pommerening A.2002. Approaches to quantifying forest structures[J]. Foresty,75(3):305-324.

Ponette-González A G, Weathers K C, Curran L M, et al.2010. Water inputs across a tropical montane landscape in Veracruz, Mexico: synergistic effects of land cover, rain and fog seasonality, and interannual precipitation variability[J]. Global Change Biology, 216(3): 946-963.

Polemio M, Rhoades J D.1977. Determining cation exchange capacity: a new procedure for calcareous and gypsiferous soils1[J]. Soil Science Society of America Journal,41(3):524-528.

Poyatos R, Čermák J, Llorens P. 2007. Variation in the radial patterns of sap flux density in pubescent oak (Quercus pubescens) and its implications for tree and stand transpiration measurements[J]. Tree Physiology,27(4): 537-548.

Prepas E E, Pinel-Alloul B, Planas D, et al.2001. Forest harvest impacts on water quality and aquatic biota on the Boreal Plain: introduction to the TROLS lake program[J]. Canadian Journal of Fisheries & Aquatic Sciences, 58(2):421-436.

Raison R J, Crane W.1986. Nutritional Costs of Shortened Rotations in Plantation Forestry[M]. New York:Springer.

Räsänen J V, Holopainen T, Joutsensaari J, et al.2013. Effects of species-specific leaf characteristics and reduced water availability on fine particle capture efficiency of trees[J]. Environmental Pollution,183: 64-70.

Regalado C M. 2006. A geometrical model of bound water permittivity based on weighted averages: the allophane analogue[J]. Journal of Hydrology,316(10):98-107.

Reichstein M, Falge E, Baldocchi D, et al.2005.On the Separation of Net Ecosystem Exchange into Assimilation and Ecosystem Respiration: Review and Improved Algorithm[J]. Global Change Biology,11(9):1424-1439.

Ripley B D.1977. Modeling spatial patterns[J]. Journal of The Royal Statistical Society Series B,39:172-192.

Röll A, Niu F, Meijide A, et al.2015. Transpiration in an oil palm landscape: effects of palm age[J]. Biogeosciences,12(19):5619-5633.

Rutter A J, Kershaw K A, Robins P C， et al.1971. Predictive model of rainfall interception in forests. Derivation of the model from observation in a plantation of Corsican pine [J]. Agriculture and Meteorology,9:367-384.

Sarkkola S, Hokka H, Penttila T.2004. Natural development of stand structure in Pearland Scots pine following drainage Results based on long term monitoring of permanent sample plots[J]. Silva Fennica,4:405-412.

Schlesinger W H, Jasechko S.2014. Transpiration in the global water cycle[J]. Agricultural and Forest Meteorology, 189: 115-117.

Shi Z J, Wang Y H, Xu L H, et al.2010. Fraction of incident rainfall within the canopy of a pure stand of Pinus armandiiith revised Gash model in the Liupan Mountains of China[J]. Journal of Hydrology, 2(3) 1-7.

Simonin K, Kolb T E, Montes-Helu M, et al.2006. Restoration thinning and influence of tree size and leaf area to sapwood area ratio on water relations of Pinus ponderosa[J]. Tree Physiology,26(4): 493-503.

Šraj M, Brilly M, Mikoš M.2008. Rainfall interception by two deciduous Mediterranean forests of contrasting stature in Slovenia[J]. Agricultural and Forest Meteorology, 148:121-134.

Stevenson F J.1982. Nitrogen-organic forms in: methods of soil analysis. Agronomy[J]. American Society of Agronomy. Inc,Madison,Wisconsin,USA,9(2):625-643.

Sun J, Yu X, Wang H, et al.2018.Effects of forest structure on hydrological processes in China[J]. Journal of

Hydrology,561:187-199.

Susan J G, Heinz R.2006. Assessing effects of forest management on microbial community structure in a central European beech forest[J]. Canadian Journal of Forest Research,36(10): 2595-2605.

Swank W T, Crossley D A.1988. Forest Hydrology and Ecology at Coweeta[M]. NewYork: Springer-Verlag.

Teale N, Mahan H, Bleakney S, et al.2014.Impacts of vegetation and precipitation on throughfall heterogeneity in a tropical pre-montane transitional cloud forest[J]. Biotropica,46(6): 667-676.

Thompson J R, Mueller P W, Flfickiger W, et al.1984.The effect of dust on photosynthesis and its significance for roadsideplants[J]. Environmental Pollution,34(2): 171-190.

Toba T, Ohta T.2005. An observational study of the factors that influence interception loss in boreal and temperate forests[J]. Journal of Hydrology,313(3): 208-220.

Trivedi D K, Ali K, Beig G.2014. Impact of meteorological parameters on the development offine andcoarse particles over Delhi[J]. Science of the Total Environment, 478(15):175-183.

Turner B L, Meyer W B, Skole D L.1994. Global land-use/land-cover change: towards an integrated program of study[J]. Ambio,23 (1):91-95.

Ulrich B, Mayer R, Khanna P K.1980. Chemical changes due to acid precipitation in a loess-derived soil in Central Europe [J]. Soil Science, 130(4): 193-199.

Valente F, David J S, Gash J H C.1997. Modelling interception loss for two sparse eucalypt and pine forests in central Portugal using reformulated Rutter and Gash analytical models[J]. Journal of Hydrology,190:141-162.

Vasquezmendez R, Venturaramos E, Oleschko K, et al. 2010. Soil erosion and runoff in different vegetation patches from semiarid Central Mexico[J]. Catena,80(3):162-169.

Wallace J, McJannet D.2008.Modeling interception in coastal and montane rainforests in northern Queensland, Australia[J]. Journal of Hydrology,348:480-495.

Wander M, Yang X.2000.Influence of tillage on the dynamics of loose and occluded particulate and humified organic matter fractions [J]. Soil Biol. Biochem,(32):1151-1160.

Wang M L, Rennolls K.2005.Tree diameter distribution modeling introducing the legit logistic distribution[J]. Canadian Journal of Forest Research,35(6):1305-1313.

Wedding J B, Carlson R W, Stukel J J, et al.1975. Aerosol deposition on plant leaves[J]. Environmental Science Technology,9(2):151-153.

Wienhold B J, Andrews S S, Karlen D L.2004.Soil quality a review of the science and experiences in the USA[J].Environmental Geochemistry and Health,26:89-95.

Wilczak J M, Oncley S P, Stage S A.2001. Sonic anemometer tilt correction algorithms[J]. Boundary Layer Meteorology,99(1):127-150.

Wilson K B, Hanson P J, Mulholland P J, et al. 2001.A comparison of methods for determining forest evapotranspiration and its components: sap-flow, soil water budget, eddy covariance and catchment water balance[J]. Agricultural and forest Meteorology,106(2): 153-168.

Wullschleger S D, King A W.2000.Radial variation in sap velocity as a function of stem diameter and sapwood thickness in yellow-poplar trees[J]. Tree Physiology,20(8):511-518.

Zhang Z Z, Zhao P, Mccarthy H R, et al.2016. Influence of the decoupling degree on the estimation of canopy stomatal conductance for two broadleaf tree species[J]. Agricultural and Forest Meteorology,221:230-241.

Zhou J, Fu B J, Gao G Y, et al. 2016. Effects of precipitation and restoration vegetation on soil erosion in a semi-arid environment in the Loess Plateau, China[J]. Catena,137(137):1-11.

Zibilske L M, Bradford J M, Smart J R.2002. Conservation tillage induced changes in organic carbon, total nitrogen and available phosphorus in as-arid alkaline subtropical soil[J]. Soil&Tillage Research,66:153-163.

Zimmermann A, Zimmermann B.2014. Requirements for throughfall monitoring: the roles of temporal scale and canopy complexity[J]. Agricultural and Forest Meteorology,189-190:125-139.

